U0161035

论傍徨并筑器件

致广大而尽精微

白春礼

戊戌暮月

中国科学院院长 白春礼院士 题

国家科学技术学术著作出版基金资助出版

低维材料与器件丛书

成会明　总主编

低维磁性材料

王荣明　岳　明等　著

科 学 出 版 社

北 京

内 容 简 介

本书为"低维材料与器件丛书"之一。随着低维磁性材料的制备、表征和相关理论研究等方面突飞猛进的发展，将本领域的最新成果及时梳理和总结已成为磁性材料和磁学学科发展的必然需求。本书正是在这一背景下应运而生的，并基于作者多年在低维磁性材料领域的科研工作，结合国内外的最新研究成果，力图系统深入地分析和介绍低维磁性材料的研究现状和发展趋势。全书涵盖了磁性材料的磁学基础知识、特性、分类与应用以及低维磁性材料的基本特性、制备方法、微结构表征。在此基础上，重点介绍了低维永磁材料、低维软磁材料、低维磁记录材料和自旋电子学相关的多种低维磁性材料。

本书可作为磁学和磁性材料研究领域的高年级本科生和研究生的参考书，也可供从事低维磁性材料及其应用研究的科技工作者参考使用。

图书在版编目（CIP）数据

低维磁性材料 / 王荣明等著. —北京：科学出版社，2020.5

（低维材料与器件丛书 / 成会明总主编）

ISBN 978-7-03-064036-9

Ⅰ. ①低… Ⅱ. ①王… Ⅲ. ①磁性材料－研究 Ⅳ. ①TM271

中国版本图书馆 CIP 数据核字（2020）第 009202 号

责任编辑：翁靖一 / 责任校对：杨 赛
责任印制：吴兆东 / 封面设计：耕者设计工作室

科 学 出 版 社 出版

北京东黄城根北街 16 号
邮政编码：100717
http://www.sciencep.com

北京建宏印刷有限公司 印刷

科学出版社发行 各地新华书店经销

*

2020 年 5 月第 一 版 开本：720×1000 1/16
2022 年 8 月第二次印刷 印张：22 1/2
字数：411 000

定价：198.00 元

（如有印装质量问题，我社负责调换）

总　序

人类社会的发展水平，多以材料作为主要标志。在我国近年来颁发的《国家创新驱动发展战略纲要》、《国家中长期科学和技术发展规划纲要（2006—2020年)》、《"十三五"国家科技创新规划》和《中国制造2025》中，材料都是重点发展的领域之一。

随着科学技术的不断进步和发展，人们对信息、显示和传感等各类器件的要求越来越高，包括高性能化、小型化、多功能、智能化、节能环保，甚至自驱动、柔性可穿戴、健康全时监/检测等。这些要求对材料和器件提出了巨大的挑战，各种新材料、新器件应运而生。特别是自20世纪80年代以来，科学家们发现和制备出一系列低维材料（如零维的量子点、一维的纳米管和纳米线、二维的石墨烯和石墨炔等新材料），它们具有独特的结构和优异的性质，有望满足未来社会对材料和器件多功能化的要求，因而相关基础研究和应用技术的发展受到了全世界各国政府、学术界、工业界的高度重视。其中富勒烯和石墨烯这两种低维碳材料的发现者还分别获得了1996年诺贝尔化学奖和2010年诺贝尔物理学奖。由此可见，在新材料中，低维材料占据了非常重要的地位，是当前材料科学的研究前沿，也是材料科学、软物质科学、物理、化学、工程等领域的重要交叉，其覆盖面广，包含了很多基础科学问题和关键技术问题，尤其在结构上的多样性、加工上的多尺度性、应用上的广泛性等使该领域具有很强的生命力，其研究和应用前景极为广阔。

我国是富勒烯、量子点、碳纳米管、石墨烯、纳米线、二维原子晶体等低维材料研究、生产和应用开发的大国，科研工作者众多，每年在这些领域发表的学术论文和授权专利的数量已经位居世界第一，相关器件应用的研究与开发也方兴未艾。在这种大背景和环境下，及时总结并编撰出版一套高水平、全面、系统地反映低维材料与器件这一国际学科前沿领域的基础科学原理、最新研究进展及未来发展和应用趋势的系列学术著作，对于形成新的完整知识体系，推动我国低维材料与器件的发展，实现优秀科技成果的传承与传播，推动其在新能源、信息、光电、生命健康、环保、航空航天等战略新兴领域的应用开发具有划时代的意义。

为此，我接受科学出版社的邀请，组织活跃在科研第一线的三十多位优秀科学家积极撰写"低维材料与器件丛书"，内容涵盖了量子点、纳米管、纳米线、石墨烯、石墨炔、二维原子晶体、拓扑绝缘体等低维材料的结构、物性及其制备方法，并全面探讨了低维材料在信息、光电、传感、生物医用、健康、新能源、环境保护等领域的应用，具有学术水平高、系统性强、涵盖面广、时效性高和引领性强等特点。本套丛书的特色鲜明，不仅全面、系统地总结和归纳了国内外在低维材料与器件领域的优秀科研成果，展示了该领域研究的主流和发展趋势，而且反映了编著者在各自研究领域多年形成的大量原始创新研究成果，将有利于提升我国在这一前沿领域的学术水平和国际地位、创造战略新兴产业，并为我国产业升级、提升国家核心竞争力提供学科基础。同时，这套丛书的成功出版将使更多的年轻研究人员和研究生获取更为系统、更前沿的知识，有利于低维材料与器件领域青年人才的培养。

　　历经一年半的时间，这套"低维材料与器件丛书"即将问世。在此，我衷心感谢李玉良院士、谢毅院士、俞书宏教授、谢素原教授、张跃教授、康飞宇教授、张锦教授等诸位专家学者积极热心的参与，正是在大家认真负责、无私奉献、齐心协力下才顺利完成了丛书各分册的撰写工作。最后，也要感谢科学出版社各级领导和编辑，特别是翁靖一编辑，为这套丛书的策划和出版所做出的一切努力。

　　材料科学创造了众多奇迹，并仍然在创造奇迹。相比于常见的基础材料，低维材料是高新技术产业和先进制造业的基础。我衷心地希望更多的科学家、工程师、企业家、研究生投身于低维材料与器件的研究、开发及应用行列，共同推动人类科技文明的进步！

成会明

中国科学院院士，发展中国家科学院院士

清华大学，清华-伯克利深圳学院，低维材料与器件实验室主任

中国科学院金属研究所，沈阳材料科学国家研究中心先进炭材料研究部主任

Energy Storage Materials 主编

SCIENCE CHINA Materials 副主编

前　言

　　磁性材料是一类古老而又年轻的基础功能材料，早至数千年前就已出现的司南，近到支撑近现代工业的各类机电装备，磁性材料贯穿了人类的技术发展史。迄今，以永磁材料、软磁材料、磁记录材料等为代表的多种磁性材料不仅在航空航天、核能工业等军工和民用高技术领域发挥着不可替代的关键作用，而且广泛地应用于医疗装备、交通运输、信息的存储和传输等生产生活中。时至今日，磁性材料的人均用量已经逐渐成为社会现代化的重要评价指标。

　　近年来，纳米科学与技术的快速发展为磁性材料注入了新的活力。一方面，传统磁性材料如永磁材料、软磁材料等在自身结构实现纳米化之后展现出一系列新的物理和化学性能变化，特别是重要的内禀和外禀磁学性能均异于传统的大块粗晶材料，从而为材料开辟新的应用性能提供了机遇。另一方面，在一些新型的低维磁性材料，如磁性薄膜材料中发现的巨磁电阻效应和隧道磁电阻效应等极大丰富了自旋电子学，相关的应用使磁记录的效能实现了惊人的飞跃，这项磁性材料领域的重要成果最终荣膺 2007 年诺贝尔物理学奖。

　　随着低维磁性材料的制备、表征和相关理论研究等方面突飞猛进的发展，对本领域形成的最新成果的及时梳理和总结已成为磁性材料和磁学发展的必然需求。本书正是在这一背景下应运而生的。全书内容涵盖了磁性材料的磁学基础知识、特性、分类与应用以及低维磁性材料的基本特性、制备方法、微结构表征。在此基础上，详细介绍了低维永磁材料、低维软磁材料、低维磁记录材料和自旋电子学相关的多种低维磁性材料。对低维磁性材料的研究及其应用具有直接的参考或指导作用。

　　全书共分七章，具体包括三个部分：第一部分为第 1 章，是磁学和磁性材料的基础知识，具体包括磁学基本参量、物质磁性起源、铁磁性材料的能量和磁畴、磁性材料的磁效应、磁性材料的分类和应用以及低维磁性材料（磁性纳米颗粒、准一维磁性纳米材料、磁性薄膜）的基础磁学知识。第二部分包括第 2 章和第 3 章，其中第 2 章介绍了低维磁性材料制备，包括零维纳米颗粒、一维纳米棒/线以及二维纳米薄膜的典型物理和化学制备技术。第 3 章介绍了针对低维磁性材料的各种表征方法。第三部分包括第 4 章到第 7 章，分别针对低维永磁材料、低维软磁材料、低维磁记录材料和自旋电子学相关的多种低维磁性材料等四类典型的低维磁性材料给予详细的阐述，内容涉及材料的相关理论、材料的制备和表征技术、材料的性能和应用等。

本书由王荣明和岳明主笔,多位作者参与撰写。具体分工如下:第 1 章 1.1 节、1.2.1～1.2.3 节、1.3 节(岳明),1.2.4 节、1.4 节和 1.5 节(王荣明、柳祝红、单艾娴);第 2 章 2.1.1 和 2.2.2 节(路海清、刘卫强、岳明),2.1.3 节(王荣明、单艾娴),2.2 节(雷文娟、于永生);第 3 章(王荣明、单艾娴);第 4 章 4.1 节(雷文娟、于永生、刘卫强、岳明),4.2 节(崔伟斌);第 5 章(米文博);第 6 章(于永生);第 7 章(万蔡华)。全书由王荣明和岳明负责统稿和审校。

衷心感谢国家重点研发计划项目(2018YFA0703700)、科技部国际合作项目(2015DFG52020)、国家自然科学基金项目(11674023、1971025、51931007)等对本书相关研究的长期资助和支持。

本书在撰写过程中,得到了沈保根院士、李卫院士、谢建新院士等专家的指导和建议,在此深表谢意。由于时间仓促、作者水平有限,不妥之处在所难免,恳请广大读者批评指正!

王荣明　岳　明

2019 年 11 月

目　录

第1章

绪 论

1.1 磁性材料概述

1.1.1 磁学和磁性材料的基础知识

广义上讲，能对外加磁场做出某种方式反应的材料统称为磁性材料。作为一类重要的基础功能材料，磁性材料种类繁多，用途广泛。磁性材料的主要功能是针对能量和信息的产生、存储、传输和转换，特别是应用于电能的产生和分配，因此磁性材料广泛应用于电子电气领域。此外，磁性材料也被用于存储数据，如音频、视频存储于计算机磁盘上。在生物医疗领域，磁性材料被用于磁共振成像中，也有的磁性材料被植入体内。家庭娱乐市场也依赖于磁性材料，如计算机、电视、游戏机和扩音器。

我们很难想象一个没有磁性材料的世界，磁性材料在现代世界的发展中变得越来越重要。在当代，磁性材料的人均使用量甚至被作为社会发展和人民生活水平的重要评价指标。无污染的电动汽车依赖于其高效率的发动机，其发动机正是使用了大量的永磁和软磁材料。通信业一直致力于更快的数据传输速度、更小型化的设备，这两者都需要先进的磁性材料。

我们可以根据磁性材料的性质和使用对其进行分类。就性质而言，如果一种材料很容易磁化和退磁，那么我们将其称为软磁材料；如果一种材料很难退磁，我们称其为永磁材料。如果从磁性材料的使用分类，则可以基于磁性材料的磁效应，如磁致伸缩材料和磁电阻材料。

本节介绍磁学和磁性材料的基础知识，主要包括磁学的基本参量、物质磁性的起源、物质的基本磁性以及磁性材料的应用。

目前，在磁学和磁性材料领域有两套并行的磁参量单位制：即国际单位制（SI制）单位和高斯制（CGS制）单位。前者以米、千克、秒为基本单位，而后者的基本单位是厘米、克、秒。值得一提的是，在CGS制中，磁感应强度的单位高斯（G）和磁场强度的单位奥斯特（Oe）在数值上是相等的，这也是CGS制被广泛应用的原因。本书在不特殊说明的情况下均采用国际单位制（SI）。

描述真空中某点处磁场的大小和方向的物理量称为磁场强度（**H**）。当一个磁场施加在某个材料上，材料内部会产生一个磁场，称为磁化强度（**M**）。磁化强度是单位体积内总磁矩的向量和。另一个相似的参量是质量磁化强度，又称为比磁化强度（**σ**），是材料单位质量内总磁矩的向量和。

另一个重要的参数是磁感应强度（**B**），定义为穿过单位面积的磁通量，包含外加磁场 **H** 和材料内部磁场 **M** 产生的磁力线。**B**、**M**、**H** 的关系（SI 制）如下

$$B = \mu_0(H + M) \tag{1-1}$$

其中，μ_0 是真空磁导率，是 **B** 和 **H** 在真空环境下的比值。此外，**M** 和 **H** 在真空环境下的比值称为磁化率（**χ**），如式（1-2）所示，磁化率是一个表征磁体磁化难易程度的参量，同时也是人们对物质按磁性进行分类的重要依据。

$$\chi = M/H \tag{1-2}$$

根据上述式（1-1）和式（1-2），可以做出以下推导

$$B = \mu_0(H + M) = \mu_0(H + \chi H) = \mu_0(1 + \chi)H = \mu_0 \mu_r H = \mu H \tag{1-3}$$

其中，μ_r 称为相对磁导率；μ 称为绝对磁导率，是真空磁导率和相对磁导率的乘积。绝对磁导率是磁性材料的重要技术参量。

此外，一个重要的参量是磁极化强度（**J**），它定义为单位体积内总磁偶极矩的向量和，在 SI 制中，磁极化强度与磁化强度存在如下关系

$$J = \mu_0 M \tag{1-4}$$

表 1-1 给出了上述重要磁学参量的单位和换算关系。

表 1-1　磁参量单位及其在高斯制和国际单位制的转换关系

物理量名称	CGS 单位制单位符号	SI 制单位符号	转换因子
磁感应强度（**B**）	G	T	10^{-4}
磁场强度（**H**）	Oe	A/m	$10^3/4\pi$
磁化强度（**M**）	G	A/m	10^3
磁极化强度（**J**）	—	T	—
比磁化强度（**σ**）	emu/g	J/(T·kg)	1
磁导率（**μ**）	无量纲	H/m	$4\pi \times 10^{-7}$
相对磁导率（μ_r）	—	无量纲	—
磁化率（**χ**）	emu/cm^3/Oe	无量纲	4π

注：G = Gauss（高斯），Oe = Oersted（奥斯特），T = Tesla（特斯拉）

1.1.2　物质磁性的起源

现代物理学认为，一切磁现象起源于电荷的运动。一切物质的磁性均起源于

构成物质的原子磁矩，主要包括电子磁矩和原子核磁矩，其中电子磁矩包括电子轨道磁矩和电子自旋磁矩。电子绕着原子核进行的轨道运动相当于一个恒定电流回路，这一过程产生一个磁矩，即电子轨道磁矩。而电子的自旋也会产生磁矩，一般把自旋磁矩看作电子的固有磁矩。另外原子核也具有磁矩，但由于其非常小，对原子磁性作用很小，基本可以忽略。所以，我们可以认为，物质的磁性起源于由电子轨道磁矩和电子自旋磁矩共同构成的电子磁矩。

1.1.3　物质的基本磁性

物质在磁场中被磁化时会表现出不同的行为，显示出或强或弱的磁性。按物质磁性的不同特征，可分为抗磁性、顺磁性、铁磁性、反铁磁性和亚铁磁性五大类。相应地，五种不同磁性对应着不同的磁结构。分类的依据一般是磁性体磁化率的大小和正负。

1. 抗磁性

在不施加外加磁场的情况下，抗磁性材料中的原子没有磁矩。物质受到外加磁场的作用后，感生出与原磁场 H 方向相反的磁化强度 M。因此抗磁性物质的磁化率是负的，而且很小，一般在 $10^{-4} \sim 10^{-6}$ 之间。抗磁性物质的磁化率不随温度改变而变化。

材料形成抗磁性的机制在于，当外加磁场穿过电子轨道时，引起的电磁感应使轨道电子加速。根据楞次（Lenz）定律，由轨道电子的这种加速运动所引起的磁通，总是与外加磁场变化相反，因而磁化率是负的。由此可见，所有材料均具有抗磁性效应。然而，在非抗磁性物质中，其他的磁性会使抗磁效应变得不显著。

抗磁性材料主要包括惰性气体、大部分有机物、多原子气体等。一些金属，如 Zn、Mg、Au 等具有抗磁性，而且一般其抗磁磁化率不随温度变化而变化。金属抗磁性来源于导电电子。根据经典理论，外加磁场不会改变电子系统的自由能及其分布函数，因此磁化率为零。此外，超导材料和某些有机化合物如苯环等具有特殊的抗磁性。

2. 顺磁性

顺磁性材料受到外加磁场的作用后，感生出与原磁场 H 方向相同但比较微弱的磁化强度 M。其顺磁磁化率是正的，但是较小，一般在 $10^{-2} \sim 10^{-5}$ 之间。顺磁性材料磁化率随温度的变化遵循居里定律或居里-外斯定律，会随着温度的升高而有所下降。

顺磁性材料的原子或离子具有一定的磁矩，这些原子磁矩来源于未满的电子壳层。在顺磁性材料中，磁性原子或离子分开得很远，以致它们之间没有明显的相互作用，因而在没有外加磁场作用时，由于热运动的作用，原子磁矩呈现无规则混乱取向。当有外加磁场作用时，原子磁矩有沿磁场方向取向的趋势，从而呈现出正的磁化率。

顺磁性材料主要包括大部分金属，以及稀土元素、过渡族元素的盐类等。

3. 铁磁性

铁磁性材料在很小的外加磁场下就能感生出很大的磁化强度，且 M 平行于 H。铁磁性材料的磁化率是正的，而且很大，一般在 $10^4 \sim 10^6$ 之间。当铁磁性材料被加热时，原子的热扰动作用增强，意味着原子磁矩整齐排列的有序度减弱，因此饱和磁化强度也减弱。当温度升高到一定程度，热扰动足够强使铁磁性材料变成顺磁性材料，这个转变温度称为居里温度（T_C）。

材料的铁磁性可以用自发磁化理论解释。外斯提出了铁磁性物质的分子场理论，即铁磁性材料内部存在很强的分子场，足够将材料磁化到饱和，使原子磁矩有序排列而发生自发磁化。在量子力学中，海森伯（Heisenberg）铁磁模型描述了铁磁性材料内部相邻原子磁矩之间通过交换相互作用而平行排列。

铁磁性物质包括铁、钴、镍以及稀土元素钆（居里温度在室温附近），此外还包括大量的合金及化合物等，特别是由 3d 和 4f 金属组成的金属间化合物，典型如钕铁硼材料。值得说明的是，目前实际应用的磁性材料绝大多数是铁磁性材料，此外还包括一些亚铁磁性材料和少量反铁磁性材料。从磁性的角度讲，材料的抗磁性和顺磁性基本没有应用价值。

4. 反铁磁性

反铁磁性材料存在一个临界温度 T_N，称为奈尔温度。高于这个温度时材料表现为顺磁性，低于这个温度时材料的磁化率 χ 随温度升高而减小，并逐渐趋于定值。反铁磁性材料的磁化率为正值，一般在 $10^{-2} \sim 10^{-5}$ 之间。

在奈尔温度以下，反铁磁性物质近邻自旋反平行排列，因而它们的磁矩相互抵消。因此反铁磁性材料不产生自发磁化磁矩，宏观磁性等于零，只有在很强的外加磁场作用下才能显示出微弱的磁性。随着温度升高至超过奈尔温度时，物质内部有序的自旋结构逐渐被破坏，从而显示出顺磁性。

在室温下只有 Cr 元素是反铁磁性的。此外，反铁磁性材料还包括过渡族元素的盐类及化合物等。

5. 亚铁磁性

亚铁磁性材料与铁磁性材料类似，可以在很小的外加磁场下感生出较大的磁感应强度，且 M 平行于 H。磁化率是正的，而且较大，一般在 $1 \sim 10^3$ 之间。亚铁磁性材料也存在居里温度 T_C，温度超过 T_C 变为顺磁性。此外，亚铁磁性材料的磁化行为也与铁磁性材料非常相似，但通常具有较低的饱和磁化强度。

亚铁磁性材料中的某些原子具有磁矩，正常时相邻反向平行排列于两种不同位置（称为 A 次晶格和 B 次晶格），由不同的磁性原子占据，而且有时由不同数目的原子占据，A 和 B 位中的磁性原子反平行耦合，这种方向的自旋排列导致自旋未能完全抵消自发磁化。

亚铁磁性材料的典型代表物是铁氧体材料。这类材料具有电阻率高的特征，从而成为高频通信领域的重要磁性材料。

1.1.4　磁性材料的应用

当磁性材料受到磁和其他的非磁因素，如电、光、热、应力等的作用后，会产生各种磁效应。如我们熟知的电磁感应效应、磁电阻效应、磁致伸缩效应、磁热效应和磁光效应等。基于这些磁效应，磁性材料可以实现能量和信息的转换、传递与存储等诸多功能，因而具有广阔的应用范围。

基于上述磁性材料的各类磁效应，我们可以对磁性材料进行分类（详见 1.3 节）。其中主要包括：永磁材料、软磁材料、磁记录材料、磁致伸缩材料、磁致冷材料、旋磁材料和自旋电子学相关材料等。以下分别简单介绍各类磁性材料的主要应用。

1. 永磁材料应用

永磁材料又称硬磁材料，这类材料被磁化后，去掉外加磁场仍保留很强的磁性且难以退磁。永磁材料的基本磁特性在于其矫顽力高，磁化后具有高能量密度（高磁能积），并由此实现对周围环境提供磁场的功能。目前，实用化的永磁材料主要包括过渡金属基的铝镍钴、铁铬钴永磁，陶瓷基的磁铅石型结构（$AB_{12}O_{19}$）的铁氧体永磁，以及稀土-过渡金属基的钕铁硼和钐钴永磁等。铝镍钴永磁具有优异的温度稳定性，在仪器仪表领域应用较多。铁氧体永磁尽管磁性能偏低，但由于造价低廉，迄今仍然具有广泛的应用。稀土永磁中，钕铁硼永磁因其最强的磁性而成为用途最广的永磁材料，钐钴永磁则因其兼具的强磁性和良好的耐温性而成为军工和核能等高技术领域不可或缺的材料。

2. 软磁材料应用

与永磁材料相反，软磁材料矫顽力低，但同时具有高饱和磁感应强度和高磁导率，因此可以迅速地响应外加磁场的变化。其磁特性决定了软磁材料的主要功能是能量和信息的转换、传输与存储。目前，实用化的软磁材料主要包括电工纯铁、铁硅合金、铁镍合金、尖晶石型结构（AB_2O_4）铁氧体、非晶及纳米晶合金等。其中电工纯铁是优秀的磁导体和磁屏蔽材料。铁硅合金又称硅钢片或变压器钢，是目前用途最广、用量最大的软磁材料。铁镍合金又称坡莫合金，相较铁硅合金而言具有更好的低场磁性能，应用于高品质的磁记录磁头材料。铁氧体同样由于廉价且电阻率高而得到广泛的应用。非晶和纳米晶合金则是通过材料微结构和成分调控获得了超越传统软磁合金的性能指标，如广泛应用于中低频变压器铁心的非晶铁基软磁薄带。

3. 磁记录材料应用

磁记录材料作为磁记录介质受到外加磁场磁化，去掉外加磁场后仍能长期保持其剩余磁化状态。磁记录材料从功能上可以分为记录介质材料与信息的写入和读出材料，记录介质主要利用永磁材料，常见的形式包括磁性颗粒和磁性薄膜，而读取部分主要有软磁材料和巨磁电阻材料，前者可以实现信息的写入与读出，如坡莫合金，后者可以实现写入信息的高分辨率读出，由铁磁/反铁磁多层膜材料组成，如 Fe/Cr/Fe 多层膜等。

4. 磁致伸缩材料应用

磁性材料由于自身磁化状态的改变而引起长度和体积相应地发生变化的现象称为磁致伸缩。正磁致伸缩是指材料沿着磁场方向伸长，垂直于磁场方向缩短，如铁；负磁致伸缩则是指材料沿着磁场方向缩短，垂直于磁场方向伸长，如镍。传统的磁致伸缩材料包括过渡金属及其合金和铁氧体材料。而以铽镝铁为代表的稀土超磁致伸缩材料的出现大大拓宽了此类材料的应用范围，在军工和民用高技术领域发挥了重要作用。此外，近年来出现的多种新型磁致伸缩材料，如铁镓合金、镍锰镓合金等也受到广泛关注。目前，磁致伸缩材料主要应用于磁浮机械，如液体和阀门控制、微定位和精密加工、高精度高线性马达；也可应用于磁致伸缩振子，如大功率声呐粉碎机、高速马达以及滤波器件等。

5. 磁致冷材料应用

通过改变自身的磁化状态来产生吸放热现象的一类材料称为磁致冷材料。磁致冷材料是具有高磁熵密度的一类磁性材料。这类材料伴随着磁熵的变化会产生大的吸热或放热效应，可以应用于制冷技术中。按照工作温区，磁致冷材料可分为低温区（<20 K）磁致冷材料，如顺磁盐 $Gd_3Ga_5O_{12}$，中高温区（>20 K）磁致冷材料，如 R-Al 等稀土-过渡金属合金，以及近年来备受关注的室温区磁致冷材料，如稀土元素钆、GdSiGe、钙钛矿化合物、LaFeSi 和 MnFePGe 等。室温区磁致冷材料是目前普遍使用的制冷材料氟利昂（破坏大气臭氧层的"元凶"）最有希望的替代者，具有节能、环保两大优势。

6. 旋磁材料应用

磁性材料的旋磁性是指在两个互相垂直的稳恒磁场和电磁波磁场的作用下,虽然平面偏振的电磁波在材料内部按一定的方向传播,但其偏振面会不断地绕传播方向旋转的性质。旋磁材料主要是具有较大电阻的磁性铁氧体材料,典型的代表是具有石榴石结构($R_3Fe_5O_{12}$)的铁氧体材料。旋磁材料大多与输送微波的波导管或传输线等组成各种微波器件,主要用于雷达、通信、导航、遥测等电子设备中。

7. 自旋电子学相关材料

自旋电子学也称磁电子学,是基于磁学和微电子学的新兴交叉学科。自旋电子学相关材料是同时利用内部电子的电荷属性和自旋属性,从而实现在信息的存储、处理、传播中的各种功能的材料。因此,这类材料需要具有较高的电子极化率,以及较长的电子自旋弛豫时间。目前,自旋电子学相关材料中已经实现实用化的典型材料包括基于巨磁电阻效应的硬盘读出磁头材料(如 Fe/Cr 多层膜)和基于隧道磁电阻效应的磁随机存储器材料(如 Fe/Al$_2$O$_3$/Fe 薄膜等)。此外,还包括庞磁电阻材料、稀磁半导体材料、拓扑绝缘体材料、自旋塞贝克效应材料和自旋光电子材料等众多颇具应用前景的新材料。

1.2 磁性材料的特性

1.2.1 铁磁性材料的各种能量

如前所述,目前磁性材料应用的主体是铁磁性材料。这类材料在外加磁场磁化时很容易感生很大的磁化强度,并基于此通过各种磁效应而实现应用。铁磁性材料具有强磁性的根本原因是这类材料中具有多种能量,并且由这些能量决定材料具有独特的磁畴结构。铁磁性材料具有五种主要的能量,分别是交换能、静磁能、退磁能、磁各向异性能、磁弹性能。其中,交换能是导致铁磁性材料内部局域原子磁矩一致排列的根源,而退磁能则是促使铁磁性材料形成磁畴结构的根源。此外,磁各向异性能和磁弹性能则会影响材料内部磁畴的形状和尺寸。以下对铁磁性材料的各种能量加以阐述。

1. 交换能

交换能是指物质相邻原子的电子之间进行位置交换时产生的交换作用所对应的能量。这种能量决定了物质相邻原子磁矩排列关系,从而决定了物质具有何种磁性。对铁磁性材料而言,交换能使其相邻原子磁矩在一定的范围内(单个磁畴内）相互平行排列，即发生所谓的自发磁化现象。交换能是各向同性的，它比铁磁体的其他能量大 $10^2 \sim 10^4$ 个数量级。

2. 静磁能

静磁能是指铁磁性材料的磁化强度与外加磁场相互作用的能量。当铁磁性材料的磁化强度 $\boldsymbol{M}$ 与外加磁场 $\boldsymbol{H}$ 并非平行而是存在一个夹角 θ 时，铁磁性材料会在外加磁场的作用下受到一个磁力矩，在磁力矩的作用下使 θ 趋于零。因此，铁磁体在磁场中存在一个磁位能，即我们所说的静磁能，其大小为

$$E_H = -\boldsymbol{M}\,\boldsymbol{H}\cos\theta \tag{1-5}$$

3. 退磁能

对于具有一定形状的铁磁性材料，在外加磁场中被磁化之后，其表面产生磁极。与此同时，表面磁极的存在使磁体内部形成一个与磁化强度 $\boldsymbol{M}$ 方向相反的磁场 $\boldsymbol{H}_\mathrm{d}$（$\boldsymbol{H}_\mathrm{d} = -N\boldsymbol{M}$），称为退磁场，起着减弱磁化的作用。其中 N 称为退磁因子，也因其仅由材料的形状决定而称为形状因子。对于铁磁性材料，其空间三个主轴方向退磁因子之和为 1，即 $N_x + N_y + N_z = 1$，磁体的形状不同，其退磁因子也不同（图 1-1），例如球体：$N_x = N_y = N_z = 1/3$；长圆柱：$N_x = N_y = 1/2$，$N_z = 0$；薄圆板：$N_x = N_y = 0$，$N_z = 1$。与静磁能相似，退磁能是指铁磁性材料磁化强度与其自身产生的退磁场相互作用的能量。铁磁体的退磁能为

$$E_\mathrm{d} = 1/2(\mu_0 N \boldsymbol{M}^2) \tag{1-6}$$

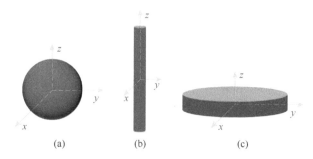

图 1-1　三种典型形状的磁性材料退磁因子示意图

（a）球体；（b）长圆柱；（c）薄圆板

4. 磁各向异性能

铁磁性材料沿不同方向的磁性不同，称为磁各向异性。铁磁性材料的磁各向异性包括磁晶各向异性和感生各向异性。其中，铁磁性材料的单晶体在不同的晶体学方向上具有不同的磁性能，称为磁晶各向异性。例如 Fe、Co 和 Ni 分别具有

易磁化方向和难磁化方向,在不同晶向上将磁体磁化到饱和的难易程度是不同的。而将单位体积的磁矩从易磁化方向转向难磁化方向所需做的功则称为铁磁性材料的磁晶各向异性能,用 E_k 表示。此外,铁磁体经塑性变形、磁场退火和应力退火而形成的磁各向异性统称为感生各向异性 E_a,可由如下公式表示

$$E_a = K_u \sin\theta \tag{1-7}$$

其中,K_u 称为感生各向异性常数;θ 是磁化强度 M 与感生异性方向的夹角。

5. 磁弹性能

铁磁性材料在磁场中磁化时会产生长度上的变化(即伸长或缩短),这种现象称为磁致伸缩。当铁磁性材料存在内应力或外加应力时,由磁致伸缩导致的应变 σ 将与应力相互作用,与此相关的能量称为磁弹性能。用 E_σ 表示。

$$E_\sigma = \frac{3}{2}\lambda_s\,\sigma\,\sin^2\theta \tag{1-8}$$

其中,λ_s 称为饱和磁致伸缩系数;θ 是磁化强度与应力的夹角。

1.2.2　铁磁性材料的磁畴

铁磁性材料中相邻原子之间存在的交换作用使其内部的原子或离子磁矩平行排列,即所谓自发磁化现象。在解释铁磁性材料在退磁状态下仍然存在自发磁化时,外斯提出了磁畴的概念,即内部大量原子或离子磁矩平行排列的小区域。区域内部的原子数量可达 $10^{12}\sim10^{18}$ 个。在无外加磁场时,一个磁畴内的磁矩总是沿着易磁化方向排列。一个材料内部的磁畴的取向不同导致了材料对外不显示磁性。

铁磁性材料内部磁畴的产生是自发磁化矢量平衡分布要满足能量最小原理的必然结果。假使铁磁性材料不受外加磁场和外应力作用,则自发磁化矢量的取向,应该在交换能、磁晶各向异性能和退磁能共同决定的总能量为极小的方向上。若使交换能和磁晶各向异性能同时最小,则自发磁化矢量应分布在铁磁体的一个易磁化方向上。但自发磁化矢量的一致排布,必然会导致磁体表面出现磁极而产生退磁场。

如图 1-2(a)所示,一个单畴的铁磁体内部有很大的退磁能,这是由于铁磁体表面的自由磁荷产生了退磁场。根据磁偶极矩定义的惯例,磁体内的磁化强度从南极到北极,而磁场的方向则从北极到南极。所以退磁场的方向和样品内磁化强度的方向相反,由此形成退磁场能。退磁场能的存在使得磁体的总能量升高,处于能量不稳定状态。为了降低退磁能,只有改变自发磁化矢量的分布状态。如图 1-2(b)所示,将磁化区域分成两个磁畴,退磁场能将减半。实际上,如果分成 N 个部分,其退磁场能就变成 $1/N$。图 1-2(c)所示的静磁能是图 1-2(a)的 $1/4$。图 1-2(d)显示了一个封闭磁畴结构,其中静磁能为零。

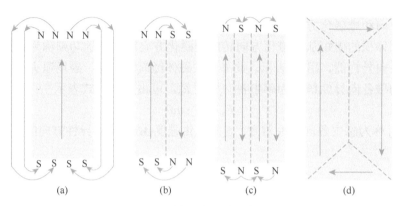

图 1-2　铁磁体分畴示意图

在磁畴形成之后，由于相邻的磁畴之间磁化强度方向不同，因此在二者之间存在着具有一定宽度的磁化强度由一个畴的方向转向另一个畴的方向的过渡区域，称为畴壁。畴壁内各个磁矩的取向方向不同，因此会导致交换能和磁晶各向异性能的增加，这个增量称为畴壁能。畴壁能的存在保证了铁磁体不会因退磁能的降低而分成无数个畴。这就是说，在形成磁畴的过程中，磁畴的数目和尺寸、形状等是由退磁能和畴壁能的平衡条件来决定的。

在外斯提出了磁畴理论之后，比特首次通过实验验证了磁畴的存在。迄今，已有多种直接或者间接的方法来使磁畴成像。间接的方法如比特法（又称粉纹法），使胶体中的铁磁颗粒集聚在畴壁附近，用光学显微镜可以清楚地观察到磁畴。直接的方法是通过光、电子或者最新发展的磁探针与样品的磁场的直接相互作用来使磁畴成像。以下简介两种常用的磁畴观察法。

1. 比特法

比特法是使用铁磁流体来绘制出棒状磁体附近的磁场，是一种众所周知的演示方法。在这种方法中，一种细小的 Fe_3O_4 的胶体悬浮液（通常被称为铁磁流体）散布在样品表面。具体方法是将一小滴液体置于样品的表面上，并在顶部放置玻璃盖玻片。在磁场梯度的作用下，胶体粒子被吸引到最大磁场区域，这与区域边界与表面相交的线相重合。

2. 磁光克尔效应法

该方法利用磁化的区域对从样品表面反射（克尔效应）的平面偏振光发生的偏振方向的不同来观测磁畴。这种方法的优点是磁畴内部的变化可以被观察到，并且样品在观察期间可以受到磁场、热量、应变等的影响。但很小程度的旋光会造成很大的偏差，这可能会导致实验的困难。

在克尔效应中，从磁化表面反射的平面偏振光是椭圆偏振的。图 1-3 显示了烧结 NdFeB 磁体热退磁态的克尔效应图像，其中在单易轴平行和垂直方向，磁畴特征差异较大，晶体尺寸一致。对该样品使用配备有偏振滤光片的传统金相显微镜拍摄图像，以平面极化入射光束，分析滤光片放置在与偏振滤光片成约 90°的位置，用以产生磁畴对比度。

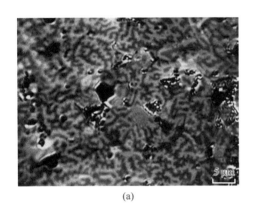 

(a)   (b)

图 1-3 烧结 NdFeB 磁体热退磁态的克尔效应图像

（a）极向面磁畴；（b）面内面磁畴

在单轴各向异性样品的垂直于其易磁化轴的方向观察时，得到的磁畴图案通常被称为"齿轮"图案。当在平行于易磁化方向的平面内观测时，观察到的是条纹图案，其易磁化轴平行于条纹方向。

克尔效应已经发展成为表征薄膜样品的磁特性的精确方法，能够测量常规方法不能测量的项目，这是由于存在小的磁性材料体积。它也被用作记录数字数据，其中 1 和 0 被存储为在一个方向或另一个方向上被磁化的磁畴。然后使用在磁性表面上扫描的激光点读回数据。

1.2.3 磁化曲线与磁滞回线

铁磁性材料和亚铁磁性材料具有一个共同的特征：它们对外加磁场有明显的响应特性，即被磁化或退磁（又称反向磁化）。此时，磁性材料的状态随外加磁场强度的变化而变化，这种变化可以用磁化曲线和磁滞回线来表征，如图 1-4 所示。

在磁化过程中，处于热退磁状态的铁磁性材料在外加磁场 H 的作用下，随着外加磁场强度的增大，材料的磁化强度逐渐增大，当 H 到达一定值后，M 逐渐趋向于一个稳定的值 M_s，M_s 称为饱和磁化强度。B-H 曲线起始的变化与 M-H 曲线相似，但是当 M-H 曲线趋近饱和时，根据公式 $B = \mu_0(H + M)$，可知 B 不存在饱和值，它的值会随着外加磁场强度的增大而以一定的斜率不断增大。

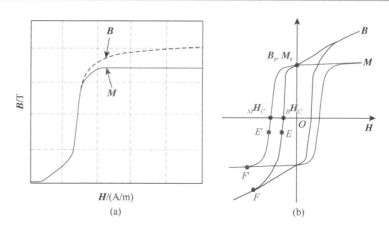

图 1-4　铁磁性材料或亚铁磁性材料典型的磁化曲线（a）和磁滞回线（b）

在 **B-H** 曲线上，可以获得另一个十分重要的磁学参量，就是前面介绍过的磁导率 μ。在磁化曲线 **B-H** 上，某一点的纵坐标与横坐标之比就是磁导率，其中两个比较重要的磁导率值是

初始磁导率 μ_i $\qquad\qquad$ $\mu_i = \lim_{H \to 0}(B/H)$ $\qquad\qquad$ （1-9）

最大磁导率 μ_{max} $\qquad\qquad$ $\mu_{max} = (B/H)_{max}$ $\qquad\qquad$ （1-10）

对 **M-H** 曲线或 **B-H** 曲线而言，从饱和磁化状态开始将磁化场逐步减小，发现材料中对应的 **B** 或 **M** 值虽然也随 **H** 减小而减小，但是不再沿着原曲线返回，而保持一定的值，并且当磁化场减小到 **H** = 0 时，材料仍保留有一定的磁感应强度或磁化强度，相应的称为剩余磁感应强度和剩余磁化强度，分别用 B_r 和 M_r 来表示，简称剩磁。要使 **B** 或 **M** 继续减小，必须在反方向增大磁场强度，当反向磁场达到某一数值时，一般先后有 **B** = 0 和 **M** = 0，相应的两个磁场强度分别称为磁感矫顽力和内禀矫顽力，用 H_{cb} 和 H_{ci} 表示。矫顽力物理意义是表征材料在磁化以后保持磁化状态的能力，它是磁性材料的一个重要参数。

铁磁性材料在退磁过程中从剩磁态到磁化强度在反向磁场作用下降至零的对应的曲线称为退磁曲线，除了上述的剩磁和矫顽力，还有一个表征永磁材料的重要磁参量，即 **B-H** 曲线上任一点的 **B** 和 **H** 的乘积（**BH**），称为磁能积，它具有表征磁性材料中能量大小的物理意义，**BH** 中的最大值$(BH)_{max}$称为最大磁能积，它与永磁材料表面磁场强度的平方值成正比。

从 H_{cb} 和 H_{ci} 起，继续加大反向磁场，材料的磁感应强度 **B** 或磁化强度 **M** 将反转，沿着反向磁场的方向逐渐磁化到饱和。此后逐渐减小反向磁场至零并再次施加初始方向磁场至铁磁性材料达到正向饱和，相应的 **B-H** 或 **M-H** 曲线会形成一条闭合曲线，称为磁滞回线。磁滞回线反映了磁性材料随外加磁场强度的变化，其自身磁化状态的变化有滞后现象，这是铁磁性材料的一个重要特点。

1.2.4 磁耦合效应

磁性材料在外加磁场的作用下表现出磁有序特性。磁有序将影响材料的其他物理性质，如力、热、光、电等特性。通常把磁特性与这些物理特性的相互作用称为磁耦合效应。磁耦合效应主要包括磁弹、磁热、磁光以及磁电等效应。本节将分别介绍这些效应。

1. 磁弹效应

磁弹效应是指磁性和弹性的耦合，也就是磁有序对力学性质的影响。磁弹性材料一般的宏观表现为在磁化的同时，材料形状（长度和体积）会发生明显的改变，其中最典型的就是磁致伸缩效应。磁致伸缩效应可以分为线性磁致伸缩和体积磁致伸缩。

线性磁致伸缩是指在外场作用下物质线度的变化，通常用长度的相对变化 $\lambda = \dfrac{\Delta l_0}{l_0}$ 来表示磁致伸缩的大小，λ 称为线性磁致伸缩系数。它是 1842 年由焦耳（J. P. Joule）发现的，因此又称焦耳效应。线性磁致伸缩系数 λ 与磁化过程有关。磁性材料达到磁饱和时的磁致伸缩系数称为饱和磁致伸缩系数，用 λ_s 表示。铁的饱和磁致伸缩系数 $\lambda_s = -7 \times 10^{-6}$（其中 10^{-6} 也有人用 ppm 表示）。

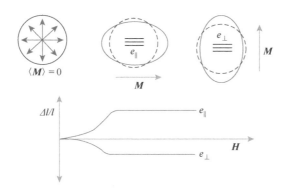

图 1-5 对于退磁样品，施加不同方向外加磁场测得的磁致伸缩

一般来说，如果 θ 是易磁化轴与磁化强度的夹角，则

$$\lambda(\theta) = 3\lambda_s(1 - \cos^2\theta)/2 \tag{1-11}$$

也就是说，线性磁致伸缩取决于测量方向以及施加的磁场方向，一般情况下是各向异性的。如图 1-5 所示，对一个退磁样品，当沿着水平方向测样品的磁致伸缩时，沿着水平方向加磁场和沿着垂直方向加磁场测出来的应变是反向的。

传统的磁致伸缩材料畸变度较小，一般小于 0.2%，如(Tb, Dy)Fe$_2$[1]、FeGa[2]合金等。

如果对铁磁材料施加一个压力或张力，使材料的长度发生变化，则材料内部的磁化状态也随之变化，这是磁致伸缩的逆效应，通常称为压磁效应。

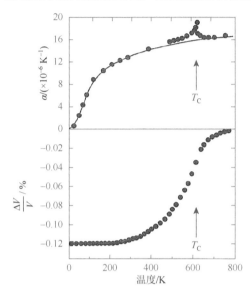

图 1-6　金属 Ni 的热膨胀系数和体积膨胀系数[3]

体积磁致伸缩是指在外加磁场作用下，各向同性晶体中由于磁有序而引起体积发生的微小变化，体积磁致伸缩系数用 ω_s 来表示。ω_s 可以是正值也可以是负值，但是大小一般不会超过 1%。图 1-6 给出了金属 Ni 的热膨胀系数和体积膨胀系数[3]。当温度高于居里温度时，材料的热膨胀系数随温度的变化是正常的。当温度降至居里温度时，晶格常数变化出现了异常。这种反常的热膨胀，是由交换作用产生的自发磁化引起的，故又称交换磁致伸缩。也有些合金在数十度的温度范围内其热膨胀系数非常接近于零，这些合金由于其尺寸不随温度变化而被称为因瓦（Invar）合金。

最典型的例子就是 Fe$_{65}$Ni$_{35}$。因瓦合金的发现是非常重要的，因为在精密仪器中尺寸稳定的合金有非常实际的用途。

对有些强磁材料的棒材沿着轴向通以电流，再在这个轴向施加磁场，会引起材料沿轴向产生扭转，这种现象是磁致伸缩现象的一种变体，称为维德曼效应。其原因是电流产生的环状磁场与轴向磁场合成的磁场使得磁畴的排列发生变化，或磁畴磁矩的扭转引起扭转式磁致伸缩。扭转角 ϕ 与 $H_\parallel$ 导线长度 l、电流密度 j、饱和磁致伸缩系数 λ_s 之间有如下关系

$$\phi = \frac{3}{2}\lambda_s jl H_\parallel \qquad (1-12)$$

除了传统的磁致伸缩材料，磁弹性材料还包括畸变度较大（1.2%～11%）的兼有磁性和马氏体相变特性的材料，也被称为磁相变材料，如 Ni$_2$MnGa[4]、FePd、MnNiGe[5]等。而类似 GdSiGe[6]、LaFeSi[7]、MnFePAs[8]等材料，晶格畸变度远小于马氏体相变而大于磁致伸缩材料，畸变行为类似一级相变，为了区别于马氏体相变材料，目前国际上通常将它们称为磁弹性材料。

2. 磁热效应

磁性材料除了晶格热运动引起的正常比热容之外，其自旋的热运动也会呈现出一个附加的比热容，因此，可以通过外加磁场来控制材料的比热容，而出现物质的吸热或放热现象，称为磁热效应。磁热效应指的是绝热过程中铁磁体或顺磁体的温度随磁场强度的改变而变化的现象。磁热效应是德国物理学家 E. 沃伯格于 1881 年在纯铁中发现的。磁热效应的大小为：磁场每变化 1 T，磁性材料的温度变化 0.5～2℃。早在 1933 年，低温物理学家就已用磁性材料的磁热效应获得接近热力学零度的低温。

在绝热条件下减小磁场时，物质的温度将降低，这种现象称为磁致冷效应。利用绝热去磁法获得低温，就是依据这一效应。因为在没有磁场时，各个磁活动性离子的角动量取向是混乱的，使得每摩尔分子的熵，除了点阵振动所引起的部分外，又增加了一部分。若将磁性介质在温度保持一定的情况下放入强磁场中，磁场将使所有离子的角动量取能量较小的方向，因而减小了系统的熵，这时有热量 $\Delta Q = \Delta S \times T$ 流出磁性介质。若在绝热条件下慢慢减小磁场，使整个过程为可逆过程，则系统的总熵保持不变，但过程中各离子角动量取向引起的熵增大到原来的值，所以与点阵振动相联系的那部分熵必然减小，物质被冷却。绝热去磁法是现代得到低温的有效方法，可以得到约 0.001 K 的低温。一般的操作步骤如下：

（1）绝热磁化。把磁热材料放在绝热环境中，外加磁场，材料的原子磁矩沿磁场方向取向，使材料的磁熵和热容都减小，由于总能量未减小，按照热力学定律，物体的总熵未减小，故物体的温度升高。

（2）等温热传导。磁场保持不变，把磁热材料所升高的温度的热量用气体或液氦带走。待温度平衡后，把磁热材料和冷却介质分开。

（3）绝热退磁。磁热材料在绝热环境中，因而总熵不变，减少磁场，热能使磁热材料的磁矩混乱（磁熵增大），故材料的温度降低，热熵变为磁熵（磁无序状态）。

（4）等温热传导。维持磁场不变，把冷却的磁热材料和要冷却的环境接触，设计时，周围环境的温度比磁热材料的高，故材料能吸收周围环境的热，而使环境的温度降低。当冷却剂和冷却环境达到热平衡时，第二个循环又开始。如此循环，就可获得极低温度。

物质的点阵振动和磁矩取向都对系统的熵有贡献，如先在等温情形下加外加磁场，物质被磁化，分子磁矩趋向于一致的排列，对熵的贡献减小，系统放出热量；然后在绝热条件下撤去外加磁场，磁矩恢复为无规排列，相应的熵增大，但由于是绝热去磁，系统的总熵不变，磁矩的熵的增大是以点阵振动的熵的减小为代价，这导致物质的冷却。绝热去磁与绝热去极化同样可用来获得低温。

顺磁性与铁磁性物质在外加磁场的作用下，磁矩由杂乱无章变为有序排列，原子磁矩之间及与外加磁场之间的相互作用能降低，它的磁熵减小，排出熵的过程也就是放热的过程，当系统处于绝热的情况下，系统与周围环境没有热交换，样品的温度必然提高。反之，在退磁过程中，磁性物质的磁矩由有序而变为无序，从外界吸收能量，磁熵增大，在系统绝热的情况下磁性物质本身降温。这种由外加磁场变化而引起磁性物质放热或吸热的现象称为磁热效应。由于磁热效应是通过自旋排列的有序程度变化而产生的，可知此效应在居里温度附近最为显著，这是因为在居里温度附近加一定磁场可使磁化强度有较大幅度的增大。相反，如果在一定温度下突然去掉外加的磁化场，磁体的温度将下降。因此利用这一效应可以实现磁致冷。

对于铁磁体，假设在磁场 H 的作用下，磁场导致磁化强度 M 增大了 δM，则磁场所做的功为

$$\delta W = \mu_0 H \delta M \tag{1-13}$$

另外，由于交换作用引起的内能变化（也就是在分子场作用下磁化强度从 M 增大到 $M + \delta M$）为

$$\delta U = -\mu_0 n_W M \delta M \tag{1-14}$$

其中，n_W 为分子场系数，则系统产生的热量为

$$\delta Q = \mu_0 (H + n_W M) \delta M \tag{1-15}$$

顺磁温度范围内，在 T_C 之上，$\chi = C/(T - T_C)$，分子场 $n_W M$ 和 H 有相同数量级，因此 H 不能忽略，同时，居里温度和居里常数之间满足关系式 $T_C = n_W C$，因此

$$M = \chi H = \frac{H T_C}{n_W (T - T_C)} \tag{1-16}$$

将式（1-16）代入式（1-15），得

$$\delta Q = \frac{\mu_0}{2 n_W} \frac{T T_C}{(T - T_C)^2} \delta(H^2) \tag{1-17}$$

温度的相应变化 $\delta T = \delta Q / C_M$，$C_M$ 是指在恒定磁化强度 M 下的比热容。因此，如果 $T > T_C$

$$\delta T = \frac{\mu_0 n_W}{2 C_M} \frac{T}{T_C} \delta(M^2) \tag{1-18}$$

$T < T_C$ 时，分子场 $n_W M$ 比磁场 H 大得多，因此可以忽略式（1-15）中的加磁场项，因此

$$\delta Q = \mu_0 n_W M \delta M \tag{1-19}$$

温度变化

$$\delta T = \frac{\delta Q}{C} = \frac{\mu_0 n_W}{2 C_M} \delta(M^2) \tag{1-20}$$

图 1-7 是在 2 T 场下 Ni 的磁热效应，在 1 T 场下，在 T_C 附近温度的变化接近 2 K。Gd 基合金的居里温度在 320 K 左右[6]，可以用于磁致冷。

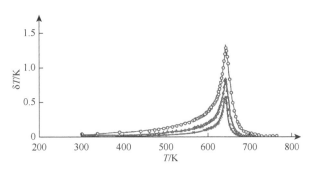

图 1-7　金属 Ni 的磁热效应

3. 磁光效应

光线通过材料或被其反射时，材料的磁化强度直接对光线的影响所产生的现象称为磁光效应。磁光效应主要有两种，即法拉第效应和克尔效应。

1）法拉第效应

法拉第效应是法拉第（M. Faraday）在 1845 年发现的。他发现当线偏振光在介质中传播时，若在平行于光的传播方向 e_K 上加一强磁场，则光振动方向将发生偏转，偏转角度 θ_F 与磁感应强度 $\boldsymbol{B}$ 和光在介质中传播的路程 l 的乘积成正比，即 $\theta_F = K_V B l$，比例系数 K_V 是材料的韦尔代常数，与介质性质以及波长有关。振动面的转向只由磁场方向决定。在一定物质中光沿磁场方向或逆磁场方向传播，只要磁场方向不变，旋转方向就不变。当磁场方向改变时，旋转方向也改变。若 $\boldsymbol{B}$ 的方向反向，而光的传播方向不变，则旋转角大小不变，但却向另一方向旋转。

法拉第效应最早是在顺磁玻璃介质中发现的，但当光穿过抗磁体，或者自发磁化的铁磁性或亚铁磁性时，也可以观察到法拉第旋转效应。

2）克尔效应

1877 年克尔注意到偏振光从电磁铁抛光的铁极面反射出来的光的偏振平面旋转小于 1°，当磁场的方向相反则旋转方向也会改变。这种入射的线偏振光在已磁化的物质表面反射时，振动面发生旋转的现象称为磁光克尔效应。磁光克尔效应分为极向、纵向和横向三种。分别对应物质的磁化强度与反射表面垂直、与表面和入射面平行、与表面平行而与入射面垂直三种情形。极向和纵向磁光克尔效应的磁致旋光都正比于磁化强度，一般极向的效应最强，纵向次之，横向则无明显的磁致旋光。

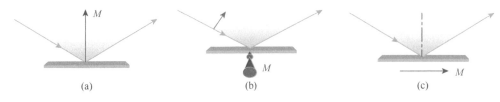

图 1-8　磁光克尔效应示意图

（a）极向克尔效应；（b）横向克尔效应；（c）纵向克尔效应

在三种效应中，只有极向磁光克尔效应的磁化与介质表面垂直。其他两种，磁化都在平面内。横向克尔效应的磁化横向穿过入射和反射光线所组成的平面；纵向克尔效应的磁化既平行于介质表面又平行于入射光所在的平面，如图 1-8 所示。在纵向配置中，反射光的振动面有一定程度的旋转，同时反射光的椭偏率也要发生变化。但在横向配置中，只有在平面内或垂直于入射平面的偏振光的反射率是有差别的，这个差别取决于样品的磁化强度。对于极性和纵向效应，会产生一个与反射光（反射强度为 r_K）垂直的，小小的对磁化敏感的分量 k_K，导致克尔旋转角 θ_K 和椭偏率 e_K。当 $k_K \ll r_K$，θ_K 和 e_K 的表达式为

$$\theta_K = \psi_K \cos \phi_K \tag{1-21}$$

$$e_K = \psi_K \sin \phi_K \tag{1-22}$$

$\psi_K = |\boldsymbol{k}/r|$，$\phi_K$ 是 k 和 r 之间的相位差，k 是入射光的波矢。极性克尔效应主要应用在薄膜磁滞回线的测量中以及磁畴成像和磁光记录等方面。

4. 磁电效应

磁电效应，包括电流磁效应和狭义的磁电效应。电流磁效应是指磁场对通有电流的物体引起的电效应，如磁电阻效应和霍尔效应；狭义的磁电效应是指物体由电场作用产生的磁化效应或由磁场作用产生的电极化效应，如电致磁电效应或磁致磁电效应。

1）磁电阻效应

磁电阻效应是指某些金属或半导体的电阻值随外加磁场变化而变化的现象。同霍尔效应一样，磁电阻效应也是由于载流子在磁场中受到洛伦兹力而产生的。在达到稳态时，某一速度的载流子所受到的电场力与洛伦兹力相等，载流子在两端聚集产生霍尔电场，比该速度慢的载流子将向电场力方向偏转，比该速度快的载流子则向洛伦兹力方向偏转。这种偏转导致载流子的漂移路径增加。或者说，沿外加电场方向运动的载流子数减少，从而使电阻增大。这种现象称为磁电阻效应。若外加磁场与外加电场垂直，称为横向磁电阻效应；若外加磁场与外加电场平行，称为纵向磁电阻效应。一般情况下，载流子的有效质量的弛豫时间与方向

无关，则纵向磁感强度不引起载流子偏移，因而无纵向磁电阻效应。磁电阻效应主要分为：常磁电阻、巨磁电阻、超巨磁电阻、异向磁电阻、隧穿磁电阻效应等。磁电阻效应广泛用于磁传感、磁力计、电子罗盘、位置和角度传感器、车辆探测、GPS 导航、仪器仪表、磁记录（磁卡、硬盘）等领域。

对于非铁磁性物质，外加磁场通常使电阻率增大，即产生正的磁电阻效应。在低温和强磁场条件下，该效应显著。对于单晶，电流和磁场相对于晶轴的取向不同时，电阻率随磁场强度的改变率也不同，即磁电阻效应是各向异性的。磁电阻效应的强弱通常用磁电阻值的大小来表示。

磁电阻定义为

$$M_r = [\rho(\boldsymbol{B}) - \rho(0)] / \rho(0) \tag{1-23}$$

在非磁金属中出现正的磁电阻，是由洛伦兹力作用导致的电子回旋运动引起的。

在铁磁体中还有其他内在的磁电阻现象，特别是各向异性磁电阻（anisotropic magneto resistance，AMR）效应。它依赖于电流方向和磁场方向。它是由英国物理学家 William Thompson 在 1857 年发现的。实验发现：镍多晶棒在室温下的电阻率随着电流相对于磁场方向的变化而发生微小改变。当电流方向与磁场平行时的电阻率比电流与磁场方向垂直时的电阻率大。AMR 的最大值定义 $\Delta\rho / \rho_\perp$，$\Delta\rho = (\rho_{//} - \rho_\perp)$。与方向有关的饱和各向异性磁电阻定义为

$$\rho(\varphi) = \rho_\perp + (\rho_{//} - \rho_\perp)\cos^2\varphi \tag{1-24}$$

其中，φ 是电流方向和磁场方向之间的夹角。图 1-9 给出了镍钴合金在不同外加磁场作用下的磁电阻[9]。

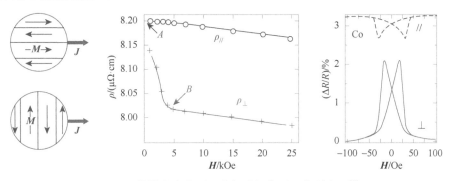

图 1-9　镍钴合金在不同外加磁场作用下的磁电阻[9]

到目前为止，我们认为铁磁体的磁化强度是均匀的，电流与磁场 $\boldsymbol{M}$ 呈固定的角度 φ。当电流在一个固体中移动时将会受磁感应强度 $\boldsymbol{B}$ 的影响。在铁磁体中，磁化强度促使电子散射，所以 Kohler 规则应该广义地认为

$$\frac{\Delta\rho}{\rho} = a(\boldsymbol{H}/\rho)^2 + b(\boldsymbol{M}/\rho)^2 \tag{1-25}$$

虽然 AMR 都非常微小，但是它在传感器中非常有用，因为只要微小的磁场，薄膜中就可以实现电阻的改变。

2）霍尔效应

霍尔效应是指样品中的电流在其垂直方向的磁场 $\boldsymbol{B}$ 的作用下，会在与电流和磁场都垂直的方向上产生电势差，也称霍尔电压。这种现象称为霍尔效应。这一现象是美国物理学家霍尔（E. H. Hall，1855—1938）于 1879 年在研究金属的导电机制时在非磁性金属或半导体薄片中发现的，也是自然界最基本的电磁现象之一[1]。

1881 年，霍尔在研究磁性金属的霍尔效应时发现，即使不加外加磁场也可以观测到霍尔效应，这种零磁场中的霍尔效应就是反常霍尔效应。为了区别于反常霍尔效应，前面这种由于外加磁场对电子的洛伦兹力而产生的运动轨道偏转引起的霍尔效应又称正常霍尔效应。反常霍尔效应是由于材料本身的自发磁化而产生的，因此是一类新的重要物理效应，与普通的霍尔效应在本质上完全不同。

在铁磁性的金属薄膜样品里，当沿 z 方向加上外加磁场，与薄膜所在的平面垂直，霍尔效应除了正常霍尔效应，还另外增加了与样品的磁化强度 $\boldsymbol{M}$ 大小相关的反常项，即反常霍尔效应，即

$$\rho_{xy} = \mu_0(R_{\mathrm{h}}\boldsymbol{H} + R_{\mathrm{s}}\boldsymbol{M}) \tag{1-26}$$

其中，第一项是正常霍尔效应，第二项是反常霍尔效应。一般认为有三种机制贡献反常霍尔效应。其中两个是由杂质散射引起的外禀散射机制，另一个由来源于动量空间运动的电子积累的贝里相位所致，其贡献仅仅来源于能带结构，与外部散射无关，被称为内禀（intrinsic）机制。研究发现 R_{s} 强烈地依赖于材料本身的性质，特别是线电阻 ρ_{xx} 的大小。Smit 和 Berger 提出一个半经典的 AHE 理论[10, 11]，他们考虑了在有缺陷的晶体中无序散射带来的影响，认为 AHE 效应主要来源于自旋-轨道耦合作用下的杂质受到螺旋散射（skew scattering）影响。这个散射机制预测霍尔电阻和材料线电阻 ρ_{xx} 成正比。而 Berger 认为 AHE 电流主要来源于自旋轨道耦合作用下的杂质受到边跳（side-jump）机制影响，AHE 被认为是每一次边跳散射事件和散射率综合作用产生的结果，也认为与线电阻的平方成正比。

在无序铁磁杂质散射和磁玻璃中霍尔效应非常大，在顺磁中比较小，遵循居里-外斯定律。

1.3 磁性材料的分类[12, 13]

如 1.1.4 节所述，我们可以基于各类磁效应将磁性材料分为永磁材料、软磁材

料、磁记录材料、磁致伸缩材料、磁致冷材料、旋磁材料和自旋电子学相关材料等若干大类，而每一类磁性材料又是由多种不同成分、结构和性能的材料组成。基于本书的重点，我们对永磁材料、软磁材料、磁记录材料和自旋电子学相关材料的分类做详细阐述。

1.3.1 永磁材料

人类发现和应用永磁材料已经有一个多世纪的历史了。早在 1880 年，碳钢就成为人们早期应用的永磁材料，随后是钨钢、钴钢等。这就是所谓的磁钢。随后的 20 世纪是永磁材料快速发展的阶段。1931 年，铸造铁镍铝合金问世，之后加入各种添加元素如钴、铜、钛、铌等而发展成为牌号为 $AlNiCo_5$、$AlNiCo_8$ 的铝镍钴合金。最大磁能积达 104 kJ/m^3。70 年代初，又出现了性能与 $AlNiCo_5$ 相近，而加工性能好且含钴低的铁铬钴系永磁，这种材料当时在各国引起了重视。与铝镍钴永磁同时发展起来的另一类永磁材料是铁氧体永磁，其最大磁能积达 40 kJ/m^3。因其价格低廉，已成为当今用量较大的一类永磁材料。60 年代初出现的稀土钴永磁合金，实验室最大磁能积达 240 kJ/m^3。其中 RCo_5（R 代表稀土元素）称为第一代稀土永磁。R_2Co_{17} 称为第二代稀土永磁。1983 年，出现了以 NdFeB 为代表的第三代稀土永磁合金，实验室最大磁能积达 474 kJ/m^3。它是目前永磁材料中磁能积最大的一类。近年来，继 NdFeB 永磁合金之后，材料科学工作者又研发了一些新型的稀土永磁材料。最有代表性的有三类：即间隙稀土金属间化合物永磁材料 $ThMn_{12}$ 和 $Sm_2Fe_{17}N_x$，以及纳米晶复合交换耦合永磁材料。

目前，永磁材料中磁性能最优的一类是稀土永磁材料，以稀土金属间化合物为基体的材料，主要包括钴基稀土永磁材料和铁基稀土永磁材料两类，其中几种典型的代表如下所述。

1. Sm-Co 系稀土永磁

Sm-Co 系稀土永磁包括 1∶5 系（第一代稀土永磁）和 2∶17 系（第二代稀土永磁）Sm-Co 稀土永磁体，其矫顽力机制可用形核场理论和畴壁钉扎理论分别进行很好的解释。Sm-Co 系稀土永磁材料磁性能十分优异，但因其含有储量稀少的稀土金属元素 Sm 和稀缺昂贵的战略金属 Co，价格比较昂贵，这使它的发展受到了很大限制，目前主要用于航空航天及军事工业。

2. R-Fe-B 系稀土永磁

自 1980 年开始，不同研究者广泛研究了 Pr-Fe、Nd-Fe 系微晶永磁，并把 B 作为类金属元素加入，将新型稀土永磁材料研究引入 R-Fe-B 系方向。1983 年，人们应用快淬和随后热处理的办法把 R-Fe-B 做成具有高矫顽力的永磁体，其硬磁

相最终确定为 $Nd_2Fe_{14}B$ 相。日本研究者则另辟蹊径，首先用粉末冶金法研制出更高性能的 Nd-Fe-B 永磁体，磁能积高达 288 kJ/m^3，从而宣告了第三代稀土永磁材料的诞生。随后，各国学者一直致力于其磁性能的提高。2006 年，日本 Neomax 公司宣布已规模生产出磁能积高达 474 kJ/m^3 的永磁体。到目前为止，Nd-Fe-B 是永磁材料中磁性能最高的。R-Fe-B 系永磁材料具有异常优异的磁性能，且原料资源丰富，是一种具有广阔发展前景的永磁材料，目前正逐步取代 Sm-Co 系永磁体和 AlNiCo 系铸造永磁体及铁氧体永磁体。

3. 纳米双相耦合磁体

纳米双相耦合磁体是新发展起来的一类磁体。一般情况下，具有很高各向异性场的硬磁性相（如 $Nd_2Fe_{14}B$、$Sm_2Fe_{17}N_3$）饱和磁化强度偏低，而具高饱和磁化强度的软磁性相（如 α-Fe、Fe_3B 等）各向异性偏低。于是人们设想能否有一种磁体充分利用软、硬磁性相的上述优点，既具有高的饱和磁化强度，又具有高的各向异性场，从而具有高的磁性能。耦合磁体就是在上述思路下发展起来的。其典型的组织为：$Nd_2Fe_{14}B/Fe_3B$，$Nd_2Fe_{14}B/\alpha$-Fe，$Sm_2Fe_{17}N_3/\alpha$-Fe 等。其磁化机制是假设晶间存在交换耦合作用，交换耦合的结果是软磁性相利用硬磁性相提供的高各向异性场，可以将其磁性能的潜力发挥出来，产生具有高剩磁和高矫顽力的磁体。但到目前为止，该类磁体的磁性能还没有达到各向异性单相稀土永磁的水平。值得一提的是，2017 年，我国燕山大学张湘义课题组成功研制出各向异性的 SmCo/FeCo 双相复合纳米晶永磁，磁能积达到 224 kJ/m^3，在同类磁体中首次超过相应的单相硬磁的磁能积，这一突破为这类新型磁体的高性能化提供了新的研制思路。

4. Sm-Fe-N 系稀土永磁

大多数 R_2Fe_{17} 化合物的居里温度 T_C 较低，并且磁化方向是易基面的，各向异性也较低，不能发展成有实用意义的永磁材料。但 Coey 等发现大部分 R_2Fe_{17} 化合物于 450～550℃氮化处理后，将形成 RFeN 间隙金属间化合物，如 $Sm_2Fe_{17}N_3$。其内禀磁特性几乎与 $Nd_2Fe_{14}B$ 化合物的相当，同时具有比 $Nd_2Fe_{14}B$ 化合物更高的各向异性场和更高的居里温度，是一种潜在可成为有实用意义的永磁材料。其缺点是只能做成黏结 $Sm_2Fe_{17}N_3$ 永磁材料，不能做成烧结永磁材料。因为高于 600℃时，$Sm_2Fe_{17}N_3$ 会分解。

5. Nd(Fe, Mo)$_{12}$N$_x$ 系稀土永磁

早在 1983 年，北京大学杨应昌等发现 ThMn$_{12}$ 型的 R(Fe, M)$_{12}$（R = Al, Mn）化合物具有铁磁性。随后人们经过研究又发现 Ti、Si、Al、Co、Mo 和稀土-铁可生成 ThMn$_{12}$ 结构的化合物，其中许多具有适合制备永磁的内禀磁性，但与 $Nd_2Fe_{14}B$ 相比具有较

大差距。1991 年，杨应昌教授成功地将氮原子引入 $ThMn_{12}$ 结构的 $R(Fe, Mo)_{12}$ 化合物中，开辟了间隙型含氮稀土铁基金属化合物研究的另一大领域，其中 $Nd(Fe, Mo)_{12}N_x$ 等几种化合物的内禀磁性与 $Nd_2Fe_{14}B$ 相近，有希望成为永磁材料。

1.3.2 软磁材料

软磁材料的基本磁特性是磁感应强度和磁导率高而矫顽力低，因此磁滞损耗小，适用于交变磁场。软磁材料包括铁、钴、镍等金属材料及其合金，以及铁氧体化合物。目前实用化的产品包括电工纯铁、铁硅合金、铁镍合金、铁铝合金、铁钴合金、尖晶石型结构（AB_2O_4）铁氧体软磁材料、非晶及纳米晶软磁合金等。

1. 电工纯铁

电工纯铁是最便宜、易加工、应用最早的软磁材料；也是其他磁性材料的原材料，主要包括工业纯铁、电解铁、羰基铁等，分别采用传统冶炼方法、电解提纯、化学提纯获得，其杂质含量依次降低。电工纯铁的磁特性是饱和磁感高，电阻率低，因此用于恒稳磁场中的磁导体和磁屏蔽材料中，如电磁铁的铁心和极头、继电器的衔铁以及磁屏蔽罩等。

2. 铁硅合金

纯铁的饱和磁感高，但是电阻率很低，因此铁损很大，一般只能用于直流磁场的情况下。为此，人们在铁中添加硅元素形成了铁硅合金，又称硅钢片，目前已经成为世界上用途最广、用量最大的软磁材料，广泛地应用于电机、变压器铁心、电源变压器、脉冲变压器、继电器、电感线圈的铁心等领域。从制造工艺上可分为热轧无取向铁硅合金、冷轧无取向铁硅合金和冷轧取向铁硅合金，其中冷轧取向硅钢片性能最优。铁硅合金中硅含量一般不超过 3.5%，内部晶粒取向织构包括戈斯织构和立方织构两种。

3. 铁镍合金

铁硅合金的出现大大扩展了软磁材料的应用领域。磁性能上也明显优化。但铁硅合金在较高磁场下磁性能较好，而在低场下则较差。为此人们制备了新型的铁镍合金。这种合金也称坡莫合金（permalloy），是指镍含量（质量分数）35%～90%Fe-Ni 二元系合金或添加 Mo、Cu、Cr 等元素的多元合金。其优点包括在弱磁场下有很高的磁导率、机械加工特性好等，缺点包括饱和磁感不如铁硅合金，而且由于镍属于稀贵金属且含量高，因此价格昂贵。

4. 铁铝合金和铁钴合金

铁铝合金价格低廉，不含钴镍，其优点在于电阻率较大、强度和硬度大、软磁特性较好，而缺点是冷加工困难，因此难于大量生产。主要应用于高频变压器、微电机及电磁阀铁心和磁头材料。铁钴合金饱和磁化强度最高，在高饱和磁感的前提下具有高磁导率，居里温度高达 980℃，温度稳定性好，缺点是价格昂贵，主要应用于电磁铁极头和电话机耳膜。

5. 铁氧体软磁材料

随着近现代通信业的快速发展，迫切需要适于更高频率下工作的，电阻率更高、涡流损耗更低的软磁材料。软磁铁氧体正是在这种背景下应运而生的。铁的氧化物和其他一种或几种金属氧化物组成的复合氧化物称为铁氧体。具有亚铁磁性的铁氧体是一种强磁性材料，统称铁氧体磁性材料。其中软磁铁氧体主要是指尖晶石型铁氧体，这类铁氧体由于具有同天然尖晶石 $MgAl_2O_4$ 相同的晶体结构而得此称号。在其化学分子式 $MeFe_2O_4$ 中，二价金属离子 Me 可以是 Mn^{2+}、Zn^{2+}、Ni^{2+}、Mg^{2+}、Co^{2+} 等。目前实用化的软磁铁氧体是由两种或两种以上单一铁氧体组成的复合铁氧体，如 Mn-Zn、Ni-Zn、Mg-Zn、Cu-Zn 等体系。与前面所述的各类金属软磁材料相比，软磁铁氧体最大的优势就是电阻率非常高，例如我们前面介绍过的电工纯铁，其电阻率只有 $10^{-7}\Omega\cdot m$，而 NiZn 铁氧体的电阻率可高达 $10^8\Omega\cdot m$。两者相差 15 个数量级。由于电阻率高，材料的涡流损耗就很小，有时甚至可以忽略不计。与此同时，小的涡流损耗十分有利于材料在高频的条件下工作。因此，软磁铁氧体广泛地用于高频及超高频的诸多场合。

6. 非晶及纳米晶软磁合金

与传统的晶态软磁合金相比，非晶及纳米晶软磁合金具有完全不同的晶体结构，从而使这些材料具有一些新的特点。其中，非晶软磁合金具有磁各向同性、高电阻率以及良好的耐蚀性和力学性能，这对于其应用十分有利。目前典型的非晶软磁合金是过渡金属（Fe，Co，Ni）-类金属（B，C，P，Si）体系非晶态合金，其中的铁基非晶软磁合金的铁含量在 80%左右，其余为 B、C、Si 等。这类合金的特点是高 B_s（1.6～1.8 T）、低铁损（为普通硅钢的 1/3～1/10 左右），但饱和磁致伸缩系数 λ_s 较大，弱场磁性较差。主要用于变压器和电机的铁心。而钴基非晶软磁合金则可以通过调节 Co、Fe 以及类金属的比例，可以使材料 λ_s 趋于 0。同时由于非晶软磁合金特有的磁各向同性，材料具有极高的磁导率（可高达 200 万），其弱场特性与坡莫合金相近，还因电阻率高而具有良好的高频特性，主要用于磁头和高频变压器等领域。此外，另一类非晶软磁合金是过渡金属（Fe，Co，Ni）-过渡金属（Zr，Hf，Nb）体系非晶合金，这类材料也属于铁基非晶合金，铁（钴、镍）含量在 90%左右，其余为 Zr、Hf、Nb 等。除了具有较好的软磁特性之外，这类材料还具有较高的晶化温度等优点。目前主要用于制作磁头材料和超声延迟线等。

纳米晶软磁合金是在急需既有高饱和磁化强度，又有高初始磁导率、低矫顽力和低损耗的软磁合金背景下开发出来的。尽管非晶软磁合金都具有自己的优点，但同时也存在明显的缺点。由此选择了饱和磁感应强度高的以铁为基、磁致伸缩系数为零的软磁合金制备成纳米晶材料。这样就可以得到高饱和磁化强度、高初始磁导率、低矫顽力和低损耗的优质软磁材料。其中 Fe-Co基纳米晶软磁材料的 B_s 可以达到 2 T 以上，并同时具有较高的磁导率。目前，纳米晶软磁合金的典型代表成分有 FeCuNbSiB、FeZrB 等。纳米晶软磁合金可以用作薄膜磁头、大功率变压器、高频变压器、传感器和互感器等，应用前景十分广阔。

1.3.3 磁记录材料

磁记录技术发明于 1898 年，如今在声音、图像以及数据记录中有着广泛的应用。具体用途包括录音机、录像机、磁卡、计算机硬盘等。传统的磁记录是以磁记录介质受到外加磁场磁化，去掉外加磁场后仍能长期保持其剩余磁化状态的基本性质为基础的，其基本原理是在信息记录时将其转化为电信号并通过记录磁头线圈形成相应的变化磁场，与此同时，处于退磁状态的磁记录介质以恒定的速度通过记录磁头气隙并被磁场磁化，以剩磁态的形式将信息保存下来，即采用电磁感应的方式输出实现记录。读出时，使读出磁头扫描上述剩磁态的记录介质，从而再以电信号的方式将信息读出。按照记录信号的不同，磁记录可以分为模拟信号记录和数字信号记录两种。需要指出的是，近年来信息读出时更加广泛地采用磁电阻感应的方式加以实现。这种方法不仅使读取数据的准确性明显提高，而且读出的分辨率大幅提升，因而成为主流技术。

基于磁记录技术的过程，磁记录材料主要包括两部分：磁头材料和磁记录介质材料。前者主要实现信息的写入和读出，后者则实现信息的记录和存储功能。磁头材料包括基于电磁感应的铁氧体磁头材料、软磁合金磁头材料以及非晶合金磁头材料等，以及基于磁电阻效应的金属/合金薄膜材料。

1. 铁氧体磁头材料

用于制作磁体的铁氧体材料主要包括两类典型的具有尖晶石型结构的软磁铁氧体：镍锌铁氧体和锰锌铁氧体。通过改变材料中镍/锌、锰/锌的比例，可以调控其磁性能。铁氧体磁头材料的最大优势在于价格低廉，但是由于其存在着饱和磁感强度低的先天缺陷，导致记录密度低。此外，铁氧体磁头材料还存在无法写入高抗磁性介质、低频率噪声大等缺点，因而逐渐被其他材料所取代。

2. 软磁合金磁头材料

以坡莫合金和铁硅铝合金（仙台斯特合金）为代表的合金软磁材料是常用的合金磁头材料。作为磁头材料的坡莫合金一般含有少量的 Nb 或 Mo 等难熔金属。它不仅具有较高的饱和磁感强度，而且磁致伸缩系数非常低。此外，其低频磁导率也较高。因此具有良好的写入特性。但是坡莫合金电阻率低，一般采用多层薄膜叠加的方法抵抗中高频的涡流效应。仙台斯特合金（典型成分 Fe-9.6%Si-5.4%Al）的磁导率与坡莫合金相当，不仅具有较高的磁感应强度和高硬度，而且具有高耐磨性和良好的高频特性，是录音和录像技术中普遍采用的磁头材料。其缺点是又硬又脆，加工困难，因此可采用薄膜技术制造。

3. 非晶合金磁头材料

非晶合金具有晶体磁各向异性为零的特点，而且其微观结构不存在晶界和晶格缺陷，因而内应力小且矫顽力低，这些磁特性均有利于磁记录。而且，非晶合金还具有高耐磨性和高耐腐蚀性等优点。目前实用化的非晶合金磁头材料主要包括 Co-Fe-Si、Co-Nb-Zr 等多种体系，普遍具有较高的磁感应强度和磁导率。

4. 磁电阻效应磁头材料

磁电阻效应磁头材料采用软磁铁镍合金薄膜，它在磁场下改变自身电阻，从而产生强信号，提高了信息读取的灵敏度。需要指出的是，由于这种薄膜磁电阻效应磁头的电阻随外加磁场变化量有限，因此虽然较感应磁头的记录密度有所提高，但仍然有一定限度。而正是这一限制促成了巨磁电阻磁头材料的发展。这类新材料的研发始于 1988 年，法国的 Fert 研究组和德国的 Grüenberg 研究组几乎同时发现并报道了 Fe/Cr/Fe 薄膜电阻随外加磁场产生巨大变化的现象。这一发现使磁记录技术的存储密度大幅提高，在仅仅不到十年后的 1997 年，美国 IBM 公司就推出了基于这项新技术的商用新型磁头。

在磁头材料快速发展的同时，磁记录介质材料及其应用技术也在不断地发展。目前，磁记录介质的排列模式有两种，即纵向（水平）记录方式和垂直记录方式。所谓纵向记录方式是指磁记录介质材料的磁化方向与记录平面保持平行（即面内磁化），这种记录方式从 20 世纪中叶一直沿用至今，应用的材料包括氧化物和金属磁性颗粒，以及磁性金属薄膜等。与此同时，由于纵向磁记录技术存在所谓的超顺磁极限，具有更高记录密度的垂直记录方式以及相应的材料研究也在不断跟进。迄今垂直磁记录介质材料主要包括 Co 基合金膜和 $L1_0$-FePt 合金薄膜等。

5. 金属氧化物粉末颗粒介质材料

20 世纪中叶研制成功的 γ-Fe_2O_3 磁粉是一类用途广泛、价格低廉的磁记录介质材料。它具有良好的电磁性能和化学稳定性,尤其是针状 γ-Fe_2O_3,它的发明是磁记录介质发展史上的一个重要里程碑。此外,在 γ-Fe_2O_3 的基础上发展出的钴掺杂改性和钴包覆型磁粉都在一定程度上推进了这类材料的应用发展。1966 年,美国杜邦公司研制出磁记录用 CrO_2 磁粉。这种材料矫顽力高、粒子细、矩形比大,其磁性能优于 γ-Fe_2O_3,因此具有灵敏度高、频响宽、输出大等优点,但缺点是硬度大,需与高硬度磁头配合使用。

6. 金属粉末颗粒介质材料

铁、钴等金属及其合金颗粒与氧化物相比具有更高的饱和磁化强度,因此铁、钴等超细微粒金属合金磁粉也发展成为一类实用化的磁记录介质材料。其中金属铁基粉末成本最低,因此是磁记录材料应用的优选。而针状金属铁粉在通过合金化或表面处理(涂层或钝化)后成为一种电磁性能优良的磁记录介质磁性材料。

7. Co-Cr-X 磁性薄膜介质材料

在纵向磁记录中,除了上述颗粒型磁记录介质材料以外,还有一类将合金采用溅射法加工成连续薄膜的介质材料。其中一种典型的成分是 Co-Cr-X,X 为 Pt、Ta、Nb、Ir、Ni 等过渡金属元素和 B 元素。对应于不同类型的磁头材料,这种合金薄膜中的元素种类可以为 3~5 种。例如对应于感应磁头,薄膜成分为 CoCrNi 等三元合金,而对于巨磁电阻磁头,薄膜成分为 CoCrPtB 等四元或五元合金。

8. 垂直磁记录介质材料

垂直磁记录相较纵向磁记录可以显著提高磁记录的密度。目前主要的垂直磁记录介质材料包括钴基合金(典型如 CoCrPt 合金薄膜),以及铁基合金 $L1_0$-FePt 合金薄膜。特别是后者具有极高的磁晶各向异性和较高的饱和磁化强度,适用于充当超高密度磁记录介质。此外,FePt 合金还具有优异的耐腐蚀性。因此有望成为用量最大的垂直磁记录介质薄膜材料。值得一提的是,为了克服垂直磁记录材料和技术上的一些难题,近年来倾斜磁记录和热辅助磁记录等新技术也被逐渐研发并趋于实用化。

1.3.4 自旋电子学相关材料

自旋电子学是近年来快速发展起来的新兴物理学科,被公认为当今信息产业革命的主要推动力之一。自旋电子学始于本章前面已经介绍过的巨磁电阻效应，随后又发现了庞磁电阻效应、隧道磁电阻效应、自旋转移力矩效应、自旋霍尔效应、自旋塞贝克效应等一系列与电子自旋相关的物理新效应，并由此研发出一系列已经应用或极具应用前景的自旋电子学新材料。这些新材料的研发和应用将对新一代微电子技术形成关键支撑。以下对其中几类关键材料做简单介绍。

1. 隧道磁电阻效应材料

隧道磁电阻（tunneling magnetoresistance，TMR）效应也是在与 GMR 效应相似的磁性/非磁性多层膜材料中发现的。不同的是 TMR 效应中的非磁性层起到了隧穿势垒的作用。早期在 $Fe/Al_2O_3/Fe$ 隧道结中报道了室温 18% 的 TMR 比值。随后，通过理论预测并采用分子束外延技术等方法制备出 $Fe/MgO/Fe$ 隧道结，实现了高达 200% 的 TMR 比值。随后研究者又在 CoFeB/MgO/CoFeB 中实现室温 500% 的 TMR 比值。此类材料目前已经应用于磁记录读出磁头。

2. 庞磁电阻材料

庞磁电阻（colossal magnetoresistance，CMR）效应首先发现于 LaBaMnO 薄膜材料中，其电阻变化率超过了 GMR 材料且变化为负。随后发现，这种效应普遍存在于具有 ABO_3 钙钛矿（perovskite）结构的化合物中，典型如 LaCaMnO 的 CMR 比值达到 100% 以上。然而，这类材料存在一些影响其实用化的问题。首先，材料的庞磁电阻效应一般需要高达几个特斯拉的磁场才能实现。其次，由于这类材料的居里温度低，在室温下的效应较小。因此，这类材料的应用还需要进一步通过成分和结构优化才有望实现。

3. 稀磁半导体材料

稀磁半导体是指非磁性半导体中的部分金属离子被磁性离子取代后形成的磁性半导体。由于磁性较弱而被称为稀磁半导体。稀磁半导体材料兼具半导体和磁性材料的双重性质，因此可以同时利用半导体中的电子电荷与电子自旋，这为开辟半导体技术新领域以及制备新型电子器件提供了条件。目前研究的材料体系主要包括 II-VI 族半导体 ZnO、TiO_2，以及 III-V 族半导体 GaN、GaAs 等。尽管目前稀磁半导体材料尚处于研究阶段，但已展示出其广阔的应用前景。

4. 拓扑绝缘体材料

拓扑绝缘体是一类区别于普通绝缘体的新材料。拓扑绝缘体的内部是绝缘的，但其边界或表面存在着导电的边缘态。拓扑绝缘体这一特殊的电子结构，是由其能带结构的特殊拓扑性质决定的。在特定条件下，拓扑绝缘体材料可通过电子的自旋而非电荷传递来实现信息的传递。拓扑绝缘体材料的研究始于 HgTe 和 CdTe 量子阱，随后，BiSb 合金以及 Bi_2Se_3、Sb_2Te_3、Bi_2Te_3 等化合物相继被开发出来。此外，一些半哈斯勒化合物也被发现是理想的拓扑绝缘体材料。

1.4 低维磁性材料[10, 14]

1.4.1 低维磁性材料概述

纳米磁体至少在一个维度上是纳米级的，如纳米颗粒、纳米线和纳米薄膜。它们表现出具有尺寸特殊性的磁性质，也就是说，当这个小尺寸可以与磁、电性质的特征长度在量级上比拟时，纳米磁体可以表现出超顺磁性、剩磁增大、交换的平均各向异性以及巨磁电阻等特性。其中薄膜是最万能的磁性纳米结构，界面作用如自旋相关散射以及交换偏置会影响它们的磁性质。

在自然界中，小的铁磁性颗粒存在于火成岩中，随着纳米科技的发展，目前人们可以通过多种化学方法合成铁磁和亚铁磁纳米颗粒。最小的磁性颗粒会表现出超顺磁性，同顺磁性的宏观自旋一样。较大的磁性颗粒的磁构型，由各向异性、交换和磁偶极相互作用平衡支配。亚微米磁性材料可以看作是薄膜排列组装而成。当磁晶各向异性可以忽略不计时，磁化方向会趋向于与表面平行，这是因为超过交换作用长度（2~5 nm）的范围，铁磁体的磁化方向会适应偶极场的方向。在百纳米量级的软磁材料纳米颗粒和薄膜上会发现涡流磁构型，如图 1-10 所示。

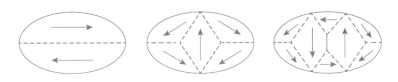

图 1-10 薄膜坡莫合金的涡流磁构型

当交换相互作用不太强时，表面各向异性也会影响铁磁纳米颗粒的磁构型。图 1-11 显示了一些例子。这些自旋构型是采用原子级蒙特卡罗模拟方法得到的，表现出不同形态，图 1-11（a）没有表面各向异性的形态，图 1-11（b）和图 1-11（c）是具有垂直的表面各向异性，分别表现出节气门状和刺猬状，图 1-11（d）具有面内表面各向异性，呈现洋蓟状。这些影响在居里温度高于室温的 3d 过渡金属和合金的纳米颗粒中并不重要，但对于具有低居里温度的稀土合金，或者锕系铁磁体来说，它们可能是非常重要的，在这些材料中，单离子各向异性非常强烈。

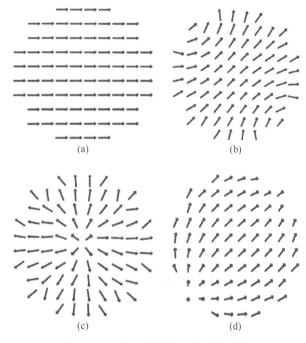

图 1-11　一些铁磁颗粒中的磁构型[11]

（a）没有表面各向异性；（b，c）有垂直的表面各向异性；（d）有面内表面各向异性

1.4.2　磁性纳米颗粒

纳米颗粒是指颗粒尺寸为纳米量级的超细微粒，尺寸一般为 1～100 nm，纳米颗粒是肉眼和一般显微镜看不见的微小颗粒，只能用高倍电子显微镜进行观察。当小粒子尺寸进入纳米量级（1～100 nm）时，其本身具有量子尺寸效应，小尺寸效应、表面效应和宏观量子隧道效应，因而展现出许多特有的性质，在催化、滤光、光吸收、医药、磁性介质和新材料方面有广阔的应用前景，同时也将推动基础研究的发展。

磁性金属纳米颗粒是一类新型的磁性纳米材料，主要包括 Fe、Co 和 Ni 等单相金属，合金磁性材料，以及稀土（RE）永磁纳米材料等。磁性金属纳米颗粒不仅具有纳米材料所共有的小尺寸效应、量子尺寸效应、宏观量子隧道效应以及表面效应等性质，又具备磁响应性和超顺磁性等，在高密度磁存储、永磁体、磁流体、电磁器件、催化和生物医学等领域具有广泛应用。

磁性是物质的基本属性之一，任何物质都具有磁性，只是强弱不同，磁性材料是指具有可利用的磁学性质的材料，它具有能量转换、存储或改变能量状态的功能，是重要的功能材料，它的应用已涉及各个领域。磁性纳米材料是指在一个维度以上被限制在纳米级的磁性材料。故而磁性纳米材料具有纳米材料的共性之外的许多特殊磁学性能：超顺磁性、特异的表面磁性、磁有序颗粒的小尺寸效应等。研究发现，磁性纳米材料具有与大块材料显著不同的磁性，当颗粒尺寸减小时材料的矫顽力会迅速增大，但是随着尺寸的进一步减小，矫顽力反而减低为零，并且呈现出超顺磁性，磁性纳米材料的这种特性主要应用于磁记录、永磁材料、磁光元件、光存储、磁致冷材料等。

1. 磁畴

磁畴是在磁性材料内具有完全相同的磁化方向的小区域，存在一个以上磁畴的称为多畴材料。在普通非纳米的磁性材料中，若不形成多畴，则退磁场能量就很高，因此多畴结构最为稳定，这是由磁畴形成的原因决定的。而退磁场能与材料的体积成正比，当材料从块状缩小到纳米级时，退磁场能量会迅速减小，所以尺寸缩小到一定程度的纳米级磁性材料会以具有更低能量的单畴形式存在。纳米磁性材料的磁化过程与普通块状材料的磁化过程相比，不仅磁化机制有所不同，而且描述磁化过程也有所区别。普通块状材料由于一般是多畴结构，有大量磁畴壁存在，因此在外加磁场作用下，其磁化过程主要可分为两个阶段：①磁化矢量方向与外场方向相近的磁畴扩大，也就是畴壁位移过程；②磁化矢量向外场方向转动，即转动磁化过程。而纳米材料是单畴颗粒，由于其内部没有畴壁，所以其磁化过程只有磁化矢量的转动。

纳米材料的畴结构与块状材料是不同的。纳米磁性材料在一定的尺寸下有可能成为单畴结构，这就需要引入形成单畴结构的临界尺寸概念。所谓纳米磁性材料单畴结构的临界尺寸，就是指当纳米材料的尺寸小于该尺寸时，整个材料就成为一个磁畴；当纳米材料的尺寸大于该尺寸时，将过渡到多畴结构。当然，对于不同的纳米材料，这种临界尺寸也是各不相同的。

2. 超顺磁性

单畴颗粒的磁化矢量通常沿着易磁化方向取向，其磁各向异性能与磁晶各向异性常数 K_1 和纳米颗粒体积 V 的乘积（K_1V）成正比。所以，如果继续减小颗粒尺寸，则颗粒的磁各向异性能 K_1V 也将随体积 V 的减小而降低。当磁各向异性能降低至比内部热扰动能 KV 还小时，颗粒内的自旋方向在热激发下将随时间的推移而变化。纳米颗粒尺寸小到一定临界值时进入超顺磁状态，不同种类的纳米磁性颗粒所表现出的超顺磁性的临界尺寸有所不同，例如 α-Fe、Fe_3O_4 和 α-Fe_2O_3 的粒径分别是 5 nm、16 nm 和 20 nm 时变成超顺磁性，超顺磁状态的起源可归为以下原因：由于在小尺寸下，当磁各向异性能减小到与热运动能可以比拟时，磁化方向就不再固定在一个易磁化方向，磁化方向将呈现剧烈起伏，从而出现超顺磁性。这时磁化率 χ 不再服从居里-外斯定律

$$\chi = \frac{C}{T - T_{\mathrm{C}}} \tag{1-27}$$

式中，C 为常数；T_{C} 为居里温度；磁化强度 M_{p} 可以用朗之万（Langevin）公式来描述，对于 $\frac{\mu H}{k_{\mathrm{B}} T} \ll 1$ 时，$M_{\mathrm{p}} \approx \mu^2 H / 3 k_{\mathrm{B}} T$，$\mu$ 为粒子磁矩，在居里温度附近没有明显的 χ 值突变，例如，粒径为 85 nm 的镍纳米颗粒处于单畴状态，矫顽力很高；而粒径小于 15 nm 镍纳米颗粒，矫顽力 H_{c} 接近 0，处于超顺磁状态。

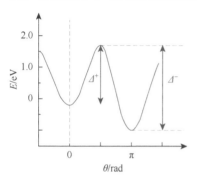

图 1-12　在外加场下，单轴超顺磁颗粒的磁反转能量势垒

对于直径小于 10 nm 的铁磁纳米颗粒，当磁场反转的能量势垒与 $k_{\mathrm{B}} T$ 可以比拟时，纳米颗粒会不稳定。施加场 $\Delta \pm \mu_0 mH\cos\theta_0$（$\theta_0$ 是磁矩和外加场方向的夹角），能量势垒 Δ 会变得不对称，如图 1-12 所示。

奈尔提出，自旋翻转的弛豫时间由材料的尝试频率 τ_0^{-1} 以及玻尔兹曼概率 $\exp(-\Delta/k_{\mathrm{B}} T)$ 决定，纳米颗粒具有一定的热能可以克服势垒。自旋翻转频率的倒数就是弛豫时间 $\tau = \tau_0 \exp(\Delta/k_{\mathrm{B}} T)$。

其中，τ_0^{-1} 的数量级是 1 GHz，这是在退磁场下的铁磁响应的频率。在阻塞温度 $T_{\mathrm{b}} < T_{\mathrm{C}}$ 附近，磁弛豫是渐进的，但是呈指数下降的趋势。

阻塞并非相变，而是一种连续、快速随 $\tau(T)$ 的变化。阻塞响应常用的标准是 $\Delta/k_{\mathrm{B}} T = 25$，$\tau \approx 100$ s，这就是磁性测量需要的时间。势垒 $\Delta \approx 1$ eV，势垒 Δ 的起源是单轴磁晶各向异性 $K_1 V$，形状各向异性 $K_{\mathrm{sh}} V$，或者表面各向异性 $K_{\mathrm{s}} A$。在立方结构的颗粒中有三或四个易磁化轴，由 $K_{1\mathrm{C}}$（立方结构的磁晶各向异性）的正负号决定。当 $K_{1\mathrm{C}}$ 为正值，则能量势垒为 $K_{1\mathrm{C}} V/4$，当 $K_{1\mathrm{C}}$ 为负值，则能量势垒为 $K_{1\mathrm{C}} V/12$。

在超顺磁区域 $T_{\mathrm{b}} < T < T_{\mathrm{C}}$，颗粒的行为就像是朗之万顺磁，有一个较大的磁矩 m，3.5 nm 的 Co 颗粒的自旋磁矩可以达到 $3 \times 10^4 \mu_{\mathrm{B}}$，磁化系数可以表示为

$$\chi = \mu_0 n m^2 / 3 k_{\mathrm{B}} T \tag{1-28}$$

其中，n 是每立方米的颗粒数。超顺磁的特征曲线是在 T_{b} 和 T_{C} 温度范围内，以 H/T 作为变量，无磁滞效应的磁化曲线的叠加。如果曲线不是叠加的，那么颗粒就不显示超顺磁性。

当一些超顺磁颗粒在外加磁场 H 下冷却，在阻塞温度 T_{b} 以下磁化方向会有一点小偏差，颗粒更趋向于磁化方向沿着易磁化轴，方向基本与磁场方向平行。这会导致热产生剩余磁化强度 M_{tr}

$$M_{tr} = \chi H = \mu_0 nm^2/3k_BT \tag{1-29}$$

超顺磁颗粒整体表现出没有净磁化强度，但是颗粒表现出时间依赖的磁响应。

纳米颗粒并不是足够小以产生热激发来越过能垒，而是在能量最小值附近它们的磁矩产生自发的电流起伏。这些激发替代不能激发的长波长自旋波，因为纳米颗粒固定了一个最大可能的波长。设置 $K_uV\sin^2\theta = k_BT$，因此，可以得到磁矩偏差的平均角度是 $\theta \approx [k_BT/(K_uV)]^{1/2}$。颗粒的磁矩是 $M_s\cos\theta \approx M_s(1-\theta^2/2)$。因此由于集体激发，磁矩随温度升高而线性降低。

$$M \approx \left(1 - \frac{k_BT}{2K_uV}\right) \tag{1-30}$$

在相反手性的简并模式中，颗粒的热激发的波动预计是 10 nm，产生铁磁交换，共线的铁磁交换结构不再是最低能量。正常的自旋波不能在低能量激发，因为最大波长不能超过两倍颗粒的尺寸。图 1-13 描述的是单轴铁磁纳米颗粒的温度尺度行为。不论是 T_C 还是 T_b 都是发生急剧转变，T_b 取决于测量的时间尺度，用来确定颗粒是否阻塞。

图 1-13 单轴铁磁纳米颗粒的温度尺度行为

3. 交换作用

交换作用（exchange interaction）是全同微观多粒子系统中粒子间的一种等效相互作用。它反映了全同粒子的不可分辨性，纯属量子效应，没有与之对应的经典概念。两种不同的磁性材料密切接触或被一个足够薄的层隔开时，两种材料中的磁矩由于交换作用互相影响，造成磁矩的特殊方向的取向。这种现象称为交换耦合（exchange coupling）。一般两种材料可以一种为软磁，另一种为硬磁，也可以一种为铁磁，另一种为反铁磁。铁磁（FM）/反铁磁（AFM）体系（如双层膜）在外加磁场中从高于反铁磁奈尔温度冷却到低温后，铁磁层的磁滞回线将沿磁场方向偏离原点，其偏离量被称为交换偏置场，通常记作 H_E，同时伴随着矫顽力的增大，这一现象被称为交换偏置（exchange bias）。交换偏置现象是 Meikleijohn 和 Bean 于 1956 年在 CoO 外壳覆盖的 Co 颗粒中首先发现的。随后被 IBM 公司和富士通公司用于磁记录材料，这就是 IBM 的 AFC（antiferromagnetically coupled，反铁磁耦合）和富士通的 SFM（synthetic ferro media，合成铁介质）技术，通过使用多层磁体结构来稳定磁记录信息的技术。虽然交换耦合的机制问题目前还没有完全清楚，交换耦合原理的应用研究方兴未艾。如两种新型的磁记录材料，即交换耦合复合介质[exchange coupled composite（ECO）media]和交换弹性介质（exchange spring media，ESM）目前被很多人看好。振荡交换耦合现象：磁性多层膜的磁性层间可以通过非磁性金属层而交换耦合。交换耦合随金属层厚度作铁磁和反铁磁的振荡变化，此振荡周期有短周期和长周期两种。短周期约为费米波长的一半，与 RKKY（Ruderman-Kittel-Kasuya-Yosida）交换模型预期的相同。其基本特点是，4f 电子是局域的，6s 电子是游离的，f 电子与 s 电子发生交换作用，使 s 电子极化，这个极化了的 s 电子的自旋对 f 电子自旋取向有影响，结果形成以游离的 s 电子为媒介，使磁性原子（或离子）中局域的 4f 电子自旋与其近邻磁性原子的 4f 电子自旋产生交换作用，这是一种间接交换作用。

4. 矫顽力

矫顽力是一个表示磁化强度变化困难程度的量。矫顽力取决于畴壁位移的难易程度。要提高矫顽力，消除畴壁是最好的办法。为此，可以通过制得一定尺寸以下的颗粒使材料获得单畴结构。

纳米颗粒尺寸高于超顺磁临界尺寸时通常呈现高的矫顽力 H_c。纳米磁性金属的磁化率是普通金属的 20 倍，而饱和磁矩是普通金属的 1/2。当纳米颗粒尺寸大于超顺磁临界尺寸处于单畴状态时，通常会呈现出高的矫顽力。例如，用通入惰性气体蒸发、冷藏的方法制备的铁纳米颗粒，随着颗粒变小，其饱和磁化强度有所下降，但矫顽力却显著增大，粒径是 16 nm 的铁颗粒，矫顽力在温度为 5.5 K 时达 1.27×10^5 A/m。室温下铁颗粒的矫顽力仍保持 7.96×10^4 A/m，而常规的 Fe 块体矫顽力通常低于 79.62 A/m。Fe-Co 纳米合金颗粒的矫顽力高达 1.64×10^3 A/m。图 1-14 是 Fe_2O_3 纳米颗粒的矫顽力随颗粒尺寸的变化。

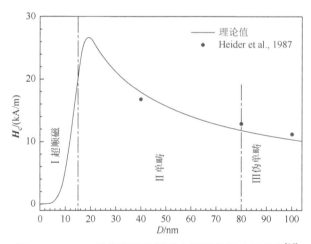

图 1-14　Fe_2O_3 纳米颗粒的矫顽力随颗粒尺寸的变化[15]

对于纳米颗粒高矫顽力的起源有两种解释：一致转动磁化模式和球链反转磁化模式。一致转动磁化模式基本内容是：当粒子尺寸小到某一尺寸时，每个粒子就是一个单磁畴，例如对于 Fe 和 Fe_3O_4 单畴的临界尺寸分别为 12 nm 和 40 nm。每个单磁畴的纳米颗粒实际上成为一个永久磁铁，要使这个磁铁去掉磁性，必须使每个粒子整体的磁矩反转，这需要很大的反向磁场，即具有较高的矫顽力。许多实验表明，纳米颗粒的 H_c 测量值与一致转动的理论值不符合。例如，粒径为 65 nm 的 Ni 颗粒具有大于其他粒径颗粒的矫顽力，$H_{cmax} \approx 1.99 \times 10^4$ A/m。这远低于一致转动的理论值，$H_c = 4K_1/3M_s \approx 1.27 \times 10^5$ A/m。都有为等认为纳米颗粒 Fe、Fe_3O_4 和 Ni 等的高矫顽力的来源应该用球链模型来解释，他们采用球链反转磁化模式来计算纳米 Ni 颗粒的矫顽力。

由于静磁作用，球状纳米 Ni 颗粒形成链状，对于由球形颗粒构成链的情况，矫顽力

$$H_{cn} = \mu(6K_n - 4L_n)/d^3 \qquad (1-31)$$

其中

$$K_n = \sum_{j=1}^{n} (n-j)/nj^3 \qquad (1-32)$$

$$L_n = \sum_{j=1}^{\frac{1}{2}(n-1) < j \leqslant \frac{1}{2}(n+1)} [n-(2j-1)]/[n(2j-1)^3] \qquad (1-33)$$

N 是球链中颗粒数；μ 是颗粒磁矩；d 是颗粒间距，设 $n = 5$，则 $H_{cn} \approx 4.38 \times 10^4$ A/m，大于实验值。Ohshiner 引入缺陷对球链模型修正后，矫顽力比上述理论计算结果低，他认为颗粒表面氧化层可能起着类似缺陷的作用，从而定性地解释了上述实验事实。

5. 居里温度

居里温度（T_C）又称居里点或磁性转变点，由材料的化学成分和晶体结构决定，是指磁性材料中自发磁化强度降到零时的温度，是铁磁性和亚铁磁物质转变成顺磁性物质的临界点。低于居里温度时该物质为铁磁性，此时与材料有关的磁场很难改变。当温度高于居里温度时，该物质是顺磁体，磁体的磁场很容易随着周围磁场的改变而改变。图 1-15 为没有外加磁场时，材料在居里温度以下和以上时的原子磁矩示意图。

居里温度 T_C 为物质磁性的重要参数，通常与交换积分 J_e 成正比，并与原子构型和间距有关。对于薄膜，理论与实验研究表明，随着铁磁薄膜厚度的减小，居里温度下降。对于纳米颗粒，由小尺寸效应和表面效应导致纳米颗粒的本征和内禀的磁性变化，因此具有较低的居里温度。例如 85 nm 粒径的 Ni 颗粒，由于磁化率在居里温度呈现明显的峰值，因此通过测量低磁场下磁化率与温度的关系

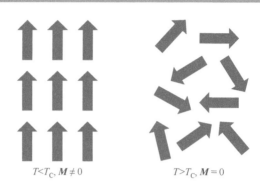

$$T<T_C, M \neq 0 \qquad T>T_C, M = 0$$

图 1-15 没有外加磁场时，材料在居里温度以下和以上时的原子磁矩示意图

可得到居里温度约 623 K，略低于常规块体 Ni 的居里温度 631 K。具有超顺磁性的 9 nm 镍微球，在高磁场 9.5×10^5 A/m，使部分超顺磁性颗粒脱离超顺磁状态，按照公式 $V(K_1 + M_sH) = 25 k_BT$ [其中 V 为粒子体积，K_1 为室温有效磁各向异性常数 5.8×10^5 erg/(cc)] 估算，超顺磁性临界尺寸下降为 6.7 nm，因此对平均粒径为 9 nm 的样品，仍可根据比饱和磁化强度 σ_s-T 曲线确定居里温度，但是 9 nm 样品在 260℃ 温度附近 σ_s-T 存在一个突变，这是由于晶粒长大所致。根据突变前 σ_s-T 曲线，可以求得 9 nm 样品的 T_C 值接近于 300℃，低于 85 nm 的 T_C（350℃），因此可以定性地证明随粒径的下降，镍纳米颗粒的居里温度有所下降。

许多实验证明，纳米颗粒内原子间距随粒径下降而减小。Apai 等用 EXAFS 方法直接证明了 Ni、Cu 的原子间距随着颗粒尺寸减小而减小。Standuik 等用 X 射线衍射的方法表明 5 nm 的 Ni 颗粒点阵参数比常规块材收缩 2.4%。根据铁磁性理论，对于 Ni，原子间距小将会导致自旋交换积分（J_e）的减小，从而 T_C 随粒径减小而下降。

6. 磁化率

磁化率是材料磁化难易程度的标志。纳米颗粒的磁性与它所含的总电子数的奇偶性密切相关。每个颗粒的电子可以看成一个体系，电子数的宇称可为奇或偶。一价金属的微粉，一半粒子的宇称为奇，另一半为偶，两价金属的颗粒的宇称为偶，电子数为奇或者偶数的颗粒磁性有不同温度特点。电子数为奇数的粒子集合体的磁化率服从居里-外斯定律，$\chi = C/(T - T_C)$，量子尺寸效应使磁化率遵从 d^{-3} 规律。电子数为偶数的系统，$\chi \propto k_BT$，并遵从 d^2 规律。它们在高场下为泡利顺磁性。纳米磁性金属的 χ 值是常规金属的 20 倍。

此外，纳米磁性颗粒还具备许多其他的磁特性，纳米金属 Fe（8 nm）饱和磁化强度比常规 α-Fe 低 40%，纳米 Fe 的比饱和磁化强度随粒径的减小而下降；纳米 FeF$_2$（10 nm）在 78～88 K 由顺磁转变为反铁磁，即有一个宽达 10 K 温度范围，而单晶 FeF$_2$ 由顺磁转变为反铁磁的奈尔温度范围很窄，只有 2 K，纳米 Cr$_2$O$_3$

的奈尔温度随晶粒粒径的增大而降低，例如粒径分别为 17 nm、25 nm、60 nm 和大于 100 nm 时，温度分别为 355 K、345 K、325 K 和 308 K；1988 年日本发现，纳米合金 Fe-Si-Bi-Cu（20～50 nm）具有好的软磁性能。可用作高频转换器，其芯耗低至 200 mW/cm³，有效磁导率高于 10^8。当晶粒粒径大于 100 nm 时，软磁性消失；金属 Sb 通常是抗磁性的，其 $\chi<0$，但纳米微晶 Sb 的 $\chi>0$，表现出顺磁性。

孙继荣等从自旋波理论出发，通过直接求解海森伯模型预计，纳米颗粒尤其是约 1 nm 粒径的颗粒体系的低温自发磁化强度 $M(T)$ 的变化不遵循布洛赫（Bloch）规律（$T^{3/2}$ 规律），在一定温度区间内，有

$$\frac{M(0)-M(T)}{M(0)} = \alpha + \beta\left(\frac{T}{J_e}\right) + \gamma\left(\frac{T}{J_e}\right)^{3/2} \tag{1-34}$$

其中，J_e 为自旋交换积分；γ 比大粒子体系大。

1.4.3 准一维磁性纳米材料

铁磁金属材料的应用以块体材料、薄膜材料、颗粒状粉末材料为主。随着电子电信、计算机和材料行业的深入发展，人们对铁磁材料的电磁性能提出了新的要求。单一的铁磁性颗粒状微粉已不能满足电子技术领域日新月异的发展需求，复合化、合金化、纳米化正成为铁磁金属材料的发展方向。其中以一维铁磁金属纳米材料的研究尤为突出，其独特的电磁性能为发展新一代的电磁功能材料开辟了新的途径。这是因为一维铁磁纳米材料不但具有普通纳米颗粒的表面效应、量子尺寸效应、宏观量子隧道效应、库仑堵塞与量子隧穿效应和介电限域效应，而且具有独特的形状各向异性和磁各向异性，可以突破各向同性粉末材料对电磁性能的限制。目前，一维铁磁金属纳米材料的研究主要包括物理模板辅助生长和无模板化学合成等新技术的开发，以及一维结构和电磁特性的研究。

一维纳米铁磁体相对各向同性球状粉末材料最大的特点在于其独特的形状各向异性和磁各向异性，可以突破各向同性粉末材料对电磁性能的限制。各项研究表明，一维纳米结构铁磁体的磁性能与其显微结构紧密关联，改变一维结构的直径、长径比，轴向的镜面取向及表面结构时，其磁性能将发生较大改变。一维磁性纳米材料不仅具有很大的形状各向异性，而且与相同体积的磁性纳米微球相比，具有更大的磁偶极矩和比表面积，因而对外加磁场有更灵敏的磁响应性。

所谓准一维纳米材料，主要是指在横向上尺寸低于 100 nm，长度方向上的尺寸远大于径向尺寸，长径比可以从十几到上千上万，空心或者实心的一类材料，是纳米材料中的一种重要的低维材料，包括纳米线、纳米棒、纳米管、纳米带等。准一维纳米材料比零维和二维材料具有更优越的物理和电学性能，可以有效地应用于电子传输和光子激发、生物医学等领域。

　　准一维纳米材料研究近 30 年后，首次用气相生长技术制成了直径为 7nm 的碳纤维，在过去的几十年时间里，人们通过各种方法合成了多种准一维纳米材料，包括：碳纳米管模板法合成碳化物和氮化物纳米丝，晶体的气固生长法合成氧化物纳米棒，选择电沉积法制备磁性金属纳米线，DNA 模板法合成金属纳米线等。准一维纳米铁磁体相对各向同性球状粉末材料最大的特点在于其独特的形状各向异性和磁各向异性，可以突破各向同性粉末材料对电磁性能的限制。如铁纳米线有序阵列结构具有高度垂直磁各向异性，当垂直磁化时，磁滞回线具有很高的矩形比和矫顽力，阵列中纳米线的总磁矩沿其轴线高度取向，而具有各向同性性质的球状粉末材料在各个方向的磁性能都一致，不存在明显的各向异性特征。一维纳米铁磁体的这一特性使其在垂直记录材料方面具有广阔的应用空间。一般对于磁化均匀的磁性体，其退磁效应可以用退磁场 H_d 的大小来描述，$H_d = -NM$，N 为退磁因子，M 为磁化强度。H_d 的方向和磁化场的方向相反，起着减弱磁化的作用。N 与材料的形状有关，且沿材料 3 个互相垂直方向的退磁因子 N_x、N_y、N_z 满足 $N_x + N_y + N_z = 1$。球形颗粒无论在任何方向磁化，其退磁效应几乎是相等的，x、y、z 三个方向的退磁因子等于或近似为 1/3。而对于长度为 L、直径为 D 的一维铁磁纳米材料，当其长径比 L/D 达到一定值时，沿一维材料相互垂直的两个直径方向的退磁因子 N_x 和 N_y 近似为 1/2，而长轴 z 方向的退磁因子 N_z 近似为 0。从形状各向异性的观点来看，这一方向为易磁化方向。如果不计其他能量的作用，则一维铁磁纳米材料的磁矩排列在这一易磁化方向，即一维材料的轴向。正因为一维铁磁纳米材料存在这一独特的性质，它在被用作雷达波吸收剂时表现出其独特的电磁特性，摆脱了球状颗粒对有效磁导率的限制，其轴向的磁导率和介电常数的实部都远大于径向。各项研究表明，一维纳米铁磁体的磁性能与其显微结构紧密关联，改变一维结构的直径、长径比、轴向的晶面取向及表面结构时，其磁性能将发生较大改变。

　　准一维磁性纳米材料因其结合了本征的物理性质和一系列的纳米尺寸效应产生的特殊性能，越来越受到青睐。纳米线具有宽频带吸收、蓝移红移现象、量子限域效应、发光等性质，还具有独特的超顺磁性、饱和磁化强度、磁各向异性、矫顽力、居里温度和磁化率等一系列性质，基于纳米线的这些光学、电学、催化性质、磁学性质以及电学性质，纳米线的应用领域涉及光电器件、磁电阻效应、传感器、催化剂、电池、功能复合材料和纳米阵列体系等。一维磁性纳米材料以其独特的结构和性能，在高密度存储、催化、传感器等领域显示出巨大的应用价值，形成了一维纳米结构材料研究的热潮。目前，自组装方法是制备一维纳米磁性材料非常有效的方法，主要包括偶极诱导自组装、磁场诱导自组装和模板诱导自组装。其中，磁场诱导自组装是一种简便、廉价的方法。然而，当外加磁场去除后，弱的甚至可忽略不计的各向异性之间的偶极相互作用却难以保持这些超顺磁性纳米颗粒的有序结构。为了使这种有序的结构能够得以保持，从而使其具有更大的应用价值，研究发现，聚合物能够作为一种连接介质，通过渗透等方法使磁场控制下形成的有序排列得以保持。由于纳米线的直径很小，几乎相当于具有单畴结构的磁性颗粒的畴壁尺寸量级，这样的结构使得纳米线阵列本身获得了较大的矫顽力，磁性纳米线由于其独特的线状结构，能产生极强的形状各向异性能，在各个方向的退磁能表现各异，但是在磁性纳米线阵列的纳米线内部，由于纳米线的独特结构决定，各式各样的能量综合存在，这些能量很复杂，其大小取决于纳米线的成分、纳米线的尺寸，还有纳米线的晶体结构等。按照物理性质分类，一维纳米线可分为：①半导体纳米线，如材料硅、锗制备的纳米线；②金属及合金纳米线，如金、银、锰、镍、钴、铁等材料制备的纳米线；③超导纳米线，如钛-钡-铜氧等制备的纳米线；④绝缘体纳米线，如氧化钙、氮化硅等制备的纳米线。

通过在磁场中进行热处理，使长尺寸的铁磁颗粒在磁场方向上一致排列是可能的。一块永磁体如果要有效率地工作，其磁化强度需要至少一半的剩余率。真正的永磁体可以制成任何形状，且 H_c 必须大于 M_s。即使在理想的纳米结构中，由形状各向异性提供的 M_s 的上限也远远不够。磁性材料在信息存储、传感器和磁流体等传统学科领域有着重要的应用。在磁场中，铁磁体的磁化强度 M 或磁感应强度 B 与磁场强度 H 的关系可用曲线来表示。当外加磁场作周期变化时，铁磁体中的磁感应强度随磁场强度的变化而形成一条闭合线，即磁滞回线，图 1-16（a）为铁磁物质磁滞现象的曲线。一般来说，铁磁体等强磁物质的磁化强度 M（或 B）不是磁场强度 H 的单值函数而依赖于其所经历的磁状态。以磁中性状态为起始态，当磁状态沿起始磁化曲线磁化时，此时磁化强度逐渐趋于饱和，曲线几乎与 H 轴平行，将此时的磁化强度称为 M_s。此后若减小磁场强度，则从某一磁场强度开始，M 随 H 的变化偏离起始磁化曲线，M 的变化落后于 H。当 H 减小至 0 时，M 并未同步减小到 0，而存在剩余磁化强度 M_r。为使 M 减至 0，需加一反向磁场，称为矫顽力 H_c。反向磁场继续增大时，磁体内的 M 将沿反方向磁化到趋于饱和（M_s），反向磁场减小至 0 再施加正向磁场时，按相似的规律得到另一条偏离反向起始磁化曲线的曲线。当外加磁场完成如上变化时，铁磁体的磁状态可由图 1-16（a）所示的闭合回线描述。当温度高于居里温度时，磁性材料将变成顺磁体，其磁性很容易随周围磁场的改变而改变。如果温度进一步提高，或者磁性颗粒的粒径很小时，即便在常温下，当颗粒尺寸达到临界畴尺寸时，材料中电子的热运动将逐渐占主导作用，热运动引起的扰动能超过磁能，使得原有的磁有序发生无序化，该现象称为超顺磁现象，如图 1-16（b）所示，此时材料矫顽力和剩余磁化强度为 0。对于纳米颗粒的超顺磁转变温度，称为布洛赫温度。其磁学性质随尺寸的变化如图 1-16（c）所示，与块体磁性材料的多畴结构相比，纳米颗粒具有单畴结构，当颗粒尺寸（D_c）小于临界畴尺寸时，纳米颗粒的磁自旋将无序排列。在单畴区域，矫顽力随着颗粒尺寸（D_c）的增大而增大，在颗粒尺寸大于单畴尺寸时，颗粒呈现多畴结构，只有在一个较小的反向磁场的作用下，其磁化强度才能变为 0。磁性材料的临界畴尺寸（R_{sd}）可用如下公式计算

$$R_{sd} = \frac{36\sqrt{AK}}{\mu_0 M_s^2} \tag{1-35}$$

其中，A 为交换常数；K 为磁晶各向异性常数；M_s 为饱和磁化强度。图 1-16（a）单畴铁磁纳米颗粒是理想的磁存储材料，结合垂直磁记录、热辅助图形等技术可大幅提高存储密度。而超顺磁纳米颗粒，由于其相对较弱的磁相互作用，通过相应的表面修饰，在生物体内能够实现良好的分散，所以在药物传输、核磁共振成像和分子探针等领域有重要的应用。

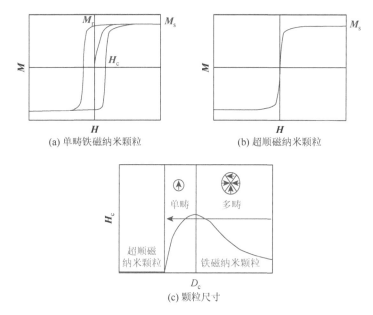

图 1-16　颗粒磁性随尺寸（D_c）的变化

　　磁性纳米线的形成，一种方法是用光刻技术在薄膜上形成图案，另一种方法是通过电沉积到多孔透射模板上，如氧化铝模板。在某些条件下，一个电化学池可以通过在两个不同的电位之间切换来产生分段的纳米线，如 Co-Cu 纳米线。铁磁纳米线和针状纳米颗粒的磁化通常沿着长轴，没有形成多畴的诱因，因为在单畴情况下退磁能量已经为零，其中退磁因子 $N = 0$，然而，在导线的一端可能使一个反向畴形核，然后通过在导线上的计时反向传播算法来测量畴壁速率作为应力场的函数。采用拾取线圈、磁光克尔效应或利用垂直磁化率导线中的反常霍尔效应检测磁化强度随时间的变化。

1.4.4 磁性薄膜

磁性薄膜的应用研究，最早是由 Blois 在 1955 年开始的，他提出了把坡莫合金多晶薄膜用于高速记忆元件。磁性薄膜由于其有一个维度上的尺寸相比于其他两个维度的尺寸具有许多特异的磁性质。对于薄膜，理论与实验研究表明，随着磁性薄膜厚度的减小，居里温度下降，这与材料的自发磁化有关。另外，磁性薄膜具有磁各向异性。一般来说，磁体内部的能量随着内部磁化的方向而变化，这种现象称为磁各向异性。磁各向异性发生的原因有晶体构造和磁体形状不同等，把它们分别称为磁晶各向异性和形状各向异性等。

在构成薄膜的材料中如果没有特别的各向异性时，磁性薄膜的内部磁化以向着膜面内的方向最稳定。也就是说，对于薄膜这种特殊的形状，与膜垂直是一个难磁化轴，因此存在单轴磁各向异性。

多数情况下，多晶磁性薄膜除了上面介绍的形状各向异性外，还有由于基底和膜之间的相互作用而产生的应力，以及膜中微晶的柱状构造等原因，在与膜面垂直的方向上感应产生的单轴磁各向异性。为了把这种单轴各向异性与前述的宏观形状各向异性区别开来，称它为垂直磁各向异性。逆磁致伸缩效应之所以成为引起垂直磁各向异性的原因，是因为剥离膜时造成垂直各向异性发生变化。由软铁磁体的薄膜制成的纳米线的畴壁与在体相材料中发现的布洛赫壁大不相同，此时的磁化率被限制在薄膜的平面上。

1. 磁晶各向异性

单晶体内的原子排布导致了许多各向异性的物理性质，磁性也是其中之一，称为磁晶各向异性。由于磁晶各向异性的存在，沿着不同晶体方向测得的磁化曲线强烈依赖于晶体方向。把样品磁化到饱和所需能量最低的磁化方向称为易轴，而把样品磁化到饱和所需的能量最高的磁化方向称为难轴。3d 过渡族金属的磁晶各向异性主要来源于自旋轨道耦合。在对称性低于立方对称的晶体中也会存在少量的偶极-偶极相互作用。

从唯象角度来说，磁晶各向异性的自由能密度 F 可以用磁化强度矢量对于晶轴（三个坐标轴）的方向余弦（$a_i = M_i/|M|$）的幂级数展开。在球坐标系中，方向余弦可以表示为

$$a_1 = \sin\theta\cos\varphi, \quad a_2 = \sin\theta\sin\varphi, \quad a_3 = \cos\theta \tag{1-36}$$

由于自由能密度 F 反映晶体的对称性，与磁化强度的符号无关，因此方向余弦中只有偶数级幂项有贡献。立方对称的磁晶各向异性可以表示为

$$F = K_0 + K_1(\alpha_1^2\alpha_2^2 + \alpha_2^2\alpha_3^2 + \alpha_3^2\alpha_1^2) + K_2(\alpha_1^2\alpha_2^2\alpha_3^2) + \cdots \tag{1-37}$$

其中，K_0、K_1、K_2 为立方磁晶各向异性的各级常数。块材 Fe 是典型的具有立方

磁晶各向异性的材料。图 1-17 给出了 $K_1>0$ 的情况下（如 Fe）自由能密度表面的形状。从图中可以看出自由能密度最小和最大的方向分别沿着 〈001〉和〈111〉方向。

除了立方对称晶体材料中的立方各向异性，也存在诸如 Co 之类的六角晶体材料中的单轴磁晶各向异性，在这类晶体中磁化强度倾向于沿 c 轴方向排列。单轴晶体中单轴磁晶各向异性能密度由下式给出

$$F = K_{u0} + K_{u1}\sin\theta^2 + K_{u2}\sin\theta^4 + \cdots \qquad (1\text{-}38)$$

图 1-18 给出了 $K_{u1}>0$ 的情形下（如六角 Co 晶体）单轴磁晶各向异性能量表面的形貌。从图中可以看出，能量最低的方向沿着 $\pm z$ 轴，也就是六角晶系的 c 轴方向。

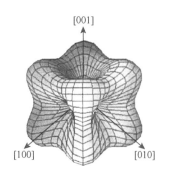 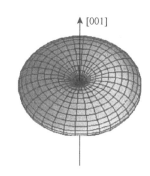

图 1-17 $K_1>0$ 的情形下（如 Fe）自由能密度   图 1-18 $K_{u1}>0$ 情形下（如六角 Co 晶体）单
表面的形貌[14]   轴磁晶各向异性能量表面的形貌[14]

2. 感生单轴各向异性

除了具有单轴对称性的晶体结构之外，对晶体或者非晶体材料样品通过热处理、制备过程中外加磁场或者施加应力的方法都可以诱导出单轴磁各向异性。多晶材料中的感生单轴各向异性通常表达为

$$F_{ind} = K_u\sin^2\theta \qquad (1\text{-}39)$$

其中，θ 是指热处理或者样品生长过程中外加磁场方向和磁化强度方向的夹角。熔体中的感生单轴各向异性可以用近邻原子对的方向有序来解释。

3. 形状各向异性

形状各向异性是由自旋间的长程偶极-偶极相互作用引起的。整个样品中偶极子磁场的叠加形成了退磁场，这和磁荷密度产生的磁场是等价的。对于立方对称性而言，磁荷密度在铁磁体内部互相抵消，仅在样品的表面是非零的。退磁场与磁化强度矢量反平行，并且取决于位置、磁化强度以及样品的形状。对于像纳米颗粒这样的球形样品，或者纳米立方体这样的立方体结构样品而言，$N_{11} = N_{22} =$

$N_{33} = 1/3$。对于磁性薄膜样品而言，其在薄膜面内的两个主轴方向可以无限延伸，薄膜样品的磁化强度倾向于在面内取向，从而使得体系能量最低。

尽管如此，值得注意的是对于只有几个原子层厚度的超薄膜而言，上述讨论的连续近似理论不再适用于描述偶极形状各向异性。由于原子磁矩的不连续性，样品内部的偶极场随位置而变化，这种变化依赖于相应的原子层数。在这种情形下必须以离散的方式对偶极-偶极相互作用进行加和。对于给定的原子层，偶极场会随着远离其表面而呈指数递减，因此薄膜内部的偶极场在从薄膜内部接近样品表面时会不断地减小，并且当薄膜厚度接近单原子层时，其平均偶极场急剧减小。因此形状各向异性会降低，并可以用一个减小的退磁因子来描述。

4. 表面各向异性

根据奈尔理论，在磁性样品的表面由于近邻原子数的减少和对称性的降低，会产生由表面各向异性引起的额外的自由能密度项。表面各向异性的对称轴沿着薄膜法线方向。对于一个磁性薄膜系统，单位面积表面各向异性自由能密度的唯象表达式可以写为

$$F_{\text{sur}} = \frac{2K_s^{2\perp}}{d} \sin^2 \theta \tag{1-40}$$

其中，$K_s^{2\perp}$ 是表面各向异性常数，量纲为单位面积的能量；θ 是磁化强度和表面法线方向的夹角。前因子 $2/d$ 是由于 F_{sur} 是表面积的函数，而表面积是由薄膜的上下两面给定的（样品面积的两倍），因此这里的 $K_s^{2\perp}$ 代表了薄膜上下两面的平均表面/界面各向异性常数。当 $K_s^{2\perp} > 0$ 时，易磁化方向沿着薄膜法线方向，而当 $K_s^{2\perp} < 0$ 时，易磁化方向在薄膜面内。对于通常具有多层膜的磁性薄膜系统，还存在界面各向异性以及层间应力引起的各向异性。影响 $K_s^{2\perp}$ 的因素有很多，除了样品的内禀属性之外，样品的制备参数和基底、缓冲层以及覆盖层的性质都会对 $K_s^{2\perp}$ 产生影响。

1.5 发展与展望

信息技术包括信息的获取、传输及处理等几个环节。每一个环节都离不开信息的存储，因此信息的存储是信息技术的重要环节。随着多媒体、网络技术及大数据技术的发展，图像及声音等信息的数字化，对信息的存储提出了越来越高的要求。在各种存储方式中，硬磁盘驱动器以其大容量、高读写速度及可擦写等特点，在信息处理设备中占据主流地位。在硬磁盘驱动器中，利用磁记录介质中微小磁区的两个相反的磁化取向来表示二进制的"1"和"0"，以此进行信息的记录。由于强大的市场需求，硬磁盘技术近十年来得到飞速发展，存储密度日新月异。

本书在第 1 章介绍了磁学和磁性材料的基础知识，具体包括磁学基本参量、物质磁性起源、铁磁体的能量和磁畴、磁性材料的磁效应、磁性材料的分类和应用以及低维磁性材料（磁性纳米颗粒、准一维磁性纳米材料、磁性薄膜）的基础磁学知识。第 2 章介绍低维磁性材料的物理及化学制备方法。第 3 章介绍低维磁性材料的微结构表征方法，以晶体结构表征、显微组织结构表征、电子显微结构表征、磁学性质表征和光学性质表征这五个部分进行详细介绍。第 4 章和第 5 章分别介绍低维永磁和软磁材料。第 6 章将介绍磁记录、L1$_0$-FePt 垂直磁记录材料、交换耦合磁记录介质、热辅助磁记录技术、图形化磁记录介质等内容，以期相关科研人员通过对本章的阅读能够了解磁记录的相关知识。第 7 章介绍自旋电子学，详细介绍巨磁电阻效应和隧道磁电阻效应，自旋转移力矩和自旋轨道力矩效应以及自旋电子学与其他学科的交叉。

低维磁性材料具有与传统三维磁性材料截然不同的重要特性。随着磁性材料的维度降低，量子效应随之增强，低维磁性材料显示出完全不同于传统磁性材料的量子特征，导致比体材料体系具有更加丰富多彩的新奇量子效应。同时，受限磁结构可以使得原本在体材料中可忽略的界面效应、尺寸效应、维度效应和拓扑效应展现出来。由于空间维度的降低，电子的电荷、自旋、轨道和晶格自由度之间的关联与耦合也会被局域加强，使得自旋量子态对磁场、电场、应力场、光场和温度场等外场的响应更加丰富和更加显著，从而有助于实现多样化的高灵敏量子调控；既有助于揭示相关量子效应的物理本质，促进凝聚态物理学的发展，又有助于制备新型的磁性功能材料和获得可行的量子调控途径，为设计新型微电子与信息技术器件提供重要的原理储备；必定会极大丰富受限小量子体系的量子调控的物理内涵，并为发展同时具有超高密度、超快速度和超低功耗的下一代信息功能器件提供科学基础及部分应用技术。

参 考 文 献

[1] Clark A E, Wohlfarth E P, Buschow K H J. Ferromagnetic Materials: A Handbook on the Properties of Magnetically Ordered Substances. Amsterdam: North-Holland Publishing Company, 1980.

[2] Clark A E, Restorff J B, Wun-Fogle M, et al. Magnetostrictive properties of body-centered cubic Fe-Ga and Fe-Ga-Al alloys. IEEE Transactions on Magnetics, 2000, 36 (5): 3238-3240.

[3] Kollie T G. Measurement of the thermal-expansion coefficient of nickel from 300 to 1000 K and determination of the power-law constants near the Curie temperature. Physical Review B, 1977, 16 (11): 4872-4881.

[4] Ullakko K, Huang J K, Kantner C, et al. Large magnetic-field-nduced strains in Ni$_2$MnGa single crystals. Applied Physics Letters, 1996, 69 (13): 1966-1968.

[5] Liu E, Wang W, Feng L, et al. Stable magnetostructural coupling with tunable magnetoresponsive effects in hexagonal ferromagnets. Nature Communications, 2012, 3 (1): 873.

[6] Pecharsky V K Jr. Gschneidner K A. Giant Magnetocaloric Effect in Gd$_5$(Si$_2$Ge$_2$). Physical Review Letters, 1997, 78 (23): 4494.

[7]   Hu F X，Shen B G，Sun J，et al. Influence of negative lattice expansion and metamagnetic transition on magnetic entropy change in the compound LaFe$_{1.4}$Si$_{1.6}$. Applied Physics Letters，2001，78（23）：3675-3677.

[8]   Tegus O，Brück E，Buschow K H J，et al. ChemInform abstract：Transition-metal-based magnetic refrigerants for room-temperature applications. Nature，415（6868）：150-152.

[9]   McGuire T R，Hempstead R，Krongelb S. Anisotropic magnetoresistance in ferromagnetic 3d ternary alloys. IEEEE Transactions on Magnetics，1975，11（4）：1018-1038.

[10]   Stohr J，Siegmann H C. 磁学：从基础知识到纳米尺度超快动力学. 姬扬，泽. 北京：高等教育出版社，2012.

[11]   Berger L，Labaye Y，Tamine M，et al. Ferromagnetic nanoparticles with strong surface anisotropy：Spin structures and magnetization processes. Physical Review B，2008，77（10）：104431.

[12]   田民波. 磁性材料. 北京：清华大学出版社，2001.

[13]   Jiles D. 磁学及磁性材料导论. 肖春涛，译. 兰州：兰州大学出版社，2003.

[14]   Coey J M D. 磁学和磁性材料. 北京：北京大学出版社，2014.

[15]   Hergt R，Dutz S，Röder M. Effects of size distribution on hysteresis losses of magnetic nanoparticles for hyperthermia. Journal of Physics：Condensed Matter，2008，20：385214.

第2章

低维磁性材料的制备

物理制备方法

2.1.1 蒸发冷凝法

1. 蒸发冷凝法概述

1962 年，Kubo[1]从理论上预测，当颗粒尺寸变得很细小时，金属颗粒的磁性能及热效应等将会发生显著的变化——"久保效应"，该理论引起物理学者的极大兴趣，并促进了超细粉末制备技术的发展及对其性能的研究。蒸发冷凝法又称惰性气体冷凝（inert gas condensing，IGC）法，是较早发展起来的一种经典的制备纳米粉体的物理方法，也是目前制备具有清洁界面纳米粉体的主要手段之一。早在 1930 年，Pfund[2]就采用惰性气体冷凝法，利用钨丝加热并蒸发铋块，制得了铋纳米颗粒。1984 年，Gleiter 等[3]在不断改进蒸发冷凝设备的基础上陆续成功制备了钯、铜和铁等纳米粉体。该法通常是在真空蒸发室内充入低压（50 Pa～1 kPa）惰性气体，通过蒸发源的加热作用，使待制备的金属、合金或化合物气化或形成等离子体，与惰性气体原子碰撞而失去能量，然后骤冷使之凝结成纳米粉体颗粒。蒸发冷凝法具有多种优势，如制备装置容易实现，所制备的纳米颗粒表面清洁、粒径可控，纳米粉体具有良好的力学性能、磁性能和光学特性等，因此被广泛应用于金属纳米颗粒（如金、银、铜、铁、铝、钯、锰、钴、镍、铬、铅以及镧、铈、钕等大多数稀土金属的纳米颗粒）、纳米晶（纳米 CaF_2 晶）、纳米陶瓷（如纳米 TiO_2 陶瓷、纳米 Al_2O_3 陶瓷等）和纳米金属氧化物（如纳米 Fe_2O_3、纳米 MgO 等）以及磁性纳米合金（如纳米 FeNi 合金）等。

2. 蒸发冷凝法制粉装置

蒸发冷凝法制粉的设备主要包括热源、蒸发室、冷凝室、粉末收集室及真空机组，图 2-1 为其示意图。首先把金属（或合金、化合物）原料放入蒸发室中，依次用机械泵、罗茨泵、分子泵将蒸发室、冷凝室、收集室抽至真空度优于

5.0×10^{-3} Pa，接着充入惰性气体（如 Ar、He 或 Ar、He 混合气体），使蒸发室内的压强略低于标准大气压；然后接通电源，使得金属块体原料迅速被熔融蒸发，蒸发的金属气体将与惰性气体相互发生碰撞形成小的金属团簇，利用气体循环系统把金属团簇送到冷凝室进行冷却，形成纳米颗粒下落到收集室。

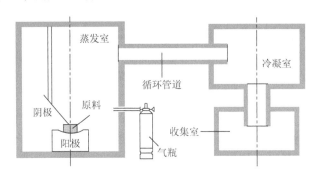

图 2-1　IGC 制备纳米粉末装置示意图

待制备的金属、合金或化合物熔化蒸发的加热方法很多，IGC 制备纳米粉体使用的加热方法主要可分为电阻加热法、等离子束加热法、高频感应加热法、电子束加热法、激光束加热法和辉光等离子溅射法等[4, 5]。各种加热方法制备纳米粉体的特征见表 2-1。工业规模生产的热源，预计输出功率需要 100 kW。

表 2-1　IGC 法不同加热方式制备纳米粉体的方法和特点[4, 5]

加热方式	加热蒸发方法	生成气氛	特点
电阻加热	蒸发原料放在电阻加热器上加热蒸发	惰性气体或还原性气体，压强为 133~13332 Pa	一次生成量较小，实验室规模一次小于 100 g
等离子束加热	用等离子束加热水冷铜坩埚中的金属材料	惰性气体，压强为 2.6×10^4~1×10^5 Pa	实验室规模产量每批 20~30 g，几乎适用于所有金属
高频感应加热	高频感应加热耐火坩埚中的金属	惰性气体，压强为 133~6500 Pa	粒径容易控制，可大功率长时间运转
激光束加热	用连续、高能激光束通过透镜聚焦照射原料	惰性气体，压强为 1.3×10^3~1×10^4 Pa	可蒸发矿物、化合物等，对 SiC 等金属化合物有效
电子束加热	高真空电子束发生室与蒸发室保持一定的压力差，原料为粉末	惰性气体、反应性气体，压强为 133 Pa	可制取 Ta、W 等高熔点金属及 TiN、AlN 等高熔点化合物

3. 蒸发冷凝法制粉原理

一般来说，纳米颗粒的生成过程可以归纳为以下三个阶段[6]：①物质的蒸发；②保护气体的扩散；③物质蒸气分子或原子的凝结。在颗粒的形成过程中，首先出现的是原子簇，其次是单分散核析出，最后是晶体的凝聚与生长。

根据气体蒸发中的纳米颗粒的生成过程，可以将气体蒸发中的纳米颗粒以

图 2-2 进行描述，进一步将蒸发的区域分为七大部分：A. 待蒸发的固态金属；B. 固态金属材料在高温下部分变为熔融的液态金属；C. 熔融的液态金属在高温下蒸发出金属蒸气；D. 金属颗粒均质形核的区域；E. 新形成的金属纳米颗粒区域；F. 长大的金属纳米颗粒；G. 对流的惰性气体。以电弧法为例，首先通过加直流电源，两电极之间形成稳定的电弧，两弧间的温度明显升高，将固态金属材料 A 加热，使之变为熔融的液态金属 B。在较高的温度下，熔融的液态金属 B 开始气化，变成金属蒸气 C。金属蒸气与对流的惰性气体 G 中的原子发生碰撞，逐渐失去动能，高的过饱和蒸气由此而产生，这就导致了金属颗粒的均质形核-单分散核析出。金属颗粒的均质形核的区域 D 在熔融的液态金属 B（蒸发源）的上方。单分散核析出后，核子与核子发生碰撞而形成金属纳米颗粒，这个区域为 E 区域，即新形成的金属纳米颗粒区域。而新形成的金属纳米颗粒与核子发生碰撞，金属纳米颗粒将进一步长大，这一过程发生在 F 区域。

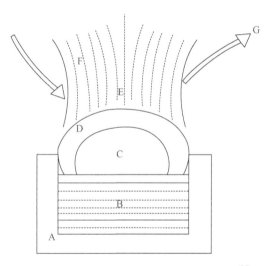

图 2-2　惰性气体蒸发制备纳米颗粒的过程[6]

A. 固态金属；B. 熔融金属；C. 金属蒸气；D. 金属单分散核；E. 新形成的金属纳米颗粒；
F. 长大的金属纳米颗粒；G. 对流的惰性气体；箭头为外部气流示意

制备金属纳米粉末的系列实验研究表明，惰性气体种类、气体压力、电弧电流、电弧电压、电极阴极与阳极上待蒸发的稀土金属之间的距离以及金属本身的蒸气压，均对纳米粉末的粒径和生产率有重要影响。下面以系列稀土纳米颗粒的制备为例，探讨影响蒸发冷凝过程的因素。

4. 影响蒸发冷凝过程的因素

蒸发冷凝法一个最基本的要素是使金属熔化并蒸发。通常，当金属开始蒸发，

固相与气相处于动态平衡，根据气体分子运动理论计算真空中物质的蒸发速率 I 的方程[7]为

$$I = N \times P \times (2 \times \pi \times M \times R \times T)^{-1/2} \qquad (2\text{-}1)$$

式中，N 为阿伏伽德罗常量；P 是温度为 T 时物质的饱和蒸气压；R 是摩尔气体常量，π 是圆周率；M 是蒸发物质的原子量或分子量；T 是热力学温度。

当温度达到沸点开始升华时，升华过程中系统处于动态平衡，此时系统的蒸气压即为平衡蒸气压 P，金属在沸点的平衡蒸气压为 1 Torr。因此方程为

$$I = 1.111 \times 10^{25} \times (MT)^{-1/2} \qquad (2\text{-}2)$$

从式（2-2）可以看出，各种材料的蒸发速率 I 与它本身的分子量或原子量有关，同时还反比于 $T^{1/2}$，所以当稀土金属的沸点升高时，稀土金属在平衡蒸气压下的蒸发分子数减少。

表 2-2 是几种稀土金属熔点、沸点的对比，以及由 IGC 方法制备纳米粉末的生产率。实验研究表明，当稀土金属元素的熔点和沸点相差越大时，采用惰性气体蒸发冷凝法制备纳米粉末的难度也就越大，而纳米粉末的生产率也就越低。

表 2-2　稀土金属熔点、沸点及由惰性气体蒸发冷凝法制备纳米粉末的生产率对比

项目	Sm	Dy	Nd	Tb	Gd	La
熔点/K	1345	1682	1289	1630	1585	1193
沸点/K	2064	2835	3341	3496	3539	3730
生产率/(g/h)	100	80	50	50	50	5

蒸气压是与物质的熔点和沸点紧密相关的材料物性参量。当物质熔点与沸点差值较大时，其蒸气压随温度变化较小，蒸气压突变温度较高。从表 2-2 可以看出，Sm 的生产率是 Nd、Tb、Gd 的 2 倍，是 La 的 20 倍。Sm 的蒸气压突变温度较低，其蒸气压达到 1 Torr 时的温度是 2064 K；而 La 的蒸气压突变温度较高，其蒸气压达到 1 Torr 时的温度高达 3730 K，La 粉末的生产率只有 5 g/h。由于 La 的纳米粉末生产率太低，考虑到其性价比，惰性气体蒸发冷凝法不适合制备该粉末。

5. 制备工艺条件的影响

除元素本征特性（饱和蒸气压、沸点、熔点）外，电弧电流、电弧电压、电极阴极与阳极上待蒸发的稀土金属之间的距离、惰性气体种类、气体压力、电极阴极材料，均对纳米粉末的粒径和生产率有影响。

当稀土纳米粉末的粒径和生产率的工艺参数固定，气压、电极阴极与阳极之间的距离、电流影响非常重要，我们分别通过改变上述中的一个参量来考查其对

稀土纳米粉末的粒径和生产率的影响，发现制备纳米颗粒采用的惰性气体压力增大时，粉末的平均粒径增大，生产率增大。这是由于气体压力增大，两极间的等离子体浓度增大，使得两弧间的温度明显升高，产生的金属蒸气互相碰撞的概率增大，金属纳米颗粒形核、长大的速率加快，从而使得最终形成的粉末颗粒的粒径变大。此外，金属纳米颗粒的大小还取决于金属蒸气的密度和形核的密度。蒸发时的气体压力较高，金属蒸气与气体碰撞的概率增大，所以其蒸发的金属蒸气在扩展到大容器之前就已经充分冷却，也就是说金属蒸气的形核是在高的蒸气密度下发生的。这样，气体压力高，核子的密度较高，核子与核子碰撞的概率增大，从而核子通过这种碰撞而发生进一步的长大。因而，如果在相同的形核密度下，气体压力高时，制备出来的纳米颗粒的平均粒径相对气体压力低时制备的颗粒的平均粒径要大。

　　减小阴极与蒸发金属之间的距离，可以减小由热量散失导致的两极间能量的降低，从而保证两极间较高的温度，使金属蒸发加快，提高粉末的蒸发率。增大电流强度，将使得电极间的能量增大，两极间的温度升高，金属的蒸发速率随温度升高而提高，最后使得纳米粉末生产率变大。

　　根据上述工艺参量对制备稀土纳米粉末的影响，针对不同的稀土金属优化确定出了惰性气体蒸发冷凝法的工艺参量，系列纯稀土纳米粉末制备的最佳工艺参数如表 2-3 所示[8]。

表 2-3　惰性气体蒸发冷凝法制备纯稀土纳米粉末的工艺参量

稀土金属	惰性气体	气体压强/atm	电压/V	电流强度/A
Sm	Ar	0.9	20	160
Dy	Ar	0.9	17	200
Er	Ar	0.9	17	250
Nd	He	0.9	16	250
Tb	He	0.9	15	280
Gd	He	0.9	15	280

　　图 2-3[8]给出了 Sm、Gd 纳米颗粒的透射电子显微镜（TEM）图像及相应的选区电子衍射谱（SAED）。制备的纯稀土纳米粉末除了 Sm 具有密排六方和菱方双相混合的晶体结构，Gd 纳米粉末都具有单一的密排六方晶体结构。此外，对制备出的系列典型纯稀土（Dy、Er、Nd、Tb 等）纳米粉末进行了形貌、粒径及显微结构的分析，每个纳米颗粒是一个单晶体，表明制备的系列典型纯稀土纳米粉末是具有单一晶体结构的纳米颗粒，利用线截距法测算可知，制备的系列纯稀土纳米颗粒的平均直径为 20～40 nm。

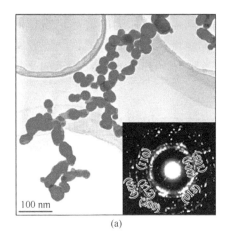 

(a)   (b)

图 2-3　惰性气体蒸发冷凝法制备的稀土纳米颗粒形貌及相应的选区电子衍射谱[8]

（a）Sm；（b）Gd

6. IGC 方法制备金属及磁性纳米颗粒

除了稀土纳米颗粒，大多数金属如过渡金属、碱土金属、ⅢA 族金属超细晶粉末等都能够通过 IGC 方法获得，从而显著改善材料力学性能、磁性能和光学特性。影响粉末制备的因素很多，如惰性气体中少量氧气（如 0.5%氧含量）会引起粉末结晶习性的显著变化。铍、镁、锌及铬粉在蒸发时其表面形成的高熔点氧化膜会干扰粉末相互碰撞时的聚结，使表面变得粗糙和不规则，铬粉甚至会改变内部晶体结构；而贵金属则由于氧原子吸附在表面上，表面能的各向异性减少了，因此易于形成光滑和近球形的粉末[9]。因此，提高气体的纯度，许多超细金属粉末都能够呈现良好的结晶状态。实际上，在 IGC 过程中，蒸发温度、气体种类和压力、收集粉末的位置等都对粉末粒径及其分布产生重要影响。

一般来说，当蒸发温度较高时，金属的蒸发速率及蒸气浓度都较大，即单位体积中的颗粒总质量较大，所以在金属原子形核长大过程中，颗粒容易变粗，粒径分布也较宽；当气体压力较大时，金属蒸气的膨胀受到一定的抑制，相应地增大了金属蒸气浓度，起到提高蒸发温度的作用，使得粉末粒径较粗，粒径分布较宽。因此，为了得到粒径分布较窄的粉末，即大小较均匀的粉末，必须保持稳定的蒸发温度。实验上，需要在较低的温度进行蒸发，此时温度容易稳定，稳定持续的时间较长，温度的波动也较小，故粉末粒径较细，粒径分布也较窄。

表 2-4 是在不同蒸发温度和氢气压力下制备的铝粉的平均粒径[10]。随着蒸发温度的升高或气体压力的增大，粉末的平均粒径均随之增大，粒径分布亦随之变宽。需要注意的是[11]，有些金属粉末粒径并不随蒸发温度的升高而继续变大。如金属镁在 800～1600℃间蒸发时，却在 900℃左右有最大的平均粒径。其

他一些超细金属粉末，特别是镁、锌及锡，随着气体压力的升高，粉粒的粗晶化尤为显著，而铜的变化不太明显。在不同氢气压力下制备的铁、镍及钴粉，其平均粒径亦随气体压力的增大而变大，当压力为 35 Torr 时，粉末的平均粒径明显增大。

表 2-4 在不同蒸发温度和氩气压力下制备铝粉的平均粒径（nm）[11]

蒸发温度	气体压力 10 Torr 下的平均粒径							气体压力 50 Torr 下的平均粒径		
1100℃	—							100	250	—
1300℃	80	110	180	230	280	160	250	320	430	—
1500℃	—							420	630	750

当气体压力一定时，气体种类对粉末粒径和生产率都会产生较大影响。如果金属原子量与气体原子量之比较大，则金属原子在气体中碰撞一次所损失的能量较小，它将在距蒸发源较远的地方冷凝，如在原子量较小的氢气中制得的粉末较细。而金属原子量与气体原子量之比较小者，即金属原子在气体中碰撞一次损失的能量较大，它将在蒸发源附近，即蒸气浓度较大的地方冷凝，于是粉末就较粗（如在氙气中制备）。但氢气的原子量小于氦气，而在相同的气体压力下，氢气中所制得的超细铝粉粒径反而大于氦气中制备的，这说明金属原子与气体原子碰撞时，不仅与气体的质量有关，而且与气体分子的结构有关，即不同金属原子和气体的能量交换具有不同的特征。在氦气、氢气及氙气中制备的超细铝粉，随压力的升高，其粒径的最大值均变大，气体压力较小时，最大粒径均较小。气体压力相同时，在氙气中制备的超细粉末最粗，氢气中次之，氦气中最细。等离子加热制备超细铁粉时，在氦气或氩气中加入部分氢气，有稳定等离子焰的作用，并可提高生产率[12]。在氦气中的粉末获得率大于在氩气中的，且与氦气压力无关，在氢气及氩氢混合气中，细粉获得率较低。表 2-5 为气体种类和气压等各种制备因素对不同超细金属粉末粒径和生产率的影响[11, 12]，可以看出，不同金属粉末表现出较大的差异，有些金属在相同条件下的生产率差异达到 10 倍以上。

表 2-5 各种制备因素对不同超细金属粉末粒径和生产率的影响[11, 12]

金属	加热方式	气体	气压/Torr	电压/V	电流/A	功率/kW	生产率/(g/min)	平均粒径/Å
钽	等离子	85%氩 + 15%氢	760	40	200	8	0.05	150
钛			760	40	200	8	0.18	200
镍			760	60	200	12	0.80	200
钴			760	50	200	10	0.65	200
铁			760	50	200	10	0.80	300

续表

金属	加热方式	气体	气压/Torr	电压/V	电流/A	功率/kW	生产率/(g/min)	平均粒径/Å
铝	等离子	85%氩 + 15%氢	400	50	150	7.5	0.12	100
银			7	—	—	6.4	1.4	900
金			7	—	—	9.2	1.15	1000
60%银 + 40%钯	高频感应	氩	100	—	—	10.5	0.59	250
铜			50	—	—	7.2	0.08	470

　　磁性材料是应用最为广泛的功能材料之一，当材料实现纳米化，特别是尺寸达到单畴尺寸时，能够获得高的磁性能，如 10～100 nm 大小的 Fe 颗粒，由于其具有单磁畴结构，可以成为良好的磁记录材料。Tasaki 等[13]早在 1965 年就采用 IGC 方法研究了纳米 Fe、Co 和 Ni 的制备及其磁性变化。在氮气气氛中，用蒸发方法成功制备了直径约为 15 nm 的 Fe、Co 和 Ni 金属的单畴纳米颗粒，由于磁相互作用，这些颗粒呈链状排列。XRD 表明，纳米合金颗粒的点阵参数与初始合金铸锭基本一致。从磁性能来看，每种金属颗粒的剩余磁化强度和矫顽力都获得了极大提升，但饱和磁化强度却不同：对于超细晶 Fe 和 Co，饱和磁化强度仅为铸锭的 20%，而较粗颗粒的饱和磁化强度能够达到铸锭的 90%。但是对于 Ni，即使最细小的 Ni 纳米晶，其饱和磁化强度也超过粗晶的 80%。另外值得说明的是，即使在晶粒仅为 8 nm 的细晶中，也没有观察到超顺磁现象。1984 年，德国 Gleiter 教授等首次采用惰性气体凝聚法制备了具有清洁表面，粒径仅为 6 nm 的金属铁纳米颗粒。国内李发伸等[14]采用该方法，在真空腔体中通入高纯度的氩气，利用难熔金属钼（Mo）作为加热源，金属铁在蒸发腔内蒸发结束后，通入含微量氧气的氮气，对颗粒表面进行长时间的钝化处理，制得平均粒径为 7.8 nm 左右、稳定性较高的 Fe 纳米颗粒。

　　相比于单质纳米颗粒，由于不同合金元素熔点、沸点以及蒸气压的不同，合金超细微粒的制备研究工作开展较少。Fe-Ni 合金是应用广泛的软磁材料，由于金属 Ni 和 Fe 的蒸气压相差不大，因而蒸发冷凝法是制备 Fe-Ni 合金超细微粒的一种有效方法。研究其超细微粒的制备方法、固体微结构及各种特性，对开拓新的磁性材料和其他功能材料具有极其重要的意义。

　　在纳米 Fe、Co 和 Ni 的制备和磁性能研究基础上，Tasaki 等[15]研究了 Fe-Co、Fe-Ni、Fe-Co-Ni 系列合金的制备和磁性能。为了获得单畴尺寸，金属和合金需要在 3 Torr 的氩气气氛中蒸发，同时需要采用"急骤蒸发法"，即尽可能控制以达到快速的蒸发和冷凝速率，从而避免蒸发过程中合金成分的变化。Fe-Co（40 wt% Co）、Fe-Ni（40 wt% Ni）和 Fe_3Co_2-Ni（40 wt% Ni）粉末分别呈现出体心立方（α'-bcc）、面心立方（γ-fcc）以及两相共存结构。颗粒形状基本为球形，由于磁相互作用，颗粒倾向于链状排列。所有合金粉末的平均尺寸为 15～18 nm，颗粒尺寸分布大体上符合高斯分布，但令人意外的是该尺寸及其分布并没有产生超顺磁。在整个成分范围内，合金在蒸发时几乎不发生成分的变化，在富 Fe 和富 Co 颗粒中，饱和磁化强度约为大块合金的 65%，富 Ni 合金超细粉末的饱和磁化强度则超过块状合金的 80%。现代超顺磁理论中，磁各向异性主要来源于内在晶体各向异性，然而在对以上几种颗粒的研究中发现，其他类型的磁各向异性，如由"链状结构"感生出的形状各向异性，以及由反铁磁性氧化物表面层和内部铁磁金属之间的交换耦合所产生的各向异性，却起到了决定性的作用。链状结构引起的形状各向异性几乎是磁各向异性的全部起因，而此磁各向异性决定了矫顽力的数值。

陈允鸿等[16]在氮气气氛中，利用钨丝制成的加热器将 Fe-Ni 合金片加热到高温，经蒸发、冷凝，控制氮气压强、加热器的加热功率和收集器与加热器之间的距离，制备了具有一定平均粒径和粒径分布，不同成分的 Fe-Ni 合金超细微粒。

合金超细微粒的平均粒径在一定的氮气压强范围内，随氮气压强增大而增大，但当压强大于某一临界值后，平均粒径随氮气压强增大呈减小趋势。在相同的压强下，平均粒径随合金中 Ni 含量减少而增大。用同一种原材料制备的不同平均粒径的合金超细微粒，其合金成分基本不变，但与原材料相比，超细微粒的 Ni 含量有所减少，Fe 含量相应有所增大。合金超细微粒的晶面间距随 Ni 含量变化而变化：Ni 含量高的超细微粒为 γ-fcc 结构；Ni 含量低的为 α'-bcc 结构和 γ-fcc 结构二相共存。

北京工业大学采用金属钨电极，使用电弧加热，在氩/氢混合气体气氛下，制备了铁镍质量比为 1:1 和 1:3 的 Fe-Ni 合金粉末。两种粉末的透射电子显微镜结果（图 2-4）显示，大部分颗粒的尺寸都为 100 nm 左右，颗粒均为圆球并且紧密排列成链状结构，这也是合金超细微粒表面静磁场相互作用的结果。XRD 谱图（图 2-5）表明两种合金都呈现出良好的单相特性，尽管晶体结构有所不同，如 FeNi 为面心立方结构（空间群 $Fm3m$），FeNi$_3$ 为简单立方晶体结构（空间群 $Pm\bar{3}m$），但值得注意的是，无论 FeNi 还是 FeNi$_3$，纳米粉末和原始铸锭的 XRD 谱图基本相同，蒸发冷凝没有改变其晶体结构。从元素分析来看，纳米粉末的成分也基本不变。此外，如图 2-6 所示，两种粉末的饱和磁化强度都达到原始铸锭的 80% 以上，FeNi$_3$ 更是高达 95%，由于晶粒尺寸比较大，磁化强度损失很少。

7. 小结

蒸发冷凝法作为一种经典的制备纳米粉体的物理方法，制备装置容易实现，

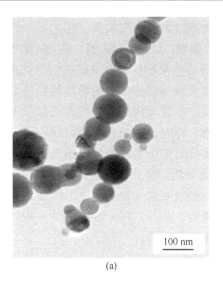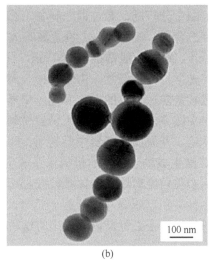

(a)　　　　　　　　　　　　　　(b)

图 2-4　FeNi（a）和 FeNi₃（b）纳米颗粒的透射电子显微镜图像

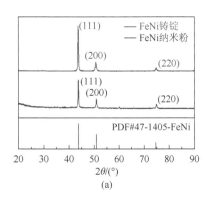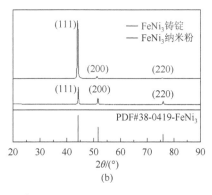

(a)　　　　　　　　　　　　　　(b)

图 2-5　FeNi（a）和 FeNi₃（b）铸锭及纳米粉的 XRD 谱图

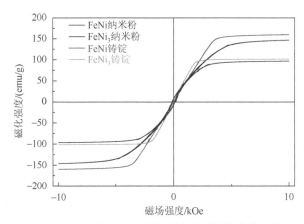

图 2-6　FeNi 和 FeNi₃ 铸锭及纳米颗粒的磁滞回线

使用范围十分广泛。通过调控制备工艺，如蒸发温度、气氛及其压力等，可制备纳米稀土金属、过渡金属、贵金属等大多数金属，铁-钴、铁-镍、铁-钴-镍等超细合金粉末，粒径一般都小于 300 nm，且制的纳米粉体具有良好的力学性能、磁性能和光学特性。但是，由于每种金属或合金性质迥异，影响粉体粒径及其分布的工艺参数多，粉体的生产率难以明显提高，尽管国内外的研究人员做了不少研究工作，该方法的大规模应用仍然受到制约。针对该方法存在的问题，一方面，应从理论上开展反应容器中温度场、流场及其对纳米粉体产生影响的研究，同时对 IGC 法生成纳米粉体的机制作系统全面的分析，建立相关的理论模型；另一方面，从实验角度对纳米粉体颗粒粒径所受的影响因素（加热温度、气体压力、惰性气体种类和流速等）展开更全面的试验探索。此外，进一步提高纳米粉体生产率的研究也势在必行，以实现该方法更大规模的应用。

2.1.2 高能球磨法

自 20 世纪 60 年代末期，Benjamin 等在制备氧化物弥散强化合金时提出高能球磨（high energy ball milling，HEBM）技术以来，该技术越来越受到人们的关注[17]。利用该技术可以制备出许多传统方法难以合成的新型亚稳态材料，如纳米晶、非晶、准晶、金属间化合物和过饱和固溶体等。一般将高能球磨法分为两大类：初始研磨物质为化合物，球磨过程中化合物性质不发生改变的，称为机械研磨（mechanical milling，MM）；初始研磨组元为单质元素，且球磨过程中单质元素结合形成合金的，称为机械合金化（mechanical alloying，MA）。

高能球磨法通过球磨机的转动或振动使硬球对原料进行强烈的撞击、研磨和搅拌，该过程能明显降低反应活化能、细化晶粒、增强粉体活性、提高烧结能力、诱发低温化学反应，最终把金属或合金粉末粉碎为纳米级颗粒。其主要原理分为以下几个步骤：①晶粒细化；②局部碰撞点升温；③晶格松弛与结构裂解。

高能球磨法与传统低能球磨法的不同之处在于球磨的运动速度较大，不受外界转速的限制，使粉体产生塑性变形及相变，而传统的球磨工艺只对粉体起到破碎和混合均匀的作用，高能球磨通过搅拌器将动能通过磨球传递给作用物质，能量利用率大大提高，从而改善材料的性能，是一种节能、高效的材料制备技术，并且可以批量生产，该技术已经成为制备纳米材料的重要方法之一[18]。

通过高能球磨产生大量的应力、应变、缺陷、纳米晶界和相界，提高了系统储能，粉末活性也大大提高，甚至诱发多相化学反应。目前已在很多系统中实现了低温化学反应，并且成功合成出新物质。研究表明高能球磨法可以制备出各类纳米晶材料，如纯金属、固溶体、金属间化合物和金属陶瓷复合材料等。其工艺途径主要有三条：一是通过高能球磨将大晶粒细化为纳米晶；二是非晶材料经过高能球磨直接形成纳米晶；三是先用高能球磨制备出非晶，然后将其晶化而得到纳米晶[19]。

　　高能球磨机的工作形式和搅拌磨、振动磨、行星磨有所不同，主要是搅拌和振动两种工作形式的结合。图 2-7 为竖直纵向 GN-2 型高能球磨机的机械结构与运转示意图。通过在 0～110 V 范围内控制球磨机连续可调的工作电压，控制其转速为 0～700 r/min。图 2-8 为水平横向旋转的行星式 P7 型高能球磨机的运转示意图。该球磨机利用行星式公转并自转的原理，使研磨球在研磨碗内进行高速的运动，通过高能的摩擦力和撞击力实现样品的粉碎，可快速将样品颗粒大小研磨至 1 μm 以下，且研磨罐自转和公转转速的传动比率任意可调。高能球磨过程十分复杂，众多的研究表明，高能球磨的过程和最终产物与工艺条件有着密切的关系。其中一些重要的工艺条件有球磨介质、球料比、球磨气氛等[19]。研磨介质的材料对球磨结果有着十分重要的影响。常见的球磨介质有硬化钢、工具钢、硬化铬钢、回火钢、不锈钢、WC-Co 硬质合金和承轴钢等，在制备一些特殊材料时也会以紫铜、钛、铌、氧化锆（ZrO_2）、玛瑙、蓝宝石、氮化硅和 CuB 等作为球磨介质。由于在高能球磨过程中磨球的相互剧烈撞击，磨球表面不可避免地会有部分材料脱落而进入研磨物料中造成污染。所以，需针对要制备的材料来选择相应的球磨介质。在高能球磨过程中，球料比是一个非常重要的因素，它决定了球磨过程中磨球对粉体所施加的机械撞击力是否足够引发晶粒的破碎和细化，从而得到纳米级颗粒。一般来说，球料比越大，磨球碰撞的概率也越大，使得在单位时间和单位体积内粉末可吸收的机械能就越多，相应地达到同等球磨效果的球磨时间也越短。高能球磨过程中，粉末颗粒急剧变小，产生大量的新原子级表面。为了防止空气对粉体的污染，一般需要对球磨罐抽真空并充入惰性保护气体（如 Ar）。但有时为了特殊的目的，也需要在特殊的气体环境下研磨，例如当需要有相应的氢化物或

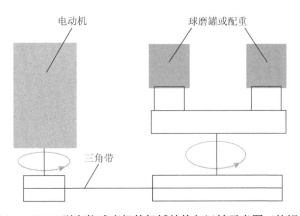

图 2-7　GN-2 型高能球磨机的机械结构与运转示意图（俯视）

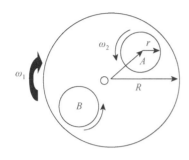

图 2-8 P7 型高能球磨机的
运转示意图（俯视）

氮化物生成时，可以在氢气或氮气的环境下研磨。高能球磨机的球磨时间往往很长，达几十甚至上百个小时，体系发热很大，因此还要采取降温措施。

高能球磨法是一种高效且性价比高的制备纳米晶粉末的方法，相比于化学合成方法，它更适合于大批量生产。但是这种方法也有一个缺点，冷焊工艺不可避免导致球磨时间延长，而这会导致粉末团聚和粉末的不规则形状，从而导致平均粒径增大。因此，最好在高能球磨时加入合适的表面活性剂和有机溶剂，从而有效减小颗粒粒径，防止团聚和冷焊的发生[20]（图 2-9）。表面活性剂在表面活性剂辅助球磨中起到许多重要的作用：①阻止冷焊，使颗粒进一步细化；②附着在纳米颗粒表面，使其更长时间悬浮在溶剂中，可更好地对不同尺寸纳米颗粒进行分离；③作为表面润滑剂，在球磨中会导致颗粒不同的解离和破碎过程，获得不同形貌纳米材料；④表面活性剂对纳米颗粒具有保护作用；⑤阻止球磨过程中材料的非晶化。表面活性剂辅助高能球磨已经成为制备永磁纳米颗粒及纳米片的有效方法。它的制备流程包括：首先，准备球磨原料，包括配料、熔炼、均匀化退火和粗破碎。球磨过程采用硬质合金球磨罐和硬质合金球。采用正庚烷作为球磨介质，油胺和油酸作为表面活性剂。球磨过程中，磁粉被破碎，破碎的表面被活性剂覆盖，因此可以避免颗粒的团聚。球磨完毕后，将磁粉取出，超声振荡，沉降后去掉球磨介质。然后，采用乙醇、丙酮、正庚烷等有机溶剂反复清洗，去掉表面活性剂。

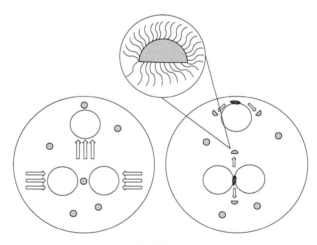

图 2-9 表面活性剂辅助高能球磨示意图

表面活性剂辅助球磨制备的永磁纳米颗粒和片状材料在众多领域具有重要应用：①可以用于制备高性能新型各向异性黏接磁体。②把颗粒表面镀软磁膜或与软磁纳米颗粒复合，可以制备各向异性纳米复合磁体，这为制备各向异性纳米复合磁体提供了新的途径。2002 年，Zeng 等在 *Nature* 上报道了采用化学自组装的方法把 FePt 和 Fe_3O_4 作为基本原料制备 $FePt/Fe_3Pt$ 纳米复合磁体[21]，与单相 FePt 磁体相比，磁能积得到很大提高。③可以制备全密度新型各向异性磁体。④采用旋涂方法可以制备高性能稀土永磁颗粒薄膜，由于无需高温退火即可获得优异的永磁性能，在磁性微机电系统中有特殊用途。⑤稀土永磁纳米颗粒各向异性高，铁磁-超顺磁临界尺寸低，可提高铁磁流体的性能。⑥稀土永磁纳米颗粒铁磁-超顺磁临界尺寸低于现有磁记录材料临界尺寸，可用于超高密度磁记录，突破当时磁记录材料的存储密度极限。

采用传统的高能球磨技术通常可以获得粒径达到亚微米级的粉末，但是很难再通过调整球磨工艺参数（如延长球磨时间）的方法使粉末粒径进一步减小。1990 年，Kaczmarek 等开始采用表面活性剂辅助球磨的方法制备 $Co_{70.4}Fe_{4.6}Si_{15}B_{10}$ 以及 $BaFe_{12}O_{19}$ 等粉末材料[22-25]，发现与高能球磨相比可以更快地减小颗粒尺寸。随后，这种方法被用于制备稀土永磁纳米颗粒。Kirkpatrick 等以苯氧基十一烷酸为表面活性剂，采用高能球磨的方法制备了 $SmCo_5$ 纳米颗粒。$SmCo_5$ 纳米颗粒的平均尺寸为 25 nm；然而，纳米颗粒的尺寸分布很大，5 K 时矫顽力仅为 0.12 T[26]。所以这种方法一直到 2006 年都没有被用于制备高产出的永磁纳米颗粒。从 2003 年开始，得克萨斯大学阿灵顿分校的实验室进行了系统研究，并于 2006 年率先报道了以油酸和油胺为表面活性剂，正庚烷为溶剂，采用表面活性剂辅助球磨的方法制备了尺寸小于 30 nm 的 Sm-Co 和 Nd-Fe-B 纳米颗粒[27]。

高能球磨的产物，包括球磨罐上层球磨溶剂中附着表面活性剂的不同颗粒尺度的纳米颗粒组成的悬浮液，以及球磨罐底部沉积的表面附着表面活性剂的纳米片组成的沉降混合物。

这些永磁纳米颗粒与纳米片，由于颗粒尺寸的变化，而具有不同的比表面积和密度。较小的纳米颗粒比表面积相对较大，将附着相对较多的表面活性剂，由于表面活性剂的空间位阻作用和比表面能作用，而得以漂浮于球磨悬浮液的最上层，可以几十分钟、几小时甚至几个月都不会发生沉降；较大的纳米颗粒，比表面积相对较小，将附着相对较少的表面活性剂，自身受到的重力作用将与表面活性剂的空间位阻作用和比表面能作用产生竞争，而在球磨悬浮液的上层、中层和下层发生不同程度的漂浮和沉降，可以在几分钟到几小时的时间内存在；而较大的永磁纳米片由于受到的重力作用较大而在 0 到几分钟的较短时间内快速沉降到球磨罐底部。最终结果是，球磨罐中形成了从悬浮液最上层到球磨罐最底层的连续变化的浓度梯度。图 2-10 直观描述添加表面活性剂的作用。深色的瓶子有表面

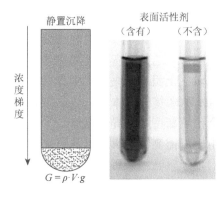

图 2-10 纳米颗粒在静置沉降过程的浓度梯度示意图

活性剂球磨并沉淀后含有颗粒的溶体，而浅色的瓶子为没有加表面活性剂而得到的球磨并沉淀后的纯溶剂。

大量研究表明，对于制备稀土永磁纳米颗粒最好的方法是采用适当的表面活性剂和有机溶剂作为介质进行球磨，这种方法可以十分有效地减小粒径，并可以阻止球磨过程中粉末团聚和冷焊的发生。值得注意的是，表面活性剂在高能球磨过程中起到关键性的作用。实验结果表明[25, 28]，表面活性剂具有多方面作用，具体包括：①抑制球磨过程中的颗粒团聚；②保护磁性相的晶体结构，并避免非晶化；③降低新裂解表面的能量，从而降低裂纹扩展所需的能量；④减小颗粒间的摩擦作用；⑤防止球磨的过程中和球磨后细小颗粒的氧化。

需要指出的是，采用表面活性剂辅助球磨技术可以获得尺寸低到几纳米的永磁颗粒，但是球磨产物往往粒径分布差，并且矫顽力低[26, 27]。对此，Wang 等首次开发出包括超声振荡、静置和离心分离等步骤的颗粒分级技术。通过控制高速离心机的离心速度，来改变纳米颗粒所受到的离心力。当表面活性剂的空间位阻力小于纳米颗粒离心力时，将被离心机捕集到离心试管的管壁之上；而当表面活性剂的位阻力大于纳米颗粒离心力时，纳米颗粒将不被离心机收集到。纳米颗粒在离心捕集的过程中的浓度梯度如图 2-11 所示。通过控制高速离心机的离心时间，可以控制纳米颗粒的生产率。颗粒分级技术实现了球磨产物尺寸选择过程由纳米颗粒溶液的沉降时间和离心分离来控制，制备得到窄粒径分布、平均尺寸为 23 nm 的 Sm_2Co_{17} 基纳米颗粒。此纳米颗粒的室温矫顽力升高到 3.1 kOe，这是首次实现稀土过渡族磁性纳米颗粒高的室温矫顽力[29]。颗粒尺寸随着沉降时间的

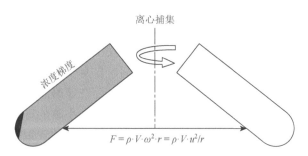

图 2-11 纳米颗粒在离心捕集过程中的浓度梯度示意图

延长快速减小，尤其当沉降时间小于 3 h 时颗粒尺寸减小更加明显。同时，随着沉降时间延长和颗粒尺寸的减小，矫顽力随之减小[30]。

目前，表面活性剂辅助高能球磨的方法已被公认为一种制备稀土过渡族金属基磁性纳米颗粒的有效途径。油酸和油胺在制备 RE-TM 纳米颗粒中充当表面活性剂。油胺中的氨基与 Sm-Co 颗粒的金属离子的结合能力不如油酸中的羧基。因此，在球磨过程中油胺对于纳米颗粒的包裹性不如油酸好。所以，当油酸作为表面活性剂时，纳米颗粒通常是球状或者棒状的单晶，且有光滑的边界，粒径通常为 5～12 nm，平均粒径是 9 nm。而油胺作表面活性剂时，制备的纳米颗粒中有一部分是多晶，而且形状是有锋利的角的三角形或者是有锋利的边界的棒状，其颗粒尺寸为 10～24 nm，平均尺寸是 26 nm。

2.1.3　溅射法

溅射法的原理是用两块金属板分别作为阳极和阴极，阴极为蒸发用的材料，在两电极间充入氩气（40～250 Pa），两电极间施加的电压范围为 0.3～1.5 kV。两极间的辉光放电使氩离子冲击阴极靶材表面，使靶材原子从其表面蒸发出来形成超细微粒，并在附着面上沉积下来。以离子束溅射为例，它由离子源、离子引出极和沉积室三大部分组成，在高真空或超高真空中溅射镀膜。利用直流或高频电场使惰性气体（通常为氩气）发生电离，产生辉光放电等离子体，电离产生的正离子和电子高速轰击靶材，使靶材上的原子或分子溅射出来，然后沉积到基底上形成薄膜。在其离子源内由惰性气体产生的离子具有较高能量，可以通过一套电气系统来控制离子束的性能，从而改变离子轰击靶材料产生的不同的溅射效应，使靶材料沉积到基底上形成纳米材料。离子束溅射中靶材无相变，化合物的成分不易发生变化，又由于溅射沉积到硅片上的离子能量比蒸发沉积高出几十倍，所以形成的纳米材料附着力大。离子束溅射沉积法可以精确地控制离子束的能量、密度和入射角度来调整纳米薄膜的微观形成过程，溅射过程中的基底温度较低，可制备多种纳米金属（包括高熔点和低熔点金属，常规的热蒸发法只适用于低熔点金属），能够制备多组元的化合物纳米颗粒（如 $Al_{52}Ti_{48}$、$Cu_{91}Mn_9$ 及 ZrO_2 等），通过加大被溅射的阴极表面可提高纳米颗粒的获得量。溅射方法包括直流溅射（二极、三极、四极）、射频溅射、磁控溅射、反应溅射及其他溅射技术。

1. 直流溅射

溅射镀膜最初出现的是简单的直流二极溅射，其电压为 1～5 kV，出射原子的速率为 $3×10^5$～$6×10^5$ cm/s，能量为 10～40 eV，到达基底的原子能量为 1～2 eV。它的优点是装置简单，但是直流二极溅射沉积速率低，为了保持自放电，不能在低气压（<0.1 Pa）下进行，不能溅射绝缘体材料等缺点限制了其应用。在

直流二极溅射装置中增加一个热阴极和辅助阳极，就构成直流三极溅射。增加的热阴极和辅助阳极产生的热电子增强了溅射气体原子的电离，这样使溅射即使在低气压下也能进行；另外，还可以降低溅射电压，使溅射在低气压（<0.13 Pa）下进行；同时放电电流也增大，并可独立控制，不受电压影响。在热阴极的前面增加一个电极（栅网状），构成四极溅射装置，可使放电趋于稳定，等离子体的密度可通过改变电子发射电流和加速电压来控制，离子对靶材轰击能量可通过靶电压加以控制，从而解决了二极溅射中靶电压、靶电流以及溅射电压之间相互约束的矛盾。但是这种装置难以获得浓度较高的等离子体区，沉淀速度较低，因而未获得广泛的应用。

2. 射频溅射

用交流电源代替直流电源就构成了交流溅射系统，由于常用的交流电源的频率在射频段，如 13.56 MHz，所以称为射频溅射。在直流溅射装置中如果使用绝缘材料靶，轰击靶面得到的正离子会累积在靶面上，使其带正电，靶电位上升，使得电极间的电场逐渐变小，直至辉光放电熄灭和溅射停止，所以直流溅射装置不能用来溅射沉积绝缘介质薄膜。为了溅射沉积绝缘材料，人们将直流电源换成交流电源。由于交流电源的正负性周期交替，当溅射靶处于正半周期时，电子流向靶面，中和其表面积累的正电荷，并且积累电子，使其表面呈现负偏压，导致在射频电压的负半周期时吸引正离子轰击靶材，从而实现溅射。由于离子比电子质量大，迁移率小，不像电子那样很快地向靶表面集中，所以靶表面的电位上升缓慢，由于在靶上会形成负偏压，所以射频溅射装置也可以溅射导体靶。射频溅射的工作原理为两极间接上射频（5～30 MHz，国际上多采用 13.56 MHz）电源后，两极间等离子体中不断振荡运动的电子从高频电场中获得足够的能量，并更有效地与气体分子发生碰撞，并使后者电离，产生大量的离子和电子，此时不再需要在高压（10 Pa 左右）下产生二次电子来维持放电过程，射频溅射可以在低压（1 Pa 左右）下进行，沉积速率也因此时气体散射少而比二极溅射高；高频电场可以经由其他阻抗形式耦合进入沉积室，而不再要求电极一定是导体；由于射频方法可以在靶材上产生自偏压效应，即在射频电场作用的同时，靶材会自动处于一个较大的负电位下，从而导致气体离子对其产生自发的轰击和溅射，而在基底上自偏压效应很小，气体离子对其产生的轰击和溅射可以忽略，主要是沉积过程。

射频电场对于靶材的自偏压效应：由于电子的运动速度比离子的速度大得多，因而相对于等离子体来说，等离子体附近的任何部位都处于负电位。设想一个电极上开始并没有任何电荷积累，在射频电压的驱动下，它既可作为阳极接受电子，又可作为阴极接受离子。在一个正半周期中，电极将接受大量电子，并使其自身带有负电荷。在紧接着的负半周期中，它又将接受少量运动速度较慢的离子，使

其所带负电荷被中和一部分。经过这样几个周期后，电极上将带有一定数量的负电荷而对等离子体呈现一定的负电位（此负电位对电子产生排斥作用，使电极此后接受的正负电荷数目相等）。设等离子电位为 V_p（为正值），则接地的真空室（包含基底）电极（电位为 0）对等离子的电位差为 $-V_p$，设靶电极的电位为 V_c（是一个负值），则靶电极相对于等离子体的电位差为 V_c-V_p。$|V_c-V_p|$ 幅值要远大于 $|-V_p|$。因此，这一较大的电位差使靶电极实际上处在一个负偏压之下，它驱使等离子体在加速后撞击靶电极，从而对靶材形成持续的溅射。射频溅射几乎可以用来沉积任何固体材料的薄膜，获得的薄膜致密、纯度高、与基底附着牢固、溅射速率大、工艺重复性好。射频溅射常用来沉积各种合金膜、磁性膜以及其他功能膜。射频溅射法的特点：能够产生自偏压效应，达到对靶材的轰击溅射，并沉积在基底上；自发产生负偏压的过程与所用靶材是否是导体无关。但是，在靶材是金属导体的情况下，电源须经电容耦合至靶材，以隔绝电荷流通的路径，从而形成自偏压；与直流溅射时的情况相比，射频溅射法由于可以将能量直接耦合给等离子体中的电子，因而其工作气压和对应的靶电压较低。因此，射频溅射条件为工作气压 1.0 Pa，溅射电压 1000 V，靶电流密度 1.0 mA/cm^2，薄膜沉积速率低于 0.5 μm/min。

3. 磁控溅射

磁控溅射也是一种溅射镀膜法，是在二极溅射基础上发展而来的，是对阴极溅射中电子使基底温度上升过快的缺点加以改良，在被溅射的靶极（阳极）与阴极之间加一个正交磁场和电场，电场和磁场方向相互垂直。磁控溅射的工作原理是电子在电场的作用下，在飞向基底过程中与氩原子发生碰撞，使其电离产生氩离子和新的电子；新电子飞向基底，氩离子在电场作用下加速飞向阴极靶，并以高能量轰击靶表面，使靶材料发生溅射。在溅射粒子中，中性的靶原子或分子沉积在基底上形成薄膜，而产生的二次电子会受到电场和磁场作用，产生 $E\times B$ 所指方向的漂移，简称 $E\times B$ 漂移，其运动轨迹近似于一条摆线。若为环形磁场，则电子就以近似摆线形式在靶表面做圆周运动，它们的运动路径不仅很长，而且被束缚在靠近靶表面的等离子体区域内，并且在该区域中电离出大量的氩离子来轰击靶材，从而实现高的沉积速率。随着碰撞次数的增加，二次电子的能量消耗殆尽，逐渐远离靶表面，丧失能量成为"最终电子"进入弱电场区，并在电场的作用下最终沉积在基底上。基底可免受等离子体的轰击，因而基底温度又可降低，更换不同材质的靶或控制不同的溅射时间，便可以获得不同材质和不同厚度的薄膜。此外，溅射的质量受到预抽真空度、溅射时的氩气压强、溅射功率、溅射时间和基底温度等因素的影响，因此想要得到理想的溅射纳米结构薄膜，必须优化这些影响因素。

磁控溅射技术作为一种十分有效的薄膜沉积方法，被普遍和成功地应用于许多方面，特别是在微电子、光学薄膜和材料表面处理领域中，用于薄膜沉积和表面覆盖层制备。1852 年 Grove 首次描述溅射这种物理现象，20 世纪 40 年代溅射技术作为一种沉积镀膜方法开始得到应用和发展。60 年代后随着半导体工业的迅速崛起，这种技术在集成电路生产工艺中，用于沉积集成电路中晶体管的金属电极层，才真正得以普及和广泛地应用。磁控溅射技术的出现和发展，以及 80 年代被用于制作反射层之后，磁控溅射技术应用的领域得到极大的扩展，逐步成为制造许多产品的一种常用手段，并在最近几年，发展出一系列新的溅射技术。Park 等应用射频磁控溅射技术，在 Si 基底和硅酸盐玻璃上，沉积 Er 或 Tb 掺杂纳米晶粒 Si 薄膜。另外为了研究氢气在氢和氩混合等离子体中对溅射过程所起的作用，Laidani 等在氩气气氛中通入氢气，用射频溅射沉积碳薄膜。磁控溅射法具有设备简单，成膜速率高，基底温度低，膜的黏附性好，镀膜层与基材的结合力强，镀膜层致密、均匀，可实现大面积镀膜等优点。磁控溅射与其他的镀膜技术相比具有如下特点：可制备成靶的材料广，几乎所有金属、合金和陶瓷材料都可以制成靶材；在合适条件下多元靶材共溅射，可沉积配比精确恒定的合金；在溅射的放电气氛中加入氧、氮或其他活性气体，可沉积形成靶材物质与气体分子的化合物薄膜；通过精确地控制溅射镀膜过程，容易获得均匀的高精度膜厚；通过离子溅射，靶材料物质由固态直接转变为等离子态，溅射靶的安装不受限制，适合于大容积镀膜室多靶布置设计。磁控溅射靶是真空磁控溅射镀膜的核心部件，它的重要作用表现在对于大面积表面的镀膜，磁控溅射靶影响着膜层的均匀性和重复性，当膜层材料为贵金属时，靶的结构决定靶材的利用率。

常用的磁控溅射的设备有平面磁控靶和圆柱磁控靶，这是根据靶材的不同形状定义的。平面磁控靶是在靶材的部分表面上方使磁场与电场方向垂直，从而将电子的轨迹限制到靶面附近，提高电子碰撞和电离的效率，减少电子轰击作为阳极的基底，抑制基底温度升高。而圆柱磁控靶是电子束在靶的表面附近，靶材的利用率高。磁控溅射的缺点是对靶材的溅射不均匀，不适合铁磁体材料的溅射，对于铁磁体材料，则少有漏磁，等离子体内无磁力线通过。磁控溅射法的改进方法是非平衡磁控溅射法。普通的磁控溅射阴极的磁场集中于靶面附近有限的区域内，基底表面没有磁场，称为平衡磁控溅射阴极。磁控溅射具有将等离子体约束于靶附近，对基底的轰击作用小的特点。这对于希望减少对基底的损伤、降低沉积温度的应用场合是有利的。但是，某些情况下，人们希望保持适度的离子对基底的轰击效应，这就是非平衡磁控溅射法提出的背景。1985 年，Window 提出了增大普通的磁控溅射阴极的杂散磁场，从而使等离子体范围扩展到基底表面附近的非平衡磁控溅射阴极。如果通过阴极的内外两个磁极端面的磁通量不等，则为非平衡磁控溅射阴极，非平衡磁控溅射阴极磁场大量向靶外发散。采用非平衡磁控溅射法，有意识地增大（或减小）靶中心的磁体体积，造成部分磁力线发散至距靶较远的基底附近，这时等离子体的作用扩展到基底附近，而部分电子被加速射向基底，同时在此过程中造成气体分子电离和部分离子轰击基底，保持适度的离子对基底的轰击效应，以提高薄膜的质量、附着力、致密度等。目前，磁控溅射是应用最广泛的一种溅射沉积方法，但是磁控溅射技术在一些工程的应用方面及其新出现的技术问题仍需进一步研究。毋庸置疑，发展稳定性好、沉积速率高、薄膜质量满足要求的磁控溅射技术是该领域相关科技工作者不懈的追求。

4. 反应溅射

现代表面工程的发展越来越多地需要用到各种化合物薄膜，反应溅射技术是沉积化合物薄膜的主要方式之一。沉积多元成分的化合物薄膜，可以使用化合物材料制作的靶材溅射沉积，也可以在溅射纯金属或合金靶材时，通入一定的反应气体（如氧气、氮气），反应沉积化合物薄膜，后者被称为反应溅射。通常纯金属靶和反应气体较容易获得很高的纯度，因而反应溅射被广泛地应用于沉积化合物薄膜。

但是在沉积介电材料或绝缘材料化合物薄膜的反应控制溅射时，容易出现迟滞现象。反应溅射中的迟滞效应是不希望有的。迟滞现象使某些化学计量比的化合物不能通过反应溅射获得，并且反应气体与靶材作用生成的化合物覆盖在靶材表面，积累的大量正电荷无法被中和，在靶材表面形成越来越高的正电位，阴极位降区的电位随之降低，最终阴极位降区电位减小到零，放电熄灭，溅射停止，这种现象称为"靶中毒"。同时，在阴极附近的屏蔽阳极上也可能覆盖化合物层，产生阳极消失现象。当靶材表面化合物层电位足够高时，发生击穿，巨大的电流流过击穿点，形成弧光放电，导致局部靶面瞬间被加热到很高的温度，发生喷射，出现"打弧"现象。"靶中毒"和"打弧"导致了溅射沉积的不稳定，缩短了靶材的使用寿命，并且低能量的"液滴"沉积到薄膜表面，造成沉积薄膜结构缺陷和组分变异。

解决直流反应溅射"靶中毒"和"打弧"问题最为有效的方式是改变溅射电源，即采用射频、中频或脉冲电源。射频溅射在溅射靶与基体之间形成高频（13.56 MHz）放电，等离子体中的正离子和电子交替轰击靶而产生溅射，解决了溅射绝缘靶材弧光放电的问题，但是射频溅射速率较低、电源结构复杂、价格较昂贵，中频和脉冲电源容易获得，使得反应溅射成为目前广泛应用的磁控溅射技术之一[31]。

2.2　化学制备方法

化学制备方法是制备低维磁性纳米材料最有效的方法，通过调节前驱体浓度、种类、还原剂、表面活性剂、反应时间与温度等实验参数，能够实现形貌、粒径、化学组分和磁性能的有效调节。由于表面包覆表面活性剂，因此化学制备方法制备的磁性纳米材料通常具有良好的单分散性和化学稳定性，可以对磁性纳米颗粒进行进一步改性或者自组装，以实现在生物传感与检测、靶向药物传输、能量存储、磁记录、电催化和水处理等领域的应用。化学制备方法主要有微乳液法、共沉淀法、热分解法、液相还原法、水热与溶剂热法、溶胶-凝胶法等。

2.2.1 微乳液法

微乳液[32, 33]是指在表面活性剂、助表面活性剂（醇类）的作用下，两种互不相溶的试剂（水相和油相）经混合乳化后形成宏观上均匀、稳定、各向同性，而微观上不均匀的透明液体混合物。乳液通常有水包油型（O/W）和油包水型（W/O，也称反相微乳液）两种体系。磁性纳米颗粒的制备通常利用反相微乳液法。反相微乳液中的水相以微小液滴形式分散在油相中，液滴和油相的界面通过吸附一层表面活性剂和助表面活性剂来调节界面张力，从而使微乳液稳定存在。反相微乳液中的水相液滴，也称微泡。微泡的粒径尺度可控制在纳米级范围内，通常为 $10 \sim 100$ nm，这些微泡就相当于许多个纳米反应器。当两种反相微乳液混合时，微泡之间发生相互碰撞、破裂、再结合，微泡内的物质相互交换而发生化学反应，经过形核、聚结，最后破乳、离心分离后得到磁性纳米颗粒。微泡的粒径大小、结构和类型由微乳液中所使用的水相与油相体积比、表面活性剂和助表面活性剂的种类和浓度决定[34]。通过选择合适的表面活性剂、助表面活性剂、还原剂、金属离子，可以调节微泡的大小、pH 和结构，从而调控磁性纳米颗粒的大小和形貌[35]。

反相微乳液法制备过程简单、纳米颗粒尺寸和形貌可控，因此常用来制备磁性纳米颗粒。以 Fe_3O_4 纳米颗粒的制备过程为例，以十六烷基三甲基溴化铵（CTAB）为表面活性剂、丁醇为助表面活性剂，正己烷或正辛烷等烷烃作油相溶剂，水为分散相，分别制备金属离子（Fe^{3+} 和 Fe^{2+} 混合液）和碱性（氢氧化钠、氨水或甲胺等碱性试剂）微乳液。然后在保护气氛下将碱性微乳液加入金属离子微乳液中混合并搅拌均匀，最后加入乙醇或丙酮破乳，离心分离后得到 Fe_3O_4 纳米颗粒。在上述制备过程中，若用其他二价金属离子 M^{2+} 代替 Fe^{2+}，则可以得到 $M_xFe_{3-x}O_4$（$M = Co^{2+}$、Mn^{2+}、Ba^{2+} 和 Rh^{2+}）铁氧体纳米颗粒[36-39]。Chin 等[40]以氯化亚铁（$FeCl_2$）为前驱体、CTAB 为表面活性剂、正丁醇为油相，利用反相微乳液法制备了 γ-Fe_2O_3。Pillai 等[41]利用水/CTAB/正丁醇/正辛烷微乳液沉淀 Co^{2+} 和 Fe^{3+}，在 600℃ 热处理 5 h 后得到 $CoFe_2O_4$ 纳米颗粒。$CoFe_2O_4$ 的平均尺寸小于 50 nm，在室温下矫顽力为 1.44 kOe，饱和磁化强度为 65 emu/g。以碳酸铵为沉淀剂，用同样的方法可以制备硬磁性的 $BaFe_2O_4$ 纳米颗粒[42]，饱和磁化强度为 62.2 emu/g，矫顽力高达 5.4 kOe。

　　反相微乳液法不但可以制备 Fe_3O_4 和 $M_xFe_{3-x}O_4$ 等氧化物纳米颗粒（图 2-12），若以硼氢化钠（$NaBH_4$）等还原剂取代碱性 NaOH 微乳液，通过调节金属离子的种类，还可以制备单质金属（Fe、Co）[34, 43]、铁基合金（FeNi 合金，图 2-13）[44, 45] 和双相贵金属合金（FePt 合金）纳米颗粒[46]。合金纳米颗粒的成分可以通过金属离子的浓度来调节。

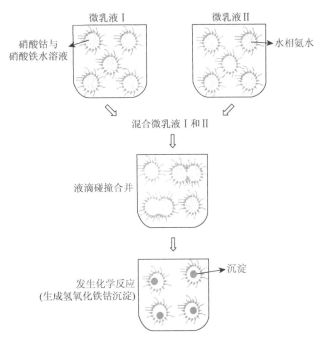

图 2-12　反相微乳液法制备钴铁氧体示意图[41]

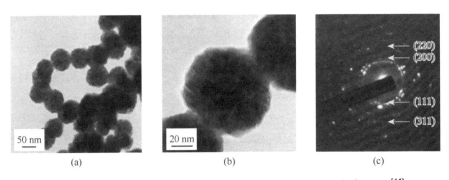

图 2-13　球状 $FeNi_3$ 颗粒的 TEM 图像（a，b）和 SAED 斑点（c）[44]

　　该方法的优点是实验装置简单、能耗低、操作简单，制备的纳米颗粒粒径小、尺寸分布范围窄，同时颗粒表面因包覆表面活性剂而不易聚结沉降，所以具有良好的稳定性和分散性。通过使用不同的表面活性剂，可对纳米颗粒表面进行修饰，调节纳米颗粒的物理和化学性能，因而在磁性纳米颗粒的制备领域具有潜在的优势。

2.2.2 共沉淀法

共沉淀法是在特定的条件下，含有两种或多种金属阳离子的混合溶液在沉淀剂作用下同时沉淀出来，形成沉淀混合物或固溶体前驱体，经过滤、洗涤和热处理得到纳米材料。共沉淀法一般按反应物混合顺序不同，可分为正向共沉淀法和反向共沉淀法。正向共沉淀法是将沉淀剂滴加到金属离子的混合溶液中，在 pH 增大到一定值时生成纳米颗粒。反之，将金属离子的混合溶液加入碱性溶液中的过程则称为反向共沉淀法[47]。

共沉淀法的制备方法简单、形核容易控制、尺寸分布范围窄且成分分布均匀，常用来制备含有两种或两种以上金属元素的复合氧化物纳米材料，如 Fe_3O_4 和 $M_xFe_{3-x}O_4$ 铁氧体纳米材料。通过共沉淀过程可直接得到纯度较高的 Fe_3O_4 纳米颗粒，而 $M_xFe_{3-x}O_4$ 铁氧体的制备需要在较低的温度下进行热处理。Massart[48]最早利用共沉淀法制备 Fe_3O_4 纳米颗粒，将 $FeCl_3$ 和 $FeCl_2$ 的溶液（浓度分别为 2 mol/L、1 mol/L）加入 0.7 mol/L 氨水中，经沉淀分离得到 12 nm 的 Fe_3O_4 纳米颗粒。Fe_3O_4 的尺寸与氨水溶液的浓度有关，溶液的 pH 或 Fe^{3+} 和 Fe^{2+} 的摩尔比增大时 Fe_3O_4 纳米颗粒的尺寸减小。除了氨水，还可以利用氢氧化物、有机碱等作为沉淀剂。而锰、锌、镁、钴铁氧体还可以用碳酸盐和草酸盐等作沉淀剂，碳酸盐和草酸盐均为弱碱，溶于水后不完全电离，反应体系中的 pH 在一定范围内稳定不变，纳米颗粒的形核和生长过程较为缓慢，团聚现象较弱，得到的纳米颗粒组分和尺寸分布更均一，饱和磁化强度更高。

反应物浓度、温度、沉淀剂的浓度与加入速度和搅拌情况等条件对 Fe_3O_4 的形貌和尺寸也很重要。沉淀过程要控制在一定的 pH 范围内，pH 过低则难以形核生成 Fe_3O_4 颗粒，过高则生成氢氧化物沉淀；Fe^{3+} 和 Fe^{2+} 混合溶液的浓度过高会使形核过快而使产物尺寸分布范围变宽；Fe^{3+} 和 Fe^{2+} 的摩尔比过高或过低均会影响颗粒成分的均一性。研究结果表明，当 Fe^{3+} 和 Fe^{2+} 的摩尔比为 0.4~0.7 时，得到的 Fe_3O_4 纳米颗粒具有较高的成分均一性和结晶度[49]。

由于共沉淀法制备的 Fe_3O_4 纳米颗粒尺寸较小，在表面能作用下易发生团聚，从而使分散性能变差。为了改善其在水中的分散性，可以在制备过程中加入表面活性剂和分散剂来获得分散性较好的氧化物纳米颗粒。在氨水中添加一定量的油酸，则可得到具有高分散性的油酸改性纳米颗粒[50]，用十二烷基磺酸钠（SLS）改性的磁性氧化物纳米颗粒非常适合磁流体的制备[51]；其他有机阴离子配体如柠檬酸、葡萄糖、二巯基丁二酸、抗坏血酸[52]和磷酰胆碱等也可以用作表面活性剂来稳定纳米颗粒。

利用共沉淀法制备磁性氧化物纳米颗粒需要在惰性气体下进行，以排除体系中的空气，防止 Fe_3O_4 和 $M_xFe_{3-x}O_4$ 铁氧体纳米颗粒被氧化为 Fe_2O_3。现有研究表明，如果在制备 Fe_3O_4 的过程中加入抗氧化剂如抗坏血酸（AA），AA 经氧化生成二十二碳六烯酸（DHA），DHA 可以消耗反应体系中的溶解氧和空气中的氧气，从而可以替代惰性保护气的作用，同时将 Fe_3O_4 纳米颗粒包覆使其稳定地分散在胶体溶液中[52]。谢成等[53]通过在共沉淀过程中加入亚硫酸钠（Na_2SO_3），结合超声波在无任何表面活性剂和保护气氛的条件下制备了 Fe_3O_4 纳米颗粒。Na_2SO_3 经过双水解后不仅能消除水中氧气，而且生成的 $Fe(OH)_2$ 溶胶有利于 Fe^{3+} 和 Fe^{2+} 的相互接触，加入 OH^- 后有利于进攻溶胶体系中分散的 Fe^{3+} 和 Fe^{2+}，使得溶胶体系中生成的初始晶核得到充分分散，从而取代惰性气体的保护功能。同时结合超声过程中产生的空化作用乳化分散，双重作用抑制晶核生长速度。$n(Fe^{3+})/n(Fe^{2+})$、沉淀剂和 Na_2SO_3 对球形 Fe_3O_4 纳米颗粒的磁性能有影响。当以氨水为沉淀剂，添加 Na_2SO_3，$n(Fe^{3+})/n(Fe^{2+})$ 为 1.75 时，得到 15 nm 的 Fe_3O_4 纳米颗粒，饱和磁化强度高达 75.5 emu/g，与固体的饱和磁化强度相当。Hong 等[54]在共沉淀反应中加入 $N_2H_4 \cdot H_2O$ 不仅可以代替保护气体防止 Fe_3O_4 纳米颗粒氧化，而且可以离子化为 $[NH_3OH]^+$ 使 Fe^{2+} 沉淀。反应过程如下

$$N_2H_4 \cdot H_2O + 2H^+ + \frac{1}{2}O_2 \Longrightarrow 2[NH_3OH]^+ \qquad (2\text{-}3)$$

$$3Fe^{2+} + [NH_3OH]^+ + 6OH^- \longrightarrow Fe_3O_4 + [NH_4]^+ + 3H_2O \qquad (2\text{-}4)$$

$N_2H_4 \cdot H_2O$ 能够与氧分子反应生成 $[NH_3OH]^+$，而 $[NH_3OH]^+$ 能够与 Fe^{2+} 反应直接生成 Fe_3O_4。O_2/H_2O（+1.229 V）的标准电极电势大于 Fe^{3+}/Fe^{2+}（+0.770 V），氧首先与 $N_2H_4 \cdot H_2O$ 快速地发生反应，因此可以消除反应体系中的氧气。

共沉淀法对设备的要求较低，过程简单，原材料都是价格低廉的无机盐，因而适合扩大生产，能够通过化学反应快速得到化学成分均一、结晶度高的纳米材料。在制备过程中要严格控制反应物的比例和浓度、温度、pH、搅拌和沉淀剂的浓度与加入速度，否则粒径分布较宽、影响产物的磁性能[55]。

2.2.3 热分解法

热分解法是以亚稳定性的金属配合物作为前驱体，在溶剂和表面活性剂的作用下经高温分解得到金属原子，再由金属原子生成金属纳米颗粒，然后控制条件将金属纳米颗粒氧化成单分散性好的磁性金属氧化物纳米颗粒。该方法通过控制加热条件、前驱体的浓度、反应时间和表面活性剂可以调控金属氧化物纳米颗粒的大小和形貌，且其产物纯度高、不易团聚[35]。因此，热分解法常用来制备 Fe、Co、Ni 等单质金属纳米晶或其金属氧化物。常用的前驱体主要有金属羰基化合物、铜铁试剂、乙酰丙酮酸盐、硬脂酸盐、金属醇盐以及一些无机盐类等；表面活性

剂有烷基酸、烷基胺和有机膦化合物等；溶剂有二苄醚、十八烯、硬脂醇、油酸和油胺等[35]。热分解反应要求金属的前驱体具有一定的分解温度，在加热至分解温度时迅速分解形核，控制生长条件得到单分散的纳米颗粒。热分解温度的范围要窄，若分解温度的范围过宽，则在分解温度范围内形核与生长同时发生，导致颗粒尺寸分布和形貌不可控[56]。

金属羰基化合物及其衍生物在加热时生成零价的金属原子，经形核、生长形成纳米颗粒。如在油酸的保护下，$Fe(CO)_5$ 在加热分解后直接得到单分散的单质金属 Fe 纳米颗粒[57]。Fe 纳米颗粒在空气中不稳定，极易与氧结合生成铁的氧化物。在二辛醚和油酸的混合溶剂中热分解 $Fe(CO)_5$ 生成的 Fe 纳米颗粒，经氧化得到 4~16 nm 的 γ-Fe_2O_3 纳米颗粒（图 2-14）[58]。Hou 等[59]发现在卤素作用下，$Fe(CO)_5$ 在较低温度下能率先分解产生结晶性好的单质 Fe 纳米颗粒。进一步升高温度，单质 Fe 可以催化溶剂分子分解而产生碳源，对单质 Fe 进行碳化生成 Fe_5C_2 纳米颗粒。最新的研究结果表明，利用表面活性剂或者壳层结构包覆 Fe 纳米颗粒表面，能够避免 Fe 纳米颗粒的深度氧化。例如，Peng 等[60]利用弱氧化剂 N-氧化三甲基胺（Me_3NO），控制氧化 Fe 纳米颗粒表面形成可控厚度的氧化层，获得核壳型 $Fe@Fe_3O_4$ 纳米颗粒。致密的壳层 Fe_3O_4 作为钝化层，可以防止 Fe 纳米颗粒的进一步氧化。

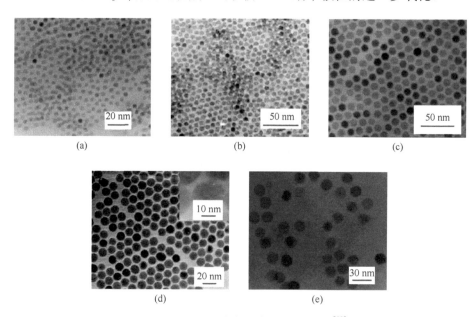

图 2-14　γ-Fe_2O_3 纳米颗粒的 TEM 图像[58]

（a）4 nm；（b）7 nm；（c）11 nm；（d）13 nm；（e）16 nm

以油胺和三丁基膦（TBP）为表面活性剂，在二苯醚（DPE）中分解八羰基钴[$Co_2(CO)_8$]可以得到面心立方结构的钴（fcc-Co）纳米颗粒[57]。在油胺、月桂酸和三辛基氧膦（TOPO）等表面活性剂作用下，$Co_2(CO)_8$ 在二氯代苯中分解生成 ε-Co 纳米颗粒[61]。利用羰基化合物不但可以制备单质金属纳米晶，若将两种金属羰基化合物混合加热分解，还可以得到双相金属合金纳米晶。在 1, 3-氯苯中，同时热分解 $Fe(CO)_5$ 和 $Co_2(CO)_8$ 的混合物，得到 FeCo 合金纳米颗粒[62]。在油胺和油酸存在下，同时热分解等摩尔比的 $Fe(CO)_5$ 和 $Pt(acac)_2$，得到尺寸为 6 nm 的面心立方结构的 FePt（fcc-FePt）合金纳米颗粒[63]。通过调节前驱体与表面活性剂的摩尔比，可得到 6～9 nm 的 fcc-FePt 纳米颗粒。调节 $Fe(CO)_5$ 和 $Pt(acac)_2$ 的摩尔比可得到 3 nm 的 fcc-FePt 纳米颗粒，以 3 nm 的 fcc-FePt 合金纳米颗粒为种子，通过分布生长法可将 fcc-FePt 纳米颗粒的尺寸精确调节为 3～10 nm[63]。虽然热分解羰基化合物可以得到高质量的纳米晶，但是其价格比较昂贵，且在高温条件下分解会产生一氧化碳气体，不易于扩大化生产。

与羰基化合物一样，热分解铁或锰的铜铁试剂盐首先得到的也是单质金属纳米晶，进一步氧化得到 γ-Fe_2O_3 和 MnO 纳米颗粒[64]。在十氢化萘中热分解钴的铜铁试剂盐可得到 CoO 纳米晶，调节反应物浓度和反应时间可得到 4～18 nm 的 CoO 纳米颗粒[65]。

乙酰丙酮酸盐在高温下热分解也可以用来制备磁性纳米颗粒。与零价的羰基化合物和铜铁试剂盐不同的是，乙酰丙酮酸盐中的金属是正价的阳离子。乙酰丙酮配体在温度升高时不断脱落，最后与氧结合成金属氧化物。Kim 等[66]以油酸为表面活性剂，在二苯醚中热分解 $Fe(acac)_3$ 得到 Fe_3O_4 纳米颗粒。通过调节前驱体的浓度和反应时间，得到了 22～160 nm 的立方结构的 Fe_3O_4；以 4-苯基苯甲酸为表面活性剂，则 Fe_3O_4 的尺寸可降低至 22 nm（图 2-15）。

如图 2-16 所示，在油酸中将硬脂酸铁加热至 380℃时可直接分解生成 23 nm 的 Fe 纳米颗粒，当加入 0.1 g 油酸钠时反应 1 h 和 2 h 分别生成纳米立方和纳米框[67]。中空纳米框的形成是由于油酸钠中钠引起的熔盐腐蚀（molten salt corrosion），随

(a)

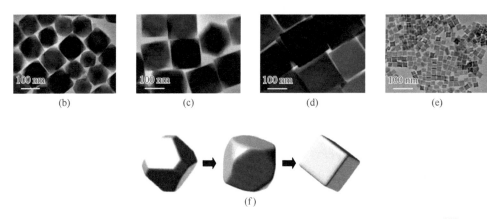

图 2-15 不同粒径 Fe₃O₄ 纳米晶的 TEM 图像（a～e）和形貌转变示意图（f）[67]

（a）70 nm；（b）110 nm；（c）150 nm；（d）160 nm；（e）22 nm

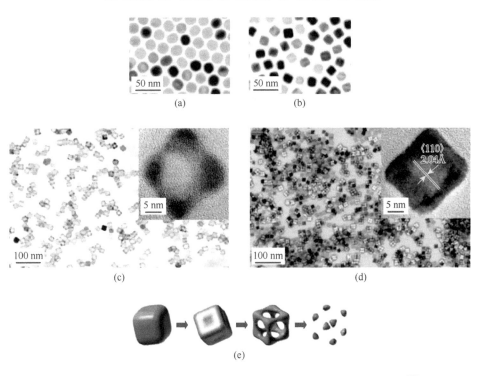

图 2-16 Fe 纳米颗粒的 TEM 图像（a～d）和形貌转变示意图（e）[67]

（a）23 nm 纳米球；（b）21 nm 纳米立方体；（c）21 nm 纳米框；（d）17 nm 纳米立方体和空心纳米立方的中间体

着反应时间的延长，钠盐腐蚀不断继续，最后使得纳米框坍塌成不规则的纳米颗粒。若用 NaOH 取代油酸钠，同样可以形成纳米框结构。

如图 2-17 所示，以铁的无机盐和油酸钠反应生成的油酸铁，在加热条件下可

以直接生成 Fe_3O_4 纳米颗粒[68]。无机盐的价格低廉，油酸铁的合成过程简单，可以大规模地生产，最高产量可达 40 g/次。制备的 Fe_3O_4 纳米颗粒的尺寸可由分解温度和表面活性剂的浓度来调节。对油酸铁的热分解机制研究表明，热分解温度越高，油酸铁的反应活性越高，Fe_3O_4 纳米颗粒的尺寸越大。以十六烯（沸点 274℃）、二辛醚（沸点 287℃）、十八烯（沸点 317℃）、二十烯（沸点 330℃）、三辛胺（沸点 365℃）为溶剂，加热至溶液的沸点温度分解油酸铁，分别得到粒径为 5 nm、9 nm、12 nm、16 nm 和 22 nm 的 Fe_3O_4 颗粒（图 2-18）。继续升高热分解温度至 380℃，油酸铁则分解生成 Fe 纳米立方，表面包覆一层 FeO 钝化膜。此方法同样可以用于制备锰/钴铁氧体纳米颗粒，即加热分解摩尔比为 1∶2 的油酸锰/钴和油酸铁的混合物。在二苄醚（DPE）或十八烯（ODE）油酸锰中加热分解生成 MnO 纳米颗粒；油酸钴只有在高沸点的 ODE 中才分解生成子弹状的 CoO 纳米颗粒；油酸镍在低沸点的 DPE 中就可分解为单质 Ni 纳米颗粒。

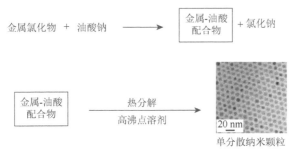

图 2-17　以金属-油酸配合物为前驱体大规模制备单分散纳米晶示意图[68]

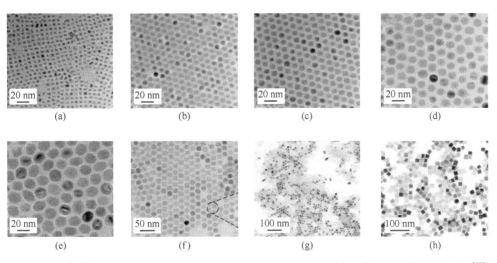

图 2-18　不同粒径 Fe_3O_4（a～e）、MnO（f）、CoO（g）和 Fe 纳米颗粒（h）的 TEM 图像[68]

(a) 5 nm；(b) 9 nm；(c) 12 nm；(d) 16 nm；(e) 22 nm

　　价格低廉、低毒的金属尿素配合物也用来制备金属氧化物纳米晶。Asuha 等[69]以[Fe(CON$_2$H$_4$)$_6$](NO$_3$)$_3$为原料，用热分解法制备了 Fe$_3$O$_4$纳米颗粒。当反应温度从 200℃上升至 300℃时，平均晶粒尺寸从 37 nm 增大到 50 nm，比饱和磁化强度从 70.7 emu/g 增大至 89.1 emu/g。但是产物 Fe$_3$O$_4$纳米颗粒在水和乙醇中分散性比较差。为了增强 Fe$_3$O$_4$纳米颗粒在水和乙醇中的分散性，将尿素铁配合物溶解在三甘醇中加热分解，得到介孔状的 Fe$_3$O$_4$纳米颗粒。介孔状 Fe$_3$O$_4$纳米颗粒具有超顺磁性，平均粒径为 29 nm，孔径为 3.6 nm，比表面积为 122 m^2/g，在水和乙醇中分散性好。这种介孔结构的 Fe$_3$O$_4$纳米颗粒是从多相复杂系统中分离目标分子和通过外加磁场设备分离水中污染物的理想材料[70]。

　　除了金属有机配体化合物，一些金属的无机盐也可在加热时分解，形成金属氧化物（图 2-19）。Li 等[71]在十八胺中分解金属硝酸盐得到了尺寸和形貌可控的 NiO、CoO、Co$_3$O$_4$ 和 Mn$_3$O$_4$ 纳米颗粒和纳米棒。生成的纳米颗粒表面包覆有十八胺，因此具有很好的分散稳定性。

$$M(NO_3)_x \xrightarrow{\text{十八胺}} MO_{x/2}(\text{纳米晶}) + x\,NO_2 + x/4\,O_2$$

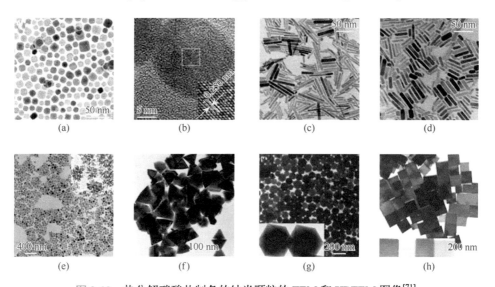

图 2-19　热分解硝酸盐制备的纳米颗粒的 TEM 和 HRTEM 图像[71]

（a）Mn$_3$O$_4$纳米颗粒；（b）Mn$_3$O$_4$纳米颗粒的 HRTEM 图像；（c）Mn$_3$O$_4$长纳米棒；（d）Mn$_3$O$_4$短纳米棒；（e）NiO 纳米花；（f）ZnO 纳米三角锥；（g）CoO 纳米多边体；（h）Co$_3$O$_4$纳米立方体

2.2.4　液相还原法

　　液相还原法是在表面活性剂的存在下，利用还原剂将一种或两种及以上的金属前驱体还原为金属单质、金属合金或氧化物的方法。液相还原法使用的前驱体种类较多，既有金属有机配体化合物又有无机化合物，性质比较稳定。有机配合物如乙酰丙酮酸盐，无机配体如金属氧化物、氯化盐、硝酸盐、乙酸盐等，常用的还原剂有硼氢化物、水合肼、次磷酸钠、氢气、一氧化碳、乙二醇、多元醇、烷基胺、葡萄糖等[72, 73]，表面活性剂有聚乙烯吡咯烷酮（polyvinyl pyrrolidone，PVP）、烷基胺、有机羧酸、有机磷化物等。利用液相还原法可得到形貌可控、尺寸均一的磁性纳米颗粒。

硼氢化物、水合肼和次磷酸钠属于强还原剂，可以直接将金属离子还原为金属原子，从而用来制备单质或者双相金属纳米晶。Murray 等[57]以油酸和三辛基膦（trioctylphosphine，TOP）为表面活性剂，辛醚为溶剂，利用三乙基硼氢化锂还原 $CoCl_2$ 制备了单分散的 ε-Co 纳米颗粒。在二苄醚中，以油酸和油胺为表面活性剂，用 $LiBEt_3H$ 还原 $FeCl_2$ 和 $Pt(acac)_2$ 得 4 nm FePt 纳米颗粒[74]。利用 $NaBH_4$ 同时还原 $FeSO_4$ 和 $CoCl_2$ 可制备 FeCo 纳米颗粒（图 2-20）[75]。

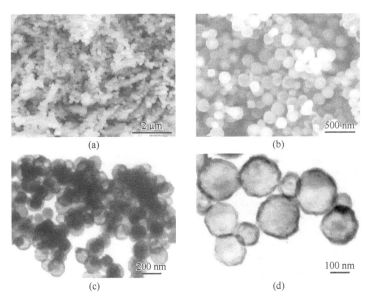

图 2-20　$Fe_{70}Co_{30}$ 空心纳米球的 SEM 图像（a，b）和 TEM 图像（c，d）[74]

油胺又称十八烯胺，是制备纳米颗粒的一种常用试剂，由于具有很高的沸点（350℃）和分解温度，可以用作反应的溶剂。油胺分子中的氨基与过渡族金属离子之间具有一定的结合力，能够吸附在金属离子表面；碳链较长，是一种理想的表面活性剂，可以用来控制纳米颗粒的生长，稳定纳米颗粒，使其具有良好的分散性和化学稳定性。同时氨基在高温条件下具有一定的还原性，能够将金属离子还原为单质金属或金属氧化物。这些特性使得油胺在液相还原反应中既可以作表面活性剂、还原剂，还可以作溶剂，因此在磁性纳米材料的制备领域中应用十分广泛。如图 2-21 和图 2-22 所示，Yu 等[76]以油胺为溶剂、表面活性剂和还原剂，以 Pt(acac)$_2$ 和 Co(acac)$_2$ 为前驱体，在 300℃制备了具有良好分散性的 9.5 nm 的面心立方结构的 CoPt 纳米颗粒。改变 Pt(acac)$_2$ 和 Co(acac)$_2$ 的摩尔比，则可以得到不同化学组成的 CoPt 纳米颗粒。加入一定量的叔丁胺-硼烷作还原剂，则可得到 3.5～9.5 nm 的 CoPt 纳米颗粒。饱和磁化强度随着钴含量的增加而增大，矫顽力先增大后减小，最大值为 4.3 kOe。将 Co(acac)$_2$ 替换为 Mn(acac)$_3$、Ni(acac)$_2$ 或 Fe(acac)$_3$ 等，则可以得到相应的 MnPt、NiPt 和 FePt 纳米颗粒。同样的过程中，

M(acac)$_x$ + Pt(acac)$_2$
M = Fe, Co, Ni, Cu, Zn
油胺
300℃
MPt

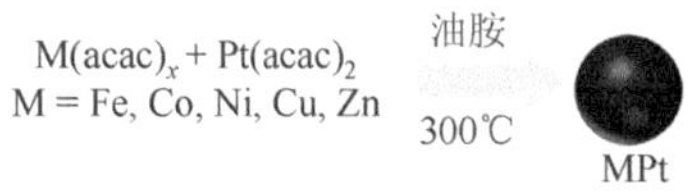

图 2-21　单分散 MPt 纳米晶合成示意图[76]

若加入 Au(acac)$_2$ 掺杂，则可得到面心四方结构的 FePtAu 合金（fct-FePtAu）纳米颗粒，纳米颗粒的尺寸和磁行为由 Au 的掺杂量调控[77]。在此基础上，Yu 等[78]对上述方法进行改进，以氯铂酸钾（K$_2$PtCl$_6$）取代 Pt(acac)$_2$，用油胺还原 K$_2$PtCl$_6$ 和 Fe(acac)$_3$，一步制备了硬磁性的 fct-FePt 纳米颗粒，其最大矫顽力为 10.5 kOe，此时饱和磁化强度为 23 emu/g。Wang 等[79]在上述过程中掺杂乙酸银，得到了面心四方结构的 fct-FePtAg 纳米颗粒。

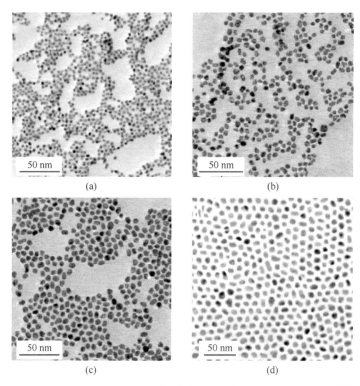

图 2-22　不同叔丁胺-硼烷添加量时 CoPt 纳米颗粒的 TEM 图像[76]

（a）3.5 nm Co$_{39}$Pt$_{61}$；（b）5.0 nm Co$_{41}$Pt$_{59}$；（c）7.5 nm Co$_{45}$Pt$_{55}$；（d）9.5 nm Co$_{47}$Pt$_{53}$

　　需要注意的是，如果体系中不存在 Pt(acac)$_2$，利用油胺在高温条件下还原 Fe(acac)$_3$ 的产物为 FeO。以油酸为表面活性剂，通过调节加热条件和油酸浓度，可将 FeO 纳米颗粒的尺寸控制在 14～100 nm，形貌逐渐从球形转变为八面体（图 2-23）[80]。油胺将 Mn(acac)$_3$ 和 Co(acac)$_2$ 分别还原为不同价态和形貌的氧化物，如立方形的 Mn$_3$O$_4$ 和 MnO[81]，棒状或立方体或三角锥或多面体的 CoO[82, 83]，其尺寸可由前驱体与油胺的比例调节，当前驱体浓度过低时则生成 Co 纳米颗粒[84]。而在较低温度下油胺就能够将 Ni(acac)$_2$ 直接还原为 Ni 单质。Li 等[85]用十六胺还原金属的乙酰丙酮酸盐，实现了 Fe$_3$O$_4$ 纳米颗粒、MnO、MnO 和 NiO 八面体的可控合成。

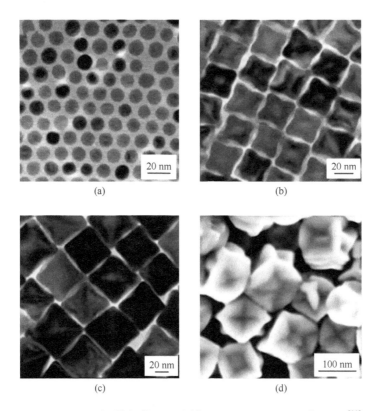

图 2-23　FeO 不同粒径的 TEM 图像（a～c）和 SEM 图像（d）[80]

（a）14 nm；（b）32 nm；（c）53 nm；（d）100 nm

　　有机二醇或多元醇由于分子中具有较长的碳链和羟基，可同时作表面活性剂、溶剂和还原剂，因而也被广泛用于磁性纳米颗粒的合成。如图 2-24 所示，Sun 等[86] 在苯醚中，利用十六烷基二醇还原 Fe(acac)$_3$ 生成单分散的 4 nm 的 Fe$_3$O$_4$ 纳米颗粒。以 4 nm Fe$_3$O$_4$ 为种晶，通过分步生长法可得到 4～18 nm 的 Fe$_3$O$_4$ 纳米颗粒。该过程也可以用于 MnFe$_2$O$_4$ 和 CoFe$_2$O$_4$ 的合成。在同样的条件下，利用十六烷基二醇还原 Fe(acac)$_3$ 和 Co(acac)$_2$/Mn(acac)$_2$ 的混合物，则可得到 16 nm 的 MnFe$_2$O$_4$ 纳米颗粒和 14 nm 的 CoFe$_2$O$_4$ 纳米颗粒，MnFe$_2$O$_4$ 纳米颗粒的矫顽力在 10 K 时可达 20 kOe。Chaubey 等[87]在油酸-油胺体系中，用 1, 2-十六二醇还原摩尔比为 1∶1 的 Fe(acac)$_3$ 和 Co(acac)$_2$ 的混合物，可制备得到 20 nm 的 FeCo 纳米颗粒，其饱和磁化强度 M_s 为 207 emu/g。

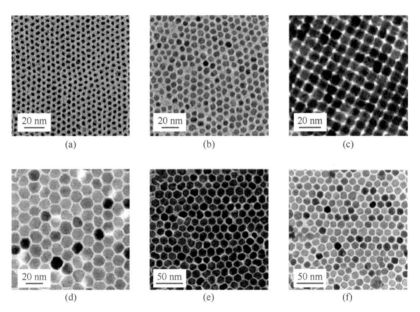

图 2-24　不同尺寸 Fe$_3$O$_4$[75]（a~d）、CoFe$_2$O$_4$（e）和 MnFe$_2$O$_4$ 纳米颗粒（f）的 TEM 图像[86]

（a）4 nm；（b）6 nm；（c）10 nm；（d）12 nm；（e）14 nm；（f）14 nm

Chinnasamy 等[88]在 PVP 作表面活性剂的情况下，以四甘醇为溶剂和还原剂，在 300℃下还原含有 SmCl$_3$ 和 Co(acac)$_2$ 的混合溶液，得到 10 nm×100 nm 刀片状 SmCo 纳米棒的 hcp-SmCo$_5$ 硬磁合金，室温下矫顽力和饱和磁化强度分别为 6.1 kOe 和 40 emu/g。通常情况下，Co^{2+} 容易还原而 Sm^{3+} 较难还原。在多元醇条件下，首先将 Co^{2+} 还原为单质 Co 和中间体 Sm$_2$O$_3$，Sm$_2$O$_3$ 能够促进熔融态的 Co 的生成，最终 Sm$_2$O$_3$ 被还原为 Sm，与 Co 结合生成 SmCo$_5$ 纳米颗粒（图 2-25）。

金属液相还原方法制备的纳米颗粒分散性较好，尺寸和形貌易控制，广泛用于磁性纳米颗粒的制备。

2.2.5　水热法与溶剂热法

水热法或者溶剂热法是以金属离子盐为前驱体，将其溶解在溶剂（水或有机溶剂）中，在表面活性剂作用下，利用高压反应釜在密闭的条件下形成的高温高压条件进行化学反应而生成纳米颗粒的方法。以水作溶剂的称为水热法，同理，

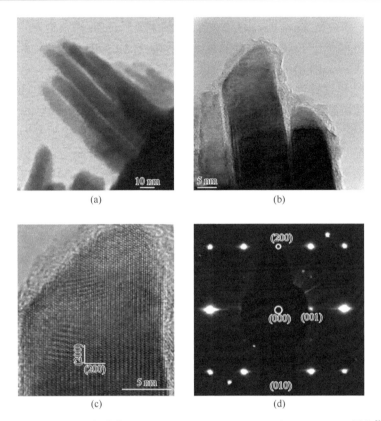

图 2-25　SmCo$_5$纳米片的 TEM（a）、HRTEM（b，c）和 SAED（d）图像[88]

用有机试剂作溶剂的通常称为溶剂热法。可用作溶剂热法的试剂有甲苯、正己烷、乙二胺、乙醇、异丙醇、乙二醇等。在密闭的高温高压环境中，物质的物理性质和化学反应性能发生很大改变，从而反应物活性提高。溶剂处于临界或超临界的状态，可作为一种化学组分参与反应，既是溶剂、矿化剂，又可作为压力传递介质，参与渗析反应和控制物理化学因素等。同时，在密闭高温高压反应体系中，比较容易破坏前驱体的胶体结构，实现原子、分子级的重构形核以及晶体生长，从而达到形貌、尺寸和晶体结构的可控合成。水热法或溶剂热法合成的纳米颗粒尺寸分布窄、分散性好，具有很好的水溶性，既可制备单组分微小晶体，又可制备双组分或者多组分化合物，是磁性纳米材料最常用的制备方法之一。

最早利用水热法制备磁性纳米颗粒的是美国的 Roy 课题组[89]，他们以 Zn(NO$_3$)$_2$、Co(NO$_3$)$_2$、Mn(NO$_3$)$_3$ 和 Fe(NO$_3$)$_3$ 为前驱体，利用水热法制备了多种球形铁氧体纳米粉体，如 NiFe$_2$O$_4$、Ni$_x$Zn$_{1-x}$Fe$_2$O$_4$、ZnFe$_2$O$_4$、Mn$_x$Zn$_{1-x}$Fe$_2$O$_4$、MnFe$_2$O$_4$、CoFe$_2$O$_4$ 和 Co$_x$Zn$_{1-x}$Fe$_2$O$_4$ 铁氧体。此后，颜爱国等[90]采用溶剂热法，以摩尔比为 1∶2 的可溶性锌盐 ZnCl$_2$ 和 FeCl$_3$ 为原料，在乙酸钠静电保护剂的辅助下，成功制备出

Fe_3O_4 和 Zn^{2+} 掺杂型 $Zn_{0.07}Fe_{2.93}O_4$ 纳米晶。结果显示，Zn 掺杂型 $Zn_{0.07}Fe_{2.93}O_4$ 纳米晶的吸波性能优于 Fe_3O_4，前者的最大吸收峰（–19.3 dB）大于后者（–9.8 dB），且吸收峰低于–10 dB 的峰宽达 2.5 GHz。

谭杰等[91]以锰锌铁氧体（$Mn_xZn_{1-x}Fe_2O_4$）为例，对水热法制备 $Mn_xZn_{1-x}Fe_2O_4$ 铁氧体的反应机制进行了研究。他们以锰、锌、铁的硝酸盐为前驱体，NaOH 为沉淀剂，利用水热法制备了 $Mn_xZn_{1-x}Fe_2O_4$ 铁氧体纳米晶，饱和磁化强度为 41.0 emu/g。颗粒尺寸随着反应时间的延长而增大，形貌从球形逐渐转变为立方结构。对反应机制的研究表明，在室温条件下，Fe^{3+} 和 M^{2+}（二价金属离子）在 NaOH 的作用下形成氢氧化物和氧化物的混合胶体。一方面，温度升高时溶质的溶解度增大，固体物质溶解重新进入溶剂中。因此随着高压反应釜温度的升高，室温析出的氢氧化物和氧化物开始溶解。而另一方面，釜内的平衡气相压力随着釜内温度的升高而增大，一部分水相挥发来保持气液平衡。水相的蒸发又会使体系内物质溶液过饱和重新沉积下来，沉积下来的是反应活化能最小的锰锌铁氧体。随着氢氧化物和氧化物的溶解、水相挥发、锰锌铁氧体的再沉积过程的进行，最后生成 $Mn_xZn_{1-x}Fe_2O_4$ 铁氧体纳米晶。

除了铁氧体纳米晶，利用溶剂热和水热法还可以制备 Fe_2O_3 和 Fe_3O_4 纳米晶。Cao 等[92]以 $FeCl_3$ 为原料，在乙醇中加入尿素，用无模板剂微波辅助溶剂热法合成了花状纳米结构的 α-Fe_2O_3。这些花状纳米结构的 α-Fe_2O_3 有非常大的表面积，并且在纳米颗粒表面存在大量的羟基。同样的过程中加入二价铁离子，可以用来合成 Fe_3O_4 纳米晶。王凤龙[93]通过水热法制备了直径约 500 nm 的 Fe_3O_4 空心球，其室温饱和磁化强度为 90.6 emu/g。Yan 等[94]通过调节反应时间、表面活性剂和反应物浓度，制备了粒径从 15 nm 至 190 nm 的 Fe_3O_4 纳米颗粒。此外，利用水热法或溶剂热法还可以制备纳米立方型[95]、纳米片[96]、菜花状[97]、空心半球状[98]、中空结构[99]及多孔的中空结构状[100]的纳米晶。

在合成过程中加入还原剂，通过水热法还可以用来制备合金纳米材料。Wu 等[101]以乙酸钴[Co(Ac)₂]和乙酸镍[Ni(Ac)₂]为前驱体，以 PVP 为表面活性剂，水合肼为还原剂，乙二胺为溶剂，在外加磁场条件下利用溶剂热法制备了 Ni-Co 合金（图 2-26 和图 2-27）。在无磁场条件下，生成的是 Ni-Co 纳米颗粒，而在外加磁场条件下，磁场诱导纳米颗粒自组装成 Ni-Co 合金纳米线。对其磁性能分析结果显示，在外加磁场条件下生成的一维 Ni-Co 合金纳米线的饱和磁化强度大于未加磁场条件下生成的 Ni-Co 合金纳米颗粒，外加磁场强度越高，生成的合金纳米线的饱和磁化强度越高。此外，合金纳米线的形状和磁性能与合金的成分相关，当 Ni^{2+} 与 Co^{2+} 的摩尔比为 1:2 时，生成的是一维链条状纳米线，饱和磁化强度高达 101.9 emu/g；而当 Ni^{2+} 与 Co^{2+} 的摩尔比为 2:1 时，生成表面呈网状多孔的合金线结构，饱和磁化强度为 71.3 emu/g，饱和磁化强度随着钴含量的增加而增大。

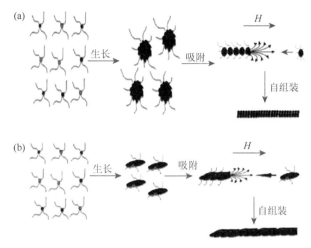

图 2-26　不同磁场强度下一维 Ni-Co 合金自组装过程示意图[100]

（a）0.18 T；（b）0.34 T

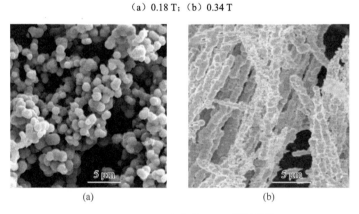

图 2-27　Ni-Co 合金的 TEM 图像[100]

（a）无外加磁场；（b）加外加磁场

目前,对水热法和溶剂热法制备单质金属和金属合金纳米晶的报道相对较少,其主要用来制备氧化物或铁氧体纳米晶。通过金属离子掺杂,可以制备掺杂型的铁氧体纳米晶。水热法和溶剂热法制备过程简单易控制,通过调节反应时间、温度、反应物浓度、摩尔比、溶剂、前驱体、络合强度等来调控纳米颗粒的粒径大小、结构和形貌等几何参数。同时,因为反应发生在密闭的环境中,可以有效防止有毒有害物质的挥发。晶体生长不需要太长时间、原料无机盐价格低廉、反应条件控制简单、容易大量生产,因此被认为是化学制备法中最环保的方法。

2.2.6　溶胶-凝胶法

溶胶-凝胶法也称化学溶液沉积法,其机制就是在水相中将高化学活性的前驱体均匀混合，使其水解形成活性单体，活性单体之间通过缩合反应，在溶液中形成稳定的透明溶胶体系，再经过陈化使胶粒间缓慢聚合，经干燥后形成三维空间网络结构的凝胶，凝胶网络间充满了失去流动性的溶剂。凝胶经过干燥、后处理生成分子乃至纳米亚结构的材料。各组分以分子/离子的形式均匀分散在溶胶中，因此产物磁性纳米颗粒组分分布更均一，制备过程易控制，但是由于溶胶的陈化过程较长，从而导致纳米颗粒的制备周期较长。通过调节前驱体的浓度、性质、溶液的 pH、凝胶后处理温度和时间等，能够实现对磁性纳米颗粒的结构和形貌的有效调节。

戴敏等[102]以硝酸铁[$Fe(NO_3)_3$]和异丙醇铝[$Al(Oi\text{-}Pr)_3$]为前驱体分别制备了铁溶胶和氧化铝溶胶，经混合后陈化、干燥成凝胶，最后进行热处理得到磁性 Fe-Al 氧化物纳米复合材料。对 Fe 元素与 Al_2O_3 的质量比以及热处理温度研究结果表明，当 Fe 元素与 Al_2O_3 的质量比为 3∶1 时，经 300℃热处理后 Fe-Al 氧化物复合磁性纳米颗粒的饱和磁化强度最大，而在 900℃热处理后复合磁性纳米颗粒的矫顽力最大。张变芳等[103]利用溶胶-凝胶法制备了 $Ni_{0.2}Cu_{0.2}Zn_{0.6}Fe_2O_4$ 铁氧体微粉。George 等[104]利用溶胶-凝胶法制备了 $NiFe_2O_4$ 粉体，通过调节热处理温度，得到粒径为 9.1～21.9 nm $NiFe_2O_4$ 纳米粉体，饱和磁化强度随着尺寸的增大而增大，矫顽力先增大后减小，在 15 nm 时达到最大值 130 Oe。Gu 等[105]采用溶胶-凝胶法，以氢气为保护气、2-甲氧基乙醇为溶剂、乙醇胺为稳定剂，在 450℃时加热 4 h，合成了 Fe 掺杂的 $ZnO@Fe_3O_4$ 磁性半导体材料。当 Fe/Zn 的原子比为 0.1 时，$ZnO@Fe_3O_4$ 饱和磁化强度为 6.96 emu/g，矫顽力为 282 Oe，居里温度高于室温。

Lemine 等[106]在乙醇的超临界条件下，用溶胶-凝胶法合成了磁性 Fe_3O_4 纳米颗粒。通过调节水的滴加速度来控制酯化反应的速率，从而调控纳米颗粒的尺寸大小。Fe_3O_4 纳米颗粒的平均粒径为 8 nm，室温下比饱和磁化强度为 47 emu/g。王丽等[107]以聚乙烯醇（PVA）为表面活性剂，利用溶胶-凝胶法制备了 $CoFe_2O_4$ 纳米颗粒。焙烧温度对 $CoFe_2O_4$ 纳米颗粒的尺寸有重要影响。随着焙烧温度从 400℃升高到 800℃，纳米颗粒的尺寸也从 20 nm 增大到 35 nm。王宝罗等[108]在 PVP 作用下，利用氨水沉淀 $Co(NO_3)_2$ 和 $Nd(NO_3)_3$ 得到 Co-Nd 溶胶，经过陈化、干燥形成干凝胶，最后经热处理得到钴钕复合氧化物纳米晶。分析结果显示，Nd 元素已渗入钴氧化物的晶格中，Nd 元素通过价电子转移与 Co 元素的未成对电子产生协同效应，使钴钕复合氧化物的顺磁效应增强。

除了氧化物，溶胶-凝胶法还可以用来制备硬磁性铁铂和稀土永磁纳米颗粒。Deheri 等[109]将 $NdCl_3$、$FeCl_3$、硼酸、柠檬酸（CA）和乙二醇形成的 Pechini 型溶胶在 200℃干燥固化成 Nd-Fe-B 干凝胶，接着依次在 400℃和 800℃热处理制备 Nd-Fe-B 氧化物粉体，最后用 CaH_2 在 800℃还原 2 h 得到 $Nd_2Fe_{14}B$、α-Fe 和 CaO 的混合物。CaO 可由稀乙酸洗涤去除。对其磁性能研究结果显示，在 CaO 去除后，纳米晶粒之间的偶极作用占优势，偶极作用使矫顽力和磁能积降低（图 2-28）。Suresh 等[110]对 Sm-Co 干凝胶在氢气气氛下热处理，加热至 500℃时形成 $SmCo_5$ 相和部分 fcc-Co。Liu 等[111]以 $Fe(NO_3)_3$、H_2PtCl_6 和 CA 为原料制备的凝胶，在氩气气氛下进行高温热处理，制备了具有良好单分散性能的硬磁性 $L1_0$-FePt 纳米颗粒（图 2-29）。$L1_0$-FePt 纳米颗粒的有序度与热处理温度有关，热处理温度越高，有序度越高，从而矫顽力也越大。当在 700℃热处理时，$L1_0$-FePt 纳米颗粒的矫顽力最高可达 10.1 kOe。调节前驱体 Fe^{3+} 和 Pt^{2+} 的摩尔比，在 700℃时对铁铂干凝胶进行热处理，可得到有序的 $FePt_3$、FePt 和 Fe_3Pt 纳米颗粒[112]。

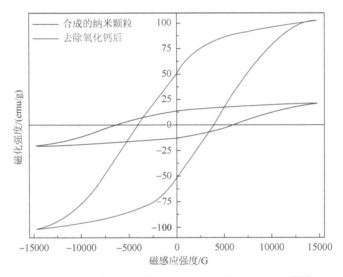

图 2-28　溶胶-凝胶法制备 $Nd_2Fe_{14}B$ 的磁滞回线图[107]

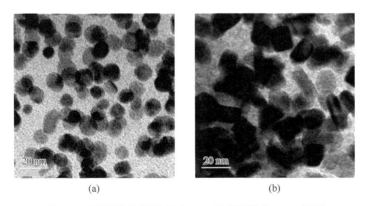

(a)　　　　　　　　　　　(b)

图 2-29　不同热处理温度下 FePt 纳米颗粒的 TEM 图像

（a）400℃；（b）700℃

利用溶胶-凝胶法虽然可以制备尺寸和形貌可控的磁性纳米颗粒（图 2-30），

但通常需要对干凝胶进行高温热处理。近年来,郝美丽等[113]以 $Fe(NO_3)_3$、$Ni(NO_3)_2$ 和 CA 为原料,水为溶剂,通过溶胶-凝胶法与自蔓延燃烧法相结合,制备了粒径为 40 nm 的镍铁氧化物纳米粉末。由于 NO_3^- 具有强氧化性,在干凝胶的干燥过程中与 CA 发生剧烈的氧化还原反应放出大量的热,将凝胶点燃发生自蔓延燃烧反应生成镍铁氧化物纳米粉体。这就避免了干凝胶高温热处理过程以及高温热处理引起的比表面积减小的缺点。

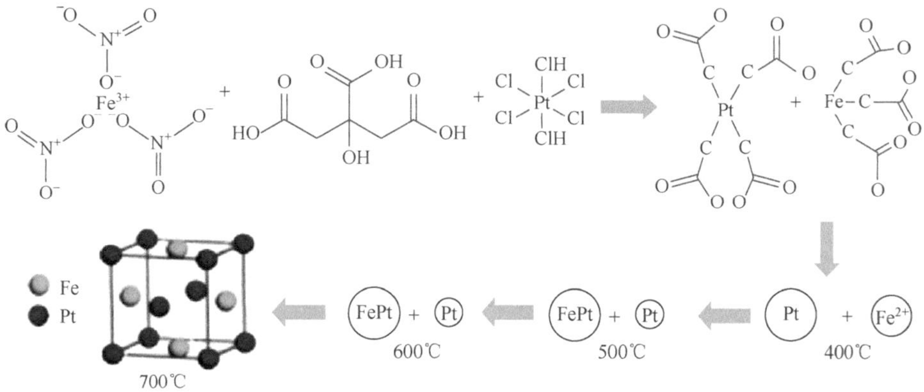

图 2-30　溶胶-凝胶法制备 FePt 纳米颗粒过程示意图

利用溶胶-凝胶法不仅可以制备粒径为几纳米到几十纳米的磁性纳米颗粒,而且能够实现对纳米颗粒的尺寸、形貌和组分的可控调节。溶胶-凝胶法的缺点是溶胶陈化时间较长,凝胶中的大量微孔在干燥时会溢出气体,产生收缩;使用有机试剂,价格昂贵且对健康有害;该方法工艺复杂,条件苛刻,后期一般需要高温煅烧。

参 考 文 献

[1]　Kubo R. Generalized cumulant expansion method. Journal of the Physical Society of Japan,1962,17(7): 1100-1120.

[2]　Pfund A H. Bismuth black and its applications. Review of Scientific Instruments,1930,1(7): 397-399.

[3]　Birringer R,Gleiter H,Klein H P,et al. Nanocrystalline materials an approach to a novel solid structure with gas-like disorder. Physics Letters A,1984,102(8): 365-369.

[4]　王忠. 机械工程材料. 北京:高等教育出版社,2008.

[5]　任瑞铭. 纳米粉体材料制备技术. 大连铁道学院学报,1999,(3): 68-73.

[6]　曾宏. 稀土单质钆及化合物的制备、结构及物性. 北京:北京工业大学,2007.

[7]　曹茂盛. 超微颗粒制备科学与技术. 哈尔滨:哈尔滨工业大学出版社,1998: 135-137.

[8]　卢年端. 纳米稀土金属与合金的制备及其结构与性能的研究. 北京:北京工业大学,2010.

[9]　Song X,Zhang J,Yue M,et al. Technique for preparing ultrafine nanocrystalline bulk material of pure rare-earth metals. Advanced Materials,2006,18(9): 1210-1215.

[10] Kazuo K，Isao N. An electron microscope and electron diffraction study of fine smoke particles prepared by evaporation in argon gas at low pressures（II）. Japanese Journal of Applied Physics，1967，6（9）：1047.

[11] Kasukabe S，Yatsuya S，Uyeda R. Ultrafine metal particles formed by gas-evaporation technique. II. Crystal habits of magnesium，manganese，beryllium and tellurium. Japanese Journal of Applied Physics，1974，13（11）：1714-1721.

[12] Manabu K. Preparation of ultrafine particles of refractory oxides by gas-evaporation method. Japanese Journal of Applied Physics，1976，15（5）：757.

[13] Tasaki A，Tomiyama S，Iida S，et al. Magnetic properties of ferromagnetic metal fine particles prepared by evaporation in argon gas. Japanese Journal of Applied Physics，1965，4（10）：707.

[14] 李发伸，杨文平，薛德胜. 纳米 Fe 微粒的制备及研究. 兰州大学学报，1994，（1）：144-146.

[15] Kusaka K，Wada A，Tasaki A. Magnetic properties of ferromagnetic metal alloy fine particles prepared by evaporation in inert gases. Japanese Journal of Applied Physics，1969，8（5）：599.

[16] 陈允鸿，姜玉梅，朱骏，等. FeNi 合金超细微粒的蒸发冷凝法制备及其微结构. 南京大学学报（自然科学版），1994，（4）：600-606.

[17] Benjamin J S. Dispersion strengthened superalloys by mechanical alloying. Metallurgical Transactions，1970，1（10）：2943-2951.

[18] 黄开金. 纳米材料的制备及应用. 北京：冶金工业出版社，2009.

[19] 肖军. 高能球磨法及其在纳米晶磁性材料制备中的应用. 磁性材料及器件，2004，36（1）：6-10.

[20] Poudyal N，Liu J P. Advances in nanostructured permanent magnets research. Journal of Physics D：Applied Physics，2013，46（4）：1-4.

[21] Zeng H，Li J，Liu J P，et al. Exchange-coupled nanocomposite magnets by nanoparticle self-assembly. Nature，2002，420（6914）：395-398.

[22] Kaczmarek W A，Niham B W. Magnetic properties of Ba-ferrite powders prepared by surfactant assisted ball milling. IEEE Transactions on Magnetics，1994，30（2）：717-719.

[23] Kaczmarek W A，Bramley R，Calka A，et al. Magnetic properties of $Co_{70.4}$ $Fe_{4.6}$ Si_{15} B_{10} surfactant assisted ball milled amorphous powders. IEEE Transactions on Magnetics，1990，26（5）：1840-1842.

[24] Campbell S J，Kaczmarek W A，Wu E，et al. Surfactant assisted ball-milling of barium ferrite. IEEE Transactions on Magnetics，1994，30（2）：742-745.

[25] Kaczmarek W A，Ninham B W. Surfactant-assisted ball milling of $BaFe_{12}O_{19}$ ferrite dispersion. Materials Chemistry and Physics，1995，40（1）：21-29.

[26] Kirkpatrick E M，Majetich S A，Mchenry M E. Magnetic properties of single domain samarium cobalt nanoparticles. IEEE Transactions on Magnetics，1996，32（5）：4502-4504.

[27] Chakka V M，Altuncevahir B，Jin Z Q，et al. Magnetic nanoparticles produced by surfactant-assisted ball milling. Journal of Applied Physics，2006，99（8）：08E912.

[28] Guerard D. Ball milling in the presence of a fluid：results and perspectives. Reviews on Advanced Materials Science，2008，18（3）：225-230.

[29] Wang Y，Li Y，Rong C，et al. Sm-Co hard magnetic nanoparticles prepared by surfactant-assisted ball milling. Nanotechnology，2007，18（46）：2147483647.

[30] Poudyal N，Rong C b，Liu J P. Effects of particle size and composition on coercivity of Sm-Co nanoparticles prepared by surfactant-assisted ball milling. Journal of Applied Physics，2010，107（9）：09A703.

[31] 陈光华，邓金祥. 纳米薄膜技术与应用. 北京：化学工业出版社，2005.

[32] Pérez J A L，Quintela M A L，Mira J，et al. Advances in the preparation of magnetic nanoparticles by the

microemulsion method. Journal of Physical Chemistry B，1997，101（41）：8045-8047.

[33] Zhao G，Wang J，Li Y，et al. Enzymes immobilized on superparamagnetic Fe₃O₄@clays nanocomposites：preparation，characterization，and a new strategy for the regeneration of supports. Journal of Physical Chemistry C，2011，115（14）：6350-6359.

[34] 勾华，张朝平，罗玉萍，等. 微乳液和反相微乳液法在合成和制备纳米铁系化合物上的应用. 贵州大学学报（自然版），2001，18（2）：143-145.

[35] 马应霞，雷文娟，喇培清. Fe₃O₄纳米材料制备方法研究进展. 化工新型材料，2015，（2）：24-26.

[36] 冯光峰，黎汉生. 双微乳液法制备 CoFe₂O₄纳米颗粒及其磁性能研究. 材料导报，2007，21（21）：36-38.

[37] 王琦洁，黄英，熊佳. 钡铁氧体超微颗粒制备技术的研究进展. 磁性材料及器件，2005，36（3）：16-20.

[38] 马晨光，李春艳，湛世霞，等. RhFe₃O₄纳米复合粒子的合成和性质研究. 河南大学学报（自然版），2017，47（6）：727-732.

[39] 张朝，张朝平，姚美兰，等. 超细铁酸镁微粒的制备和性能研究. 精细化工，2003，20（8）：449-451.

[40] Chin A B，Yaacob I I. Synthesis and characterization of magnetic iron oxide nanoparticles via W/O microemulsion and Massart's procedure. Journal of Materials Processing Technology，2007，191（1）：235-237.

[41] Pillai V，Shah D O. Synthesis of high-coercivity cobalt ferrite particles using water-in-oil microemulsions. Journal of Magnetism and Magnetic Materials，1996，163（1-2）：243-248.

[42] Pillai V，Kumar P，Multani M S，et al. Structure and magnetic properties of nanoparticles of barium ferrite synthesized using microemulsion processing. Colloids & Surfaces A Physicochemical & Engineering Aspects，1993，80（1）：69-75.

[43] 赵永男，陈向明，李秀宏，等. 微乳液体系中溶剂热合成 Co 纳米纤维. 高等学校化学学报，2003，24（6）：986-988.

[44] 王润涵，姜继森，胡鸣. 反相微乳液助水热法可控合成 FeNi₃ 合金纳米结构. 物理化学学报，2009，25（10）：2167-2172.

[45] 胡林，张朝平. 镍/铁复合纳米微粒制备及颗粒尺寸的研究. 复旦学报（自然科学版），2003，42（1）：35-38.

[46] 潘仲彬，刘进军. FePt 磁性纳米颗粒的化学制备方法. 功能材料，2014，45（10）：23-29.

[47] 余靓，刘飞，侯仰龙，等. 磁性纳米材料：化学合成、功能化与生物医学应用. 生物化学与生物物理进展，2013，40（10）：903-917.

[48] Massart R. Preparation of aqueous magnetic liquids in alkaline and acidic media. IEEE Transactions on Magnetics，2003，17（2）：1247-1248.

[49] Babes L，Denizot B，Tanguy G，et al. Synthesis of iron oxide nanoparticles used as MRI contrast agents：a parametric study. Journal of Colloid and Interface Science，1999，212（2）：474-482.

[50] Zhang L，Wang T，Liu P. Superparamagnetic sandwich FeO@PS@PANi microspheres and yolk/shell FeO@PANi hollow microspheres with FeO@PS nanoparticles as "partially sacrificial templates". Chemical Engineering Journal，2012，187（2）：372-379.

[51] Gu H，Tang X，Hong R Y，et al. Ubbelohde viscometer measurement of water-based Fe₃O₄ magnetic fluid prepared by coprecipitation. Journal of Magnetism & Magnetic Materials，2013，348（12）：88-92.

[52] Gupta H，Paul P，Kumar N，et al. One pot synthesis of water-dispersible dehydroascorbic acid coated Fe₃O₄ nanoparticles under atmospheric air：blood cell compatibility and enhanced magnetic resonance imaging. Journal of Colloid & Interface Science，2014，430：221-228.

[53] 谢成，刘志明，吴鹏. 无惰性气体保护 Fe₃O₄ 纳米球的超声法制备及表征. 应用化工，2012，41（10）：1697-1701.

[54] Hong R Y，Li J H，Li H Z，et al. Synthesis of Fe$_3$O$_4$ nanoparticles without inert gas protection used as precursors of magnetic fluids. Journal of Magnetism & Magnetic Materials，2008，320（9）：1605-1614.

[55] 赵涛，孙蓉，冷静，等. 液相法制备（亚）铁磁性纳米材料. 化学进展，2007，19（11）：1703-1709.

[56] 彭卿，李亚栋. 功能纳米材料的化学控制合成、组装、结构与性能. 中国科学，2009，（10）：1028-1052.

[57] Murray C B，Sun S，Doyle H，et al. Monodisperse 3d transition-metal（Co，Ni，Fe）nanoparticles and their assembly into nanoparticle superlattices. MRS Bulletin，2001，26（12）：985-991.

[58] Hyeon T，Lee S S，Lee S S，et al. Synthesis of highly crystalline and monodisperse maghemite nanocrystallites without a size-selection process. Cheminform，2001，123（51）：12798-12801.

[59] Yang C，Zhao H，Hou Y，et al. Fe$_5$C$_2$ nanoparticles：a facile bromide-induced synthesis and as an active phase for fischer-tropsch synthesis. Journal of the American Chemical Society，2012，134（38）：15814-15821.

[60] Peng S，Wang C，Xie J，et al. Synthesis and stabilization of monodisperse Fe nanoparticles. Journal of the American Chemical Society，2006，128（33）：10676-10677.

[61] Puntes V F，Krishnan K M，Alivisatos P. Synthesis，self-assembly，and magnetic behavior of a two-dimensional superlattice of single-crystal ε-Co nanoparticles. Applied Physics Letters，2001，78（15）：2187-2189.

[62] Alexiou C，Jurgons R，Schmid R，et al. *In vitro* and *in vivo* investigations of targeted chemotherapy with magnetic nanoparticles. Journal of Magnetism & Magnetic Materials，2005，293（1）：389-393.

[63] Min C，Liu J P，Sun S H. One-step synthesis of FePt nanoparticles with tunable size. Journal of the American Chemical Society，2004，126（27）：8394-8395.

[64] Rockenberger J，Scher E C，Alivisatos A P. A new nonhydrolytic single-precursor approach to surfactant-capped nanocrystals of transition metal oxides. Journal of the American Chemical Society，1999，121（49）：11595-11596.

[65] Mazza G，Francis D F J. Synthesis and magnetic properties of CoO nanoparticles. Chemistry of Materials，2005，17（9）：3141-3145.

[66] Kim D，Lee N，Park M，et al. Synthesis of uniform ferrimagnetic magnetite nanocubes. Journal of the American Chemical Society，2009，131（2）：454-455.

[67] Kim D，Park J，An K，et al. Synthesis of hollow iron nanoframes. Journal of the American Chemical Society，2007，129（18）：5812-5813.

[68] Park J，An K，Hwang Y，et al. Ultra-large-scale syntheses of monodisperse nanocrystals. Nature Materials，2004，3（12）：891-895.

[69] Asuha S，Suyala B，Siqintana X，et al. Direct synthesis of Fe$_3$O$_4$ nanopowder by thermal decomposition of Fe-urea complex and its properties. Journal of Alloys & Compounds，2011，509（6）：2870-2873.

[70] Asuha S，Wan H L，Zhao S，et al. Water-soluble，mesoporous Fe$_3$O$_4$：synthesis，characterization，and properties. Ceramics International，2012，38（8）：6579-6584.

[71] Wang D S，Xie T，Dr Q P，et al. Direct thermal decomposition of metal nitrates in octadecylamine to metal oxide nanocrystals. Chemistry（Weinheim an der Bergstrasse，Germany），2008，14（8）：2507-2513.

[72] Zeynali H，Akbari H，Arumugam S. Size control synthesis and high coercivity L1$_0$-FePt nanoparticles produced by iron（III）acetylacetonate salt. Journal of Industrial & Engineering Chemistry，2014，23：235-237.

[73] Zhang C，Wang H，Mu Y，et al. Structural and compositional evolution of FePt nanocubes in oganometallic synthesis. Nanoscale Research Letters，2014，9（1）：1-6.

[74] Sun S，Anders S，Thomson T，et al. Controlled synthesis and assembly of FePt nanoparticles. Journal of Physical Chemistry B，2003，107（23）：5419-5425.

[75] Huang J，He L，Leng Y，et al. One-pot synthesis and magnetic properties of hollow Fe$_{70}$Co$_{30}$ nanospheres.

Nanotechnology，2007，18（41）：415603-415608.

[76]　Yu Y，Yang W，Sun X，et al. Monodisperse MPt（M = Fe，Co，Ni，Cu，Zn）nanoparticles prepared from a facile oleylamine reduction of metal salts. Nano Letters，2014，14（5）：2778-2782.

[77]　Yu Y，Mukherjee P，Tian Y，et al. Direct chemical synthesis of $L1_0$-FePtAu nanoparticles with high coercivity. Nanoscale，2014，6（20）：12050-12055.

[78]　Lei W，Yu Y，Yang W，et al. A general strategy for directly synthesizing high-coercivity $L1_0$-FePt nanoparticles. Nanoscale，2017，9：12855-12861.

[79]　Wang H，Shang P，Zhang J，et al. One-step synthesis of high-coercivity $L1_0$-FePtAg nanoparticles：effects of Ag on the morphology and chemical ordering of FePt nanoparticles. Chemistry of Materials，2013，25（12）：2450-2454.

[80]　Hou Y，Xu Z，Sun S. Controlled synthesis and chemical conversions of FeO nanoparticles. Angewandte Chemie International Edition，2010，46（33）：6329-6332.

[81]　Seo W S，Jo H H，Lee K，et al. Size-dependent magnetic properties of colloidal Mn_3O_4 and MnO nanoparticles. Angewandte Chemie International Edition in English，2004，43（9）：1115-1117.

[82]　Seo W S，Shim J H，Oh S J，et al. Phase-and size-controlled synthesis of hexagonal and cubic CoO nanocrystals. Journal of the American Chemical Society，2005，127（17）：6188-6189.

[83]　He X，Song X，Qiao W，et al. Phase-and size-dependent optical and magnetic properties of CoO nanoparticles. Journal of Physical Chemistry C，2015，119（17）：9550-9559.

[84]　Dai Q，Tang J. The optical and magnetic properties of CoO and Co nanocrystals prepared by a facile technique. Nanoscale，2013，5（16）：7512-7519.

[85]　Li Y，Afzaal M，O'brien P. The synthesis of amine-capped magnetic（Fe，Mn，Co，Ni）oxide nanocrystals and their surface modification for aqueous dispersibility. Journal of Materials Chemistry，2006，16（22）：2175-2180.

[86]　Sun S，Zeng H，Robinson D B，et al. Monodisperse MFe_2O_4（M = Fe，Co，Mn）nanoparticles. Journal of the American Chemical Society，2004，126（1）：273-279.

[87]　Chaubey G S，Barcena C，Poudyal N，et al. Synthesis and stabilization of FeCo nanoparticles. Journal of the American Chemical Society，2007，129（23）：7214-7215.

[88]　Chinnasamy C N，Huang J Y，Lewis L H，et al. Direct chemical synthesis of high coercivity air-stable SmCo nanoblades. Applied Physics Letters，2008，93（93）：032505.

[89]　Komarneni S，Fregeau E，Breval E，et al. Hydrothermal preparation of ultrafine ferrites and their sintering. Journal of the American Ceramic Society，1988，71（1）：26-28.

[90]　颜爱国，刘浩梅，刘娉婷，等. Fe_3O_4 和 Zn^{2+} 掺杂型 $Zn_{1-x}Fe_{2+x}O_4$ 纳米晶的溶剂热合成和电磁性能. 高等学校化学学报，2010，31（3）：447-451.

[91]　谭杰，曾德长，张亚辉. 纳米 MnZn 铁氧体粉体的水热法制备和研究. 中国粉体工业，2008，（3）：26-30.

[92]　Cao S W，Zhu Y J，Ma M Y，et al. Hierarchically nanostructured magnetic hollow spheres of Fe_3O_4 and γ-Fe_2O_3：preparation and potential application in drug delivery. The Journal of Physical Chemistry C，2008，112（6）：1851-1856.

[93]　王凤龙. Fe_3O_4 空心纳米结构及其复合材料的合成与吸波性能研究. 济南：山东大学，2012.

[94]　Yan A，Liu X，Qiu G，et al. Solvothermal synthesis and characterization of size-controlled Fe_3O_4 nanoparticles. Journal of Alloys & Compounds，2008，458（1）：487-491.

[95]　刘山虎，苗超林，汪艳姣，等. 溶剂热法制备八面体纳米结构四氧化三铁. 化学研究，2011，22（5）：66-69.

[96]　柴多里，储志兵，杨保俊，等. 纳米四氧化三铁吸附水溶液中砷的研究. 硅酸盐学报，2011，39（3）：419-423.

[97] Zhu L P，Liao G H，Bing N C，et al. Self-assembly of Fe_3O_4 nanocrystal-clusters into cauliflower-like architectures：synthesis and characterization. Journal of Solid State Chemistry，2011，184（9）：2405-2411.

[98] 徐怀良. 四氧化三铁/还原氧化石墨烯复合材料的制备及其微波吸收性能和锂电性能研究. 合肥：安徽大学，2012.

[99] Zhu L P，Xiao H M，Zhang W D，et al. One-Pot template-free synthesis of monodisperse and single-crystal magnetite hollow spheres by a simple solvothermal route. Crystal Growth and Design，2008，8（3）：957-963.

[100] Liu Q，Yan Y，Yang X，et al. Fe_3O_4-functionalized graphene nanoribbons：preparation，characterization，and improved electrochemical activity. Journal of Electroanalytical Chemistry，2013，704（9）：86-89.

[101] Wu M，Liu G，Li M，et al. Magnetic field-assisted solvothermal assembly of one-dimensional nanostructures of Ni-Co alloy nanoparticles. Journal of Alloys & Compounds，2010，491（1）：689-693.

[102] 戴敏，卜胜利. 溶胶-凝胶法合成的 Fe-Al 氧化物纳米复合磁性颗粒. 磁性材料及器件，2011，（4）：28-32.

[103] 张变芳，王振彪，闫宗林，等. 溶胶凝胶法合成镍铜锌铁氧体纳米晶磁性研究. 功能材料，2008，39（4）：550-552.

[104] George M，John A M，Nair S S，et al. Finite size effects on the structural and magnetic properties of sol-gel synthesized $NiFe_2O_4$ powders. Journal of Magnetism & Magnetic Materials，2006，302（1）：190-195.

[105] Gu K，Tang J，Li J，et al. $ZnO-Fe_3O_4$ composite prepared by sol-gel method with H_2 deoxidation. Solid State Communications，2006，139（6）：259-262.

[106] Lemine O M，Omri K，Zhang B，et al. Sol-gel synthesis of 8 nm magnetite（Fe_3O_4）nanoparticles and their magnetic properties. Superlattices and Microstructures，2012，52（4）：793-799.

[107] 王丽，刘锦宏，李发伸. 溶胶-凝胶法与微波燃烧法制备 $CoFe_2O_4$ 纳米颗粒的比较研究. 磁性材料及器件，2005，36（6）：30-32.

[108] 王宝罗，方卫民，李振兴，等. 钴钕软磁性复合氧化物的溶胶-凝胶法合成及表征. 化学世界，2009，50（1）：26-28.

[109] Deheri P K，Swaminathan V，Bhame S D，et al. Sol-gel based chemical synthesis of $Nd_2Fe_{14}B$ hard magnetic nanoparticles. Chemistry of Materials，2010，22（24）：6509-6517.

[110] Suresh G，Saravanan P，Babu D R. Effect of annealing on phase composition，structural and magnetic properties of Sm-Co based nanomagnetic material synthesized by sol-gel process. Journal of Magnetism & Magnetic Materials，2012，324（13）：2158-2162.

[111] Liu Y，Jiang Y，Zhang X，et al. Effects of annealing temperature on the structure and magnetic properties of the $L1_0$-FePt nanoparticles synthesized by the modified sol-gel method. Powder Technology，2013，239：217-222.

[112] Liu Y，Jiang Y，Zhang X，et al. Structural and magnetic properties of the ordered $FePt_3$，FePt and Fe_3Pt nanoparticles. Journal of Solid State Chemistry，2014，209（10）：69-73.

[113] 郝美丽，祝理君，冯建中，等. 溶胶-凝胶法合成硬质合金用 Ni 基纳米粉末. 兵器材料科学与工程，2012，35（5）：63-65.

第3章

低维磁性材料的微结构表征

目前表征磁性纳米材料的手段很多，而且许多新的方法不断涌现，这对磁性纳米材料科学的发展可以起到促进作用。按照各种测试手段的研究侧重点，可将它们分为以下几种类型。

3.1 晶体结构表征

3.1.1 X 射线衍射[1]

X 射线衍射（X-ray diffraction，XRD）分析较常用于物相的定性和定量分析以及晶粒度、介孔结构等的测定。XRD 定性分析是利用 XRD 衍射角位置以及强度来鉴定未知样品的物相组成。各衍射峰的角度及其相对强度是由物质本身的内部结构决定的。每种物质都有其特定的晶体结构和晶胞尺寸，而这些又都与衍射角和衍射强度有着对应关系。因此，可以根据衍射数据来鉴别晶体结构。通过将未知物相的衍射花样与已知物相衍射花样相比较，可以逐一鉴定出样品中的各种物相。目前可以利用粉末衍射卡片进行直接比对，也可以通过计算机数据库直接检索。

XRD 定量分析是利用衍射线的强度来确定物相含量的。每一种物相都有各自的特征衍射线，而衍射线的强度与物相的质量分数成正比。各物相衍射线的强度随该物相含量的增加而增大。目前对于 XRD 定量分析最常用的方法主要有单线条法、直接比较法、内标法、增量法以及无标法。XRD 测定晶粒度基于衍射线的宽度与材料晶粒大小有关这一现象。此外，根据晶粒大小，还可以计算纳米粉体的比表面积。

在纳米多层膜材料中，两薄膜层材料反复重叠，形成调制界面。当 X 射线入射时，周期良好的调制界面会与平行薄膜表面的晶面一样，在满足布拉格条件时，产生相干衍射，形成明锐的衍射峰。由于多层膜的调制周期比金属和化合物的最大晶面间距大得多，所以只有小周期多层膜调制界面产生的 XRD 峰可以在小角衍射时观察到，而大周期多层膜调制界面 XRD 峰则因其衍射角度太小而无法进行观测。因此，对制备良好的小周期纳米多层膜可以用小角 XRD 方法测定其调制周期。

同样，XRD 的小角衍射还可以用来研究纳米介孔材料的介孔结构。由于介孔材料可以形成很规整的孔，可以看作多层结构。因此，也可以用 XRD 的小角衍射通过测定孔壁之间的距离来获得介孔的直径，这是目前测定纳米介孔材料结构最有效的方法之一。该方法的局限是对孔排列不规整的介孔材料，不能获得其孔径大小。不同的物质状态对 X 射线衍射作用是不同的，因此可以利用 X 射线谱来区别晶体和非晶体。晶体物质又可以分为微晶和晶态物质。微晶具有晶体的特征，但由于晶粒小会产生衍射峰的宽化弥散，而结晶好的晶态物质会产生尖锐的衍射峰。

使用 X 射线衍射还可以实现磁畴的观测。由于靠近磁畴的磁致伸缩应变不一样，可以测量布拉格反射角来表征磁畴结构。在观察磁畴的同时，还能够观察位错和其他缺陷并确定晶体缺陷和畴结构的关系，虽然此方法分辨率高，但是操作复杂，使用较少。

3.1.2　中子衍射

中子衍射（neutron diffraction）技术是研究晶体学的方法，用来确定某个材料的原子结构或磁性结构。这也是弹性散射的一种，离开中子具有与入射中子相同或略低的能量。这种技术与 X 射线衍射法类似，其主要差别在于放射源不同，这两种技术可以互为补充。

3.1.3　正电子湮没[2]

正电子湮没技术（positron annihilation technique，PAT）是一种较新的核物理技术，它利用正电子在凝聚物质中的湮没辐射带出物质内部的微观结构、电子动量分布及缺陷状态等信息，从而提供一种非破坏性的研究手段，备受人们青睐。现在正电子湮没技术已经进入固体物理、半导体物理、金属物理、原子物理、表面物理、超导物理、生物学、化学和医学等诸多领域。特别是在材料科学研究中，正电子对微观缺陷研究和相变研究发挥着日益重大的作用。

正电子湮没技术是一种研究物质微观结构的方法。正电子是电子的反粒子，两者除电荷符号相反外，其他性质（静止质量、电荷的电量、自旋）都相同。正电子进入物质在短时间内迅速慢化到热能区，同周围媒质中的电子相遇而湮没，全部质量（对应的能量为 $2m_ec^2$）转变成电磁辐射——湮没 γ 光子。20 世纪 50 年代以来对低能正电子同物质相互作用的研究表明，正电子湮没特性同媒质中正电子-电子系统的状态、媒质的电子密度和电子动量有密切关系。随着亚纳秒核电子学技术、高分辨率角关联测量技术以及高能量分辨率半导体探测器的发展，可以对正电子的湮没特性进行精细的测量，从而使正电子湮没方法的研究和应用得到迅速发展。现在，正电子湮没技术已成为一种研究物质微观结构的新手段。

3.1.4 同步辐射[3]

当高能电子在磁场中以接近光速运动时，如运动方向与磁场垂直，电子将受到与其运动方向垂直的洛伦兹力的作用而发生偏转。按照电动力学的理论，带电粒子做加速运动时都会产生电磁辐射，因此这些高能电子会在其运行轨道的切线方向产生电磁辐射。这种电磁辐射最早是在同步加速器上观测到的，因此就称为同步加速器辐射，简称同步辐射（synchrotron radiation）或同步光。

同步辐射作为光源，其主要特点如下：①高亮度，同步辐射光源是高强度光源，有很高的辐射功率和功率密度，第三代同步辐射光源的 X 射线亮度是 X 射线机的上亿倍。②宽波段，同步辐射光的波长覆盖面大，具有从远红外、可见光、紫外直到 X 射线范围内的连续光谱，并且能根据使用者的需要获得特定波长的光。③窄脉冲，同步辐射光是脉冲光，有优良的脉冲时间结构，其宽度在 $10^{-11} \sim 10^{-8}$ s 之间可调，脉冲之间的间隔为几十纳秒至微秒量级，这种特性对"变化过程"的研究非常有用，如化学反应过程、生命过程、材料结构变化过程和环境污染微观过程等的研究。④高的偏振性，同步辐射在电子轨道平面内是完全偏振的光，偏振度达 100%；在轨道平面上下是椭圆偏振；在全部辐射中，水平偏振占 75%；从偏转磁铁引出的同步辐射光在电子轨道平面上是完全的线偏振光；此外，可以从特殊设计的插入件得到任意偏振状态的光。⑤高的准直性，同步辐射光的发射集中在以电子运动方向为中心的一个很窄的圆锥内，张角非常小，几乎是平行光束，可与激光媲美，其中能量大于 10 亿 eV 的电子储存环的辐射光锥张角小于 1mrad，接近平行光束，小于普通激光束的发射角。⑥可精确计算，同步辐射光的光子通量、角分布和能谱等均可精确计算，因此它可以作为辐射计量，特别是真空紫外到 X 射线波段计量的标准光源。⑦其他特点，如高纯净、高稳定性、准相干等。

基于同步辐射的实验方法种类繁多，大体上可分为真空紫外和软 X 射线能区的谱学方法以及 X 射线吸收、衍射和散射两大类。前一类方法主要研究电子态，后一类方法则以了解原子结构为主。同步辐射在固体物理学、表面物理学和表面化学、结构化学、近代生物学、医学、光刻技术等领域已得到广泛应用。

3.2 显微组织结构表征

3.2.1 光学显微镜[4]

光学显微镜（optical microscope，OM）是利用光学原理，把人眼所不能分辨的微小物体放大成像，以供人们提取微细结构信息的光学仪器。科学技术的发展对观察和研究微观尺度的物理现象提出了更高分辨率的要求。随着微电子学、分子生物学、医药学、纳米材料科学、微纳加工等科学领域的发展，不仅需要制造和操纵小到纳米尺寸的微小结构，还需要对这些纳米结构的大小、形状、化学组分、分子结构以及动态特性等进行研究和表征。当材料达到纳米尺度时，所出现的量子限域效应、表面效应、尺寸效应，以及由此而产生的新的吸收与发光性质、结构与能谱特性、磁光性质等都对新一代具有超高空间分辨，同时具有光谱和时间分辨能力的显微技术的要求日益迫切。另外，应用于微区结构分析的扫描探针显微镜（scanning probe microscope，SPM）技术得到了迅速的发展。这类显微镜的共同特点是具有超高分辨率。近年来出现了一系列与扫描隧道显微镜（scanning tunneling microscope，STM）技术相关的超高分辨率的光学显微术——扫描近场光学显微术（scanning near-field optical microscopy，SNOM）。这一技术使人们在充分利用光学观察的快速、无损、可靠、多种衬度等优点的基础上，将光学观察的尺度拓展到前所未有的亚波长范围，并且实现了纳米微区的光谱观察，形成一门由光学、扫描探针显微学和光谱学结合的新型交叉学科——近场光学，也在此基础上对扫描近场光学显微镜的研究以及在观察和研究上的应用有了更广泛的发展。

扫描近场光学显微镜突破衍射极限而呈现高分辨的图像的核心在于引入了近场的概念。物体表面外的场可以划分为两个区域：近场区域和远场区域。距物体表面仅仅几个波长的区域，称为近场区域，处在这样一个波长范围内的电磁场称为近场，其中的隐失场（波）是超分辨的核心。从历史上看，Zenneck 和 Sommerfeld 在分析金属表面的趋肤效应时，最早认识到了隐失场的存在，而后 Fano 首次把金属表面的隐失电磁模与观察到的金属光栅衍射的反常现象联系起来。但是，人们对隐失场的重视进而关注近场光学及其理论是在近场光学显微镜的发明之后，常规的观察工具如显微镜、望远镜以及各种光学镜头都是处于远场范围。近场的结构则相当复杂，一方面包括可以向远处传播的分量，另一方面又包括仅仅限于物体表面的一个波长以内的成分，其特征是依附于物体的表面，其强度随离开表面的距离的增加而迅速衰减，不能在自由空间存在，故称为隐失波。

在物理中，扫描近场光学显微术不仅成功地对样品表面的精细结构及折射率的局域分布进行了观察，还成功地观察到了近场中牛顿环的分布、金属表面等离激元的场强分布、高温超导体中的电子输运现象、磁性薄膜的磁畴结构、二维光子晶体的电磁模与电磁场的分布、拉曼光谱、量子阱和量子点的电致发光与局域光谱等。

3.2.2　扫描电子显微镜[5]

扫描电子显微镜（scanning electron microscope，SEM），是一种大型的分析仪器，主要功能是对固态物质的形貌显微分析和对常规成分的微区分析，广泛应用于化工、材料、医药、生物、矿产、司法等领域，它由电子光学系统和显示系统组成。电子光学系统由电子枪、磁透镜、扫描线圈以及样品室组成；显示系统包括信号的收集、放大、处理、显示与记录部分。从电子枪灯丝发出直径为 $20\sim30~\mu m$ 的电子束，受到阳极 $1\sim40~kV$ 高压而加速射向镜筒，经过聚光镜和物镜的会聚作用，缩小成直径几十纳米的狭窄电子束射到样品上。电子束与样品的相互作用产生多种反射电子信号，包括二次电子、背散射电子、俄歇电子等，其中最重要的是二次电子，经信号收集器收集、放大、处理，最终将样品形貌显示在显示器上。

扫描电子显微镜相对于光学显微镜、透射电子显微镜有一些极有价值的特点。首先，它能在很大的放大倍数范围工作，从几倍到几十万倍，相当于从光学放大镜到透射电子显微镜的放大范围，并且具有很高的分辨率，可达 $1\sim3~nm$；其次，它具有很大的焦深，300 倍于光学显微镜，因而对于复杂而粗糙的样品表面，仍然可得到清晰聚焦的图像，图像立体感强，易于分析；再次，样品制备较简单，对于材料样品仅需简单的清洁、镀膜即可观察，并且对样品的尺寸要求很低，操作十分简单。上述特点都为 SEM 观测纳米级材料提供了条件。

当电子束入射到铁磁样品表面时，二次电子将受到洛伦兹力（$F=evB$）的作用，运动路线发生偏转，其偏转方向因磁畴不同而不同，因而形成的图像与磁畴结构有关。这种技术称为反射洛伦兹扫描电子显微术。为了灵敏地检测样品表面的磁场变化，电镜的加速电压不宜过高。另外，由于一般情况下二次电子成像给出的是表面形貌，所以磁畴衬度受样品形貌的影响很大，样品需要尽可能地光滑。由于这种技术对样品及实验条件要求较高，且分辨率也较低，科研工作者很少用 SEM 直接表征磁畴结构。

3.2.3　多功能扫描探针显微镜[6]

多功能扫描探针显微镜是集扫描隧道显微镜、原子力显微镜、横向力显微镜和静电力显微镜等于一体的仪器，具有接触、半接触和非接触工作模式，可进行作用力、电流、电位、光能量、磁矩等参数的高度局域综合测量。扫描探针显微镜的技术核心在于它具有极高的可控空间定位精度，因而使得它不但具有极高的分辨率（可达原子级分辨率），而且具有极高的操纵和加工精度（可实现单原子操纵）。

对磁性纳米材料而言，磁力显微术是一种很重要的表征技术。磁力显微镜（magnetic force microscope，MFM）是以原子尺度的金属针尖作为探头的显微镜，这种探头是铁磁性的，当它在磁性样品上以恒定的高度扫描时，样品表面的磁场变化会被探头检测到。当检测距离大于磁性纳米样品尺度时，可以将样品看作磁偶极子，检测点的感应磁场与磁偶极子的磁矩呈函数关系，由此可推算出样品的磁矩。磁力显微术在第一次扫描时采用轻敲模式，可以检测出样品表面的三维形貌图，磁探头在第二次扫描时按照第一次扫描的轨迹垂直抬高一定的距离，第二次扫描可以得到样品表面的磁力图，由此可推算出单个磁性纳米颗粒的磁矩。磁力显微镜的分辨率可以达到 5 nm，能够与扫描电子显微镜媲美，所以它广泛应用于磁性纳米材料的磁畴以及微磁结构的研究。磁力显微镜特别适用于磁性薄膜样品的表面形貌及磁性的测量，而对于体积较大的样品则需要对样品的表面进行处理，使得表面相对平整。磁力显微镜对于研究磁性纳米材料的表面结构以及材料的剩余磁化强度、矫顽力、磁致伸缩效应等起到重要的作用。

在使用磁力显微镜测量磁性纳米颗粒时，为了保证测量结果的准确性与可重复性，必须降低样品与磁探头之间的相互影响，磁探头不能干扰样品的磁场分布，样品所产生的磁场不能改变磁探头的磁化取向。所以待测样品与磁探头之间需要进行合理的匹配，这也是磁力显微镜的局限性。

3.2.4　透射电子显微镜[7]

透射电子显微镜（transmission electron microscope，TEM），简称透射电镜，加速和聚集的电子束穿透薄样品，电子与样品产生原子碰撞使电子改变路径，形成立体角散射。这个散射角的大小与透过的样品密度、厚度有关，可形成有明暗衬度的像，最后在放大、聚焦各种条件下将其在成像器件（如荧光屏、胶片以及感光耦合组件）上显示出来，其利用电子的波动性来观察材料内部结构。透射电子显微镜的原理基本模拟了光学显微镜的设计，电子路径简称光路，主要经过照明系统（电子枪、高压发生器和加速管、聚光系统和偏转系统）、成像系统（物镜、中间镜、投影镜、光阑）、放大系统和记录系统。为了避免电子枪电离放电或者高速电子与气体分子相遇和相互作用出现随机电子散射（"炫光"）和减弱像的衬度的现象，必须保证整个透射电子显微镜镜体内高的真空度。

电子衍射的方法是获得材料晶体学信息的基本和重要的实验技术，基于动力学原理，晶体内部格点的排列一般具有规律性，这就使电子弹性散射具有方向的选取性，最终形成电子衍射花样。

利用相位衬度原理，高分辨透射电子显微术（high resolution transmission electron microscopy，HRTEM）是能够使绝大多数的晶体中的原子成像的方法。然而高分辨透射电子显微成像的方式又有两种：电子束从某一组晶面发生反射而产生一维晶格像，从一维晶格像可以分析该组晶面的配置细节，便可测晶面间距以及各种晶体结构；另外一种是二维晶格像，它和材料的原子位置一一对应，所以可以用于检测畸变晶体结构。

电子全息法既能得到电子波的相位信息，也能得到电子波的振幅信息，所以利用电子全息技术即可以得到样品内部磁力线的分布。利用离轴电子全息技术不但可以表征出纳米磁性材料的超顺磁状态、铁磁状态，也可以表征出纳米颗粒是单磁畴结构还是多磁畴结构，以及颗粒间相互作用，这对于宏观磁性能的机制的评价将有非常重要的意义。电子全息有 20 多种实现方式，在成像模式下有同轴、离轴、明场和暗场模式，而因简单易行，用得最广泛的是 TEM 模式下的离轴电子全息。离轴电子全息图是将电子束分成两半，一部分经过样品作为物体波，另一部分不经过样品，而是经过真空作为参考波。由通过样品的菲涅耳衍射（物体）波和通过真空的相干本底（参考）波叠加形成含有样品磁畴结构的干涉条纹。为了使物体波和参考波干涉成像，要求电子显微镜顶端发射出的电子束具有良好的相干性，照射物体及真空的电子波来源于同一光源，场发射电子枪与钨灯丝、六硼化镧灯丝相比有很大优势，所以自从场发射电子枪出现以来，电子全息理论和实验领域取得了丰硕的成果。电子全息图包含样品下表面出射电子波的振幅信息和相位信息，对它进行重现，可以得到电子波相位变化。电子全息重现的办法有计算机数字重现法（傅里叶变换和反傅里叶变换）、两次曝光法和相位差放大技术（光学方法）。早年，陈建文、马建等利用相位差放大法完成了利用电子全息对磁性块体材料微观磁结构的表征，定量测出了微观磁畴的精细结构，例如：利用相位差计算了磁力线之间的磁通量；发现了被畴壁隔开的相邻两磁畴区域自旋方向不同，在相交处磁场强度为零；并为材料制备工艺提出改善方法。离轴电子全息图的分辨率是由干涉条纹间距决定的。物体波和参考波重合是靠两块接地电极连接中央一根镀有一层金的二氧化硅细丝作为静电双棱来使电子波发生偏析实现的。

3.2.5　质谱[8]

质谱（mass spectrometry，MS）是鉴定物质的常用手段，可用于测定分子量、化学式及结构信息等，是一种同时具备高特异性和高灵敏度且得到了广泛应用的普适性方法。

试样中各组分电离生成不同质荷比的离子，经加速电场的作用，形成离子束，进入质量分析器，利用电场和磁场使其发生相反的速度色散：离子束中速度较慢的离子通过电场后偏转大，速度快的偏转小；在磁场中离子发生角速度矢量相反的偏转，即速度慢的离子依然偏转大，速度快的偏转小；当两个场的偏转作用彼此补偿时，它们的轨道便相交于一点。与此同时，在磁场中还能发生质量的分离，这样就使具有同一质荷比而速度不同的离子聚焦在同一点上，不同质荷比的离子聚焦在不同的点上，将它们分别聚焦而得到质谱图。分析这些信息可获得试样的分子量、化学结构、裂解规律和由单分子分解形成的某些离子间存在的某种相互关系等信息。

利用运动离子在电场和磁场中偏转原理设计的仪器称为质谱计或质谱仪。前者指用电子学方法检测离子，而后者指离子被聚焦在照相底板上进行检测。质谱法的仪器种类较多，根据使用范围，可分为无机质谱仪和有机质谱计。常用的有机质谱计有单聚焦质谱计、双聚焦质谱计和四极矩质谱计。目前后两种用得较多，而且多与气相色谱仪和电子计算机联用。

质谱的解析大致步骤如下：确认分子离子峰，并由其求得分子量和分子式，计算不饱和度；找出主要的离子峰（一般指相对强度较大的离子峰），并记录这些离子峰的质荷比（m/z 值）和相对强度；对质谱中分子离子峰或其他碎片离子峰丢失的中型碎片的分析也有助于谱图的解析；找出母离子和子离子，或用亚稳扫描技术找出亚稳离子，把这些离子的质荷比读到小数点后一位；配合元素分析、样品理化性质等提出试样的结构式，将所推定的结构式按相应化合物裂解的规律，检查各碎片离子是否符合，若没有矛盾，就可确定可能的结构式；已知化合物可用标准谱图对照来确定结构是否正确，这步工作可由计算机自动完成，对于新化合物的结构，合成此化合物并做波谱分析来确证。

3.2.6　能量色散 X 射线光谱[7]

能量色散 X 射线光谱术（energy dispersive X-ray spectroscopy，EDX）是借助于分析试样发出的元素特征 X 射线波长和强度实现的，根据不同元素特征 X 射线波长的不同来测定试样所含的元素。通过对比不同元素谱线的强度可以测定试样中元素的含量。通常 EDX 结合电子显微镜使用，可以对样品进行微区成分分析。

常用的 EDX 探测器是硅渗锂探测器。当特征 X 射线光子进入硅渗锂探测器后便将硅原子电离，产生若干电子-空穴对，其数量与光子的能量成正比。利用偏压收集这些电子-空穴对，经过一系列转换器变成电压脉冲供给多脉冲高度分析器，并记录能谱中每个能带的脉冲数。

3.3　电子显微结构表征

3.3.1　洛伦兹电子显微镜[7]

洛伦兹电子显微技术是基于洛伦兹力（Lorentz force）使电子偏转的原理来观察材料磁畴结构的方法。透射电子显微镜的放大极限以及成像质量都主要由物镜决定，普通电子显微镜的物镜中存在接近 2.0 T 的磁场，如此强磁场即使没有将磁性样品吸引到物镜极靴上导致透射电子显微镜性能的降低，也会使磁性材料瞬间达到饱和磁化状态，无法对退磁状态下的样品进行细致的磁性研究。因而针对磁性材料的观测需要电子显微镜满足下面三个条件：①样品处尽量小的磁场；②小磁场下高空间分辨率和高电子全息分辨率，样品处降低磁场的"代价"是电子显微镜的空间分辨率的降低，在降低磁场的同时需要保持尽量高的分辨率和电子全息分辨率；③磁场下的原位观察，除了退磁状态的观察，磁性材料在磁场作用下的原位观察具有非常重要的意义，需要在尽量大的磁场作用下观测到样品磁畴结构的变化。

洛伦兹电子显微技术有两种实现方式：正焦（傅科，Foucault）模式和离焦（菲涅耳）模式。傅科模式通过遮挡或保留后焦面上的衍射分叉点来实现共同磁矩取向的磁畴观测，适合磁畴分区较少即只有少量磁矩取向的样品，不太适于观测磁矩方向变化复杂的多磁畴样品。菲涅耳模式是基于电子显微像散焦，在磁矩急剧偏转时产生衬度的原理来观察磁结构，看不到图像细节。

根据判定点电荷在磁场中受洛伦兹力方向的左手定则（将左手掌摊平，让磁感线穿过手掌心，四指方向与正电荷运动方向相同，那么洛伦兹力在大拇指的方向）可知：洛伦兹透射电子显微镜只能探测样品水平方向的磁场。和普通透射电子显微镜的测试样品一样，洛伦兹透射电子显微镜对样品尺寸的要求是：厚度不大于 100 nm，并且具有薄区；直径不大于 3 mm，理想情况为一圆片状。需将样品固定在样品杆上以准备插入电镜腔体进行观测。

我们知道在洛伦兹菲涅耳模式的离焦成像条件下，由于样品边界的菲涅耳条纹的影响，离焦量越大，成像越模糊，成像越失真，故要得到清晰磁畴壁结构的同时尽量保持真实的样品形貌是极其重要的，即要选择一个合适的离焦量。样品饱和磁化强度越大、厚度越大，其对穿过的电子束洛伦兹偏转力越强，得到清晰磁畴壁结构所需的离焦量越小，图像越不失真，反之越模糊。对于一般的块体磁性材料磁畴观测，最佳的离焦量选择：正焦图像只有样品本身的形貌，离焦状态下图像形貌与畴壁清晰，畴壁呈明暗相间的线条，欠焦与过焦衬度刚好相反。

这种高分辨率的 MFM 洛伦兹显微技术可以方便有效地利用图像反映磁性纳米材料的磁化演变过程，能够动态观察不同磁化状态下磁畴的取向变化及分布特征，对于研究磁性纳米材料的磁学性质具有重要的意义，但这种方法暂时不能对磁性材料的磁矩大小定量地表征。

3.3.2　电子能量损失谱[7]

电子能量损失谱（electron energy loss spectrum，EELS）是利用入射电子引起材料表面原子芯级电子电离、价带电子激发、价带电子集体振荡以及电子振荡激发等，发生非弹性散射而损失的能量来获取表面原子的物理和化学信息。1929 年，Rudberg 发现，利用具有特定能量的电子束照射在待测量的金属样品上，接收到的非弹性散射电子的损失能量随着样品的化学成分而变化，表明材料的元素成分可以由电子能量损失信息来分析确定。

电子在固体及其表面产生非弹性散射而损失能量的现象通称为电子能量损失现象。将在试样上检测到的能量损失电子数目按能量分布，便可获得一系列的谱峰，即为电子能量损失谱，利用这种特征能量电子损失谱进行分析的技术被称为电子能量损失谱分析技术。只有具有分立的特征能量损失的电子能量损失峰才携带关于体内性质和表面性质的信息；平坦肥大的峰或曲线的平坦部分只反映二次电子发射，而不反映物体的特性。电子能量损失谱信号主要有单电子激发、等离子体激元激发、声子激发、表面原子和分子振动激发等。

单电子激发包括价电子激发和芯能级电子激发。价电子可以激发到同一能带未填充的高能级（能带内部跃迁），或激发到另一能带（能带间跃迁），如果表面有吸附质，在表面出现附加电子态，跃迁可能发生在这些电子态之间。价电子激发产生的能量损失为 0～50 eV。芯能级谱线的边缘反映了芯能级电子激发的阈值能量，可用于鉴定元素。边缘的位移则反映了元素的化学状态，靠近谱线边缘的精细结构也反映出元素的化学状态和表面原子的排列状况。芯能级电子激发产生的电子能量损失一般大于 20 eV。

在等离子体激元激发过程中，电子与晶格中的正离子实相互作用，发生集体振荡。由于激发等离子体激元而产生的电子能量损失约为 15 eV。

当低能电子束接近或离开表面时会与晶体表面振动模发生作用，发生能量损失。由分子的振动谱、振动实体的动力学性质和振动谱的选择定则可以从被反射回来的电子得到固体表面的结构信息。表面吸附分子的振动模还提供了被吸附分子和基底之间的化学键信息。因激发声子和表面原子、分子振动而产生的电子能量损失为 0～500 meV，要求仪器能量分辨能力达到 10 meV，这种低能电子探测到的是近表面几个原子层的信息，被称为低能电子能量损失谱（low electron energy loss spectroscopy，LEELS）或高分辨电子能量损失谱（high resolution electron energy loss spectroscopy，HREELS）。

电子能量损失谱可实现横向分辨率 10 nm，深度 0.5～2 nm 的区域内成分分析，具有 X 射线光电子谱所没有的微区分析能力，以及比俄歇电子能谱更能体现表面性质和灵敏的特性，更重要的是它可以辨别表面吸附的原子、分子的结构和化学特性，成为表面物理和化学研究的有效手段之一。

3.3.3　X 射线光电子能谱[9]

X 射线光电子能谱（X-ray photoelectron spectroscopy，XPS）技术是电子材料与元器件显微分析中的一种先进分析技术，而且是和俄歇电子能谱（Auger electron spectroscopy，AES）技术常常配合使用的分析技术。由于它可以比俄歇电子能谱技术更准确地测量原子的内层电子束缚能及其化学位移，所以它不但能为化学研究提供分子结构和原子价态方面的信息，还能为电子材料研究提供各种化合物的元素组成和含量、化学状态、分子结构、化学键方面的信息。它在分析电子材料时，不但可提供总体方面的化学信息，还能给出表面、微小区域和深度分布方面的信息。另外，因为入射到样品表面的 X 射线是一种光子束，所以对样品的破坏性非常小。这一点对分析有机材料和高分子材料非常有利。

处于原子内壳层的电子结合能较高，需要能量较高的光子才能将内壳层电子电离，以镁或铝作为阳极材料的 X 射线源得到的光子能量分别为 1253.6 eV 和 1486.6 eV，此范围内的光子能量足以把不太重的原子的 1 s 电子打出来。结合能值各不相同，而且各元素之间相差很大，容易识别，因此，通过考查 1 s 电子的结合能可以鉴定样品中的化学元素。除了不同元素的同一内壳层电子的结合能各有不同的值以外，给定原子的某给定内壳层电子的结合能还与该原子的化学结合状态及其化学环境有关，随着该原子所在分子的不同，该给定内壳层电子的光电子峰会有位移，称为化学位移。这是由于内壳层电子的结合能除主要取决于原子核电荷以外，还受周围价电子的影响。电负性比该原子大的原子趋向于把该原子的价电子拉向近旁，使该原子核同其 1 s 电子结合牢固，从而增加结合能。通过对化学位移的考察，XPS 在化学上成为研究电子结构和高分子结构、链结构分析的有力工具。

3.3.4　磁圆二色性[10]

磁圆二色性（magnetic circular dichroism）是指介质对沿磁场方向传播的一定频率的左圆和右圆偏振光吸收率不同的性质。

如果入射光是平面偏振光，则磁圆二色性将使它在传播过程中变为椭圆偏振光。在空间的固定点，它的电矢量末端沿椭圆形轨迹运动。椭圆的长轴相对于入射光的偏振面旋转一定角度，即磁致旋光现象。椭圆的短轴与长轴之比称为椭圆率。通常介质对左圆和右圆偏振光吸收率的差别，相对于吸收率本身来说是很小的，但现代仪器设备仍能精确测定。磁圆二色性和磁致旋光同样源于塞曼效应。

3.4　磁学性质表征

3.4.1　振动样品磁强计

振动样品磁强计（vibrating sample magnetometer，VSM）是测量材料磁性的重要手段之一，广泛应用于各种铁磁、亚铁磁、反铁磁、顺磁和抗磁材料的磁特性研究中，它包括对稀土永磁材料、铁氧体材料、非晶和准晶材料、超导材料、合金、化合物及生物蛋白质的磁性研究等。它可测量磁性材料的基本磁性能，如磁化曲线、磁滞回线、退磁曲线、热磁曲线等，得到相应的各种磁学参数，如饱和磁化强度 M_s、剩余磁化强度、矫顽力 H_c、最大磁能积、居里温度、磁导率（包括初始磁导率）等，对粉末、颗粒、薄膜、液体、块状等磁性材料样品均可测量。

振动样品磁强计主要由电磁铁系统、样品强迫振动系统和信号检测系统组成。当振荡器的功率输出反馈给振动头驱动线圈时，该振动头即可使固定在其驱动线圈上的振动杆以 ω 的频率驱动做等幅振动，从而带动处于磁化场 H 中的被测样品做同样的振动；这样，被磁化了的样品在空间所产生的偶极场将相对于不动的检测线圈做同样振动，从而导致检测线圈内产生频率为 ω 的感应电压；而振荡器的电压输出则反馈给锁相放大器作为参考信号；将上述频率为 ω 的感应电压馈送到处于正常工作状态的锁相放大器后（所谓正常工作，即锁相放大器的被测信号与其参考信号同频率、同相位），经放大及相位检测而输出一个正比于被测样品总磁矩的直流电压 V_{out}^{J}，与此相对应的有一个正比于磁化场 H 的直流电压 V_{out}^{H}（即取样电阻上的电压或高斯计的输出电压），将此两相互对应的电压图示化，即可得到被测样品的磁滞回线（或磁化曲线）。如预知被测样品的体积或质量、密度等物理量即可得出被测样品的诸多内禀磁特性。如能知道样品的退磁因子 N，则不但可由上述实测曲线求出物质（材料）的磁感应强度 B 和内磁化场 H_i 的磁滞（磁化）曲线，而且可由此求出诸多技术磁参数如 B_r、H_c、$(BH)_{\max}$ 等。

3.4.2　超导量子干涉器件

　　超导量子干涉器件（superconducting quantum interference device，SQUID）是一种能测量微弱磁信号的极其灵敏的仪器，就其功能而言是一种磁通传感器，不仅可以用来测量磁通量的变化，还可以测量能转换为磁通的其他物理量，如电压、电流、电阻、电感、磁感应强度、磁场梯度、磁化率等。SQUID 的基本原理建立在磁通量子化和约瑟夫森效应的基础上。被一薄势垒层分开的两块超导体构成一个约瑟夫森隧道结。当含有约瑟夫森隧道结的超导体闭合环路被适当大小的电流偏置后，会呈现一种宏观量子干涉现象，即隧道结两端的电压是该闭合环路环孔中的外磁通量变化的周期性函数，其周期为单个磁通量子 $\varphi_0 = 2.07 \times 10^{-15}$ Wb，这样的环路就称为超导量子干涉。

　　根据制作 SQUID 所使用的超导材料的不同，可分为低温 SQUID（LT SQUID）和高温 SQUID（HT SQUID）。在高温超导体发现以前，SQUID 必须工作在 4.2 K，需要液态氦作冷源，因此被称为低温 SQUID。高温 SQUID 工作在液氮温区（约 77 K），价格上比液氦便宜得多，实验费用相对较低，而且液氮热容大，低温设备简单，优点明显。

　　按照工作方式，SQUID 可分为直流 SQUID（dc SQUID）和射频 SQUID（rf SQUID）两种类型。直流 SQUID 在直流偏置电流下工作，器件是含有两个约瑟夫森隧道结的超导环，具有线路简单、成品率高等优点。射频 SQUID 工作频率从几十兆赫兹到上千兆赫兹，其探头器件是含有一个约瑟夫森隧道结的超导环和一个与之相耦合的射频谐振器，具有样品制备简单、低频噪声小等优点。

　　SQUID 作为探测器，可以测量出 10^{-11} G 的微弱磁场，仅相当于地磁场的一百亿分之一，比常规的磁强计灵敏度提高几个数量级，是进行超导、纳米、磁性和半导体等材料磁学性质研究的基本仪器设备，特别是对薄膜和纳米等微量样品是必需的。利用 SQUID 探测器侦测直流磁化率信号，灵敏度可达 10^{-8} emu，温度变化范围 $1.9 \sim 400$ K，磁场强度变化范围 $0 \sim 70000$ G（7 T）。

3.4.3　综合物性测量系统

综合物性测量系统（physics property measurement system，PPMS）是在低温和强磁场的背景下测量材料的直流磁化强度和交流磁化率、直流电阻、交流输运性质、比热容和热导率、扭矩磁化率等综合测量系统。

一个完整的 PPMS 由一个基系统和各种选件构成，根据内部集成的超导磁体的大小基系统分为 7 T、9 T、14 T 和 16 T 系统。在基系统搭建的温度和磁场平台上，利用各种选件进行磁测量、电输运测量、热学力参数测量和热电输运测量。

PPMS 的基本系统按功能可以分为以下几个部分：温度控制、磁场控制、直流电学测量和 PPMS 控制软件系统等。基本系统的硬件包括测量样品腔、普通液氦杜瓦、超导磁体及电源组件、真空泵、计算机和电子控制系统等。基本系统提供了低温和强磁场的测量环境以及用于对整个 PPMS 控制和对系统状态诊断的中心控制系统。

PPMS 的拓展功能选件非常丰富，除了电学性质、磁学性质、比热容、热电性质等物性测量选件外，还有超低磁场、样品旋转杆、高压腔、扫描探针显微镜、多功能样品杆、He3 极低温系统、稀释制冷机极低温系统、液氦循环利用杜瓦等选件。

3.5　光学性质表征

3.5.1　荧光光谱[11]

物体经过较短波长的光照，把能量储存起来，然后缓慢放出较长波长的光，放出的这种光称为荧光。如果做荧光的能量-波长关系图，那么这个关系图就是荧光光谱。荧光光谱当然要靠光谱检测才能获得。荧光光谱包括激发谱和发射谱两种。激发谱是荧光物质在不同波长的激发光作用下测得的某一波长处的荧光强度的变化情况，即不同波长的激发光的相对效率；发射谱则是某一固定波长的激发光作用下荧光强度在不同波长处的分布情况，即荧光中不同波长的光成分的相对强度。

原子荧光可分为三类，即共振荧光、非共振荧光和敏化荧光，其中以共振荧光最强，在分析中应用最广泛。共振荧光所发射的荧光和吸收的辐射波长相同。只有当基态是单一态，不存在中间能级时，才能产生共振荧光。非共振荧光激发态原子发射的荧光波长和吸收的辐射波长不同。非共振荧光又可分为直跃线荧光、阶跃线荧光和反斯托克斯荧光。直跃线荧光是激发态原子由高能级跃迁到高于基态的亚稳能级所产生的荧光。阶跃线荧光是激发态原子先以非辐射方式活化损失部分能量，回到较低的激发态，再以辐射方式活化跃迁到基态所发射的荧光。直跃线和阶跃线荧光的波长都比吸收辐射的波长长。反斯托克斯荧光的特点是荧光波长比吸收光辐射的波长短。敏化荧光是激发态原子通过碰撞将激发能转移给另一个原子使其激发，后者再以辐射方式活化而发射的荧光。

荧光光谱能提供比较多的物理参数，如激发光谱、发射光谱、荧光强度、量子产率、荧光寿命、荧光偏振等。这些参数反映了分子的各种特性，并通过它们可以得到被检测分子的更多信息。

3.5.2　紫外-可见及红外吸收光谱[12]

紫外吸收光谱和可见吸收光谱都属于分子光谱，它们都是由于价电子的跃迁而产生的。利用物质的分子或离子对紫外线和可见光的吸收所产生的紫外-可见光谱及吸收程度可以对物质的组成、含量和结构进行分析、测定、推断。紫外-可见吸收光谱应用广泛，不仅可进行定量分析，还可利用吸收峰的特性进行定性分析和简单的结构分析，测定一些平衡常数、配合物配位比等；也可用于无机化合物和有机化合物的分析，对于常量、微量、多组分都可测定。

物质的紫外吸收光谱基本上是其分子中生色团及助色团的特征，而不是整个分子的特征。如果物质组成的变化不影响生色团和助色团，就不会显著地影响其吸收光谱，如甲苯和乙苯具有相同的紫外吸收光谱。另外，外界因素如溶剂的改变也会影响吸收光谱，在极性溶剂中某些化合物吸收光谱的精细结构会消失，成为一个宽带。所以，只根据紫外吸收光谱不能完全确定物质的分子结构，还必须与红外吸收光谱、核磁共振波谱、质谱以及其他化学、物理方法共同配合才能得出可靠的结论。

利用红外吸收光谱对物质分子进行分析和鉴定。将一束不同波长的红外射线照射到物质的分子上，某些特定波长的红外射线被吸收，形成这一分子对应的红外吸收光谱。每种分子都有由其组成和结构决定的独有的红外吸收光谱，据此可以对分子进行结构分析和鉴定。红外吸收光谱是由分子不停地做振动和转动运动而产生的，分子振动是指分子中各原子在平衡位置附近做相对运动，多原子分子可组成多种振动图形。当分子中各原子以同一频率、同一相位在平衡位置附近做简谐振动时，这种振动方式称为简正振动（如伸缩振动和变角振动）。分子振动的能量与红外射线的光量子能量正好对应，因此当分子的振动状态改变时，就可以发射红外吸收光谱，也可以因红外辐射激发分子振动而产生红外吸收光谱。分子的振动和转动的能量不是连续的而是量子化的。但由于在分子的振动跃迁过程中也常常伴随转动跃迁，使振动光谱呈带状。所以分子的红外吸收光谱属带状光谱。分子越大，红外谱带也越多。

3.5.3　拉曼光谱[13]

拉曼光谱（Raman spectrum），是一种散射光谱。拉曼光谱分析法是基于印度科学家拉曼（C.V. Raman）所发现的拉曼散射效应，对与入射光频率不同的散射光谱进行分析以得到分子振动、转动信息，并应用于分子结构研究的一种分析方法。拉曼光谱法是研究分子振动的一种光谱方法。它的原理和机制都与红外吸收光谱不同，但它提供的结构信息却是类似的，都是关于分子内部各种简正振动频率及有关振动能级的情况。从而拉曼光谱可以用来鉴定分子中存在的官能团。分子偶极矩变化是红外吸收光谱产生的原因，而拉曼光谱是由分子极化率变化诱导的，它的谱线强度取决于相应的简正振动过程中极化率变化值。在分子结构分析中，拉曼光谱与红外吸收光谱是相互补充的。例如，电荷分布中心对称的键，如C—C、N＝N、S—S 等红外吸收很弱，而拉曼散射却很强。因此，一些用红外光谱仪无法检测的信息在拉曼光谱中能很好地表现出来。拉曼光谱作为表征分子振动能级的指纹光谱，已在物理、化学、生物学与材料学等领域得到广泛应用。拉曼光谱是物质的非弹性散射光谱，能够提供材料在振动和电子性质方面的独特信息。在纳米材料的研究方面，拉曼光谱可以帮助考察纳米颗粒本身因尺寸减小而产生的对拉曼光谱的影响以及纳米颗粒的引入对玻璃相结构的影响。特别是对于低维纳米材料的研究，它已经成为首选方法之一。由于拉曼光谱具有灵敏度高、不破坏样品和方便快速等优点，所以利用拉曼光谱可以对纳米材料进行分子结构分析、键态特征分析和定性鉴定等。

当用波长比试样粒径小得多的单色光照射气体、液体或透明试样时，大部分的光会沿原来的方向透射，而一小部分则按不同的角度散射开来，产生散射光。在垂直方向观察时，除了与原入射光有相同频率的瑞利散射外，还有一系列对称分布的若干条很弱的与入射光频率发生位移的拉曼谱线，这种现象称为拉曼效应。由于拉曼谱线的数目、位移的大小、谱线的长度直接与试样分子振动或转动能级有关。因此，与红外吸收光谱类似，采用拉曼光谱也可以得到有关分子振动或转动的信息。目前拉曼光谱分析技术已广泛应用于物质的鉴定、分子结构谱线特征的研究。

3.5.4　电感耦合等离子体原子发射光谱[14]

电感耦合等离子体原子发射光谱法（inductively coupled plasma atomic emission spectrometry，ICP-AES）是以等离子体为激发光源的原子发射光谱分析方法，可进行多元素的同时测定。高频振荡器产生的高频电流，经过耦合系统连接在等离子体发生管上端，铜制内部用水冷却的管状线圈上。石英制成的等离子体发生管内有三个同轴氩气流经通道。冷却气（Ar）通过外部及中间的通道，环绕等离子体起稳定等离子体炬及冷却石英管壁,防止管壁受热熔化的作用。工作气体(Ar)则由中部的石英管道引入,开始工作时启动高压放电装置使工作气体发生电离,被电离的气体经过环绕石英管顶部的高频感应线圈时,高频感应线圈产生的巨大热能和交变磁场,使电离气体的电子、离子和处于基态的氩原子发生反复剧烈的碰撞,各种粒子高速运动,导致气体完全电离形成一个类似线圈状的等离子体炬区面,此处温度高达 6000~10000℃。样品经处理制成溶液后,由超雾化装置变成全溶胶,由底部导入管内,经轴心的石英管从喷嘴喷入等离子体炬内。样品气溶胶进入等离子体炬时,绝大部分立即分解成激发态的原子、离子状态。当这些激发态的粒子回到稳定的基态时要放出一定的能量(表现为一定波长的光谱),测定每种元素特有的谱线和强度,和标准溶液作比较,就可以知道样品中所含元素的种类和含量。

3.5.5　瞬态光谱[15]

传统的光谱测试仪器,由于采用机械式的波长扫描技术,无法对超快变化目标瞬间光谱进行采集。例如,火药的爆炸闪光光谱、导弹尾部火焰的瞬时光谱、脉冲氙灯的闪光光谱以及各种脉冲激光器的光谱都无法用传统的光谱仪进行测试。随着阵列元件硅靶摄像管及电荷耦合器件(charge-coupled device, CCD)研制和应用技术的进一步发展,瞬态光的空间分布及光谱测量技术迅速得到发展,各种测量瞬态光源光谱特性的仪器也相继问世。近几年,真空紫外用于光栅刻线技术的提高以及电子技术的发展为高分辨瞬态光谱测试仪器的研制扫除了障碍,瞬态光谱测试仪器得到了突飞猛进的发展。

瞬态光谱测量系统采用光电手段,通过一次闪光获得光源辐射光谱。具体工作原理为:被测光源通过分光,在 CCD 表面成像,进行光电转换,然后经过放大电路放大,被放大的模拟信号再经过控制系统进行模数(A/D)转换和数据采集,最后由微机进行数据处理,通过监测系统输出测试结果,包括相对光谱功率曲线、色坐标、主波长、色温、色纯度和显色指数等。

瞬态光谱测试光学系统主要由闪光光路系统、探测器件、微机系统等部分组成。

闪光光路系统为一专用闪耀光栅摄谱仪。其作用是将从入射狭缝射入的复色光色散成所需的光谱带,再聚焦到出射狭缝外,成像于探测器的光敏面上。

根据所测波长范围的不同,选用光谱响应不同的 CCD 作为阵列探测器件,同闪光光路配合使用。探测器件由阵列光电转换器件 CCD、驱动电路和处理电路三部分组成。其功能是将在光谱面上并行排列的光谱带转换成与光谱分布强弱成正比的串行光电信号输出。

微机系统与探测系统之间所用的模数转换电路须采用程控手段,以便控制进入转换器前放大电路的放大量,确保模数转换电路在高精确度的中心数字区进行转换，使强光谱区大电荷数据不会溢出，弱光谱区小电荷数据能采取多次曝光的办法采集到，从而得到高精度的测量结果。

　　以硬件手段保证闪光这一高速测量过程的全自动化操作，用程控手段保证探测器驱动电路、处理电路、模数转换电路以及光电转换器件的元器件在其性能最佳的高精度区进行运转，确保测量数据的准确性，微机应具备不低于 5 套测量数据的容量。微机除承担测量中的全部数据采集处理外，还应配有提供所测结果曲线和有关数据显示、输出的外部设备。

参 考 文 献

[1]　梁敬魁. 粉末衍射法测定晶体结构. 北京：科学出版社，2011.

[2]　滕敏康. 正电子湮没谱学及其应用. 北京：原子能出版社，2000.

[3]　马礼敦，杨家福. 同步辐射应用概论. 上海：复旦大学出版社，2005.

[4]　张树霖. 近场光学显微镜及其应用. 北京：科学出版社，2003.

[5]　周维列. 扫描电子显微学及在纳米技术中的应用. 北京：高等教育出版社，2007.

[6]　姚楠，王中林. 纳米技术中的显微学手册. 北京：清华大学出版社，2005.

[7]　Williams D B，Carter C B. Transmission Electron Microscopy：A Textbook for Materials Science. New York：Springer，2005.

[8]　Gross J H. 质谱. 2 版. 北京：科学出版社，2012.

[9]　刘世宏. X 射线光电子能谱分析. 北京：科学出版社，1988.

[10]　Legrand M，Rougier M J. 旋光谱和圆二色光谱. 陈荣峰，胡靖，田瑄，等，译. 河南：河南大学出版社，1990.

[11]　吉昂，卓尚军，李国会. 能量色散 X 射线荧光光谱. 北京：科学出版社，2011.

[12]　李民赞. 光谱分析技术及其应用. 北京：科学出版社，2006.

[13]　张树霖. 拉曼光谱学与低维纳米半导体. 北京：科学出版社，2008.

[14]　李冰，杨红霞. 电感耦合等离子体质谱原理和应用. 北京：地质出版社，2005.

[15]　翁羽翔. 超快激光光谱原理与技术基础. 北京：化学工业出版社，2013.

第4章

永磁材料

随着科学技术的发展，永磁材料在信息存储、能量存储、传感器、电子技术、通信技术和动力机械等领域具有越来越广泛的应用。而器件的小型化、集成化要求永磁材料具有更高的矫顽力、磁能积、居里温度以及抗腐蚀等性能。

按成分可将永磁材料分为：钴基稀土永磁材料，主要包含第一代 $SmCo_5$、第二代 Sm_2Co_{17}，具有较高的磁能积和居里温度，适宜中高温环境；Nd-Fe-B 稀土合金，具有非常高的磁能积，但是居里温度较低；贵金属基双相合金，主要为面心四方结构的 fct-FePt、fct-CoPt 和 fct-FePd，具有优良的化学稳定性，耐腐蚀；铁氧体材料，主要有 $CoFe_2O_4$、$BaFe_2O_4$ 和 $SrFe_2O_4$ 等，具有很高的磁能积和居里温度。本章将对常用永磁纳米材料的制备方法和磁性能进行了详细介绍。

4.1 永磁纳米材料

4.1.1 化学法制备永磁纳米材料的结构与性能

1. $Nd_2Fe_{14}B$ 的制备

日本的 Sagawa 课题组最早发现 $Nd_2Fe_{14}B$ 具有很强的磁性能[1]。$Nd_2Fe_{14}B$ 具有高的最大磁能积[$(BH)_{max}$ = 450 kJ/m³]、高的磁晶各向异性常量（K_1 = 4.19×10^3 kJ/m³）、其单畴临界尺寸为 300 nm，居里温度为 580 K。$Nd_2Fe_{14}B$ 可用于发电机、电动机、电器设备和磁选机等领域。物理法制备的 $Nd_2Fe_{14}B$ 能耗高，而且对产物的组分、尺寸和形貌难以控制，因此限制了其在能量存储等领域的应用。

而 $E^0(Nd^{3+}/Nd^0)$ = −2.323 eV，$Nd_2Fe_{14}B$ 具有较大的还原电势很难被还原，同时很容易被氧化、化学稳定性差，因此，化学法很难直接制备硬磁性的 $Nd_2Fe_{14}B$。最近，科学家们首先采用化学还原法和溶胶-热解法制备了 Nd-Fe-B 氧化物，接着在还原性气氛下对 Nd-Fe-B 氧化物进行热处理，使其进一步还原-扩散，最后用具有强还原性的金属钙（Ca）或氢化钙（CaH_2），在高温（≥800℃）条件下还原 Nd-Fe-B 氧化物来制备硬磁性的 $Nd_2Fe_{14}B$。CaH_2 在高温时首先分解为 Ca 和 H_2，Ca 再将氧化物还原为单质 B、α-Fe 和氢化钕（NdH$_2$），通过扩散合金化生成 Nd$_2$Fe$_{14}$B。CaH$_2$ 起活性作用的主要是金属 Ca，单质金属 Ca 化学性质活泼、容易结成块体、很难与前驱体混合均匀，因此一般使用 CaH$_2$ 粉末作还原剂。

Jeong 等[2]首先采用共还原法，利用油胺（oleylamine，OAm）将乙酰丙酮铁[Fe(acac)$_3$]、乙酰丙酮钕[Nd(acac)$_3$]和三乙基氨硼烷[(CH$_3$CH$_2$)$_3$NBH$_3$]还原为 Nd-Fe-B 氧化物。接着与 CaH$_2$ 混合后压片，于氢气气氛中加热至 900℃热处理 2 h，最后经水洗涤得到产物 Nd$_2$Fe$_{14}$B。从 XRD 谱图可以看出，当温度升至 800℃时，产物为 α-Fe、Nd$_2$O$_3$、Fe$_3$B 和 NdBO$_3$ 的混合物。而当温度升至 900℃时，混合金属氧化物全部被 CaH$_2$ 还原形成 Nd$_2$Fe$_{14}$B，最终产物为 Nd$_2$Fe$_{14}$B、Ca 和 CaO 的混合物（图 4-1）。CaH$_2$ 还原机制为

$$CaH_2 \longrightarrow Ca + 2H \tag{4-1}$$

$$M_nO_m + mCa \longrightarrow nM + mCaO \tag{4-2}$$

$$M + xH \longrightarrow MH_x \tag{4-3}$$

$$2H \longrightarrow H_2 \tag{4-4}$$

$$CaH_2 + 2H_2O \longrightarrow Ca(OH)_2 + 2H_2 \tag{4-5}$$

$$Nd_2Fe_{14}B + 6H \longrightarrow Nd_2Fe_{14}BH_x + (6-x)H \ (x = 1\sim5) \tag{4-6}$$

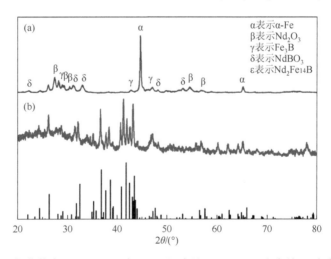

图 4-1   Nd-Fe-B 氧化物在 Ar + 5% H$_2$ 中 800℃退火处理 2 h（a）和在纯 Ar 气氛中 900℃退火处理 2 h 后生成 Nd$_2$Fe$_{14}$B 粉末（b）的 XRD 谱图[2]

CaH$_2$ 的用量对产物的磁性能和组分有重要影响。当 CaH$_2$ 的用量过低时，不足以将 Nd-Fe-B 的氧化物全部还原为 Nd$_2$Fe$_{14}$B。而当 CaH$_2$ 的用量过高时，则产物中残留未参与反应的 CaH$_2$。残留的 CaH$_2$ 与水反应生成 Ca(OH)$_2$ 和 H$_2$，H$_2$ 在 Nd$_2$Fe$_{14}$B 分子中扩散而被吸收，使 Nd$_2$Fe$_{14}$B 被氢化形成 Nd$_2$Fe$_{14}$BH$_x$（图 4-2），

从而降低 Nd$_2$Fe$_{14}$B 的磁性能。当 CaH$_2$ 与 Nd-Fe-B 氧化物的质量比为 1∶1 时，Nd-Fe-B 的氧化物全部还原为 Nd$_2$Fe$_{14}$B，此时矫顽力最大（图 4-2）。

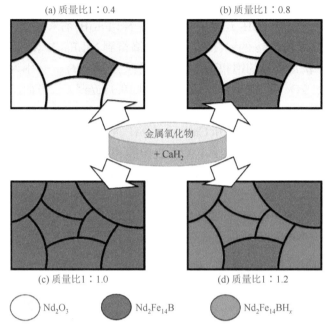

图 4-2　不同 CaH$_2$ 与 Nd-Fe-B 氧化物的质量比下产物的相组成示意图[2]

（a）1∶0.4；（b）1∶0.8；（c）1∶1.0；（d）1∶1.2

　　CaH$_2$ 在还原反应后生成 Ca 和 CaO，溶于水放出大量的热，使 Nd$_2$Fe$_{14}$B 分解为软磁相的 Nd$_2$Fe$_{17}$B$_x$ 或 α-Fe。因此，Nd$_2$Fe$_{14}$B 的退火产物在经水洗涤后矫顽力降低，剩余磁化强度增大。剩余磁化强度增大是由于产物中非磁性 Ca 和 CaO 含量降低。洗涤前和洗涤后的矫顽力和磁能积分别为 7.1 kOe 和 5.4 kOe、13.5 kJ/m^3 和

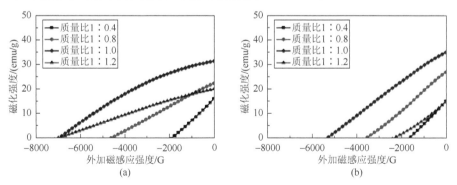

图 4-3　不同 CaH$_2$ 与 Nd-Fe-B 氧化物的质量比下产物的磁滞回线图[2]

（a）水洗前；（b）水洗后

15.1 kJ/m^3（图 4-3）。继续增大质量比为 1∶1.2，则水洗后的产物中由于 Nd$_2$Fe$_{14}$BH$_x$ 存在，矫顽力迅速降低至 2.4 kOe。

　　Deheri 等[3]用溶胶-凝胶法首先制备了 Nd-Fe-B 凝胶，800℃退火处理得到 Nd-Fe-B 氧化物，再用 1.5 wt% CaH$_2$ 还原氧化物制备 Nd$_2$Fe$_{14}$B 纳米颗粒。还原后的产物为 Nd$_2$Fe$_{14}$B、CaO 和 α-Fe 的混合物，经水洗涤得到 Nd$_2$Fe$_{14}$B 和 Nd$_2$Fe$_{14}$BH$_{4.7}$ 混合物。水洗前和水洗后样品的饱和磁化强度、矫顽力、$(\boldsymbol{BH})_{\max}$ 分别为 20.7 emu/g 和 102.3 emu/g、6.1 kOe 和 3.9 kOe、3.2 kJ/m^3 和 19.9 kJ/m^3。一方面，CaH$_2$ 溶于水中产生的 H$_2$ 使部分 Nd$_2$Fe$_{14}$B 氢化，生成了低矫顽力的 Nd$_2$Fe$_{14}$BH$_{4.7}$ 相，另一方面，计算结果显示，在水洗除去 Ca 和 CaO 后，存在偶极相互作用，这两种作用降低了剩余磁化强度和矫顽力。通过计算吉布斯自由能和研究反应温度对产物的影响，结果表明，当还原温度升至 300℃时，CaH$_2$ 可将 Fe$_2$O$_3$ 和 B$_2$O$_3$ 还原为单质 Fe 和 B；温度升至 620℃时，可将 NdFeO$_3$ 和 Nd$_2$O$_3$ 还原为二价的 NdH$_2$ 和单质 Fe；温度升至 692℃时，NdH$_2$ 和单质的 Fe 与 B 结合生成 Nd$_2$Fe$_{14}$B；温度升至 800℃时，进一步还原-扩散生成 Nd$_2$Fe$_{14}$B，反应在很短的时间内完成（图 4-4）。反应过程见下式

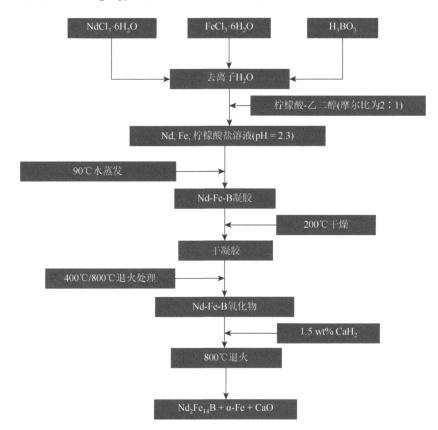

图 4-4　溶胶-凝胶法结合还原-扩散过程制备 Nd$_2$Fe$_{14}$B 磁性粉末示意图[2]

300℃：

$$Fe_2O_3 + 3CaH_2 \longrightarrow 2Fe + 3CaO + 3H_2\uparrow \tag{4-7}$$

$$B_2O_3 + 3CaH_2 \longrightarrow 2B + 3CaO + 3H_2\uparrow \tag{4-8}$$

620℃：

$$Nd_2O_3 + 3CaH_2 \longrightarrow 2NdH_2 + 3CaO + H_2\uparrow \tag{4-9}$$

$$NdFeO_3 + 3CaH_2 \longrightarrow NdH_2 + Fe + 3CaO + 2H_2\uparrow \tag{4-10}$$

692℃：

$$2NdH_2 + 14Fe + B \longrightarrow Nd_2Fe_{14}B + 2H_2\uparrow \tag{4-11}$$

Nd-Fe-B 氧化物与 CaH_2 接触的紧密程度（压片）对 CaH_2 还原产物的磁性能也有重要影响[4]。用压力机将混合研磨后的 Nd-Fe-B 氧化物和还原剂 CaH_2 压制成片状，即氧化物和还原剂充分接触，由于较大的接触面积，能够促进还原过程中物质传输扩散，同时还能抑制产物氧化。当不压片时，将 Nd-Fe-B 氧化物与 CaH_2 混合后直接进行还原，氧化物与还原剂接触面积小，有许多空隙，这些空隙抑制了还原过程中 Nd 和 Fe 元素扩散，最终生成 40%的 Fe 单质，因此矫顽力较低。压片和未压片还原产物的饱和磁化强度、矫顽力和 **(BH)**$_{max}$ 分别为 69 emu/g 和 19.14 emu/g、3.3 kOe 和 0.3 kOe、43.0 kJ/m^3 和 0.8 kJ/m^3。

利用溶胶-凝胶法制备 Nd-Fe-B 氧化物时，若使用不同的前驱体，则纳米颗粒的结构和磁性能不同。Rahimi 等[5]研究了氯化盐或硝酸盐前驱体对产物 $Nd_2Fe_{14}B$ 结构和磁性能的影响。以氯化盐为前驱体制备的 $Nd_2Fe_{14}B$ 纳米颗粒为单晶结构，平均粒径为 30 nm，退磁机制为形核退磁；而以硝酸盐为前驱体得到的是多晶结构，平均粒径为 65 nm，退磁机制为颗粒间的畴壁位移。随着尺寸的降低，矫顽力先增大，达到最大值后减小。当尺寸降低至临界尺寸时，畴壁消失，颗粒为单畴结构。通过研究 Henkel 系数对颗粒间的硬磁矫顽场和反转机制进行分析

$$\delta M = [M_d(H)/M_r(\infty)] - [1 - 2 \times \{M_r(H)/M_r(\infty)\}] \tag{4-12}$$

式中，$M_d(H)$ 为退磁场；$M_r(H)$ 为等温剩余磁化强度；$M_r(\infty)$ 为饱和磁化后剩余磁化强度；δM 为 Henkel 系数。单畴粒子间相互作用时，$\delta M = 0$；若 $\delta M > 0$，则交换耦合作用占主导；若 $\delta M < 0$，则偶极相互作用占主导。因此，从图 4-5 可以看出，用氯化盐作前驱体制备的纳米颗粒间存在的主要是交换耦合作用；而用硝酸盐作前驱体时，纳米颗粒间同时存在偶极作用和交换耦合作用。偶极作用会使矫顽力和剩余磁化强度降低，从而降低最大磁能积。因此，以氯化盐作前驱体制备的纳米颗粒的矫顽力和磁能积大于以硝酸盐为前驱体制备的纳米颗粒。

利用化学还原法和溶胶-凝胶法制备的 Nd-Fe-B 氧化物，需要在 H_2 气氛下进行还原-扩散退火处理。Swaminathan 等[6]未经还原-扩散热处理过程，利用溶胶-凝胶自蔓延燃烧法结合微波辐照制备了 Nd-Fe-B 氧化物，再用 CaH_2 于 800℃还原 Nd-Fe-B 的氧化物，得到 8.63 wt% Ca、75.46 wt% $Nd_2Fe_{14}B$、10.6 wt% Nd_2Fe_{17} 和 5.3 wt% Fe 的多相混合物。微波辐照使前驱体溶液中的水分挥发，硝酸盐与甘氨酸燃烧直接生成 Nd-Fe-B 氧化物（$NdFeO_3$、Fe_3O_4、FeO、B_2O_3 和 $NdBO_3$ 的混

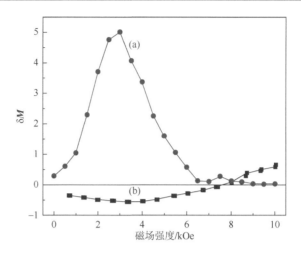

图 4-5　以氯化盐（a）和硝酸盐（b）为前驱体制备 $Nd_2Fe_{14}B$ 磁体的 Henkel 系数[5]

合物）。由于在燃烧过程中 B 元素挥发，会生成部分 Nd_2Fe_{17}。可以通过添加 0.2 wt%单质 B 将产物中的 Nd_2Fe_{17} 含量降低至 4.9%。水洗前产物的矫顽力和饱和磁化强度分别为 8.0 kOe 和 40 emu/g，水洗后矫顽力降至 4.0 kOe，而饱和磁化强度增大至 98 emu/g。调节微波辐照的功率可以调节加热速率，从而调节形核和生长速率，最终调节 $Nd_2Fe_{14}B$ 的尺寸、形貌和磁性能。将功率从 80 W 调节至 400 W，最后至 800 W，$Nd_2Fe_{14}B$ 的形貌从 20 nm 的颗粒先变为长棒状，最后为纳米棒和纳米簇的混合物。在 400 W 时，由于形状各向异性，矫顽力最大，从而具有高的 $(BH)_{max}$。

化学还原法虽然在制备硬磁性的 $Nd_2Fe_{14}B$ 纳米材料方面取得了一定的进展，但是化学还原法合成的 $Nd_2Fe_{14}B$ 一般为混合物，矫顽力和 $(BH)_{max}$ 均较低。而且在洗涤副产物 CaO 和 Ca 时容易引起 $Nd_2Fe_{14}B$ 分解，CaH_2 溶于水时产生的 H_2 在 $Nd_2Fe_{14}B$ 分子中扩散形成 $Nd_2Fe_{14}BH_x$，影响 $Nd_2Fe_{14}B$ 的磁性能。如何提高 $Nd_2Fe_{14}B$ 的纯度、减少和消除洗涤副产物，将是化学还原法制备 $Nd_2Fe_{14}B$ 急需解决的问题。

2. $SmCo_5$ 的制备

$SmCo_5$ 具有六方密堆积结构，Co 与 Sm 沿着 c 轴方向呈层状排列（图 4-6）。$SmCo_5$具有极小的超顺磁极限尺寸（2.2～2.7 nm）、较高的单畴尺寸（750 nm）、高的最大磁能积 $[(BH)_{max}$ = 244.9 $kJ/m^3]$、高的磁晶各向异性常量（19×10^3 kJ/m^3）、高矫顽力（31.84 kA/m）和高的居里温度（1020 K）[7]。因此，$SmCo_5$ 即使在非常小的尺寸和高温环境中依然能够保持磁性能稳定，在数据存储、高性能永磁体、航空航天、电动汽车和核工业等领域有着广泛的应用。

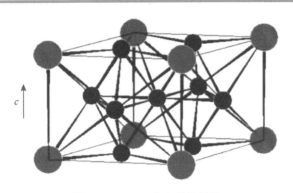

图 4-6　SmCo$_5$ 合金晶胞结构

Sm^{3+} 具有较低的标准电极电势、较高的电负性，很难被还原为单质 Sm。而 Sm 原子反应活性高，在空气中特别容易被氧化而不能稳定存在。化学法在制备 SmCo$_5$ 纳米材料方面已经取得了一定的进展，利用化学法可以很好地控制磁性纳米颗粒的形貌、尺寸、组分和化学结构，还能够制备硬软磁耦合的纳米材料。

Gu 等[8]首次利用化学法制备了 SmCo$_5$ 纳米颗粒。他们以二辛醚为溶剂、油胺和油酸为表面活性剂、十六烷二醇为还原剂,利用热分解 Co$_2$(CO)$_8$ 和还原 Sm(acac)$_3$ 一步制备了单分散 SmCo$_5$ 纳米颗粒。SmCo$_5$ 纳米颗粒的粒径为 6～8 nm，在室温下呈超顺磁性，阻塞温度为 110 K，各向异性常量 K_u = 210 kJ/m^3，远远小于理论值。

Hou 等[9]对上述方法进行改进，首先利用热分解 Co$_2$(CO)$_8$ 和还原 Sm(acac)$_3$ 制备了核壳结构的 Co/Sm$_2$O$_3$ 纳米颗粒。再以 KCl 为分散剂、Ca 为还原剂，在 900℃ 还原 Co/Sm$_2$O$_3$ 制备了矫顽力为 8 kOe 的 hcp-SmCo$_5$ 纳米材料（图 4-7）。KCl 的熔点为 771℃，在 900℃时熔化为液相作分散介质，一方面可以促进 Sm$_2$O$_3$ 被全部还原为 Sm 原子，使 Sm 和 Co 原子在界面扩散，形成 hcp-SmCo$_5$；另一方面可以阻止 SmCo$_5$ 在高温条件下生长成大尺寸单晶。通过调节核壳结构的 Co/Sm$_2$O$_3$ 壳层厚度，可以得到不同组分的 Sm-Co 合金。

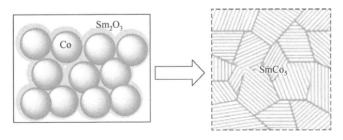

图 4-7　还原核壳结构的 Co/Sm$_2$O$_3$ 制备 SmCo$_5$ 纳米晶示意图[9]

Yang 等[10]首先利用钴氰化钾（K$_3$[Co(CN)$_6$]）与硝酸钐[Sm(NO$_3$)$_3$]反应生成钴氰化钐{Sm[Co(CN)$_6$]·4H$_2$O}。再将 Sm[Co(CN)$_6$]·4H$_2$O、Co(acac)$_2$、Ca 和 KCl 在

Ar 气氛下混合，在 960℃ 处理 30 min，得到尺寸为 100～600 nm 的不规则状 SmCo$_5$（图 4-8 和图 4-9）。SmCo$_5$ 的最大磁能积为 3MG·Oe、矫顽力为 13.7 kOe，饱和磁化强度为 58 emu/g。若用氧化石墨烯（GO）包覆 Sm[Co(CN)$_6$]·4H$_2$O，经 Ca 还原得到尺寸为 200 nm 的单畴 SmCo$_5$@Co 交换耦合复合纳米颗粒（图 4-8）。与未包覆 GO 制备的 SmCo$_5$ 纳米颗粒样品相比，SmCo$_5$@Co 的尺寸降低，磁性能增强，最大磁能积、矫顽力和饱和磁化强度分别增大到 10MG·Oe、20.7 kOe 和 82 emu/g（图 4-10）。通过调节 Co(acac)$_2$ 的用量，可以合成不同 Co 含量的 SmCo$_5$@Co 复合磁体，从而实现对 SmCo$_5$@Co 复合磁体磁性能的调节。

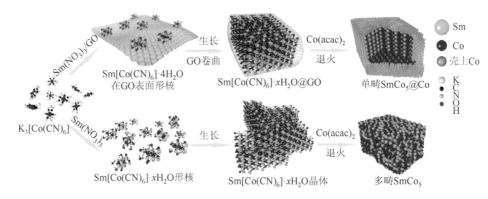

图 4-8 单畴 SmCo$_5$@Co 和多畴 SmCo$_5$ 的合成示意图[10]

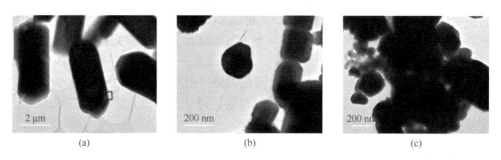

图 4-9 Sm[Co(CN)$_6$]·4H$_2$O（a）、SmCo$_5$@Co（b）和 SmCo$_5$（c）的 TEM 图像[10]

Ma 等[7]首先利用溶剂热法制备了 6～15 nm 的 Sm$_2$O$_2$-Co 纳米颗粒。KCl 为熔盐，CaO 为还原剂，加热至 860℃ 进行热处理，得到矫顽力为 20 kOe 的 SmCo$_5$ 纳米颗粒。虽然具有很强的磁各向异性，但是退火后的纳米颗粒团聚比较严重。为了解决这一问题，他们通过在室温条件下对 SmCo$_5$ 纳米颗粒进行加氢和脱氢，从而降低了 SmCo$_5$ 纳米颗粒的尺寸（图 4-11）。在室温和 4 MPa 氢气压力条件下，H$_2$ 分子进入 SmCo$_5$ 晶格形成 SmCo$_5$H$_x$。由于高脆性和晶格膨胀，SmCo$_5$H$_x$ 从 SmCo$_5$ 纳米颗粒表面分离脱落从而形成小尺寸的 SmCo$_5$H$_x$ 纳米颗粒。在 H$_2$ 压力降低至常压后，SmCo$_5$H$_x$ 纳米颗粒释放晶格中的 H，得到尺寸为 5～20 nm 的 SmCo$_5$

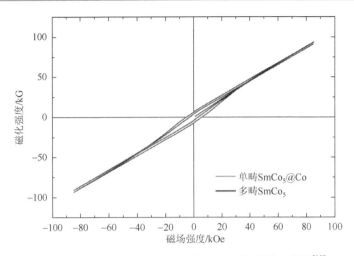

图 4-10　单畴 SmCo$_5$@Co 和多畴 SmCo$_5$ 的磁滞回线图[10]

纳米颗粒（图 4-12）。磁性能分析结果显示，加氢脱氢处理后 SmCo$_5$ 纳米颗粒的矫顽力降低至 12.2 kOe，这可能是由于小尺寸颗粒在氢处理过程的缺陷增多，从而降低了磁晶各向异性。

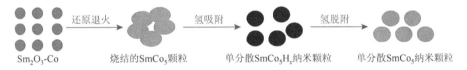

图 4-11　室温加氢处理制备 SmCo$_5$ 示意图[7]

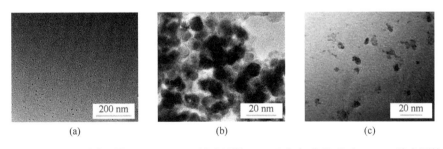

图 4-12　Sm$_2$O$_2$-Co 纳米颗粒（a）、SmCo$_5$ 纳米颗粒（b）和加氢化处理后 SmCo$_5$ 纳米颗粒（c）TEM 图像[7]

最近，Shen 等[11]用 Ca 作还原剂，在 850℃还原 Sm(OH)$_3$ 纳米棒和 Co(OH)$_3$ 纳米片的混合物，制备了 SmCo$_5$ 纳米颗粒。SmCo$_5$ 纳米颗粒粒径为 58 nm，矫顽力和饱和磁化强度分别为 20.1 kOe 和 42 emu/g。若以 Co 纳米颗粒为 Co 的前驱体，将 Co 纳米颗粒和 Sm(OH)$_3$ 纳米棒自组装后嵌入 CaO 基质，在 850℃高温条件下用 Ca 还原，得到 125 nm×10 nm 的硬磁性 SmCo$_5$ 纳米片（图 4-13）[12]。高角度环形暗场-扫描透射电子显微镜（HAADF-STEM）的元素分布结果显示，Sm 和 Co 原子分布均匀（图 4-14）。SmCo$_5$ 纳米片的矫顽力和饱和磁化强度高达 25.3 kOe 和 52.5 emu/g。SmCo$_5$ 纳米片在乙醇中有很好的分散性，在外加磁场条件下与环氧树脂混合后沿着晶体学方向 c 轴自动排列（图 4-14）。当沿 c 轴排列的 SmCo$_5$ 纳米片的各向异性增强，矫顽力增大至 30.1 kOe（图 4-15），这一结果远远高于目前文献中报道的关于 SmCo$_5$ 纳米材料的矫顽力。

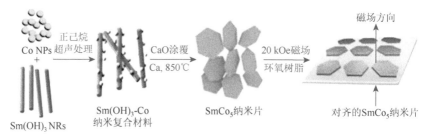

图 4-13　CaO 包覆 Sm(OH)$_3$-Co 纳米复合物制备各向异性 SmCo$_5$ 纳米片示意图[12]

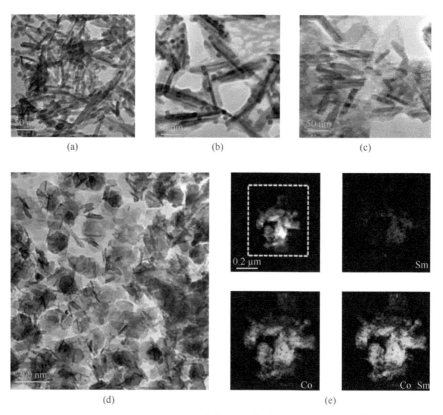

图 4-14　Sm(OH)$_3$-Co（a）、Sm(OH)$_3$-Co 负载在 CaO 基质（b）、SmCo$_5$ 纳米片（c）、SmCo$_5$ 退火处理 10 min（d）的 TEM 图像；（e）SmCo$_5$ 的 HAADF-STEM 和元素分布图[12]

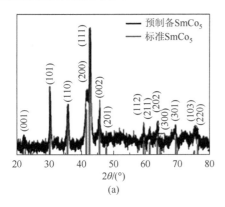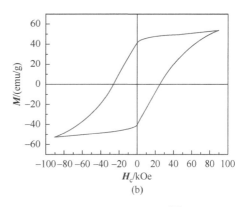

图 4-15 SmCo₅ 纳米片的 XRD 谱图（a）和室温磁滞回线（b）[12]

3. 硬磁性 fct-FePt 的制备

铁铂纳米颗粒（FePt，原子比为 1∶1）通常有两种相结构（图 4-16），一种是面心立方结构，即 fcc-FePt，室温下具有软磁性；另一种是面心四方结构，即 fct-FePt，又称 L1₀-FePt，室温下呈硬磁性。软磁性的 fcc-FePt 经过高温热处理（>500℃），可转变为硬磁性的 fct-FePt。fct-FePt 具有较高的磁各向异性（$K_u \approx 7 \times 10^3$ kJ/m³）、高矫顽力、极小的超顺磁极限颗粒尺寸（2.8～3.3 nm）、大的单畴晶粒尺寸（170 nm）[13]和高的居里温度（$T_C = 750$ K），在电催化、磁能存储和数据存储领域有潜在的应用前景[14]。

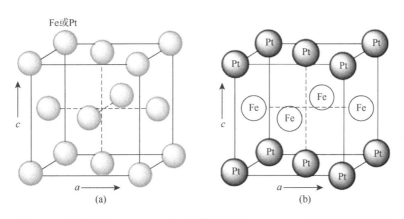

图 4-16 化学无序 fcc-FePt（a）和化学有序 fct-FePt（b）的结构示意图

自从 2000 年孙守恒利用热分解五羰基铁[Fe(CO)₅]，同时还原乙酰丙酮铂[Pt(acac)₂]，制备了形貌和组分可控单分散 FePt 纳米颗粒后，化学法制备 FePt 纳米颗粒受到了科学家们的广泛关注。另外，FePt 纳米颗粒主要的制备方法有热分解法、化学还原法、溶胶-凝胶法、微乳液法、盐浴法等。

1）有机液相合成法制备 fcc-FePt 纳米颗粒

Sun 等[14]以二辛醚为溶剂,十六烷二醇为还原剂,同时还原乙酰丙酮铂[Pt(acac)$_2$]热分解五羰基铁[Fe(CO)$_5$]，在 297℃反应 30 min 制备了单分散、粒径为 3 nm 的超顺磁性 fcc-FePt 纳米颗粒（图 4-17）。在加热条件下，Pt(acac)$_2$ 被十六烷二醇还原为 Pt 原子，与 Fe(CO)$_5$ 分解后的 Fe 原子结合生成 fcc-FePt 纳米颗粒。Fe(CO)$_5$ 的沸点较低（103℃），在高温下挥发为气相，不能全部分解为 Fe 原子，与 Pt 结合生成 FePt 纳米颗粒，因此，Fe(CO)$_5$：Pt(acac)$_2$ 的摩尔比为 1：1 时，生成 Fe$_{38}$Pt$_{62}$ 纳米颗粒。要生成原子比为 1：1 的 FePt 纳米颗粒，则需要增加 Fe(CO)$_5$ 用量。Fe(CO)$_5$ 价格昂贵、易挥发，在加热分解过程中会产生剧毒性的 CO 气体。

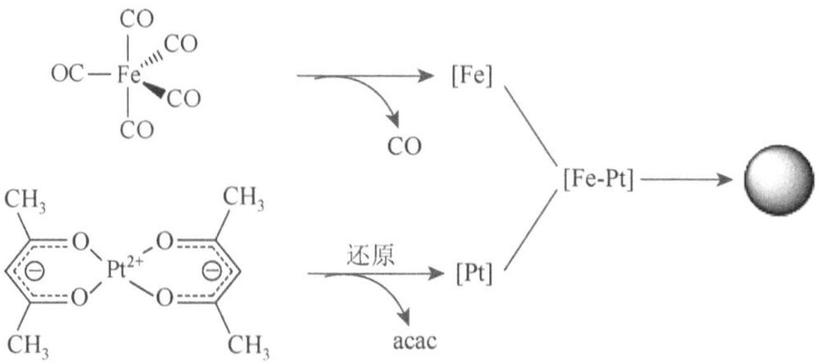

图 4-17 热分解 Fe(CO)$_5$ 同时还原 Pt(acac)$_2$ 制备 FePt 纳米颗粒示意图[14]

Nakaya 等[15]对上述方法进行改进，以 Fe(acac)$_3$ 取代剧毒性的 Fe(CO)$_5$，通过共还原 Pt(acac)$_2$ 和 Fe(acac)$_3$ 制备 fcc-FePt 纳米颗粒。通过调节 n[Pt(acac)$_2$]/n[Fe(acac)$_3$]，可得到粒径分别为 6.1 nm、5.8 nm 和 5.1 nm 的 fcc-Fe$_{36}$Pt$_{64}$、fcc-Fe$_{44}$Pt$_{56}$ 和 fcc-Fe$_{49}$Pt$_{51}$ 纳米颗粒。5.1 nm fcc-Fe$_{49}$Pt$_{51}$ 纳米颗粒在 700℃热处理后转变为 fct-FePt 纳米颗粒，矫顽力为 10 kOe。fcc-Fe$_{36}$Pt$_{64}$ 和 fcc-Fe$_{44}$Pt$_{56}$ 纳米颗粒在正己烷溶液中可以自发地自组装成矩形（square packing），fcc-Fe$_{49}$Pt$_{51}$ 纳米颗粒自组装成六角形（hexagonal packing）（图 4-18）。

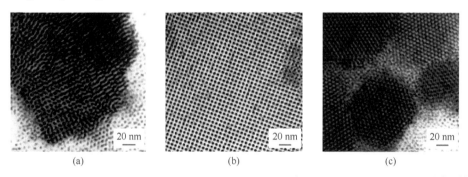

图 4-18 6.1 nm fcc-Fe$_{36}$Pt$_{64}$（a）、5.8 nm fcc-Fe$_{49}$Pt$_{51}$（b）和 5.1 nm fcc-Fe$_{44}$Pt$_{56}$（c）纳米颗粒的正己烷溶液在无定形碳基底上自组装后的 TEM 图像[15]

Yu 等[16]以油胺为溶剂、表面活性剂和还原剂，以 Pt(acac)$_2$ 和 Fe(acac)$_3$ 为前驱体，在 300℃ 下反应制备了具有良好分散性的 9.5 nm 的面心立方结构的 fcc-Fe$_{49}$Pt$_{51}$ 纳米颗粒（图 4-19 和图 4-20）。在高温条件下，Pt(acac)$_2$ 和 Fe(acac)$_3$ 首先

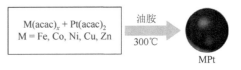

图 4-19 油胺还原 Pt(acac)$_2$ 和 M(acac)$_x$ 制备 fcc-MPt 纳米颗粒示意图[16]

被油胺分别还原为 Pt 原子簇和 FeO$_x$。Pt 原子簇具有很强的催化活性，能够将 FeO$_x$ 催化还原为 Fe 原子，最后与 Fe 原子结合生成 fcc-FePt 合金纳米颗粒。FePt 纳米颗粒的化学组成可通过铁铂前驱体的摩尔比来调节。

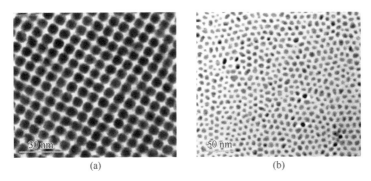

图 4-20 6 nm（a）[14]和 9.5 nm（b）[16]FePt 的 TEM 图像

热分解 Fe(CO)$_5$ 结合同时还原的 Pt(acac)$_2$ 或共还原 Pt(acac)$_2$ 与 Fe(acac)$_3$ 前驱体，能够制备形貌、尺寸和组分可控的 fcc-FePt 纳米颗粒。fcc-FePt 纳米颗粒在室温时为软磁相，要将其转变为硬磁相，必须进行高温热处理（＞500℃）。然而，纳米颗粒表面的表面活性剂在高温退火条件下发生分解，从而导致纳米颗粒之间黏连、团聚长大，失去尺寸与形貌的均一性和流动性。

2）热处理 fcc-FePt 制备硬磁性 fct-FePt 纳米颗粒

为了防止 fcc-FePt 纳米颗粒在高温热处理时纳米颗粒间烧结团聚长大，可在 fcc-FePt 纳米颗粒表面包覆一层耐高温、易去除而又不与 fcc-FePt 和 fct-FePt 反应的物质。金属氧化物一般具有非常高的熔点，如 MnO、MgO 和 SiO$_2$ 的熔点分别是 1600℃、2000℃ 和 1650℃，化学性质稳定，高温条件下不与 fcc-FePt 和 fct-FePt 发生化学反应，极易溶于酸碱除去，因此是非常理想的包覆材料。

Kang 等[17]通过有机热分解法分解 Mn(acac)$_2$，在 fcc-FePt 纳米颗粒表面包覆了 MnO，形成表面包覆的 FePt@MnO（图 4-21）。壳层 MnO 的形貌可通过表面活性剂与 Mn(acac)$_2$ 的比例调节，当摩尔比大于 2 时，MnO 层为球形；当摩尔比小于 2 时，MnO 层为立方形。fcc-FePt 纳米颗粒的成分分布较宽，每个小纳米

颗粒内部的 Fe 和 Pt 原子比并不是标准的 1∶1（可能大于或小于 1∶1，1∶1 是平均值），在 MnO 包覆后，纳米颗粒间被分隔开，热处理过程中不能充分地发生原子扩散，小颗粒内部不是摩尔比为 1∶1 的 FePt。而未包覆 MnO 的 FePt 在热处理过程中，由于颗粒烧结黏连长大，颗粒内部原子充分扩散，在高温热处理过程中发生相转变而生成 fct-FePt 相。因此，与包覆 MnO 的 fcc-FePt 相比，未包覆 MnO 的 fcc-FePt 在热处理后的相转变程度更高，矫顽力较高。

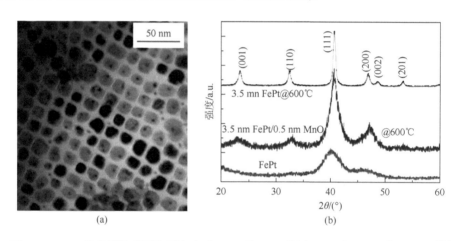

图 4-21　FePt 纳米颗粒表面包覆立方形 MnO 的 TEM 照片（a）和 XRD 谱图（b）[17]

Kim 等[18]通过热处理氧化镁（MgO）包覆核壳结构的 fcc-FePt-Fe$_3$O$_4$ 纳米颗粒，制备了硬磁性 fct-FePt 纳米颗粒（图 4-22）。在氮气保护下，于 240℃热还原 Pt(acac)$_2$ 和热分解 Fe(CO)$_5$，生成了富含 Pt 的 FePt 纳米颗粒，在升高温度过程中，Fe(CO)$_5$ 大量分解包覆在富 Pt 的 FePt 纳米颗粒表面，被氧化成富 Pt 的 fcc-FePt-Fe$_3$O$_4$。通过热分解乙酰丙酮镁[Mg(acac)$_2$]在富 Pt 的 FePt-Fe$_3$O$_4$ 纳米颗粒表面包覆 MgO。将 fcc-FePt-Fe$_3$O$_4$@MgO 在 650℃用 H$_2$ 还原热处理，得到了分散性良好的硬磁性的 fct-FePt 纳米颗粒，室温矫顽力为 20 kOe（图 4-23）。MgO 壳层有效地阻止了 FePt 纳米颗粒的团聚。H$_2$ 还原 Fe$_3$O$_4$ 时，在 O 位点与其结合生成水，造成了缺陷，这些缺陷可以促进 Fe 和 Pt 原子在 FePt 中的扩散，促进相转变。Li 等[19]用 MgO 包覆哑铃状 FePt-Fe$_3$O$_4$ 纳米颗粒，制备了矫顽力高达 33 kOe 的硬磁性 fct-FePt 纳米颗粒。

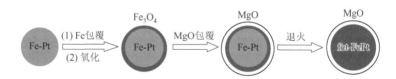

图 4-22　富 Pt 的 FePt/Fe$_3$O$_4$/MgO 和 fct-FePt/MgO 纳米颗粒制备过程示意图[18]

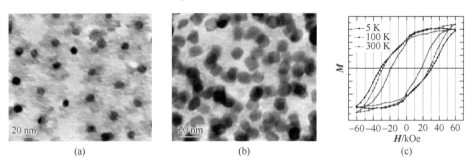

图 4-23　富 Pt 的 fcc-FePt-Fe$_3$O$_4$@MgO（a）和 fct-FePt（b）的 TEM 图像；
（c）fct-FePt 纳米颗粒的磁滞回线[18]

　　Tamada 等[20]利用碱性条件下水解正硅酸乙酯（TEOS），在 fcc-FePt 纳米颗粒表面包覆 SiO$_2$ 形成核壳结构的 fcc-FePt@SiO$_2$（图 4-24）。fcc-FePt@SiO$_2$ 在 900℃进行热处理后仍然具有很好的分散性，未发生团聚现象。退火 1 h 后发生部分有序转化，矫顽力为 18.5 kOe，磁滞回线上出现扭结，表明产物中含有部分 fcc-FePt 纳米颗粒。在 900℃退火 6 h 后发生完全的相转变，全部有序化，磁滞回线光滑无扭结，矫顽力高达 28 kOe（图 4-25）。

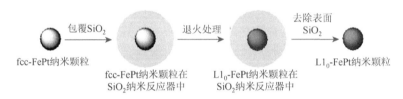

图 4-24　fct-FePt 的制备过程示意图[20]

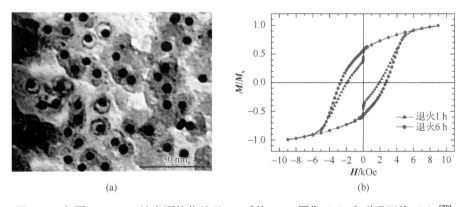

图 4-25　包覆 SiO$_2$ FePt 纳米颗粒热处理 6 h 后的 TEM 图像（a）和磁滞回线（b）[20]

3）盐浴法制备 fct-FePt 纳米颗粒
盐浴法是以无机盐为分散剂，与前驱体混合球磨，再经热处理制备 fct-FePt 纳米颗粒的方法。常用的无机盐有 KCl、NaCl 等，前驱体可以是 fcc- FePt 纳米颗粒、Fe-Pt 配合物、Fe 和 Pt 的有机盐或无机盐等。通过调节无机盐与前驱体的比例可以调节 fct-FePt 纳米颗粒的粒径和磁性能。Elkins 等[21]以 NaCl 为分散剂，与 fcc-FePt 纳米颗粒混合，在 700℃进行热处理制备 fct-FePt 纳米颗粒。首先将 NaCl 球磨至 24 μm，与不同尺寸的 fcc-FePt 纳米颗粒按一定质量比例混合，用 H_2 在 700℃进行还原退火热处理。4 nm、8 nm 和 15 nm 的 fcc-FePt 纳米颗粒与 NaCl 的质量比分别为 100∶1、40∶1 和 40∶1。退火处理后纳米颗粒的形貌基本无变化（图 4-26）。其中 8 nm 的 FePt 在退火处理后的矫顽力最大，高达 28 kOe，而 4 nm 和 15 nm 的磁滞回线上出现了扭结，表明体系中存在软磁相（图 4-27）。杜鹃等[22,23]不使用表面活性剂、溶剂和还原剂，直接将前驱体 $Pt(acac)_2$ 和 $Fe(acac)_3$ 与分散介质 NaCl 混合球磨，在 350℃进行高温热处理制备了硬磁性的 fct-FePt 纳米颗粒。调节热处理温度可得到粒径分布范围为 7.2～15 nm、矫顽力为 3.15～21.5 kOe 的 fct-FePt 纳米颗粒。

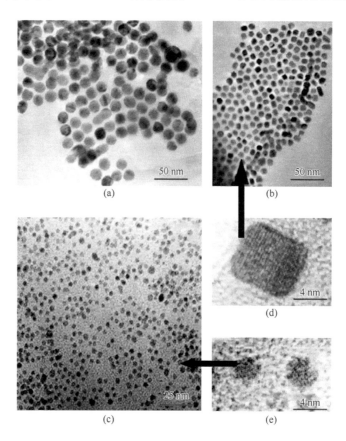

图 4-26　盐浴法制备 fct-FePt 纳米颗粒的 TEM 图像（a～c）和 HRTEM 图像[21]

（a）15 nm；（b）8 nm；（c）4 nm。（d）和（e）分别为（b）和（c）的 HRTEM 图像

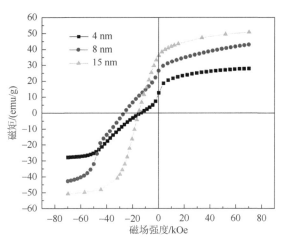

图 4-27 不同尺寸 fct-FePt 纳米颗粒的退磁曲线[21]

Hu 等[24]采用盐浴法,以 $FePtCl_6 \cdot 6H_2O$ 为前驱体、NaCl 为分散介质,在 400℃进行热处理制备了硬磁性 fct-FePt 纳米颗粒。中间体 $FePtCl_6 \cdot 6H_2O$ 采用 $H_2PtCl_6 \cdot 6H_2O$ 和 $FeCl_2 \cdot H_2O$ 制备。他们研究了 NaCl 与 $FePtCl_6 \cdot 6H_2O$ 质量比对 fct-FePt 的形貌、尺寸、结构和磁性能的影响。当增大 NaCl 与 $FePtCl_6 \cdot 6H_2O$ 的质量比时,fct-FePt 纳米颗粒的尺寸逐渐减小,饱和磁化强度也随着减小(图 4-28)。因为颗粒的尺寸影响纳米颗粒的成分分布,纳米颗粒的尺寸减小,纳米颗粒内部成分分布变宽,热处理后小颗粒不能全部转化成组分比为 1:1 的 fct-FePt 纳米颗粒,因此矫顽力也逐渐降低(表 4-1)。同时,也要控制合成过程,将前驱体 $FePtCl_6 \cdot 6H_2O$ 中 Fe和 Pt 的原子比控制在 1:1。

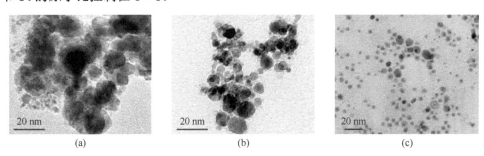

图 4-28 不同前驱体/NaCl 质量比时 fct-FePt 纳米颗粒的 TEM 图像[24]

(a) 50 mg/20 g;(b) 25 mg/20 g;(c) 10 mg/20 g

表 4-1 不同前驱体/NaCl 质量比时 fct-FePt 纳米颗粒的结构和磁性能[24]

项目	S50	S25	S10
前驱体/NaCl 质量比 /(mg/g)	50/20	25/20	10/20
室温 M_s/(emu/g)	35.4	20.6	14.7

续表

项目	S50	S25	S10
室温 H_c/kOe	10.9	5.2	4.7
室温 M_r/M_s	0.67	0.59	0.56
平均粒径/nm	13.2	12.1	6.2
粒径标准偏差/nm	5.6	4.6	2.6

$H_2PtCl_6 \cdot 6H_2O$ 和 $FeCl_2 \cdot H_2O$ 溶于水后，伴随 HCl 气体的产生和溶剂挥发重结晶生成黄色六方晶体沉淀，即 $FePtCl_6 \cdot 6H_2O$。$FePtCl_6 \cdot 6H_2O$ 具有完美的六角形单晶结构，由 $H_2PtCl_6 \cdot 6H_2O$ 和 $FeCl_2 \cdot H_2O$ 反应重结晶生成。$FePtCl_6 \cdot 6H_2O$ 晶体中，$[PtCl_6]^{2-}$ 和 $[Fe(H_2O)_6]^{2+}$ 占据八面体位点，分别沿着[001]和[011]方向呈层状排列（图 4-29）。这种层状排列结构类似于 Fe/Pt 交替排列的多层膜，但是更有序。在热处理过程中，$FePtCl_6 \cdot 6H_2O$ 在 120℃时先失去分子中的 $6H_2O$ 和 2 个 Cl 原子，200℃时失去剩下的 4 个 Cl 原子，在 400℃时发生重排生成 fct-FePt。整个过程中无 fcc-FePt 的形成。从无序相到有序相转变的活化能大于球磨后的 Fe 和 Pt 微晶间梯度扩散的能量。交替排列的 Fe 和 Pt 原子重排形成 fct-FePt 合金，驱动力主要是最后一个 Cl 原子从分子中解离时的解离能[25]

$$H_2PtCl_6 \cdot 6H_2O + FeCl_2 \cdot H_2O \longrightarrow FePtCl_6 \cdot 6H_2O + 2HCl\uparrow + H_2O \quad (4\text{-}13)$$

$$FePtCl_6 \cdot 6H_2O + H_2 \longrightarrow FePtCl_4 + 6H_2O + 2HCl\uparrow \quad (4\text{-}14)$$

因此，可以在较低的温度进行热处理 $FePtCl_6 \cdot 6H_2O$ 直接得到 fct-FePt 纳米颗粒。为了防止团聚，得到良好单分散的 fct-FePt 纳米颗粒，可将 SiO_2 与 $FePtCl_6 \cdot 6H_2O$ 混合后研磨，并在 400℃热处理，即可得到具有良好分散性的 fct-FePt 纳米颗粒，其粒径为 5 nm，矫顽力为 15 kOe。

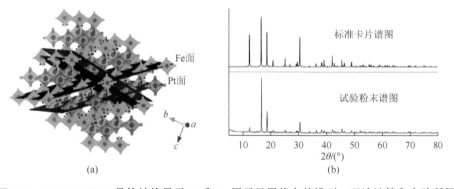

(a)　　　　　　　　　　　　　(b)

图 4-29　$FePtCl_6 \cdot 6H_2O$ 晶体结构显示 Fe 和 Pt 原子呈层状交替排列；理论计算和实验所得 $FePtCl_6 \cdot 6H_2O$ 的 XRD 谱图[24]

4）金属离子掺杂制备 fct-FePt 纳米颗粒

在 FePt 纳米颗粒的制备过程中，添加 Au、Ag、Cu、Sb 和 Zn 等贵金属或第三过渡族金属元素，能够降低 FePt 的有序化温度，从而简化制备过程[26-28]。在反应的初始阶段，掺杂元素与 Fe、Pt 结合形成三元 fcc-FePtM 合金结构。随着温度的升高，掺杂原子逐渐从 fcc-FePtM 晶格中扩散出来，在晶格中形成许多空穴和缺陷，这些缺陷和空穴有利于提高 Fe 和 Pt 原子的迁移速率，从而增强相转变动力，能够促进 fct-FePt 的形成。通过调节掺杂元素的添加浓度和反应温度，可以调节纳米颗粒的磁性能。由于掺杂元素的析出，产物通常为 fct-FePtM 纳米颗粒和掺杂金属纳米颗粒的混合物。

Zeynali 等[29]以 Fe(acac)$_3$、Pt(acac)$_2$ 和 Zn(acac)$_2$ 为原料，以十六烷二醇为还原剂，在 300℃反应 15 min，制备了 Zn 掺杂的 fcc-FePtZn 纳米颗粒，经退火处理得到硬磁性 fct-FePt。Zn 的引入可以使无序相到有序相的转变温度降低至 400℃。在合成过程中，Zn 掺杂进入 fcc-FePt 晶格中形成 fcc-(FePt)$_{1-x}$Zn$_x$。由于 Zn 原子半径较大和表面能低，在退火过程中析出 Zn 而形成缺陷，从而促进了原子移动而发生相转变，形成 fct-(FePt)$_{1-x}$Zn$_x$。随着掺杂浓度 x 的增大，退火过程中 Zn 析出形成的缺陷越多，原子重排的速率越快，所以产物的矫顽力也增大。但并不是 x 越大产物的有序度越高，Zn 掺杂过多，一方面会阻碍原子扩散重排，另一方面形成单质 Zn。当 x 为 18%时，H_c 最大为 6.1 kOe。Yan 等[30]通过热分解 Fe(CO)$_5$，还原 Pt(acac)$_2$ 和乙酸锑[Sb(Ac)$_2$]，制备了掺杂 Sb 的 Fe$_{39}$Pt$_{46}$Sb$_{14}$ 纳米颗粒。经 300℃退火处理，发生相转变形成 fct 结构。当 Sb 的掺杂量 $x = 0.14$ 时，H_c 在 400℃达到饱和，值为 10.4 kOe。但是其矫顽力小于 4 nm FePt 的理论矫顽力，是尺寸分布范围较宽以及 Sb 掺杂不均匀而存在超顺磁相所致。

与掺杂过渡族金属元素不同，掺杂贵金属元素能够将 FePt 从 fcc 无序相到 fct 有序相的转变温度降低至 400℃以下，因此利用高温液相反应就可以实现硬磁性 fct-FePt 纳米颗粒的制备，而不需要后续热处理过程[31]。

Kinge 等[28]在制备过程中添加 Au 元素，得到了平均粒径约为 5.8 nm、矫顽力为 4.8 kOe 的 fct-FePtAu 纳米颗粒。fct-FePtAu 纳米颗粒的尺寸随着反应温度的升高而增大。Yu 等[32]通过 Au 掺杂制备了硬磁性的 fct-FePtAu 纳米颗粒（图 4-30）。掺杂 Au 可以有效促进相转变过程的进行，使 fcc 相转变至 fct 相的转变温度降至液相反应温度。对 Au 掺杂量的研究结果表明，当 Au 掺杂量为 14%时出现有序相，浓度增大至 32%，有序化程度最高，矫顽力从 14%时的 4.5 kOe 提高到 12.15 kOe，粒径从 6.5 nm 增大至 11 nm。随着 Au 掺杂量的增加，产物中析出 Au 单质相。对不同反应温度时的相成分进行分析，结果显示，当温度升至 230℃时，XRD 谱图（图 4-31）中只有 fcc-FePt 相；当温度升至 260℃时，出现 Au 的（111）特征峰，表明有 Au 单质析出；当温度升至 290℃时，出现了 fct-FePt

的（001）、（110）和（002）等特征峰，表明在 290℃时，fcc-FePt 可以直接转换成 fct-FePt 相；因此，Au 元素掺杂可以有效地促进相转变过程、降低无序相到有序相的转变温度，最低可降低至 290℃。

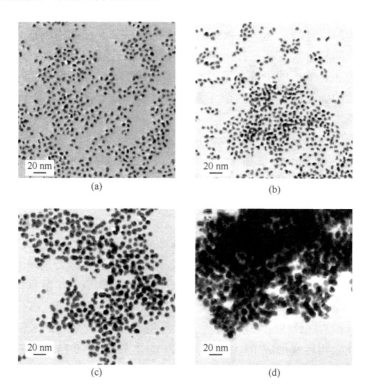

图 4-30　不同 Au 掺杂量时 FePt 纳米颗粒的 TEM 图像[32]

（a）Fe$_{49}$Pt$_{51}$；（b）Fe$_{42}$Pt$_{44}$Au$_{14}$；（c）Fe$_{38}$Pt$_{38}$Au$_{24}$；（d）Fe$_{34}$Pt$_{34}$Au$_{32}$ NPs

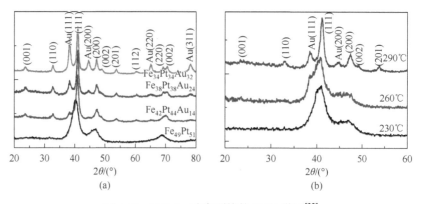

图 4-31　FePtAu 纳米颗粒的 XRD 谱图[32]

（a）不同 Au 掺杂量；（b）不同反应温度

5）化学共还原法直接制备 fct-FePt 纳米颗粒

虽然掺杂贵金属元素能够将相转变温度降低至液相反应温度范围，但是贵金属元素掺杂不仅增加经济成本，而且产物通常是两相的混合物。为了进一步降低成本，并得到 FePt 纯相，Lei 等[33]对上述方法进行了改进，在不添加第三种元素的基础上使用金属卤素无机盐作前驱体，利用有机液相化学共还原法直接制备了硬磁性 fct-FePt 纳米颗粒（图 4-32）。以 Fe(acac)$_3$ 为铁的前驱体、氯铂酸钾（K$_2$PtCl$_6$）为铂的前驱体，OAm 为溶剂、表面活性剂和还原剂，在 350℃ 进行还原得到了fct-FePt 纳米颗粒。研究结果表明，由于 Fe 和 Pt 的前驱体在合成过程中的还原顺序不同，K$_2$PtCl$_6$ 和 Fe(acac)$_3$ 首先分别被还原为 Pt 原子和 Fe$_3$O$_4$，随后 Fe$_3$O$_4$ 在 Pt原子的催化作用下被还原为 Fe 原子，与 Pt 结合生成 fcc-FePt 纳米颗粒，随着反应的进行自组装成花状结构，并在高温条件下发生相转变生成 fct-FePt 纳米花。

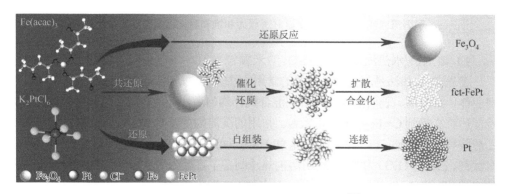

图 4-32　fct-FePt 纳米颗粒形成示意图[33]

6）溶胶-凝胶燃烧法制备 fct-FePt 纳米颗粒

Zhang 等[34]利用溶胶-凝胶燃烧法制备了硬磁性的 fct-FePt 纳米颗粒（图 4-33）。以硝酸铁[Fe(NO$_3$)$_3$]和 K$_2$PtCl$_6$ 为前驱体，甘氨酸为螯合剂，去离子水为溶剂，Fe/Pt摩尔比为 3/2，溶于 30 mL 水中，加入螯合剂搅拌至形成溶胶。螯合剂与金属离子前驱体的摩尔比为 0.5～6.0。真空 90℃干燥 60 h 形成凝胶。在 Ar 气氛下点燃燃烧。螯合剂与金属离子前驱体的摩尔比为 1.5 时，生成的 fct-FePt 纳米颗粒的有序化程度最高，粒径为 20 nm，室温矫顽力为 15.8 kOe，饱和磁化强度为 53 emu/g。燃烧过程中放出大量的燃烧热，以及大量的 H$_2$、CH$_4$ 和 CO 气体，将 Fe(NO$_3$)$_3$ 和K$_2$PtCl$_3$ 形成的凝胶还原为 Fe 和 Pt 原子，在高温时直接结合生成 fct-FePt。溶胶-凝胶燃烧法合成 fct-FePt 的纯度高，后处理过程简单。

4．CoFe$_2$O$_4$ 纳米颗粒的制备

尖晶石型结构的 CoFe$_2$O$_4$ 是一种性能优良的永磁材料，有高的居里温度（790 K）、

小的超顺磁极限尺寸（10 nm）[35]、大的单畴临界尺寸（50 nm）[36]、高的各向异性常量（$K = 5 \times 10^2$ kJ/m³）、化学性质稳定、耐腐蚀，因此在核磁共振、生物医药和磁记录领域具有广泛的应用。目前，制备 $CoFe_2O_4$ 纳米颗粒的主要方法有化学共沉淀法、微乳液法、溶胶-凝胶法、热分解法、有机热还原法和溶剂热/水热法等。

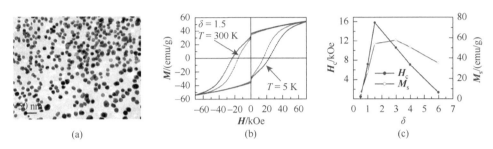

图 4-33　甘氨酸与金属离子前驱体的摩尔比 $\delta = 1.5$ 时 fct-FePt 纳米颗粒的 TEM 图像（a）和磁滞回线（b）；（c）室温时矫顽力和饱和磁化强度随 δ 的变化曲线[34]

1）溶剂热/水热法制备 $CoFe_2O_4$ 纳米颗粒

溶剂热/水热法是制备纳米材料的常用方法。通常是将一定摩尔比的 Co 和 Fe 的前驱体、沉淀剂、表面活性剂和溶剂混合搅拌均匀后，转入高压反应釜中保温反应，冷却后洗涤得到 $Co_xFe_{3-x}O_4$ 纳米颗粒。常用的沉淀剂主要有 KOH、NaOH、NH_4OH、乙醇胺和柠檬酸钠。Li 等[37]以 $CoCl_2$ 和 $FeCl_3$ 为前驱体、PVP 为表面活性剂、尿素为沉淀剂、乙二醇（EG）为溶剂，利用溶剂热法制备了直径为 360 nm、壳层厚度为 80 nm 的 $CoFe_2O_4$ 空心球（图 4-34）。Co^{2+}、Fe^{3+} 与 EG 形成 Fe-Co-EG 配合物。随着温度的升高，Fe-Co-EG 配合物随着 EG 的挥发逐渐解离出 Fe^{3+}/Co^{2+}，与尿素分解的 OH^- 结合形成 $CoFe_2O_4$ 晶核。PVP 吸附在晶核表面来控制晶核的生长，最后小颗粒长大，自组装形成 $CoFe_2O_4$ 空心球。$CoFe_2O_4$ 空心球具有较高的饱和磁化强度（69.07 emu/g），但剩余磁化强度和矫顽力均较小，分别为 14.46 emu/g 和 0.24 kOe。

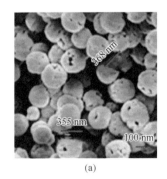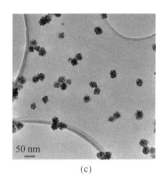

图 4-34　$CoFe_2O_4$ 空心球（a）[37]和 $CoFe_2O_4$[38]纳米球（b）的 SEM 图像；（c）$CoFe_2O_4$ 纳米团簇[39]的 TEM 图像

使用的沉淀剂的种类和用量对 $CoFe_2O_4$ 纳米颗粒的形貌和尺寸也会产生影响[39]。Co^{2+} 和 Fe^{2+} 分别与乙醇钠有很强的络合性。若以乙醇钠为沉淀剂时，在加入的瞬间即可络合形成 Co-Fe-乙醇钠配合物。随着温度的升高，金属配合物缓慢分解，Co^{2+} 和 Fe^{2+} 进入溶液中与 OH^- 形成 $CoFe_2O_4$ 纳米颗粒。若在强碱的作用下，首先会形成大量小粒径的纳米颗粒，这些小粒径的纳米颗粒为了降低表面自由能，通过共享共同的晶体学取向进行自组装，形成许多大的团簇。同样在高浓度乙醇胺作沉淀剂时，也发现有团簇形成。当使用等浓度弱碱性的柠檬酸钠取代乙醇胺时，团簇形成的速率非常缓慢。当乙醇胺的用量为 15 mL 时，得到由 5 nm 的 $CoFe_2O_4$ 颗粒自组装成直径为 35 nm 的 $CoFe_2O_4$ 纳米团簇，饱和磁化强度为 59.4 emu/g。由于自组装为团簇的纳米颗粒尺寸只有 5 nm，低于超顺磁极限尺寸，因此纳米团簇室温时为超顺磁性。当乙醇胺的用量为 35 mL 时，$CoFe_2O_4$ 自组装纳米团簇的直径可增大为 90 nm。

溶剂热/水热法可以很方便地调节 $Co_xFe_{3-x}O_4$ 纳米颗粒的形貌和组分。一般制备的 $Co_xFe_{3-x}O_4$ 虽然具有较高的饱和磁化强度，但是在室温时为超顺磁性。因此，溶剂热/水热法制备的 $CoFe_2O_4$ 纳米颗粒通常用于生物医药特别是靶向给药等领域。通过用 Ni^{2+} 和 Zn^{2+} 取代 Co^{2+}，还可利用溶剂热/水热法来制备 $NiFe_2O_4$ 和 $ZnFe_2O_4$ 等多种铁氧体 MFe_2O_4 纳米晶[38]。

2）热分解法制备 $CoFe_2O_4$ 纳米颗粒

$CoFe_2O_4$ 纳米颗粒也可以通过热分解油酸铁$[Fe(OAc)_3]$和油酸钴$[Co(OAc)_2]$的混合物制备[40]。以 $Co(OAc)_2$ 和 $Fe(OAc)_3$ 为前驱体、油酸（OAc）为表面活性剂、ODE 为溶剂，当 $Co(OAc)_2$ 和 $Fe(OAc)_3$ 的摩尔比为 1∶2 时，在 320℃分解可以得到 $CoFe_2O_4$ 纳米颗粒（图 4-35）。调节前驱体 $Co(OAc)_2$ 和 $Fe(OAc)_3$

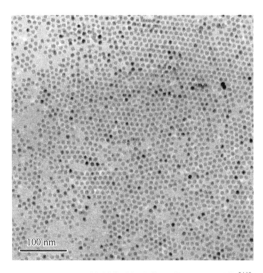

图 4-35 8 nm 钴铁氧体纳米晶的 TEM 图像[40]

纳米颗粒的化学组分、反应温度、OAc 和 ODE 的用量，可以实现粒径大小的调控。通过热分解金属油酸配合物，得到的 $CoFe_2O_4$ 纳米颗粒室温时为超顺磁性，尺寸均一、尺寸分布范围窄、形貌可控，在有机溶剂中具有良好的分散性。热分解法可扩大生产，单锅产量可达 40 g。

3）微乳液法制备 $CoFe_2O_4$ 纳米颗粒

微乳液法能够很好地控制纳米颗粒的形貌和尺寸，而利用微乳液法制备 $CoFe_2O_4$ 纳米颗粒，后续需要高温热处理过程。$CoFe_2O_4$ 纳米颗粒的粒径和磁性能与热处理温度有关，随着热处理温度的升高，纳米颗粒表面由于失去表面活性剂而逐渐团聚，尺寸逐渐增大，饱和磁化强度和剩余磁化强度也随之增大。Pillai 等[41]利用水/CTAB/正丁醇/正辛烷微乳液沉淀 Co^{2+} 和 Fe^{3+}，离心得到氢氧化物沉淀，在 600℃热处理 5 h 后得到 $CoFe_2O_4$ 纳米颗粒。$CoFe_2O_4$ 的平均尺寸小于 50 nm，室温矫顽力为 1.44 kOe，饱和磁化强度为 65 emu/g。冯光峰等[42]用双微乳液制备了 $CoFe_2O_4$ 纳米颗粒。随着煅烧温度的升高，粒径增大。温度为 300℃时，粒径为 15 nm，饱和磁化强度和矫顽力分别为 31.2 emu/g 和 0.4 kOe；煅烧温度升至 700℃时，纳米颗粒表面活性剂分解，颗粒之间由于高温烧结而发生团聚，尺寸增大至 52 nm，饱和磁化强度和矫顽力分别为 68.5 emu/g 和 1.7 kOe。

4）溶胶-凝胶法制备 $CoFe_2O_4$ 纳米颗粒

溶胶-凝胶法是将前驱体按一定的摩尔比在表面活性剂的作用下分散得到 Co-Fe 溶胶，经陈化、干燥形成 Co-Fe 干凝胶，最后进行高温热处理得到磁性纳米颗粒的方法。王丽等[43]以聚乙烯醇［poly（vinyl alcohol），PVA］为表面活性剂，利用溶胶-凝胶法制备了 $CoFe_2O_4$ 纳米颗粒。随着焙烧温度从 400℃升高到 800℃，纳米颗粒的尺寸也从 20 nm 增大到 35 nm。分散剂的种类和用量也影响纳米颗粒的尺寸和磁性能。研究结果表明，以聚乙二醇［poly（ethylene glycol），PEG］为分散剂制备的 $CoFe_2O_4$ 纳米颗粒的饱和磁化强度（143.11 emu/g）大于以 PVA 为分散剂制备的 $CoFe_2O_4$ 纳米颗粒的饱和磁化强度（62.81 emu/g）[44]。分散剂用量增加时，矫顽力增大，饱和磁化强度先增大后减小，纳米颗粒尺寸减小。当分散剂 PEG 的用量为 5 g 时，矫顽力最大为 1.1 kOe，用量为 4 g 时，饱和磁化强度最大为 143.11 emu/g。杨贵进[45]将 Co-Fe 干凝胶在 400℃恒温煅烧 3 h，得到了平均粒径为 35 nm 的 $CoFe_2O_4$ 纳米颗粒，饱和磁化强度为 57.5 emu/g，矫顽力高达 3.14 kOe。

使用稀土元素掺杂来取代 $CoFe_2O_4$ 中的 Fe^{3+}，可以改善 $CoFe_2O_4$ 的磁性能。稀土元素电子层未填满，产生未抵消的磁矩和电子跃迁，从而导致强的磁光效应。溶胶-凝胶法非常适合离子的掺杂。王宝罗等[46]利用溶胶-凝胶法制备了 Nd 掺杂的 $CoNd_xFe_{2-x}O_4$ 纳米晶。Nd 通过价电子转移与 Co 的未成对电子产生协同效应，从而使 $CoNd_xFe_{2-x}O_4$ 的顺磁效应增强。段红珍等[47]利用溶胶-凝胶自蔓延燃烧法制备了 $CoFe_2O_4$ 纳米晶。将燃烧产物在 500℃退火热处理 1 h，得到弱铁磁纳米颗粒，矫顽力为 0.73 kOe，比饱和磁化强度仅为 32.48 emu/g。在 Fe-Co 凝胶制备过程中添加 La 元素，可以得到 La 掺杂的 $CoLa_{0.3}Fe_{1.7}O_4$ 纳米颗粒，La 掺杂能够提高纳米颗粒的磁性能，但并不是掺杂浓度越高越好。由于稀土元素 La 的半径较大，掺杂量越高，进入尖晶石 B 位所需克服的势垒越高，因此形成尖晶石型结构变得困难。

5）化学共还原法制备 $CoFe_2O_4$ 纳米颗粒

化学共还原法除了可以用来制备硬磁性的 fct-FePt 纳米颗粒，还可以用来制备 $CoFe_2O_4$ 纳米颗粒。通过调节前驱体比例、反应温度、反应时间、还原剂和表面活性剂，利用化学共还原法能够制备各种形貌和尺寸的磁性 $CoFe_2O_4$ 纳米颗粒。Sun 课题组[48, 49]利用热还原法，以 $Co(acac)_2$ 和 $Fe(acac)_3$ 为前驱体、OAc 和 OAm 为表面活性剂、十六烷二醇为还原剂、二苄醚为溶剂，在 265~300℃制备了单分散的 $CoFe_2O_4$ 纳米颗粒。通过改变反应条件或利用种子生长法，可以制备 3~20 nm 的 $CoFe_2O_4$ 纳米颗粒（图 4-36）。16 nm $CoFe_2O_4$ 纳米颗粒各向异性较小，室温矫顽力仅为 0.4 kOe。十二烷二醇和十四碳二醇也可用作还原剂来制备纳米颗粒。Yu 等[50]对化学共还原法进行了改进，制备了不同粒径的铁磁性 $Co_xFe_{3-x}O_4$ 纳米颗粒。当 OAc 和 OAm 的用量分别从 2 mL 增加至 6 mL 时，$Co_xFe_{3-x}O_4$ 的尺寸从 50 nm 减小至 10 nm（图 4-36）。大量的表面活性剂稳定了纳米颗粒的表面，从而抑制其长大，形成许多较小的多边形颗粒。$Co_xFe_{3-x}O_4$ 纳米颗粒的组分可通过 $Co(acac)_2$ 的用量调节。调节反应时间只改变 $Co_xFe_{3-x}O_4$ 纳米颗粒的组分，而对尺寸无影响。矫顽力随 x 值先增大后减小，在 $x = 0.6$ 时达到最大值 1.69 kOe，此时饱和磁化强度为 81.8 emu/g。将 $Co_{0.6}Fe_{2.4}O_4$ 纳米颗粒在空气中加热至 400℃仍然稳定，无其他相析出，矫顽力增大至 3.1 kOe；若温度升至 600℃时，$Co_{0.6}Fe_{2.4}O_4$ 会分解得到 Fe_2O_3（图 4-37）。

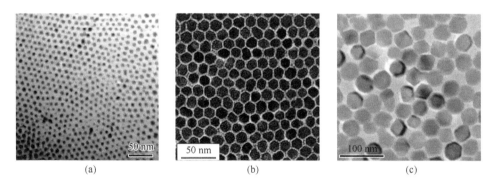

(a)   (b)   (c)

图 4-36 5 nm $Co_{0.8}Fe_{2.2}O_4$ 纳米颗粒[48]（a）、16 nm $CoFe_2O_4$ 纳米颗粒[49]（b）、35 nm $Co_{0.6}Fe_{2.4}O_4$ 纳米颗粒[50]（c）的 TEM 图像[50]

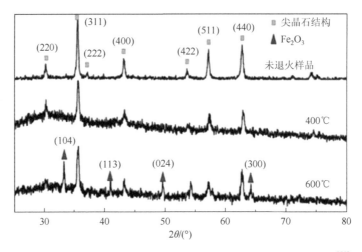

图 4-37　不同热处理温度时 $Co_{0.6}Fe_{2.4}O_4$ 纳米颗粒的 XRD 谱图[50]

6）化学共沉淀法制备 $CoFe_2O_4$ 纳米颗粒

化学共沉淀法的制备过程简单、对设备要求低、反应时间短、适合大规模生产，因而常用来制备各种磁性纳米颗粒。其主要过程是在一定的温度下，将 Co 和 Fe 的前驱体以一定摩尔比混合溶于水中，加入沉淀剂沉淀生成前驱体氢氧化物 $[M(OH)_x]$

$$CoCl_2 + 2FeCl_3 + 8NaOH \rule[0.5ex]{2em}{0.4pt}\rule[0.5ex]{2em}{0.4pt} Co(OH)_2 + 2Fe(OH)_3 + 8NaCl \qquad (4\text{-}15)$$

用蒸馏水洗涤至中性，最后通过煅烧处理得到 $CoFe_2O_4$ 纳米颗粒。常用的沉淀剂有 NaOH、NH_4OH 等。

李同锴等[51]用 NaOH 沉淀 Fe^{3+}/Co^{2+} 后，在不同温度下对前驱体进行热处理，得到了 $CoFe_2O_4$ 纳米颗粒。$CoFe_2O_4$ 纳米颗粒的尺寸随着热处理温度的升高而增大，当热处理温度从 600℃ 增大至 1000℃，颗粒尺寸从 27 nm 增大至 103 nm，矫顽力从 0.8 kOe 增大至 1.7 kOe。

利用化学共沉淀法制备的 $CoFe_2O_4$ 的磁性能与沉淀温度相关。若在制备过程中加入一定量的 H_2O_2 水溶液控制氧化沉淀过程，则可在室温条件下一步得到具有良好分散性的 $CoFe_2O_4$ 纳米颗粒。通过调节前驱体溶液的摩尔浓度，则可实现纳米颗粒尺寸的调节。固定前驱体 $CoCl_2$ 和 $FeCl_2$ 的摩尔比为 1∶2，若溶液总浓度为 0.4 mol/L，得到 6 nm 的超顺磁性 $CoFe_2O_4$ 纳米颗粒；若溶液总浓度为 0.8 mol/L，可得到 20 nm 的超顺磁性 $CoFe_2O_4$ 纳米颗粒。颗粒尺寸和饱和磁化强度均随着热处理温度的升高而增大，矫顽力先增大后减小。在 700℃ 热处理后的 $CoFe_2O_4$ 纳米颗粒的矫顽力最大，可达 1.42 kOe，此时饱和磁化强度为 60 emu/g。

Qu 等[52]通过共沉淀过程中加热直接制备了硬磁性 $CoFe_2O_4$ 纳米颗粒，省去了后续热处理过程。研究结果表明,颗粒尺寸随共沉淀温度的升高而增大。反应温度从 40℃升高至 100℃时,颗粒尺寸从 9 nm 增大至 47 nm。饱和磁化强度随着温度的升高而增大,100℃时最大饱和磁化强度为 29.5 emu/g,而矫顽力和剩磁比都随温度的升高先增大后减小,在 80℃时达到最大值,最大矫顽力和剩磁比分别为 3.267 kOe 和 0.58

$$CoCl_2 + 2FeCl_3 + 8NaOH \longrightarrow CoFe_2O_4 + 8NaCl + 4H_2O \qquad (4\text{-}16)$$

利用化学法制备 $CoFe_2O_4$ 纳米颗粒的过程简单可控,其形貌、尺寸可通过改变反应参数进行调节。但目前化学法制备的 $CoFe_2O_4$ 纳米颗粒的矫顽力仍然较低,如何进一步提高 $CoFe_2O_4$ 的磁性能,是未来 $CoFe_2O_4$ 纳米材料的研究重点。

4.1.2 物理法制备永磁纳米颗粒及纳米片的结构与性能

低维稀土永磁(硬磁)材料是当前稀土磁性材料研究的重要前沿领域。材料的磁性能强烈依赖于其晶体结构和电子能带结构,尺寸和维度的降低使低维磁性材料具有一些不同于块体材料新奇的物理和化学性质[53]。因为磁性纳米颗粒可以作为构筑基材(building block),制备新的磁性功能材料,研究低维稀土硬磁纳米材料,不仅有助于加深对一些基本磁学问题的理解,而且在永磁材料、磁记录、磁流体、医学等领域具有重要的应用前景。然而制备各向异性永磁纳米颗粒却是一个很大的挑战。虽然很多纳米颗粒都可以通过物理和化学方法合成,包括一些磁性纳米颗粒,尤其是软磁纳米颗粒(如 Fe、Co 及其氧化物等),但真正合成硬磁纳米颗粒却是近些年才取得的成果,其标志是 2005 年以后硬磁性的 FePt 颗粒的合成[54]。由于稀土极易氧化,稀土永磁纳米颗粒含有两种以上元素,成分较为复杂,所以很难制备。磁控溅射或蒸发法可以制备稀土永磁纳米颗粒[55],但对实验条件的要求较高。2006 年开始,美国得克萨斯大学阿灵顿分校研究小组首次采用高产出的表面活性剂辅助球磨法(SABM)成功制备出高性能的稀土永磁纳米颗粒[56, 57],这种新的永磁纳米颗粒制备方法迅速被许多研究组广泛采用,用于制备小尺寸的纳米颗粒(<10 nm)和相对粗大(几十纳米到几百纳米)的纳米片。Cui 等采用这种方法直接获得了具有高矫顽力的 Sm-Co 和 Nd-Fe-B 各向异性微米和纳米片状材料[58, 59]。与其他方法相比,表面活性剂辅助球磨法制备纳米永磁材料具有如下的优点和特点:①由于采用的是工艺简单的球磨技术,所以更易于放大和实现产业化;②制备得到表面活性剂包覆的纳米颗粒,具备较强的抗氧化性;③从纳米到微米级实现尺寸可控;④制备出的材料具有磁各向异性。一般纳米晶材料很难获得织构,即磁各向异性,但表面活性剂辅助球磨法制备的纳米片材料不仅包含尺寸为几十纳米的纳米晶,而且具有很好的磁各向异性。表面活性剂辅助球磨法不仅用于稀土永磁纳米材料的制备,也可用于软磁纳米片和颗粒的制备[60]。

1. SABM 技术制备永磁纳米颗粒

目前，表面活性剂辅助高能球磨的方法已被公认为是一种制备稀土过渡族金属基磁性纳米颗粒的有效途径。表 4-2 为采用表面活性剂辅助球磨（SABM）的方法制备稀土过渡族金属基磁性纳米颗粒的研究统计表[56, 57, 61-76]。

表 4-2　稀土过渡族金属基磁性纳米颗粒合成的统计表

纳米颗粒	原材料	表面活性剂	溶剂	颗粒大小/nm	矫顽力/kOe	参考文献
$SmCo_5$	$SmCo_5$ 铸锭	油酸 油胺	正庚烷	3～13	<0.1（300 K） 1.6（5 K）	[56]
Sm_2Co_{17}	Sm_2Co_{17} 铸锭	油酸 油胺	正庚烷	23	3.1	[57]
$SmCo_5/Fe$	$SmCo_5$ 铸锭 + Fe 粉末	油酸	正庚烷	19.4（$SmCo_5$） 37.6（Fe）	4.8	[61]
		N/A		21.9（$SmCo_5$） 38.7（Fe）	1.43	
$Nd_2Fe_{14}B$	MQ-C Nd-Fe-B 带状物	油酸	正庚烷	10	0.1	[62]
		油胺		100	1.5	
$Sm_2(Co, Fe)_{17}$	$Sm_2(Co_{0.8}Fe_{0.2})_{17}$ 铸锭	油酸	正庚烷	5～6	2.3	[63]
$PrCo_5$	$PrCo_5$ 铸锭	油酸	正庚烷	7	6.8	[64]
$SmCo_5$	$SmCo_5$ 铸锭 + Fe 粉末	油酸	正庚烷	19.8	5.6	[65]
$SmCo_5/Fe$				21.7（$SmCo_5$） 36.8（Fe）	3.5	
Sm-Co	$SmCo_x$（x = 3.5, 4, 5, 6, 8.5, 10）铸锭	油酸 油胺	正庚烷	20	0.5～3	[66]
$Nd_2Fe_{14}B$	$Nd_2Fe_{14}B$ 铸锭	油酸	正庚烷	11	1.8（300 K） 4（40 K）	[67]
$Nd_2Fe_{14}B$	$Nd_2Fe_{14}B$ 粉末	油酸 油胺	正庚烷	约 60	4.4	[68]
$Nd_2Fe_{14}B$	$Nd_2Fe_{14}B$ 铸锭	油酸	正庚烷	2.7	2.54（10 K）	[69]
$Tb_2Fe_{14}B$	$Tb_{14}Fe_{80}B_6$ 铸锭	油酸 油胺	正庚烷	8.2	0.4	[70]
				31.4	10.6	
Sm_2Co_{17}	$Sm_{17}Co_{83}$ 铸锭	油酸	正庚烷	10	8.3	[71]
	$Sm_{17}Co_{83}$ 气流 磨粉末			11	4.7	
$Dy_2Fe_{14}B$	$Dy_{14}Fe_{80}B_6$ 铸锭	油酸	正庚烷	7.9	0.4	[72]
				35.8	4.6	

续表

纳米颗粒	原材料	表面活性剂	溶剂	颗粒大小/nm	矫顽力/kOe	参考文献
$NdCo_5$	$NdCo_5$ 铸锭	油酸	正庚烷	7	0.5（300 K） 3（50 K）	[73]
$Nd_2Fe_{14}B$	$Nd_{26}Fe_{71.25}Co_{1.8}B_{0.95}$ 带状物	油酸	正庚烷	20	4.87	[74]
$Nd_2Fe_{14}B$	d-HDDR 粉末	油酸	正庚烷	200~500	2.6	[75]
$Nd_2Fe_{14}B$	HDDR 粉末	N/A	正己烷	283	6	[76]

作为综合内禀磁性能最为优异的永磁材料，$Nd_2Fe_{14}B$ 永磁材料纳米颗粒的研究相当广泛[62, 67-69, 74-76]。Yue 等采用表面活性剂辅助球磨和颗粒分级的方法制备了颗粒尺寸为 10 nm 和 100 nm 的两种 Nd-Fe-B 纳米颗粒（图 4-38）。这两种 Nd-Fe-B 纳米颗粒的室温矫顽力分别为 0.1kOe 和 1.5 kOe[62]（图 4-39）。然而这种纳米颗粒的形状和形态很大程度上取决于实验过程中实验参数的设定。此外，改变球磨工艺，采用先长时间湿磨，再通过短时间表面活性剂辅助球磨的方法制备了平均粒径为 10 nm 的正方纳米颗粒。采用短时间湿磨并结合长时间表面活性剂辅助球磨的方法能够制备出平均粒径为 2.7 nm，且分布均匀，接近球形的纳米颗粒[67, 69]。

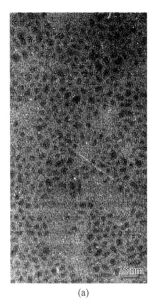
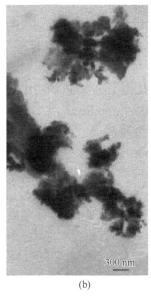

(a) (b)

图 4-38　Nd-Fe-B 小纳米颗粒（a）和大纳米颗粒（b）的 TEM 图像

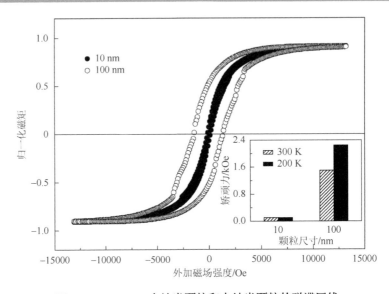

图 4-39 Nd-Fe-B 小纳米颗粒和大纳米颗粒的磁滞回线

然而，成功制备高矫顽力的 $Nd_2Fe_{14}B$ 纳米颗粒难度较大[62, 67-69, 74-76]。考虑到 $Tb_2Fe_{14}B$ 和 $Dy_2Fe_{14}B$ 比 $Nd_2Fe_{14}B$ 具有更强的磁晶各向异性，所以可试着验证磁晶各向异性是否对稀土过渡族金属基纳米颗粒获得高矫顽力起关键性的作用[77, 78]。$Tb_2Fe_{14}B$ 纳米颗粒的平均颗粒尺寸为 31.4 nm，矫顽力高达 10.6 kOe[70]。平均颗粒尺寸为 8.2 nm 的 $Tb_2Fe_{14}B$ 纳米颗粒的矫顽力仅为 0.4 kOe，这是由颗粒尺寸的显著减小和晶体结构的严重破坏造成的。永磁性颗粒的尺寸和矫顽力的关系，引起了研究者极大的兴趣。通常情况下，随着颗粒尺寸的减小，颗粒的矫顽力呈现先增大的趋势，在单畴尺寸附近达到最大。随着颗粒尺寸的进一步减小，矫顽力也随之减小，这是由于热效应的作用，矫顽力最终在超顺磁颗粒尺寸时变为零[79]。对于强磁各向异性的 $Tb_2Fe_{14}B$ 化合物，单畴尺寸约为 1.7 μm，假设颗粒是球形的，室温时超顺磁尺寸限制 D_s 为 3.5～3.9 nm[80]。图 4-40 为 Tb-Fe-B 纳米颗粒的矫顽力随颗粒尺寸的变化图，图中给出了初始 Tb-Fe-B 铸锭的矫顽力作为对比[70]。正如图中两个垂直虚线，$Tb_2Fe_{14}B$ 化合物所有样品的颗粒尺寸在超顺磁尺寸（D_{sp}）和单畴尺寸（D_{sd}）之间。此外，样品由孤立的单畴颗粒组成，纳米颗粒分散地嵌入环氧树脂中，因此样品中没有晶粒之间的交换耦合作用。虽然矫顽力机制可能比简单的单畴粒子反转过程更复杂，但是单畴尺寸无疑在这些样品的高矫顽力机制中扮演着重要的角色。另外，随着颗粒尺寸由 31.4 nm 减小到 8.2 nm，Tb-Fe-B 纳米颗粒的矫顽力大幅度减小到 0.4 kOe。除了尺寸效应以外，由于制备方法不同，Tb-Fe-B 纳米颗粒中有一些非晶化，这可能会破坏颗粒的结构和磁晶各向异性，从而揭示了纳米颗粒的矫顽力甚至比 Tb-Fe-B 铸锭更低的原因。$Dy_2Fe_{14}B$ 纳米颗粒表现出同样的特点[72]。

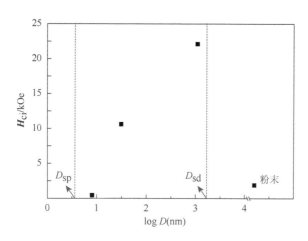

图 4-40　颗粒尺寸对 Tb-Fe-B 纳米颗粒矫顽力的影响图

2. SABM 技术制备各向异性永磁纳米片

　　球磨过程中表面活性剂的使用不仅影响颗粒的尺寸,而且影响其形状的变化[81]。对于可延展金属与合金,球磨颗粒的形状可以通过改变球磨环境来控制。采用加入溶剂和/或表面活性剂湿磨的方法,特别是在高能球磨和/或高球料比的情况下,制备了具有亚微米厚度、高长径比的 Ni、Cu、Fe、Co、Fe-Co、Fe-Cr-Si-Al、Sn-Ag-Cu 薄片[81, 82]。稀土过渡族金属永磁材料固有的脆性使它们不易破碎为薄片。然而,即使是脆性材料,当它们成为纳米晶时,也可表现出优异的延展性[83]。近期,将未处理或进一步退火的 $Sm_{17}Co_{83}$ 铸锭粉末在含有油酸的正庚烷中采用表面活性剂辅助高能球磨的方法球磨 5 h 得到晶体各向异性的 $SmCo_5$ 纳米片。制备得到的纳米片的厚度为 8～80 nm,长度为 0.5～8 μm。当磁场取向时,$SmCo_5$ 纳米薄片堆积起来,其表面与施加磁场的方向垂直(图 4-41)[58, 84]。图 4-42 为 $SmCo_5$ 纳米片磁场取向前后的 XRD 谱图,$SmCo_5$ 纳米片具有强的(001)面外织构和各向异性。图 4-43 为 30 kOe 脉冲磁场取向后 $SmCo_5$ 纳米片样品的易磁化轴和难磁化轴的磁性能。$SmCo_5$ 纳米片具有明显的磁各向异性。首先,易磁化轴的磁化曲线在 5 kOe 磁场前快速磁化并接近饱和,而难磁化轴方向磁化曲线在达到最大测试磁场 23 kOe 以前基本呈线性,且磁化过程进展缓慢,此后磁化速度增大,但仍然低于易轴方向。需要指出的是,由于其主相 $SmCo_5$ 化合物的各向异性磁场高达 45 kOe,因此,$SmCo_5$ 纳米片在 23 kOe 的测试磁场中远未达到饱和。此外,在反磁化过程中,易磁化轴的剩余磁化强度远远高于难磁化轴,显示出纳米片强烈的磁各向异性,易磁化轴和难磁化轴方向所获得的矫顽力 H_{ci} 分别为 20.2 kOe 和 6.9 kOe,显示出良好的永磁特性。

 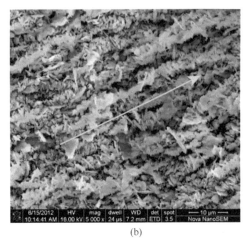

(a) (b)

图 4-41　表面活性剂球磨 4 h 制备的 SmCo₅ 纳米片（a）及磁场取向 SmCo₅ 亚微米片和纳米片
（箭头表示施加磁场的方向）（b）的 SEM 图像

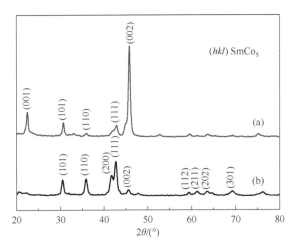

图 4-42　表面活性剂辅助球磨 4 h SmCo₅ 微米颗粒和纳米颗粒的 XRD 谱图

（a）非取向；（b）磁场取向

　　在制备这些纳米片的过程中，表面活性剂起着降低冷焊和减少团聚的关键作用。在没有油酸，只有正庚烷作溶剂的高能球磨过程中，会形成各向同性且尺寸为 2~30 μm 的等轴晶的 SmCo₅ 纳米颗粒。在正庚烷作溶剂的高能球磨过程中，一定量的油酸可以促使颗粒从一种密集的烤肉串状的纳米结构变为另一种良好分离的纳米片状结构。从另一方面来说，油酸的质量分数从 5% 变化到 150% 过程中，并不会影响纳米片的厚度和长度。但是油酸质量分数越高，其(001)方向织构越好。添加 2.0 wt% 的油酸，多晶 SmCo₅ 纳米片的矫顽力就能达到 20.1 kOe。随着球磨时间的

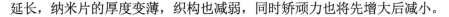

延长，纳米片的厚度变薄，织构也减弱，同时矫顽力也将先增大后减小。

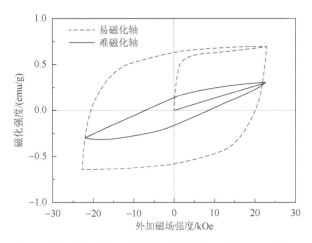

图 4-43 SmCo$_5$ 纳米片沿易磁化轴和难磁化轴的室温磁化曲线及磁滞回线

　　适当的表面活性剂的选择和加工参数的控制是改善纳米片表面状态和影响硬磁性能的关键因素。油酸和油胺是比较有效的表面活性剂，三辛胺和辛酸在纳米片的制备过程中也是必备的。这是因为三辛胺和辛酸的分子链比油酸和油胺的分子链短，不能很好地包裹 SmCo$_5$ 颗粒。然而，用不同表面活性剂制备的纳米薄片的磁性并没有明显差异。尽管表面活性剂对 SABM 工艺至关重要，但是在球磨之后和致密化之前通常需要将其去除。这是因为在致密化过程中，表面活性剂严重地氧化和部分分解，会极大地破坏致密化后的 SmCo$_5$ 磁体的矫顽力。

　　不同于传统的液体表面活性剂，固体无机表面活性剂 CaF$_2$ 被认为是一种新型的表面活性剂[85]。CaF$_2$ 比液体表面活性剂更容易在后续的实验中洗去。当各向异性的 SmCo$_5$ 纳米片直径在 150～700 nm 之间时，其矫顽力可达 16.4 kOe。由于精细的 CaF$_2$ 纳米颗粒难以从纳米片表面被清除（颗粒大的 CaF$_2$ 颗粒容易被清除），所以，冷焊、团聚就不可避免。根据以上特点，我们以 CaF$_2$ 颗粒作表面活性剂制备的磁性纳米颗粒的粒径就会大于液体表面活性剂制备的磁性纳米颗粒的粒径。并且 SmCo$_5$ 纳米片的电阻也会由于 MoS$_2$、CaF$_2$ 和 B$_2$O$_3$ 的加入而大大提高，所以 CaF$_2$ 能被用作制备高电阻烧结磁体的前驱材料。

　　稀土磁性纳米颗粒和纳米片的性能和形貌之间存在着一定的关系。纳米颗粒的尺寸和纳米片的厚度对磁性能有很大影响。对于 SmCo$_5$，粒径为 1 mm 的纳米颗粒的矫顽力趋近于 0，而粒径为 21 μm 的纳米颗粒的矫顽力增大到 12.6 kOe。纳米片的变化也类似，随着纳米片的厚度减小，当厚度降低为 180 nm 时，其矫顽力升至一个峰值，随后降低。当厚度小于 900 nm 时，剩余磁化强度随着厚度的减小而减小。

　　表面活性剂辅助球磨已经在生产中用来制备各种纳米片状的稀土过渡

族金属基磁性粉末。表 4-3 给出了稀土过渡族金属基磁性纳米片合成的调查报告[58, 59, 70, 72, 73, 84-98]。

表 4-3 稀土过渡族金属基磁性纳米片合成的统计表

制备纳米片	表面活性剂	溶剂	片厚度/nm	片长/μm	矫顽力/kOe	参考文献
$SmCo_5$	油酸	正庚烷	8～80	0.5～8	18	[58], [84], [91]
$SmCo_5$	辛酸	正庚烷	200	10	15.2	[92]
$SmCo_5$	油酸	正庚烷	10～210	0.3～10	20.1	[93], [94]
	油胺		80～200	0.5～10	15	
	三辛胺		80～200	1～10	15.2	
$Tb_2Fe_{14}B$	油酸	正庚烷	50～80	1.1	22.1	[70]
$Dy_2Fe_{14}B$	油酸	正庚烷	40～60	1.3	16.8	[72]
$Nd_2Fe_{14}B$	油酸	正庚烷	10～100	0.5～1	3.8	[86]
$NdCo_5$	油酸	正庚烷	150	不详	3.7（50 K）	[73]
$Nd_2Fe_{14}B$	油酸	正庚烷	80～180	0.5～10	3.5	[59]
$Nd_2Fe_{14}B + NdCu$	油胺		80～200		4.7	
Nd-Fe-B	油胺	正庚烷	80～200	0.5～10	3.7	[87]
Nd-Dy-Fe-B					4.3	
Nd-Dy-Fe-B + NdCu					5.7	
$CeCo_5$	油酸	正庚烷	100～200	不详	3.3	[95]
$Nd_2Fe_{14}B$	不详	乙醇	100～450	0.7～18	2.3	[90]
$SmCo_5$	油酸	正庚烷	30～80	0.5～2	15.73	[96]
Sm_2Co_{17}	油酸	正庚烷	10～100	1～2	3	[97]
$SmCo_5$	CaF_2	正庚烷	150～700	3～50	16.4	[85]
$Sm_2Fe_{17}N_3$	油胺	正庚烷	100～180	2～13	3.56	[88]
$Sm_2Fe_{17}N_8$	油酸	正庚烷	250	1～4	12.3	[89]
$Nd(Fe，Mo)_{12}N_x$	油酸	正庚烷	100	1～16	8.7	[89]
$SmCo_{6.6}Nb_{0.4}$	油酸	正庚烷	100	1	13.86	[98]

目前 Nd-Fe-B 纳米片材料报道的最高室温矫顽力为 3.8 kOe（图 4-44）[86]。然而，三元 $Nd_2Fe_{14}B$ 合金基球磨纳米片相对低的矫顽力是制约其应用与实践的主要障碍。为了增大 Nd-Fe-B 纳米片的矫顽力，几个研究组对重稀土 Dy 和低熔点的 $Nd_{70}Cu_{30}$ 共晶合金的添加，以及球磨纳米片后续退火进行了系统的研究[87]。少量的 Dy、$Nd_{70}Cu_{30}$ 共晶合金的添加，以及适当的后续退火导致 $Nd_2Fe_{14}B$ 纳米片的矫顽力 H_{ci} 增大了。在含有 20 wt%油胺的正庚烷中高能球磨 5 h 制备了

$Nd_{15.5}Fe_{78.5}B_6$、$Nd_{14}Dy_{1.5}Fe_{78.5}B_6$ 和 83.3 wt% $Nd_{14}Dy_{1.5}Fe_{78.5}B_6$ + 16.7 wt% $Nd_{70}Cu_{30}$ 薄片，矫顽力分别为 3.7 kOe、4.3 kOe 和 5.7 kOe。在 450℃退火 0.5 h 后，其矫顽力分别增大到 5.1 kOe、6.2 kOe 和 7.0 kOe[87]。

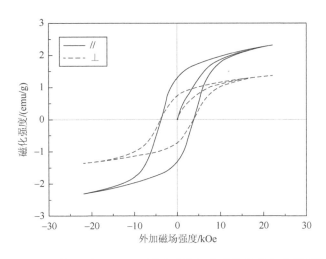

图 4-44 磁场取向 Nd-Fe-B 纳米片的初始磁化曲线和磁滞回线

除了 $SmCo_5$ 和 $Nd_2Fe_{14}B$ 材料，$Dy_2Fe_{14}B$、$Tb_2Fe_{14}B$、$Sm_{14}Fe_{86}N_x$ 和 $NdFe_{10.5}Mo_{1.5}N_x$ 纳米片也可获得较高矫顽力，分别为 16.8 kOe、22.1 kOe、12.3 kOe 和 8.7 kOe[52, 70, 87, 89]。值得一提的是，$Sm_{14}Fe_{86}N_x$ 纳米片与 $Nd_2Fe_{14}B$ 一样，具有一个大部分晶粒平行于薄片表面的面内(001)c 轴织构；$NdFe_{10.5}Mo_{1.5}N_x$ 薄片与 $SmCo_5$ 一样，具有一个大部分晶粒垂直于薄片表面的面外(001)c 轴织构[89]。这些有趣的结果与它们不同的内禀机械性能和晶体结构有关。

目前，有关高矫顽力各向异性稀土永磁纳米片的形成机制尚不十分清楚。Cui 等根据其研究结果给出了 SmCo 合金纳米片形成的机制分析。$SmCo_5$ 单晶微米/亚微米片以及其后续转变为晶体学各向异性多晶纳米片的独特的形成过程遵循以下的步骤[58]：在高能球磨的第一阶段，初始不规则的大单晶颗粒沿着其易滑移面(001)基解理，而首次形成单晶微米薄片。接着，通过连续的分裂而形成了单晶亚微米薄片。随着进一步球磨，就形成了具有小角度晶界的多晶亚微米薄片。最后，形成了具有(001)面外织构的晶体各向异性多晶 $SmCo_5$ 纳米片，其厚度为 6～80 nm，平均晶粒尺寸为 7～8 nm，长径比为 10^2～10^3（图 4-45）。

采用相同的方法已经制备了单晶和(001)织构多晶 $Nd_2Fe_{14}B$ 纳米片[59, 67, 69, 86, 88, 90]。显微结构的演变包括不规则单晶颗粒、单晶微米和亚微米片、小角度晶界的亚微米片以及织构多晶亚微米片和纳米片。在高能球磨中，$Nd_2Fe_{14}B$ 主要沿着易滑移面(110)裂解，并形成各向异性纳米片。与具有(001)面外织构的 $SmCo_5$ 纳米

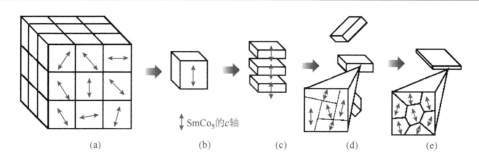

图 4-45 由 $SmCo_5$ 铸锭到单晶微米、亚微米片和织构多晶纳米片的演变和形成过程

（a）块状铸锭具有多晶结构，其颗粒尺寸为 40～100 μm；（b）单晶颗粒尺寸为 1～40 μm；（c）形成单晶微米和亚微米薄片；（d）形成具有小角度晶界的亚微米薄片；（e）形成织构多晶纳米片

片不同，$Nd_2Fe_{14}B$ 纳米片具有一个大部分晶粒平行于薄片表面的面内(001)c 轴织构[59]。

4.1.3 展望

表面活性剂辅助球磨工艺是近年来在纳米结构稀土永磁材料制备方面的一个重大突破，因为此工艺首次使得纳米尺度晶体的规模产出与各向异性磁性的同步共存成为可能。这种方法的另一大优势是其加工过程完全在室温甚至低温下进行，所以尤其适合化学性能活泼的稀土材料。

球磨工艺在工业上的应用已有百年历史，从硬质合金到水泥的大规模工业化生产都是在优化的球磨工艺上进行的。球磨是最易于工业化的加工工艺之一，但是生产纳米材料的球磨工艺则对我们还是一个全新的挑战。

从这个领域过去几年的研究来看，还有很多技术难关有待攻克，如纳米尺度的断裂机制等。这种不同的断裂机制使我们观察到 SmCo 基和 NdFeB 基材料不同的断裂行为。另外还有其他方面的技术问题，如表面活性剂的清除等都需要进一步系统的研究。

4.2 永磁纳米薄膜

4.2.1 Nd-Fe-B 薄膜

永磁材料中稀土的消耗量及其产值占稀土总开采量和稀土下游行业产值的50%以上，是稀土行业上下游产业链中的重要组成部分。以钕铁硼为代表的第三代稀土永磁从 20 世纪 90 年代开始在我国产业化，经过 30 多年发展，我国已经成为钕铁硼磁材的主要生产国和消费国。机械、电子行业的专业化、小型化的发展，对 Nd-Fe-B 的性能要求越来越高，因而面向提升性能、建立微观结构与宏观性能关系的基础研究受到持续关注，并不断有新工艺、新方法和新理念诞生。本小节将从 Nd-Fe-B 薄膜的特殊制备工艺、制备条件入手，归纳总结影响性能的工艺参数；在单相硬磁基础上，简要介绍利用纳米复合概念制备硬/软磁双相复合磁膜的工艺过程及相关基本概念。

$Nd_2Fe_{14}B$ 基永磁材料由于其大的各向异性、高磁能积和适中的价格而获得了广泛的关注。针对一些对器件体积有严格要求的情况，钕铁硼有显著优势，如其在磁盘驱动和手表电机中的应用[99-101]。

Nd-Fe-B 因其超高的磁性能而被广泛应用于微观系统中。现在对永磁体最流行的应用是微型制动器。相较于其他流行的微型制动器，如静电式和压电式，磁制动器在更低的电压下就能提供较大的动力并且在射流系统中优势更加明显[102-106]。Nd-Fe-B 永磁体经常被应用于微型直线[107-109]旋转马达[109-111]、电磁微型发电机以及中耳植入式听力装置的震动产生源[113]中。Kallenbach 等[114]和 Madou[115]已经对磁性微型制动器做了相关报道。Busch-Vishniac[116]、Madou[115]、Fujita[117]、Trimmer 和 Jebens[118]以及 Gilbertson 和 Busch[119]也将磁性微型制动器与其他种类的制动器做了对比。在微型制动器中，采用了永磁薄膜和块体元件。

永磁薄膜和微部件也被用于位置传感器[120, 121]、磁电阻磁头[122, 123]、电子束波动器[124]、微波磁集成电路（MMIC）-移相器、循环器、静磁波器件[125, 126]、光隔离器[127]。未来的应用领域将是集成的磁电器件。人们也曾设想 Nd-Fe-B 材料在（垂直）磁记录[128, 129]、量子磁碟[130, 131]以及磁光记录[132-134]等方面的应用。Fujiwara[135]就曾尝试以 Nd-Fe-B 作为记录介质的相关实验。Nd-Fe-B 薄膜及其微观组织的研究在固态磁学基础领域中引起了人们极大的兴趣。

1. 制备方法概论

采用热蒸发、溅射、分子束外延（molecular beam epitaxy，MBE）、脉冲激光沉积（pulsed laser deposition，PLD）、等离子喷涂、流延成型、印刷和注射成型等方法制备 Nd-Fe-B 薄膜和薄带；采用溅射法或 MBE 法制备磁性最佳的薄膜；采用等离子喷涂法制备厚膜。

溅射技术以其厚度和成分控制好、均匀性好、厚度均匀、沉积速率好等优点得到了广泛的应用。最常见的是直流（direct current，DC）和射频（radio frequency，RF）溅射，并对其成分控制进行了几种改进：多枪和多靶以及在较大目标上附加材料芯片等。溅射技术最适用于制备厚度为 0.1～10 μm 的沉积薄膜。对于越薄的薄膜来说，分子束外延法能更好地控制其生长[136, 137]（沉积速率约 0.02 nm/s）。而制备更厚的薄膜就需要用到沉积速率更大的等离子喷涂和无机非金属类材料的制备技术。

Gasgnier 等[138]、Yao 等[139]以及 Wu 等[140]的研究中用到了热蒸发法。但是薄膜的磁性能一般，这主要归结于不同元素的蒸发速率导致薄膜的化学计量比偏离了设计的成分或者靶材成分。Pereira 等[141]报道了将 B+注入热蒸发的 Nd-Fe 薄膜中形成了 Nd-Fe-B 化合物。近些年来脉冲激光沉积法也被用来制备 Nd-Fe-B 薄膜[129, 130, 142-144],这种方法的沉积速率与溅射沉积速率相当,只要简单地改变靶材,就可以更容易地制备出几种材料的多层结构。用 10～30 ns 的脉冲激光制备的薄膜的化学计量比接近靶材。

一开始,有人尝试像最初制备 SmCo 薄膜一样通过在沉积或者退火过程中分别施加一个外场或在沉积和退火过程中都施加一个外场(场强大小 0.13～0.40 T)来影响 Nd-Fe-B 薄膜的织构和各向异性[124, 145, 146-150],然而效果并不理想。Cadieu 等[148]的解释是:要想使沉积、退火有效果,结晶过程必须保持在 T_C 温度以下;除此之外,Mapps[128]表明 $Nd_2Fe_{14}B$ 晶体相在室温下就已经存在,因此在低的沉积温度下沉积会对有取向的晶粒的形核产生影响。我们[151]也曾在磁场下热处理初始溅射沉积的薄膜样品。热处理时沿薄膜面内方向施加 0.8 T 的磁场,针对热处理完毕的样品沿三个方向测试的结果如图 4-46 所示。样品的室温矫顽力为 0.8 T。沿膜面内外加热处理磁场方向的磁滞回线矩形度最好,剩余磁化强度最高。其次为沿膜面内但测试方向垂直于外加热处理磁场方向的磁滞回线;而沿膜面法线方向的矩形度最差,矫顽力相比也较小。从这个结果来看,热处理磁场在非晶 Nd-Fe-B 薄膜晶化过程中可以产生一些取向,但效果有限,因为沿热处理磁场方向上的矩形度并不完美。

在快速退火(200 K/s,最大温度约 800 K,退火时间几十秒)的工艺条件下获得的 Nd-Fe-B 薄膜的矫顽力是传统退火工艺下制备的 Nd-Fe-B 薄膜的两倍[152]。这是由于快速升温过程中生成的纳米晶粒的矫顽力提升,在此过程中薄膜几乎

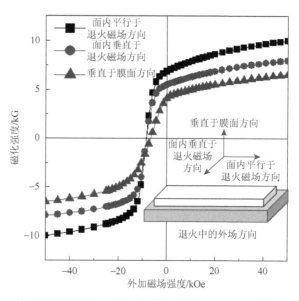

图 4-46　热处理时沿膜面内施加磁场的薄膜沿三个方向的退磁回线[151]

很少被氧化。快速退火的另一个好处在于其导致晶化的温度降低，如 Ghasemi[153]在 Ta/Pr-Fe-B/Ta 薄膜中采用快速退火，在 500℃时即诱导产生垂直各向异性（图 4-47）。而 Chu 等[154]在利用快速退火处理 Nd-Fe-B 纳米复合薄膜时，在 1 s 的保温时间内即可得到室温 1.02 T 矫顽力。要想获得高矫顽力，超量的 Nd 和 B 含量是必要的，因为其不仅能提供富 Nd 晶界相，还能使得晶粒足够细化从而钉扎畴壁位移。人们认为富 Nd（稀土）晶间相是顺磁的，因而能够成为钉扎畴壁的钉扎中心。所以，提高矫顽力的主要途径就是在晶间处增加富 Nd（稀土）晶间相。而 RE-Cu、RE-Ag 等共晶合金因为只有 500℃左右的共晶温度，成为人们经常使用的体系。Cui 等[155]在厚度为 100 nm 左右的 Nd-Fe-B 单层膜体系中，通过沉积 10 nm 左右的 $Nd_{80}Ag_{20}$ 合金，在初始成分为 $Nd_{15}Fe_{75}B_{10}$ 的单层膜中进行扩散处理，将室温矫顽力从 1.5 T 提升至近 2.95 T ［图 4-48（a）和（d）］，而室温矫顽力温度系数 β 则显著提升至 −0.32%/K，可与商业含 Dy 磁体性能相媲美；显微形貌显示在扩散处理前，主相晶粒分布杂乱且相互接触［图 4-49（b）和（c）］，扩散后 $Nd_2Fe_{14}B$ 晶粒被富稀土晶间相散开。这种小于 100 nm 的 2∶14∶1 主相晶粒，以及富 Nd 相均匀分布于晶间成为钉扎中心，是实现钕铁硼薄膜高矫顽力结构的关键。

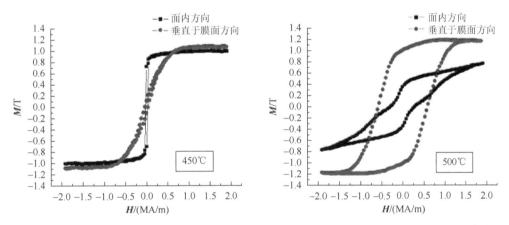

图 4-47　快速热处理时不同温度下 Ta/Pr-Fe-B/Ta 薄膜沿面外方向和面内方向的磁滞回线[151]

2. Nd-Fe-B 单层膜中元素取代及多层结构优化的影响

众所周知，Nd-Fe-B 材料的磁性能（磁各向异性、矫顽力、居里温度、抗氧化性）可以通过许多种添加剂（如 Dy、Co、Ga、Tb、Al 等[156, 157]）来改变。因此许多研究者用含 Dy、Co、Al、Si 的 Nd-Fe-B 薄膜作为原材料。Aylesworth 和 Sellmyer[158]、Araki 和 Okabe[159]、Shima 等[160]论述了 Ta、Tb、Cr 添加对 Nd-Fe-B 薄膜的影响。在 Aylesworth 和 Sellmyer 的工作中[158]，他们将 Ta 和 Nd-Fe-B 交替溅射到加热的基底上（Ta：0.5～3 nm，Nd-Fe-B：5～

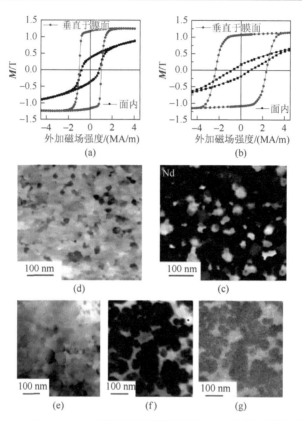

图 4-48　Ta/Nd$_{15}$Fe$_{75}$B$_{10}$(100 nm)/Ta 薄膜的室温磁滞回线（a）、面内明场形貌（d）及相应 Nd 元素的分布图（e），对比经过 Nd$_{80}$Ag$_{20}$合金扩散处理后的室温磁滞回线（b）、面内明场形貌（e）、相应 Nd（f）和 Ag（g）元素的分布图

20 nm）。另外还观察到当 Ta 层厚度增大，磁化强度会减小，但是矫顽力在 Ta 层厚度为 1.5～2.0 nm（Nd-Fe-B 层厚度为 20 nm）时会有一个最大值。此外还观察到相比于单层 Nd$_2$Fe$_{14}$B（或 Pr$_2$Fe$_{14}$B），当 Nd$_2$Fe$_{14}$B（或 Pr$_2$Fe$_{14}$B）与 Ta 共同溅射时，能获得更好的晶粒取向（c 轴垂直于薄膜表面）。Tsai 等[161]研究了 [Nd$_{15}$Fe$_{77}$B$_8$(10～200 nm)/Nb(2～40 nm)]$_n$ 多层膜中 Nb 间隔层对多层膜性能的影响。他们在不断增加重复周期（n）的过程中，观察到了矫顽力、剩余磁化强度的优化过程，单层膜相矩形度和矫顽力明显提升［图 4-49（a）］；从横截面形貌，也看到了典型的被 Nb 层间隔的多层膜结构。作为与 Nb 类似的难熔合金，Ta 也被用于 Nd-Fe-B 薄膜的制备。Uehara[162]采用多层膜方式，将 Ta 层插入固定厚度的 Nd-Fe-B 薄膜中，从场发射扫描电子显微镜可以看出清晰的多层膜结构［图 4-50（a）和（b）］，而在薄膜中 Nd$_2$Fe$_{14}$B 相晶粒也呈现柱状形貌，导致磁性测试时沿面外和面内方向磁化行为的差别，即出现磁各向异性。但对比矫顽力和矩形度可以发现，存在 Ta 层间隔的情况下样品的性能更好［图 4-50（c）和（d）］。这说明，

难熔合金可以用来调控 Nd-Fe-B 薄膜中晶粒生长的过程。实际上利用难熔金属约束 $Nd_2Fe_{14}B$ 晶粒尺寸；而同时难熔金属作为磁畴运动的钉扎中心，也能对矫顽力有所贡献。

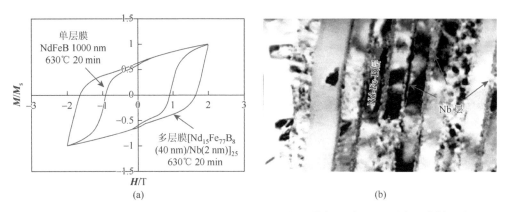

(a)　　　　　　　　　　　　　　(b)

图 4-49　$[Nd_{15}Fe_{77}B_8(10\sim200\text{ nm})/Nb(2\sim40\text{ nm})]_n$ 多层膜中 Nb 间隔层对多层膜矫顽力和剩余磁化强度的影响（a），以及薄膜横截面电子显微镜照片（b）

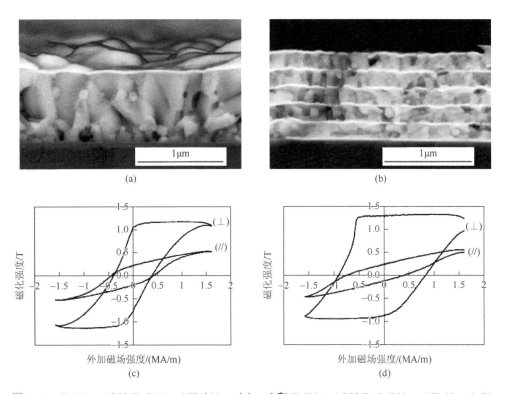

图 4-50　$Ta(20\text{ nm})/Nd\text{-}Fe\text{-}B(1\text{ μm})/Ta(20\text{ nm})$（a，c）和 $Ta(20\text{ nm})/Nd\text{-}Fe\text{-}B(200\text{ nm})/Ta(5\text{ nm})_5/Ta(20\text{ nm})$（b，d）薄膜横截面的场发射扫描电子显微镜形貌和磁滞回线

Araki 和 Okabe[159]利用三靶磁控溅射靶材（Nd、Tb、Fe 和 FeB），研究了 Tb 替代 Nd 的影响。薄膜呈现出各向异性，在 $z = 6$（试验限制）$[(Nd_{1-z}Tb_z)_{12}Fe_{88-y}]B_y]$ 时，H_c（垂直方向）和最大磁能积达到了最大值。Shima 等[160]将 Cr 片放置于 Nd-Fe-B 靶材上，研究了 Nd-Fe-B 薄膜中加入 Cr 后的影响。薄膜表现出垂直各向异性，H_c（平行和垂直于薄膜平面）以及 M_r 都会随着 Cr 含量增加至 8.6 at%而逐渐增大。

对于 Nd-Fe-B 薄膜沉积，一般选用抗高温的基底材料，如 Al_2O_3、石英、云母、Ta、Ti、W 和 Mo。对于应用于微型系统中的 Nd-Fe-B 薄膜一般用单晶 Si 基底[163, 164]，微型马达的 Nd-Fe-B 薄膜一般选用铁基底[111]。在单晶基底 Si、Al_2O_3（蓝宝石）和 MgO 上，薄膜会取向生长，故其各向异性能由基底来决定。对于磁记录薄膜，以及用来分析光学性能的薄膜，最好的基底材料是玻璃或石英[165, 166]。

由于 $Nd_2Fe_{14}B$ 相的形成温度比较高（约 780 K），所以在制备薄膜时会有薄膜与基底材料相互扩散或者发生反应的风险。为了从基底上移开薄膜材料从而减弱在退火期间产生这种影响，厚膜一般会选择沉积在水冷 Cu 基底上[167, 168]，而薄膜会选择 NaCl 基底（之后会溶解）[138, 143]。TEM 分析用的薄膜会选择沉积在碳膜上[142, 146]。

Wu 等[140]通过声阻抗测量估算了 Nd-Fe-B/MgO 的界面压力。而 Matsuura 等[164]报道 Nd-Fe-B 薄膜中的应力也许是来源于氧原子扩散进入 $Nd_2Fe_{14}B$ 的晶格点阵中致使晶格参数减小。Mapps 等[128]从 TEM 图像中观察到 $Nd_2Fe_{14}B$ 晶粒内部的应力。

很明显，Nd-Fe-B 薄膜的性能会受到基底种类的影响。有数据表明，使用不同基底，薄膜的性能会有所改变，薄膜的厚度决定其性能。Lemke 等[169]观察到相较于单晶 Al_2O_3 基底，在多晶 Al_2O_3 基底上沉积薄膜的矫顽力 H_c 更高，这是因为在多晶基底上有更多的沟壑用于形成晶界。Yao 等[139]观察到不同薄膜厚度下，其电阻随温度的变化关系也会不同。Salas 等[170]报道了薄膜的饱和磁化强度会随其厚度的增大而增大。

基底的影响也表现在薄膜局部性能在厚度方向上的变化。Salas 等[170]选用玻璃基底通过 Kerr 测试法观察到薄膜的"死层"厚度为 3 nm（"死层"指可以提供磁化强度的临界厚度）。采用磁力显微镜（MFM）观察，在相同基底上，薄膜的磁畴形态也会随沉积升高或者经历退火，从带状畴逐渐转变成迷宫状畴[171]。

基底会影响薄膜性能的另一个主要原因是薄膜与基底之间会发生相互扩散或者反应。Lemke 等[142]在 948 K 下通过 TEM 分析在 C 基底上沉积厚度为 100 nm 的 Nd-Fe-B 薄膜时，明显观察到 C 扩散进入 Nd-Fe-B 薄膜中。XRD 分析表明，当使用含有氧元素的基底时，Nd-Fe-B 薄膜中会出现 NdO 相[129, 145, 150, 172]。由于

Nd 与 O 结合，在 XRD 谱图中会出现 Fe 单质（α-Fe）[173]。Nazareth 等[164]通过 XRD 分析，相较于 Al_2O_3，Nd 更容易与 SiO_2 反应。Tsai 等[174]和 Lemke 等[169]报道称，由于 Al_2O_3 具有多孔结构，薄膜在 Al_2O_3 基底上更容易沉积且具有更好的晶粒尺寸。正如前面指出的，O 渗入 $Nd_2Fe_{14}B$ 晶体点阵中既会减小晶格参数也会改变薄膜中的应力[170]。

Parhofer 等[175]通过 X 射线光谱元素分析手段来分析薄膜（不包括缓冲层），发现 O 元素渗入 Nd-Fe-B 薄膜的深度达 50～70 nm，并且 Fe 元素也扩散进石英中（沉积温度 T_s = 775 K）。除了 Parhofer 等[175]，Nazareth 等[164]、Muralidhar 等[163]、Tsai 和 Chin[176, 177]、Chu 等[154]、Shindo 等[178]也都发现了薄膜与基底组织之间会发生元素扩散。

通过沉积缓冲层，薄膜的相纯度和磁性能会得到提升。经过长期摸索，缓冲层候选材料有 Au、Fe、Ta、Ti、Mo、Cr，厚度范围在几纳米到 100～200 nm 之间。Parhofer 等[175]观察到只有 Cr 缓冲层厚度超过 60 nm 才会起作用。缓冲层材料对沉积薄膜的生长模式和磁性能都有着很强的影响力。Shindo 等[178]通过俄歇电子谱确定了 Fe/Nd-Fe-B（射频溅射，Ti 过渡层，830～970 K）之间的界面宽度约为 10 nm。Shima[133]发现利用射频溅射（920 K）在玻璃基底上（厚度为 50 nm 的 Cr 作为过渡层）制备出了具备最大矫顽力（垂直方向）的 Nd-Fe-B 薄膜，而当 Cr 层的厚度进一步增大时，矫顽力（垂直方向）又会逐渐减小。Tsai 等[164]强调 Ta 作为缓冲层，因为其热膨胀系数与 Nd-Fe-B 接近。Parhofer 等[175]在没有使用过渡层的情况下，成功地在石英上制备出具有高织构的 Nd-Fe-B 薄膜（775 K，富 Nd 靶材，磁控溅射）。只要薄膜的厚度超过 150 nm，其磁性能就不会受其厚度影响。在石英基底上添加厚度大于 60 nm 的 Cr 缓冲层能有效抑制薄膜与基底之间的相互扩散，并能制备出厚度仅 20 nm 具有高矫顽力的薄膜。张跃鹏等[179]针对缓冲层和基底的影响做了系统的对比：在 Si、Al_2O_3 两种基底上制备了有/无 Ta 缓冲层的 5 μm 厚的 $Nd_{19.7}Fe_{72.1}B_{8.2}$ 层，薄膜表面形貌和磁滞回线会由于是否存在缓冲层有显著不同（图 4-51）。

基底的影响会导致薄膜性能随其厚度的改变而发生变化。一般来说厚度大的薄膜是各向同性的[111]。Kneller 等[152]的研究表明，薄膜厚度达到 150 nm 时其矫顽力达到最大；而 Piramanayagam 等[172, 173]则认为在厚度大于 500 nm 时矫顽力达到最大。

Parhofer 等[166]认为当薄膜厚度超过 200 nm 时，基底就不会对薄膜的性能产生影响，而 Sun 等[180]则认为厚度要超过 1 μm（前者选用玻璃基底，后者选用石英基底）。Piramanayagam 等[172]观察到晶粒尺寸会随着薄膜厚度的增大而增大，Muralidhar 等[163]选用 Si 基底沉积薄膜厚度超过 7 μm 时，在 870 K 温度下退火，则薄膜与基底分离的可能性越大，这也许与在越厚的薄膜中其内部应力越大有关。

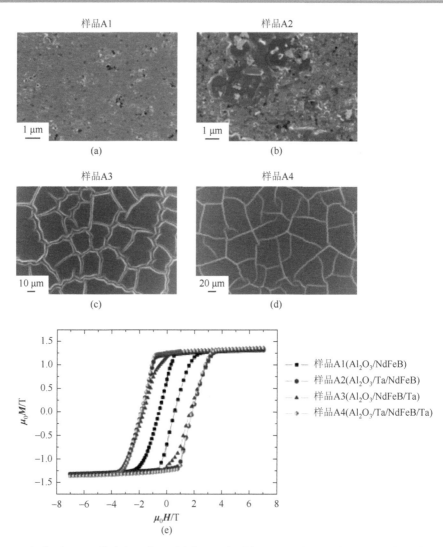

图 4-51　沉积于 Al_2O_3 基底上没有 Ta 缓冲（a）、有厚度 200 nm 的 Ta 缓冲层（b）、有厚度 200 nm 的 Ta 覆盖层（c）和有厚度 100 nm Ta 缓冲层和覆盖层（d）的 Nd-Fe-B 薄膜的面内扫描形貌；（e）这四种薄膜磁滞回线的对比

　　Araki 和 Okabe[159]研究了薄膜的磁性能随薄膜厚度（3～11 μm，Ti 基底，溅射）的变化关系，同时薄膜的表面温度会随着厚度的增大而逐渐升高。厚度小于 700 nm 的薄膜的磁性能不仅取决于薄膜的厚度，也与随着薄膜厚度变化而变化的磁畴尺寸有关（如果薄膜厚度增大，磁畴尺寸会减小）[181, 182]。在后面这种情况中使用较薄的烧结样品，所以没有考虑基底的影响[182]。

　　大体上来讲，Nd-Fe-B 薄膜的性能与厚度并没有非常清晰的关系，也可以说在厚度很宽范围内都能形成性能非常好的 Nd-Fe-B 单层薄膜。而随着真空、溅射等设备条件的改进，能够产生优异硬磁性的临界 Nd-Fe-B 厚度也在逐渐减小。在 2015 年，日本东北学院大学岛敏之在 MgO 单晶基底上探索了极薄 $Nd_{17.4}Fe_{66.8}B_{15.8}$ 薄膜的制备条件和相应性能。在他们的实验中，在 $t \geqslant 8\ nm$ 时，就可以产生很好的矩形度，室温矫顽力在 2 T 附近，可以看到初始磁化曲线上的台阶跳跃。随着厚度逐渐增大，矫顽力基本不变，但矩形度越来越好，初始磁化曲线上的台阶行为也逐渐消失（图 4-52），进一步通过 Nd-Cu 合金扩散，薄膜的室温矫顽力也能够达到 3 T 的水平[183]。而在厚膜方面，也取得了一定进展。Dempsey 等[184]通过磁控溅射制备了 Ta(80 nm)/Nd-Fe-B(3 μm)/Ta(80 nm) 的 Nd-Fe-B 薄膜。当薄膜中 Nd 含量低时室温矫顽力低，这是由其薄膜中晶粒之间没有富稀土相所致（图 4-53）。而当 Nd 含量提高后，晶间存在富 Nd 相后，矫顽力及矩形度都明显提升。这两个相对极端厚度的实验结果说明，利用磁控溅射这种方法制备的从十几纳米到几微米范围内的薄膜，都能够实现 2～3 T 室温矫顽力的性能。

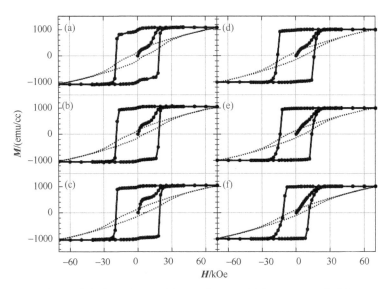

图 4-52　MgO 单晶基底上生长的 Mo 缓冲、具有不同厚度的 Nd-Fe-B 薄膜的室温沿垂直于膜面和面内方向的磁滞回线

Nd-Fe-B 厚度：(a) 8 nm；(b) 12 nm；(c) 16 nm；(d) 32 nm；(e) 50 nm；(f) 100 nm

4.2.2　Nd–Fe–B/α–Fe 双相纳米晶薄膜

因为 Nd-Fe-B 薄膜永磁的磁性能依赖于微观结构[185]，人们对系统地调控晶粒大小和晶间相从而优化磁性能非常感兴趣。对于薄膜研究，则提供了一种很好的解决方案，因为薄膜制备时厚度可以精确控制，而以 $Nd_2Fe_{14}B$ 为主相的多层膜则

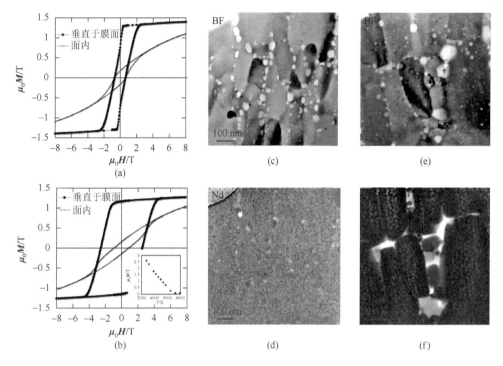

图 4-53　Si 基底上制备的厚度为 3 μm 的 Nd-Fe-B 薄膜

（a）和（b）Nd：Fe 为 15：85 和 19：82 的低、高矫顽力薄膜的室温磁滞回线；（c～f）低、高矫顽力的横截面
形貌（c，d）及对应的 Nd 元素分布图（e，f）

可以用来模拟存在晶间相时的情况。此外，薄膜研究的一个显著优势就是通过高
饱磁的软磁相构造纳米复合体系从而提高磁能积[136]。

　　第一个被制备出来的 Nd-Fe-B 多层膜是为了研究 Nd-Fe-Co-B/Fe（或者 Ag）
多层薄膜的磁化翻转与矫顽力机制，以及与磁性、非磁性薄膜的界面[145, 150]。在
这个体系中，硬磁层厚度为 5～20 nm，Fe 层厚度为 0.2～20 nm。在存在 Fe 时，
形成了周期性多层结构，并观察到强化的垂直各向异性。在有 Ag 层时，并没有
出现多层膜结构，很显然这是由于 Nd 与 Ag 反应形成了 NdAg₃[186]。随后，Shindo
等[178]的实验指出，如果 Nd-Fe-B 与 Fe 层的厚度小于 10 nm 时会出现显著的层间
扩散，依然能得到周期性的成分变化。

　　Kneller 和 Hawig[152]及 Skomski 和 Coey[187, 188]指出，在软硬磁交替的多层膜
中会出现剩磁增强效应，并先后给出了一维、三维交换耦合的模型和各相厚度的
理论解释（图 4-54）。Shindo 等[178]和 Parhofer 等[189]研究了 Nd-Fe-B/Fe 多层膜的
剩磁增强效应。他们都观察到了由于软硬磁耦合产生的剩磁增强现象。Nd-Fe-B/Fe
多层膜的交换耦合也被小回线的可逆性证实[178]。

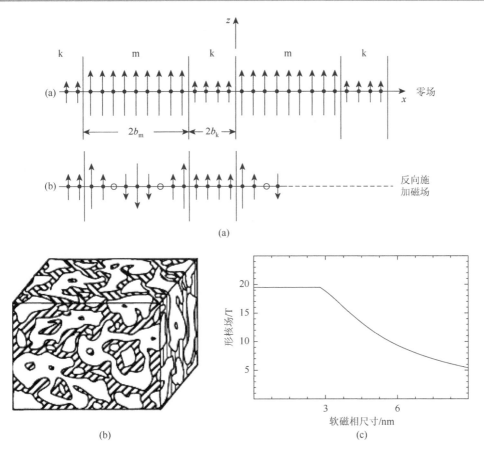

图 4-54　Kneller 和 Hawig[152]（a）及 Skomski 和 Coey[187, 188]（b）所预测的一维、三维取向复
合构型设计。（a）两相耦合中施加反向磁场时软、硬磁相中磁矩排列；
（c）Skomski 和 Coey 计算中形核场随软磁相尺度的变化关系

　　Kneller 和 Hawig[152]预测 Nd-Fe-B 磁体的最佳晶粒应该在 10 nm，基于此有很
多小组都做了 Nd-Fe-B 薄膜在纳米尺度对微观结构调控的模拟工作。晶粒越细小，
所需要的制备技能和要求越高。中国科学院金属研究所刘伟和张志东研究员等[190]
在玻璃基底上室温交替溅射沉积$(Nd_{0.9}Dy_{0.1})(Fe_{0.77}Co_{0.12}Nb_{0.03}B_{0.08})_{5.5}$合金与 Fe 单
质，从横截面形貌可以看到清晰的多层膜结构［图 4-55（a）］。退火后，多层膜结
构转化成单层颗粒薄膜，而形成了各向同性纳米复合薄膜。相比于单层硬磁膜，
纳米复合多层膜的剩余磁化强度和磁能积显著提升至 1.31 T 和 203 kJ/m^3。而矫顽
力从 1.05 T 降低至 0.77 T［图 4-55（b）］。
　　制备各向同性纳米复合薄膜的一般途径除了室温沉积软硬磁多层膜外加高温
退火成复合颗粒薄膜，也可以直接从颗粒薄膜出发制备纳米复合薄膜。颗粒薄膜的
制备可以采用合适成分的 Nd-Fe-B 靶材和 Fe 或 Fe-B 等形成软磁相的靶材共

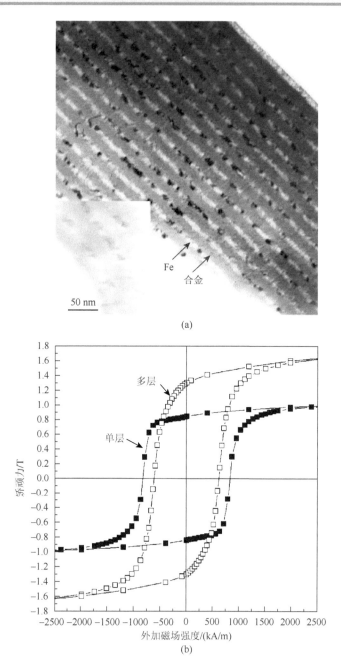

(a)

(b)

图 4-55　室温沉积的 $(Nd_{0.9}Dy_{0.1})(Fe_{0.77}Co_{0.12}Nb_{0.03}B_{0.08})_{5.5}/Fe$ 多层膜的横截面形貌照片（a）及
退火后多层膜的磁滞回线（b）[190]

溅射、交替溅射制备用于退火的薄膜，也有人尝试使用贫 Nd 单靶制备。此外，还可
以利用复合靶材制备双相复合颗粒薄膜。例如，Fukunaga 等[191, 192]曾经采用 $Nd_{2.6}Fe_4B$

作为提供硬磁主相的成分,以 Fe_3B 提供软磁主相;而 Fe_3B 与 $Nd_{2.4}Fe_{14}B$ 在靶材面内直径方向上形成交替排列同心圆的复合靶材,沉积方式为脉冲激光沉积(PLD)。

根据 Coey 和 Skomski 的三维取向复合模型和基础磁学知识可知,实现磁能积最大化的目标在于提高剩余磁化强度与矩形度。而剩余磁化强度则高度依赖于硬磁相的取向度及两相耦合状态。于是,在各向同性纳米复合的基础上人们开展了取向纳米复合的研究。姚琪等[193]在 $Nd_{15}Dy_1Fe_{64}Co_{10}B_{10}$ 的靶材表面放置了六个 Fe 三角片,Fe 片形成边长为 10 mm 的六边形,与靶材同心。室温下各向异性薄膜的磁滞回线与相应各向同性的对比如图 4-56(a)所示,薄膜具有一定的矩形度,室温矫顽力在 1 T 附近。而 170 K 时垂直于膜面和面内方向的磁滞回线都显示出台阶行为,说明软磁相尺寸已经超过了硬磁相所能耦合的长度,出现了解耦。这种低温下测试磁滞回线时出现的台阶行为,也可以用于确定软磁相的存在[194]。

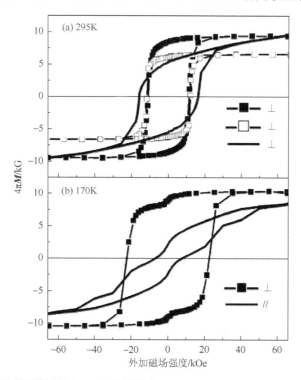

图 4-56 (a)沿垂直于膜面方向、650℃沉积的 Mo(50 nm)/[(Nd, Dy)-(Fe, Co)-B/Fe](300 nm)/Mo(50 nm)各向异性纳米复合膜(−■−)、Mo(50 nm)/(Nd, Dy)-(Fe, Co)-B(300 nm)/Mo(50 nm)各向异性硬磁单相膜(−□−)及各向同性的 Mo(50 nm)/(Nd, Dy)-(Fe, Co)-B(300 nm)/Mo(50 nm)硬磁单相膜(——)的 295K 下磁滞回线比较。(b)在 170K 下 Mo(50 nm)/[(Nd, Dy)-(Fe, Co)-B/Fe](300 nm)/Mo(50 nm)各向异性纳米复合膜沿垂直膜面(−■−)和面内方向(——)的磁滞回线。所有垂直于膜面方向的磁滞回线都经过 $N_{eff} = 0.47$ 退磁修正

在 Nd-Fe-B 单相中的经验和实验结果表明，富 Nd 相中 Nd 含量降低，铁磁性元素如 Fe、Co 等的含量增大往往导致磁体整体矫顽力降低[195]，如图 4-57 所示。而在双相复合中，软硬磁相的自由分布不可避免地会导致软磁相与保证硬磁相矫顽力的富 Nd 相发生扩散反应，进而由于富 Nd 相中 Fe 含量升高导致矫顽力降低。

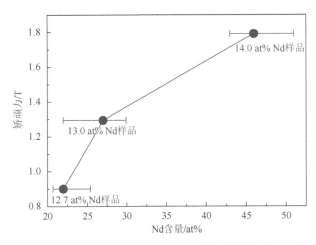

图 4-57　烧结磁体中富 Nd 相中 Nd 含量与磁体矫顽力的关系

早在 2008 年，我们[196]曾在 Fe 软磁层与硬磁层 Nd$_{16}$Fe$_{71}$B$_{13}$ 之间插入 Mo 作为间隔层。对比在没有 Mo 的情况，矫顽力有明显提升；从透射电子显微镜的形貌图中，可以在两相界面处看到清晰的 Mo 间隔层 ［图 4-58（a）和（b）］。从微观结构角度来看，Mo 的存在阻隔了相间扩散；从耦合角度来看，Mo 作为非磁层肯定对相间耦合强度有影响；虽然目前哪种效果是主要机制还未有定论，但实验结果显示的矫顽力及矩形度的提升是不争的事实。随后，在具有高矫顽力、良好硬磁性的单相薄膜基础上，采用 Ta 作为间隔层制备了[Nd-Fe-B/FeCo]$_n$多层膜，制备了一系列具有不同软磁相比例的多层膜，都表现出强烈的各向异性。透射电子显微镜的元素分布图显示，主相 2∶14∶1 晶粒表层被 1 nm 厚的富 Nd相均匀包裹。这层富 Nd 相保证了硬磁相高矫顽力；在硬磁层间存在着未与富 Nd相合金化的软磁相。由于硬磁相具有产生高矫顽力的单层硬磁相的核壳结构，且软磁相被 Ta 间隔层完整保存、未与富 Nd 相发生合金化反应而贡献了高饱磁，导致该纳米复合薄膜的矫顽力为 1.38 T（该系列纳米复合薄膜的矫顽力在 2.3～0.8 T之间浮动），磁能积高达 486 kJ/m^3（该系列纳米复合薄膜的最大磁能积在 250～500 kJ/m^3 之间浮动）[197]。

从多层膜的横截面洛伦兹电子显微镜图片可以看到，磁畴壁穿层而过，显示出在畴内强烈的跨层、跨相间耦合。在不同外加磁场下，畴壁位置显示出存在反向形核所需的可移动畴壁及被钉扎的畴壁。

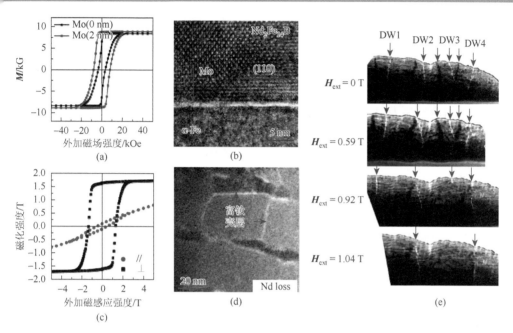

图 4-58　有无 Mo 间隔层时薄膜的磁滞回线对比（a）及有 Mo 间隔层的纳米复合磁体薄膜横截面方向的高分辨相（b）。Ta 间隔的[Nd-Fe-B/FeCo]$_n$ 多层膜的磁滞回线（c）、横截面 Nd 的 EELS 电子显微镜照片（d）和横截面的洛伦兹电子显微镜图片（e）。图中亮、暗衬度线是磁畴壁，可以看到，有些磁畴壁的位置随外加磁场强度增大而变化，有些磁畴壁被钉扎在原处

在 Kneller 和 Hawig[152]的理论描述中，推定双相耦合劲度系数 J_{ex} 在 10^{-11} J/m^2 数量级。交换耦合作为两相耦合的唯一来源。交换劲度系数的实验测量比较困难，

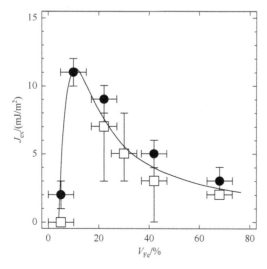

图 4-59　Kato 采用铁磁共振方法测得 J_{ex}（空心）与微磁学模拟计算（实心）的结果比较[198]

但也有很多实验小组不断努力。Kato 等[198]在 2001 年，就提出采用铁磁共振方法，与利用微磁学拟合磁性测试结果得到的 J_{ex} 进行对比，观察到 J_{ex} 随软磁相体积分数先增大后减小的变化规律。

由于我们首先在软硬磁复合薄膜的相界面处插入非磁间隔层，理论上，并未给出相应模型及 J_{ex} 的变化关系。于是，我们改变 Ta、Mo、Ti 等材质的间隔层厚度，系统研究了磁滞回线中磁场附近退磁行为的演变（图 4-60）[199]。单层 Nd-Fe-B 上直接沉积一层软磁层 Fe 后，矫顽力从约 1 T 明显降低至约 0.3 T [图 4-60（a）和（b）]。而层间沉积 2 nm 的 Ta、Mo 和 Ti（哪种都行），矫顽力都恢复至 0.8 T 左右；在垂直于膜面方向上，零场附近的退磁行为很连续，随着间隔层逐渐增加 Ta 到 400 nm、Mo 到 50 nm、Ti 到 70 nm 时，才出现台阶行为，而在面内方向上则都出现台阶行为。

这种 Ta、Mo 和 Ti 间隔层调控的薄膜的矫顽力随间隔层厚度的关系如图 4-60 所示。一致的趋势是：当有无间隔层时，都存在一个跳跃；在两相耦合时矫顽力都小于单层硬磁相的矫顽力；而当在各自体系中，间隔层厚到导致两相解耦时，薄膜的矫顽力恢复至单层硬磁膜时的大小。通过在零场附近计算退磁磁化功，层间耦合强度劲度系数随 Ta 间隔层厚度关系如图 4-60（o）所示，在宽达几百纳米的范围内，逐渐降低。

由于交换耦合只在几纳米范围内起作用（如 Kato 的铁磁共振结果），那是什么原因使得我们观察到在几百纳米范围都存在耦合相互作用呢？通过微磁学拟合对比实验磁滞回线，我们认为除了交换耦合相互作用，还存在静磁耦合相互作用，在间隔层很厚的情况下还能使软磁相在零场附近连续翻转，产生在磁滞回线上连续退磁行为，而不是典型、代表解耦的台阶行为[199]。

我们在最近的实验中[200]，采用 FePt 作为硬磁相，Fe 作为软磁相，Pt 作为间隔层，系统研究了 Pt 厚度变化的过程中，MgO(100)/FePt(10 nm)/Pt(t)/Fe(3 nm)/Pt(3 nm) 多层膜的磁滞回线的系统变化 [图 4-61（a）～（f）]，清晰地看到耦合变弱后零场附近台阶的出现到两相彻底解耦的过程。从透射电子显微镜的衍射图中可以看到 $L1_0$-FePt 相有序化导致的额外斑点。由于 FePt 相中的有序化提供了硬磁相中的磁晶各向异性和矫顽力。采用类似方法计算退磁磁化功，并建立层间耦合劲度系数与间隔层厚度的关系，如图 4-61（h）所示，当厚度 t 大于 1 nm 时的劲度系数与厚度可以被拟合成指数关系，而当厚度 t 非常薄时产生偏差，这类偏差应该来源于层间扩散。

理论上讲，交换耦合劲度系数是一个（依赖于间隔层厚度的）内禀参数；在 Kato 的铁磁共振实验中，拟合所用的是 VSM 测试得到的磁滞回线及依赖于微观组织结构的共振谱线；我们也是采用 SQUID-VSM 实测的磁滞回线，确定长程静磁耦合的微磁学拟合也还是对比实际测试得到的磁滞回线。由于微观结构与磁滞

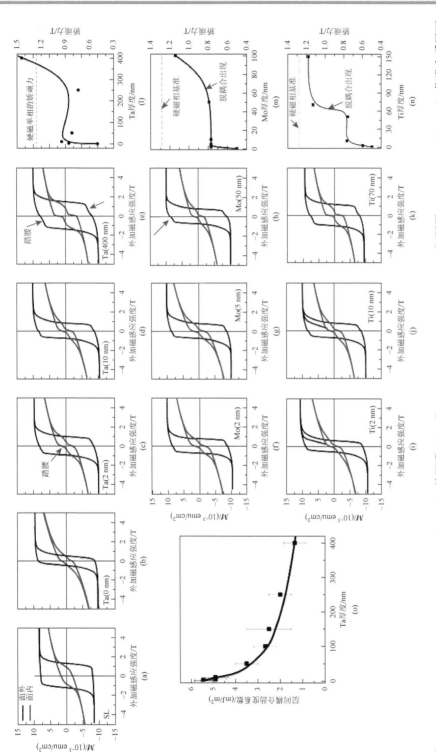

图 4-60 Ti(20 nm)/Nd₁₅Fe₇₅B₁₀(100 nm)/Ti(20 nm) 单层膜（a）及 Ti(20 nm)/Nd₁₅Fe₇₅B₁₀(100 nm)/间隔层/Fe(10 nm)/Ti(20 nm) 薄膜中采用不同厚度 Ta、Mo 和 Ti 间隔层时的磁滞回线。矫顽力随 Ta（l）、Mo（m）和 Ti（o）间隔层厚度的变化关系。（o）以 Ta 作为间隔层时，结合退磁曲线拟合得到的交换耦合劲度系数随间隔层厚度的关系[199]

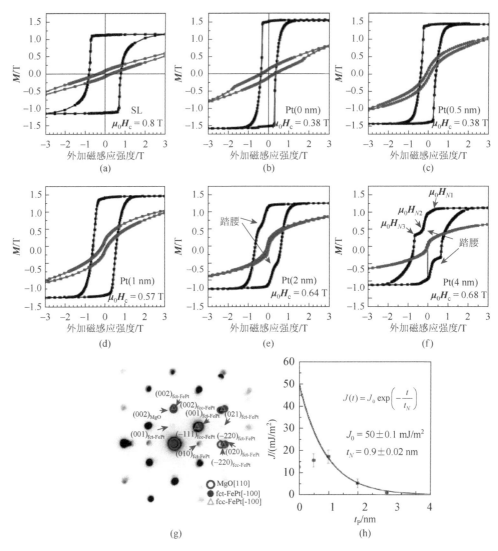

图 4-61   MgO(100)/FePt(10 nm)单层膜（a）和 MgO(100)/FePt(10 nm)/Pt(t)/Fe(3 nm)/Pt(3 nm)多层膜 [t = 0 nm（b），t = 0.5 nm（c），t = 1 nm（d），t = 2 nm（e），t = 4 nm（f）] 的磁滞回线；（g）t = 1 nm 的薄膜的选区衍射斑点；（h）层间耦合劲度系数随 Pt 间隔层的变化关系；图中黑线是指数的拟合关系[200]

回线和具体退磁行为紧密相关，微观结构上的差异肯定会导致实验过程中拟合，因而推算出的交换耦合劲度系数也是一个与微观结构紧密相关的磁参数，而非理论上的"内禀交换耦合劲度系数"，所以目前为止，关于在有间隔层时交换耦合劲度系数的变化关系还没有定论。

自 20 世纪 80 年代初 Nd-Fe-B 被发现以来，其制备工艺与产量得到了飞速提升，应用领域也极大地扩展。而其性能也在逐渐趋近饱和。利用薄膜制备技术，进行更高性能的研究已经没有太大意义；从块体 Nd-Fe-B 降维至薄膜体系的研究目的在于更好地建立微观组织与技术磁性的关系，理解磁性变化与结构演变的趋势和机制。此外，作为一种易操控微观结构的制备方法，更易进行一些面向建立特殊结构与磁性关系的实验研究。而从应用的角度看，针对微型器件与微系统应用方面，介于纳米级薄膜与块体之间的厚膜将有很大的应用空间；而其制备方法也可以采用"从下到上"与"从上到下"两种思路。而这种介观厚膜的表面与界面，则成为影响性能的关键；做好界面的控制，则是基础研究很好的切入点；而这种介观厚膜如何与器件小型化、智能化的趋势融合，将是是否继续给稀土永磁注入活力、推广稀土永磁应用领域的关键，值得全体从业人员思考与探索。

参 考 文 献

[1] Sagawa M，Fujimura S，Togawa N，et al. New material for permanent magnets on a base of Nd and Fe（invited）. Journal of Applied Physics，1984，55（6）：2083-2087.

[2] Jeong J H，Ma H X，Kim D，et al. Chemical synthesis of $Nd_2Fe_{14}B$ hard phase magnetic nanoparticles with an enhanced coercivity value：effect of CaH_2 amount on the magnetic properties. New Journal of Chemistry，2016，40（12）：10181-10186.

[3] Deheri P K，Swaminathan V，Bhame S D，et al. Sol-gel based chemical synthesis of $Nd_2Fe_{14}B$ hard magnetic nanoparticles. Nanoscale，2013，5（7）：2718-2725.

[4] Ma H X，Kim C W，Kim D S，et al. Preparation of Nd-Fe-B by nitrate-citrate auto-combustion followed by the reduction-diffusion process. Nanoscale，2015，7（17）：8016-8022.

[5] Rahimi H，Ghasemi A，Mozaffarinia R，et al. Magnetic properties and magnetization reversal mechanism of Nd-Fe-B nanoparticles synthesized by a sol-gel method. Journal of Magnetism and Magnetic Materials，2017，444：111-118.

[6] Swaminathan V，Deheri P K，Bhame S D，et al. Novel microwave assisted chemical synthesis of $Nd_2Fe_{14}B$ hard magnetic nanoparticles. Nanoscale，2013，5（7）：2718-2725.

[7] Ma Z H，Zhang T L，Wang H，et al. Synthesis of $SmCo_5$ nanoparticles with small size and high performance by hydrogenation technique. Rare Metals，2017，（4）：1-6.

[8] Gu H，Xu B，Rao J，et al. Chemical synthesis of narrowly dispersed $SmCo_5$ nanoparticles. Journal of Applied Physics，2003，93（10）：7589-7591.

[9] Hou Y，Xu Z，Peng S，et al. A facile synthesis of $SmCo_5$ magnets from core/shell Co/Sm_2O_3 nanoparticles. Advanced Materials，2010，19（20）：3349-3352.

[10] Yang C，Jia L，Wang S，et al. Single domain $SmCo_5@Co$ exchange-coupled magnets prepared from core/shell $Sm[Co(CN)_6]·4H_2O@GO$ particles：a novel chemical approach. Scientific Reports，2013，3：3542.

[11] Shen B，Mendozagarcia A，Baker S E，et al. Stabilizing Fe nanoparticles in the $SmCo_5$ matrix. Nano Letters，2017，17（9）：5695-5698.

[12] Shen B，Yu C，Su D，et al. A new strategy to synthesize anisotropic $SmCo_5$ nanomagnets. Nanoscale，2018，10（18）：8735-8740.

[13] Goll D，Berkowitz A E，Bertram H N. Critical sizes for ferromagnetic spherical hollow nanoparticles. Physical

Review B，2004，70（18）：3352-3359.

[14] Sun S，Murray C B，Weller D，et al. Monodisperse FePt nanoparticles and ferromagnetic FePt nanocrystal superlattices. Science，2000，287（5460）：1989-1992.

[15] Nakaya M，Kanehara M，Teranishi T. One-pot synthesis of large FePt nanoparticles from metal salts and their thermal stability. Langmuir，2006，22（8）：3485-3487.

[16] Yu Y，Yang W，Sun X，et al. Monodisperse MPt（M = Fe，Co，Ni，Cu，Zn）nanoparticles prepared from a facile oleylamine reduction of metal salts. Nano Letters，2014，14（5）：2778-2782.

[17] Kang S，Miao G，Shi S，et al. Enhanced magnetic properties of self-assembled FePt nanoparticles with MnO shell. Journal of the American Chemical Society，2006，128（4）：1042-1043.

[18] Kim J，Rong C，Lee Y，et al. From core/shell structured FePt/Fe$_3$O$_4$/MgO to ferromagnetic FePt nanoparticles. Chemistry of Materials，2008，20（23）：7242-7245.

[19] Li Q，Wu L，Wu G，et al. New approach to fully ordered fct-FePt nanoparticles for much enhanced electrocatalysis in acid. Nano Letters，2014，15（4）：2468-2473.

[20] Tamada Y，Yamamoto S，Takano M，et al. Well-ordered L1$_0$-FePt nanoparticles synthesized by improved SiO$_2$-nanoreactor method. Applied Physics Letters，2007，90（16）：162509.

[21] Elkins K，Li D，Poudyal N，et al. Monodisperse face-centred tetragonal FePt nanoparticles with giant coercivity. Journal of Physics D Applied Physics，2005，38（14）：2306-2309.

[22] Bian B，He J，Du J，et al. Growth mechanism and magnetic properties of monodisperse L1$_0$-Co(Fe)Pt@C core-shell nanoparticles by one-step solid-phase synthesis. Nanoscale，2015，7（3）：975-980.

[23] He J，Bian B，Zheng Q，et al. A facile direct chemical synthesis of well disperse L1$_0$-FePt Nanoparticles with tunable size and coercivity. Green Chemistry，2016，18（2）：417-422.

[24] Hu X C，Agostinelli E，Ni C，et al. A low temperature and solvent-free direct chemical synthesis of L1$_0$-FePt nanoparticles with size tailoring. Green Chemistry，2014，16（4）：2292-2297.

[25] Capobianchi A，Colapietro M，Fiorani D，et al. General strategy for direct synthesis of L1$_0$ nanoparticle alloys from layered precursor：the case of FePt. Chemistry of Materials，2009，21（10）：2007-2009.

[26] Wang H，Shang P，Zhang J，et al. One-step synthesis of high-coercivity L1$_0$-FePtAg nanoparticles：effects of Ag on the morphology and chemical ordering of FePt nanoparticles. Chemistry of Materials，2013，25（12）：2450-2454.

[27] Wang H，Li Y，Chen X，et al. Effect of Cu doping on the structure and phase transition of directly synthesized FePt nanoparticles. Journal of Magnetism and Magnetic Materials，2017，422：470-474.

[28] Kinge S，Gang T，Naber W J，et al. Low-temperature solution synthesis of chemically functional ferromagnetic FePtAu nanoparticles. Nano Letters，2009，9（9）：3220-3224.

[29] Zeynali H，Akbari H，Bakhshayeshi A. Synthesis，structure and magnetic properties of L1$_0$ alloy (FePt)$_{100-x}$Zn$_x$ nanoparticles. Applied Physics A，2016，122（4）：369.

[30] Yan Q Y，Kim T，Purkayastha A，et al. Magnetic properties of Sb-doped FePt nanoparticles. Journal of Applied Physics，2006，99（8）：08N709.

[31] 刘洋，张媛媛，姜雨虹，等. Ag 掺杂对 L1$_0$ 相 FePt 纳米颗粒性能的影响. 吉林师范大学学报（自然科学版），2013，34（2）：30-32.

[32] Yu Y，Mukherjee P，Tian Y，et al. Direct chemical synthesis of L1$_0$-FePtAu nanoparticles with high coercivity. Nanoscale，2014，6（20）：12050-12055.

[33] Lei W，Yu Y，Yang W，et al. A general strategy for directly synthesizing high-coercivity L1$_0$-FePt nanoparticles. Nanoscale，2017，9（35）：12855-12861.

[34] Zhang X，Xiong F，Jiang X，et al. Large coercivity FePt nanoparticles prepared via a one-step method without post-annealing. Applied Physics Letters，2016，109（24）：243106.

[35] Dunlop D J. Hysteretic properties of synthetic and natural monodomain grains. Philosophical Magazine，1969，19（158）：329-338.

[36] Menyuk N. Magnetic properties of some ferrite micropowders. Journal of Applied Physics，1959，30（4）：S134-S135.

[37] Li W，Qiao X，Zheng Q，et al. One-step synthesis of MFe_2O_4（M = Fe，Co）hollow spheres by template-free solvothermal method. Journal of Alloys and Compounds，2011，509（21）：6206-6211.

[38] Hu C，Gao Z，Yang X. One-pot low temperature synthesis of MFe_2O_4（M = Co，Ni，Zn）superparamagnetic nanocrystals. Journal of Magnetism and Magnetic Materials，2008，320（8）：L70-L73.

[39] Mohapatra S，Rout S R，Panda A B. One-pot synthesis of uniform and spherically assembled functionalized MFe_2O_4（M = Co，Mn，Ni）nanoparticles. Colloids and Surfaces A Physicochemical and Engineering Aspects，2011，384（1）：453-460.

[40] Park J，An K，Hwang Y，et al. Ultra-large-scale syntheses of monodisperse nanocrystals. Nature Materials，2004，3（12）：891-895.

[41] Pillai V，Shah D O. Synthesis of high-coercivity cobalt ferrite particles using water-in-oil microemulsions. Journal of Magnetism & Magnetic Materials，1996，163（1-2）：243-248.

[42] 冯光峰，黎汉生. 双微乳液法制备 $CoFe_2O_4$ 纳米颗粒及其磁性能研究. 材料导报，2007，21（F05）：36-38.

[43] 王丽，刘锦宏，李发伸. 溶胶-凝胶法与微波燃烧法制备 $CoFe_2O_4$ 纳米颗粒的比较研究. 磁性材料及器件，2005，36（6）：30-32.

[44] 张月萍，宋平新，宋小会，等. $CoFe_2O_4$ 纳米颗粒的制备及其磁学性能. 人工晶体学报，2014，43（12）：3118-3123.

[45] 杨贵进. 稀土掺杂纳米钴铁氧体的制备及其磁性能研究. 广州：暨南大学，2009.

[46] 王宝罗，方卫民，李振兴，等. 钴钕软磁性复合氧化物的溶胶-凝胶法合成及表征. 化学世界，2009，50（1）：26-28.

[47] 段红珍，李巧玲，蔺向阳，等. 钴铁氧体纳米粒子制备及其镧掺杂的磁性能研究. 材料科学与工艺，2009，17（1）：88-91.

[48] Zhu H，Zhang S，Huang Y X，et al. Monodisperse $M_xFe_{3-x}O_4$（M = Fe，Cu，Co，Mn）nanoparticles and their electrocatalysis for oxygen reduction reaction. Nano Letters，2013，13（6）：2947-2951.

[49] Sun S，Zeng H，Robinson D B，et al. Monodisperse MFe_2O_4（M = Fe，Co，Mn）nanoparticles. Journal of the American Chemical Society，2004，126（1）：273-279.

[50] Yu Y，Mendozagarcia A，Ning B，et al. Cobalt-substituted magnetite nanoparticles and their assembly into ferrimagnetic nanoparticle arrays. Advanced Materials，2013，25（22）：3090-3094.

[51] 李同锴，王振彪，梅世刚，等. 钴铁氧体微粉的化学共沉淀法合成和磁性能. 武汉理工大学学报，2008，30（3）：19-21，50.

[52] Qu Y，Yang H，Yang N，et al. The effect of reaction temperature on the particle size，structure and magnetic properties of coprecipitated $CoFe_2O_4$ nanoparticles. Materials Letters，2006，60（29-30）：3548-3552.

[53] Himpsel F，Ortega J，Mankey G，et al. Magnetic nanostructures. Advances in Physics，1998，47（4）：511-597.

[54] Rong C B，Li D，Nandwana V，et al. Size-dependent chemical and magnetic ordering in $L1_0$-FePt nanoparticles. Advanced Materials，2006，18（22）：2984-2988.

[55] Balasubramanian B，Skomski R，Li X，et al. Cluster synthesis and direct ordering of rare-earth transition-metal

nanomagnets. Nano Letters，2011，11（4）：1747-1752.

[56] Chakka V，Altuncevahir B，Jin Z，et al. Magnetic nanoparticles produced by surfactant-assisted ball milling. Journal of Applied Physics，2006，99：08E912.

[57] Wang Y，Li Y，Rong C，et al. Sm-Co hard magnetic nanoparticles prepared by surfactant-assisted ball milling. Nanotechnology，2007，18（46）：465701.

[58] Cui B，Li W，Hadjipanayis G C. Formation of SmCo$_5$ single-crystal submicron flakes and textured polycrystalline nanoflakes. Acta Materialia，2011，59（2）：563-571.

[59] Cui B，Zheng L，Li W，et al. Single-crystal and textured polycrystalline Nd$_2$Fe$_{14}$B flakes with a submicron or nanosize thickness. Acta Materialia，2012，60（4）：1721-1730.

[60] Liu J . Ferromagnetic nanoparticles：synthesis，processing，and characterization. Journal of metals，2010，62（4）：56-61.

[61] Saravanan P，Gopalan R，Rao N R，et al. SmCo$_5$/Fe nanocomposite magnetic powders processed by magnetic field-assisted ball milling with and without surfactant. Journal of Physics D：Applied Physics，2007，40（17）：5021.

[62] Yue M，Wang Y，Poudyal N，et al. Preparation of Nd-Fe-B nanoparticles by surfactant-assisted ball milling technique. Journal of Applied Physics ，2009，105（7）：07A708.

[63] Akdogan N G，Hadjipanayis G C，Sellmyer D. Anisotropic Sm-（Co，Fe）nanoparticles by surfactant-assisted ball milling. Journal of Applied Physics，2009，105（7）：07A710.

[64] Akdogan N G，Hadjipanayis G C，Sellmyer D. Anisotropic PrCo$_5$ nanoparticles by surfactant-assisted ball milling. IEEE Transactions on Magnetics，2009，45（10）：4417-4419.

[65] Saravanan P，Premkumar M，Singh A，et al. Study on morphology and magnetic behavior of SmCo$_5$ and SmCo$_5$/Fe nanoparticles synthesized by surfactant-assisted ball milling. Journal of Alloys and Compounds，2009，480（2）：645-649.

[66] Poudyal N，Rong C B，Liu J P. Effects of particle size and composition on coercivity of Sm-Co nanoparticles prepared by surfactant-assisted ball milling. Journal of Applied Physics，2010，107（9）：09A703.

[67] Akdogan N G，Hadjipanayis G C，Sellmyer D J J N. Novel Nd$_2$Fe$_{14}$B nanoflakes and nanoparticles for the development of high energy nanocomposite magnets. NanoTechnology，2010，21（29）：295705.

[68] Simeonidis K，Sarafidis C，Papastergiadis E，et al. Evolution of Nd$_2$Fe$_{14}$B nanoparticles magnetism during surfactant-assisted ball-milling. Intermetallics，2011，19（4）：589-595.

[69] Akdogan N G，Li W，Hadjipanayis G C. Anisotropic Nd$_2$Fe$_{14}$B nanoparticles and nanoflakes by surfactant-assisted ball milling. Journal of Applied Physics，2011，109（7）：07A759.

[70] Liu R，Yue M，Liu W，et al. Structure and magnetic properties of ternary Tb-Fe-B nanoparticles and nanoflakes. Applied Physics Letters，2011，99（16）：162510.

[71] Zheng L，Cui B，Zhao L，et al. Sm$_2$Co$_{17}$ nanoparticles synthesized by surfactant-assisted high energy ball milling. Journal of Alloys and Compounds，2012，539：69-73.

[72] Yue M，Liu R，Liu W，et al. Ternary DyFeB nanoparticles and nanoflakes with high coercivity and magnetic anisotropy. IEEE Transactions on Nanotechnology，2012，11（4）：651-653.

[73] Akdogan N G，Li W，Hadjipanayis G C. Novel NdCo$_5$ nanoflakes and nanoparticles produced by surfactant-assisted high-energy ball milling. Journal of Nanoparticle Research，2012，14（2）：719.

[74] Su K，Liu Z，Zeng D，et al. Structure and size-dependent properties of NdFeB nanoparticles and textured nano-flakes prepared from nanocrystalline ribbons. Journal of Physics D：Applied Physics，2013，46（24）：245003.

[75] Pal S，Güth K，Woodcock T，et al. Properties of isolated single crystalline and textured polycrystalline nano/sub-micrometre Nd$_2$Fe$_{14}$B particles obtained from milling of HDDR powder. Journal of Physics D：Applied Physics，

2013, 46 (37): 375004.

[76] Li W, Hu X, Cui B, et al. Magnetic property and microstructure of single crystalline Nd$_2$Fe$_{14}$B ultrafine particles ball milled from HDDR powders. Journal of Magnetism and Magnetic Materials, 2013, 339: 71-74.

[77] Hirosawa S, Matsuura Y, Yamamoto H, et al. Magnetization and magnetic anisotropy of R$_2$Fe$_{14}$B measured on single crystals. Journal of Applied Physics, 1986, 59 (3): 873-879.

[78] Pinkerton F E, Materials M. High coercivity in melt-spun Dy-Fe-B and Tb-Fe-B alloys. Journal of Magnetism and Magnetic Materials, 1986, 54: 579-582.

[79] Hadjipanayis G C, Materials M. Nanophase hard magnets. Journal of Magnetism and Magnetic Materials, 1999, 200 (1-3): 373-391.

[80] Lee S, Das B N, Harris V G, et al. Magnetic structure of single crystal Tb$_2$Fe$_{14}$B. Journal of Magnetism and Magnetic Materials, 1999, 207 (1-3): 137-145.

[81] Xiao X, Zeng Z, Zhao Z, et al. Flaking behavior and microstructure evolution of nickel and copper powder during mechanical milling in liquid environment. Materials Science and Engineering: A, 2008, 475 (1-2): 166-171.

[82] Wang X, Gong R, Li P, et al. Effects of aspect ratio and particle size on the microwave properties of Fe-Cr-Si-Al alloy flakes. Materials Science and Engineering A, 2007, 466 (1-2): 178-182.

[83] Jiang B, Weng G J. A theory of compressive yield strength of nano-grained ceramics. International Journal of Plasticity, 2004, 20 (11): 2007-2026.

[84] Cui B, Gabay A, Li W, et al. Anisotropic SmCo$_5$ nanoflakes by surfactant-assisted high energy ball milling. Journal of Applied Physics, 2010, 107 (9): 09A721.

[85] Zheng L, Cui B, Zhao L, et al. A novel route for the synthesis of CaF$_2$-coated SmCo$_5$ flakes. Journal of Alloys and Compounds, 2013, 549: 22-25.

[86] Yue M, Pan R, Liu R, et al. Crystallographic alignment evolution and magnetic properties of Nd-Fe-B nanoflakes prepared by surfactant-assisted ball milling. Journal of Applied Physics, 2012, 111 (7): 07A732.

[87] Cui B, Zheng L, Marinescu M, et al. Textured Nd$_2$Fe$_{14}$B flakes with enhanced coercivity. Journal of Applied Physics, 2012, 111 (7): 07A735.

[88] Zhao L, Akdogan N G, Hadjipanayis G C, et al. Hard magnetic Sm$_2$Fe$_{17}$N$_3$ flakes nitrogenized at lower temperature.Journal of Alloys and Compounds, 2013, 554: 147-149.

[89] Cui B, Marinescu M, Liu J F. Crystallographically anisotropic Sm$_2$Fe$_{17}$N$_\delta$ and Nd(Fe, Mo)$_{12}$N$_x$ hard magnetic flakes. Journal of Applied Physics, 2014, 115 (17): 17A711.

[90] Cui B, Marinescu M, Liu J F. Anisotropic Nd$_2$Fe$_{14}$B submicron flakes by non-surfactant-assisted high energy ball milling. IEEE Transactions on Magnetics, 2012, 48 (11): 2800-2803.

[91] Cui B, Zheng L, Waryoba D, et al. Anisotropic SmCo$_5$ flakes and nanocrystalline particles by high energy ball milling. Journal of Applied Physics, 2011, 109: 07A728.

[92] Zheng L, Cui B, Akdogan N, et al. Influence of octanoic acid on SmCo$_5$ nanoflakes prepared by surfactant-assisted high-energy ball milling. Journal of Alloys and Compounds, 2010, 504: 391-394.

[93] Zheng L, Cui B, Hadjipanayis G. Effect of different surfactants on the formation and morphology of SmCo$_5$ nanoflakes. Acta Materialia, 2011, 59: 6772-6782.

[94] Zheng L, Gabay A, Li W, et al. Influence of the type of surfactant and hot compaction on the magnetic properties of SmCo$_5$ nanoflakes. Journal of Applied Physics, 2011, 109: 07A721.

[95] Zhang J, Gao H, Yan Y, et al. Morphology and magnetic properties of CeCo$_5$ submicron flakes prepared by surfactant-assisted high-energy ball milling. Journal of Magnetism and Magnetic Materials, 2012, 324: 3272-3275.

[96] Hu D, Yue M, Zuo J, et al. Structure and magnetic properties of bulk anisotropic $SmCo_5/\alpha$-Fe nanocomposite permanent magnets prepared via a bottom up approach. Journal of Alloys and Compounds, 2012, 538: 173-176.

[97] Wang D, Li X, Chang Y, et al. Anisotropic Sm_2Co_{17} nano-flakes produced by surfactant and magnetic field assisted high energy ball milling. Journal of Rare Earths, 2013, 31: 366-369.

[98] Pan R, Yue M, Zhang D, et al. Crystal structure and magnetic properties of $SmCo_{6.6}Nb_{0.4}$ nanoflakes prepared by surfactant-assisted ball milling. Journal of Rare Earths, 2013, 31: 975-978.

[99] Hanitsch R. Electromagnetic machines with Nd-Fe-B magnets. Journal of Magnetism and Magnetic Materials, 1989, 80（1）: 119-130.

[100] Schultz L, Mueller K H. Werkstoff-Informationsgesellschaft mbH, Frankfurt am Main（Germany）. Rare-earth magnets and their applications. Vol. 2. Proceedings. 1998.

[101] Fastenau R H J, van Loenen E J. Applications of rare earth permanent magnets. Journal of Magnetism and Magnetic Materials, 1996, 157/158: 1-6.

[102] Honda T, Arai K I, Ishiyama K. Micro swimming mechanisms propelled by external magnetic fields. IEEE Transactions on Magnetics, 1996, 32（5）: 5085-5087.

[103] de Bhailis D, Murray C, Duffy M, et al. in 'Proc. 9th Workshop on Micromachining, Micromechanics and Micro-systems MME '98", Ulvik, Norway. 3-5 June 1988, 256-259.

[104] Shinozawa Y, Abe T, Kondo T. in 'Proc. IEEE Micro Electro Mechanical Systems', Piscataway. NJ 1997, 233-231.

[105] Feustel A, Krusemark O, Müller J. Numerical simulation and optimization of planar electromagnetic actuators. Sensors and Actuators A: Physical, 1998, 70（3）: 276-282.

[106] Losantos P, Plaza J A, Esteve J, et al. in Eurosensors XI, 11th European Conf. on Solid State Transducers. 21-24 September 1997, Vol. 3, 1591-1594.

[107] Wagner R, Kreutzer M, Benecke W. Permanent magnet micromotors on silicon substrates. Journal of Microelectromechanical Systems, 1993, 2（1）: 23-29.

[108] Carotenuto R, Lambertt N, Iula A, et al. A new linear piezoelectric actuator for low voltage and large displacement applications. Sensors Actuators, 1999, 72: 262-268.

[109] Klöpzig M, Wurmus H, Schwesinger N, et al. in 'Proc.9th Workshop on Micromachining, Micromechanics and Microsystems MME '98", 3-5 June 1998, Ulvik, Norway, 1998, 198-201.

[110] Yamashita S, Yamasaki J, Ikeda M, et al. Anisotropic Nd-Fe-B sputtered thin film magnets. IEEE Translation Journal on Magnetics in Japan, 1991, 15（1）: 45-50.

[111] Yamashita S, Yamasaki J, Ikeda M, et al. Anisotropic Nd-Fe-B thin-film magnets for milli-size motor. Journal of Applied Physics, 1991, 70（10）: 6627-6629.

[112] Shearwood C, Williams C B, Yates R B. in Eurosensors XI, 11th European Conf. on Solid State Transducers, Warsaw, Poland, 21-24 September 1997, Warsaw University of Technology, Vol. 2, 767-770.

[113] Affane W, Birch T S. A microminiature electromagnetic middle-ear implant hearing device. Sensors Actuators A, 1995, 46-47: 584-587.

[114] Kallenbach E, Albrecht A, Birli O, et al. in '15th lnt. Kolloq. Feinwerktechnik', Mainz, Germany, 25-26 September 1995, 8 pp.

[115] Madou M. Fundamentals of microfabrication. Boca Raton: CRC, 1997: 422-423.

[116] Busch-Vishniac I J. The case for magnetically driven microactuators. Sensors Actuators A, 1992, 33: 201-220.

[117] Fujita H. Studies of micro actuators in Japan//Proceedings, 1989 International Conference on Robotics and Automation. IEEE, 1989: 1559-1564.

[118] Trimmer W，Jebens R. Actuators for micro robots//Proceedings，1989 International Conference on Robotics and Automation. IEEE，1989：1547-1552.

[119] Gilbertson R G，Busch J D. A survey of micro-actuator technologies for future spacecraft missions. Journal of the British Interplanetary Society，1996，49（4）：129-138.

[120] Bancel F，Lemarquand G. Three-dimensional analytical optimization of permanent magnets alternated structure . IEEE Transactions on Magnetics，1998，34（1），242-247.

[121] 黄其，曹纪超，薛利昆，等. 散热风机无位置传感器控制器设计. 仪表与自动化装置，2020，35（2）：61-65.

[122] Champion E，Bertram H N. The effect of interface dispersion on noise and hysteresis in permanent magnet stabilized MR elements. IEEE Transactions on Magnetics，1995，31（6）：2642-2644.

[123] Nagata Y，Tosaki Y，Fukazawa T，et al. Barberpole type MR head stabilized by hard magnetic films. IEEE Transactions on Magnetics，1995，31（6）：2648-2650.

[124] Cadieu F J. High coercive force and large remanent moment magnetic films with special anisotropies. Journal of Applied Physics，1987，61（8）：4105-4110.

[125] Adam J D. Microwave/mm wave magnetics and MMIC compatibility（invited）. Journal of Applied Physics，1987，61（8）：4111.

[126] Stancil D D. Thin-film permanent magnet requirements for magnetic devices in MMIC（invited）. Journal of Applied Physics，1998，61（8）：4111.

[127] Levy M，Scarmozzino R，Osgood Jr R M，et al. Permanent magnet film magneto-optic waveguide isolator. Journal of Applied Physics，1994，75（10）：6286-6288.

[128] Mapps D J，Chandrasekhar R，Grady K O，et al. Magnetic properties of NdFeB thin films on platinum underlayers. IEEE Transactions on Magnetics，1997，33（5）：3007-3009.

[129] Geurtsen A J M，Kools J C S，de Wit L，et al. Pulsed laser deposition of permanent magnetic $Nd_2Fe_{14}B$ thin films. Applied Surface Science，1996，96：887-890.

[130] Lemke H，Goddenhenrich T，Heiden C，et al. Thin Nd-Fe-B films analyzed by Lorentz and magnetic force microscopy. IEEE Transactions on Magnetics，1997，33（5）：3865-3867.

[131] Chou S Y，Krauss P R. 65 Gbits/in（2）quantum magnetic disk. Journal of Applied Physics，1996，79（8）：5066-5066.

[132] Zasadzinski J F，Segre C U，Rippert E D. Magnetic properties of $Er_2Fe_{14}B$ and $Nd_2Fe_{14}B$ thin films. Journal of Applied Physics，1987，61（8）：4278-4280.

[133] Shima T，Kamegawa A，Aoyagi E，et al. Magnetic properties and structure of Nd-Fe-B thin films with Cr and Ti underlayers. Journal of Magnetism and Magnetic Materials，1998，177-181（2）：911-912.

[134] Hansen P，Heitmann H. Media for erasable magnetooptic recording. IEEE Transactions on Magnetics，1989，25（6）：4390-4404.

[135] Fujiwara H. in 'Encyclopedia of applied physics'，Vol. 16，149-184；1996，New York，VCH Publishers，Inc.

[136] Keavney D J，Fullerton E E，Pearson J E，et al. Magnetic properties of c-axis textured $Nd_2Fe_{14}B$ thin films. IEEE Transactions on Magnetics，1996，32（5）：4440-4442.

[137] Keavney D J，Fullerton E E，Pearson J E，et al. High-coercivity，c-axis oriented $Nd_2Fe_{14}B$ films grown by molecular beam epitaxy. Journal of Applied Physics，1997，81（8）：4441-4443.

[138] Gasgnier M，Colliex C，Manoubi T. Amorphous and crystalline properties of thin films of NdFeB. Journal of Applied Physics，1986，59（3）：989-992.

[139] Yao Y D，Wu K T，Chen Y Y，et al. Optical and magnetic studies of NdFeB films. Journal of Applied Physics，

1993, 73 (10): 5881-5883.

[140] Wu K T, Yao Y D, Klik I. Electrical and magnetic properties of NdFeB films. Applied Surface Science, 1997, 113: 174-177.

[141] Pereira L G, Teixeira S R, Schreiner W H, et al. Magnetic behaviour of thin film multilayers and phases of the Fe Nd and Fe Nd B system. Physica Status Solidi (a), 1991, 125 (2): 625-634.

[142] Lemke H, Echer C, Thomas G. Electron microscopy of thin films prepared by laser ablation. IEEE Transactions on Magnetics, 1996, 32 (5): 4404-4406.

[143] Yang C J, Kim S W, Kang J S. Magnetic properties of NdFeB thin films grown by a pulsed laser deposition. Journal of Magnetism and Magnetic Materials, 1998, 188 (1-2): 100-108.

[144] Nakano M, Itakura M, Yanai T, et al. Isotropic Nd-Fe-B thick-film magnets for micro-rotors prepared by PLD method. Electrical Engineering in Japan, 2014, 187: 1.

[145] Aylesworth K D, Zhao Z R, Sellmyer D J, et al. Growth and control of the microstructure and magnetic properties of sputtered $Nd_2Fe_{14}B$ films and multilayers. Journal of Magnetism and Magnetic Materials, 1989, 82 (1): 48-56.

[146] Strzeszewski J, Nazareth A, Hadjipanayis G C, et al. Microstructure studies in $Nd_2(Fe_{0.9}Co_{0.1})_{14}B$ thin films. Materials Science and Engineering, 1988, 99 (1-2): 153-156.

[147] Cadieu F J, Cheung T D, Wickramasekara L. Magnetic properties of sputtered Nd-Fe-B films. Journal of Magnetism and Magnetic Materials, 1986, 54: 535-536.

[148] Cadieu F J, Cheung T D, Wickramasekara L, et al. The magnetic properties of high iHc Sm-Co, Nd-Fe-B, and Sm-Ti-Fe films crystallized from amorphous deposits. Journal of Applied Physics, 1987, 62 (9): 3866-3872.

[149] Overfelt R A, Anderson C D, Flanagan W F. Plasma sprayed $Fe_{76}Nd_{16}B_8$ permanent magnets. Applied Physics Letters, 1986, 49 (26): 1799-1801.

[150] Aylesworth K D, Zhao Z R, Sellmyer D J, et al. Magnetic and structural properties of $Nd_2Fe_{14}B$ permanent-magnet films and multilayers with Fe and Ag. Journal of Applied Physics, 1988, 64 (10): 5742-5744.

[151] W.B.Cui etal, Unpublished.

[152] Kneller E F, Hawig R. The exchange-spring magnet: a new material principle for permanent magnets. IEEE Transactions on Magnetics, 1991, 27 (4): 3588-3560.

[153] Ghasemi A. The role of annealing temperature on the structural and magnetic consequences of Ta/PrFeB/Ta thin films processed by rapid thermal annealing. Journal of Magnetism and Magnetic Materials, 2016, 403, 127-132.

[154] Chu K T, Jin Z Q, Chakka V M, et al. Rapid magnetic hardening by rapid thermal annealing in NdFeB-based nanocomposites. Journal of Physics D: Applied Physics, 2005, 38 (22): 4009.

[155] Cui W B, Takahashi Y K, Hono K. Microstructure optimization to achieve high coercivity in anisotropic Nd-Fe-B thin films. Acta Materialia, 2011, 59 (20): 7768-7775.

[156] Liu W, Li X Z, Sui Y C, et al. Structure, magnetic properties and exchang coupling in thermally processed NdDyFeCoB/α-Fe nanoscale multilayer magnets. Journal of Applied Physics, 2008, 103: 07E130-1-3

[157] Burzo E. Permanent magnets based on R-Fe-B and R-Fe-C alloys. Reports on Progress in Physics, 1998, 61 (9): 1099.

[158] Aylesworth K D, Sellmyer D J, Hadjipanayis G C. The structural and magnetic properties of films of $Pr_2Fe_{14}B$ and $Nd_2Fe_{14}B$ cosputtered with Ta. Journal of Magnetism and Magnetic Materials, 1991, 98 (1-2): 65-70.

[159] Araki T, Okabe M. in 'IEEE Micro Electro MechanicalSystemsWorkshop', Piscata-way, NJ, 1996, Institution of Electrical and Electronics Engineers, 244-249.

[160] Shima T, Kamegawa A, Fujimori H. in 'Rare-earthmagnets and their applications', Vol.2, (Schultz L, Müller K

H）, 1029-1034; 1998, Frankfurt, Werkstoff-Informationsgesellschaft mbH.

[161] Tsai J L, Chin T S, Yao Y D, et al. Preparation and properties of [(NdFeB)$_x$/(Nb)$_z$]$_n$ multi-layer films. Physica B: Condensed Matter, 2003, 327 (2-4): 283-286.

[162] Uehara M. Microstructure and permanent magnet properties of a perpendicular anisotropic NdFeB/Ta multilayered thin film prepared by magnetron sputtering. Journal of Magnetism and Magnetic Materials, 2004, 284: 281-286.

[163] Muralidhar G K, Window B, Sood D K, et al. Structural and compositional studies of magnetron-sputtered Nd-Fe-B thin films on Si(100). Journal of Materials Science, 1998, 33 (5): 1349-1357.

[164] Matsuura M, Goto R, Tezuka N, et al. Influence of Nd oxide phase on the coercivity of Nd-Fe-S thin films. Materials Transactions, 2010, 51: 1901-1904.

[165] Herbst J F. R$_2$Fe$_{14}$B materials: intrinsic properties and technological aspects. Reviews of Modern Physics, 1991, 63 (4): 819-898.

[166] Parhofer S, Gieres G, Wecker J, et al. Growth characteristics and magnetic properties of sputtered NdFeB thin films. Journal of Magnetism and Magnetic Materials, 1996, 163 (1-2): 32-38.

[167] Vekshin B S, Käpitanov B A, Kornilov N V, et al. Tsvetkov: Elektrotekhnika (Russia), 1989, 60, (11): 18-20 (in Russian).

[168] Linetsky Y L, Raigorodsky V M, Tsvetkov V Y. Phase transformations in sputtered NdFeB alloys. Journal of Alloys and Compounds, 1992, 184 (1): 35-42.

[169] Lemke H, Müller S, Göddenhenrich T, et al. Influence of preparation conditions on the properties of sputtered NdFeB films. Physica Status Solidi A, 1995, 150 (2): 723-731.

[170] Salas F H, Dehesa C, Pérez G T, et al. Magnetic and magneto-optical properties of NdFeB/Mo and NdFeB/FeB amorphous bilayers. Journal of Magnetism and Magnetic Materials, 1993, 121 (1-3): 548-551.

[171] Woodcock T G, Khlopkov K, Walther A, et al. Interaction domains in high performance NdFeB thick films. Scripta Materialia, 2009, 60: 826-829.

[172] Piramanayagam S N, Matsumoto M, Morisako A, et al. Synthesis of Nd-Fe-B thin films with high coercive force by cosputtering. IEEE Transactions on Magnetics, 1997, 33 (5): 3643-3645.

[173] Matsumoto M, Morisako A, Takei S, et al. Studies of cosputtered NdFeB thin films. Journal of the Magnetics Society of Japan, 1997, 21 (4_2): 417-420.

[174] Cadieu F J, Cheung T D, Wickramasekara L, et al. The magnetic properties of high/sub i/H/sub c/Sm-Co, Nd-Fe-B, and Sm-Ti-Fe films crystallized from amorphous deposits. Journal of Applied Physics, 1987, 62 (9): 3866-3872.

[175] Parhofer S, Kuhrt C, Wecker J, et al. Magnetic properties and growth texture of high-coercive Nd-Fe-B thin films. Journal of Applied Physics, 1998, 83 (5): 2735-2741.

[176] Tsai J L, Chin T S. in'Rare-earth magnets and theirapplications', Vol.2, (ed. L. Schultz and K.-H. Müller), 1067-1075; 1998, Frankfurt, Werkstoff-Informationsgesell-schaft mbH.

[177] Tsai J L. Chin T S. in'Rare-earthmagnets and theirapplications', Vol. 2, (ed. L. Schultz and K.-H. Müller), 1057-1065; 1998, Frankfurt, Werkstoff-lnformationsgesell-schaft mbH.

[178] Shindo M, Ishizone M, Kato H, et al. Exchange-spring behavior in sputter-deposited α-Fe/Nd-Fe-B multilayer magnets. Journal of Magnetism and Magnetic Materials, 1996, 161: 11-15.

[179] Zhang Y, Givord D, Dempsey N M. The influence of buffer/capping-layer-mediated stress on thecoercivity of NdFeB films. Acta Mater ialia, 2012, 60: 3783-3788.

[180] Sun H, Tomida T, Hirosawa S, et al. Magnetic properties and microstructure studies of NdFeB thin films. Journal of Magnetism and Magnetic Materials, 1996, 164 (1-2): 18-26.

[181] Lemke H，Thomas G，Medlin D L. Magnetic properties of Nd-Fe-B films analyzed by Lorentz microscopy. Nanostructured Materials，1997，9（1-8）：371-374.

[182] Newnham S J，Jakubovics J P，Daykin A C. Domain structure of thin NdFeB foils. Journal of Magnetism and Magnetic Materials，1996，157：39-40.

[183] R. Nakagawa，M. Doi，T. Shima. Effect of nonmagnetic cap layers for Nd-Fe-B thin films with small addition of rare-earth element. IEEE Transactions on Magnetics，2015，60，2104904.

[184] Dempsey N M，Woodcock T G，Sepehri-Amin H，et al. High-coercivity Nd-Fe-B thick films without heavy rare earth additions. Acta Materialia，2013，61（13）：4920-4927.

[185] Cheung T D，Guo X，Cadieu F J. Electron energy loss spectra of $SmCo_5$ and $Nd_2Fe_{14}B$ films. Journal of Applied Physics，1987，61（8）：3979-3981.

[186] Panagiotopoulos I，Meng-Burany X，Hadjipanayis G C . Granular $Nd_2Fe_{14}B$/W thin films. Journal of Magnetism and Magnetic Materials，1997，172（3）：225-228.

[187] Skomski R，Coey J M D . Giant energy product in nanostructured two-phase magnets. Physical Review B，1993，48（21）：15812-15816.

[188] Skomski R，Coey J M D. Nucleation field and energy product of aligned two-phase magnets-progress towards the "1 MJ/m^3" magnet. IEEE Transactions on Magnetics，1994，29（6）：2680-2682.

[189] Parhofer S M，Wecker J，Kuhrt C，et al. Remanence enhancement due to exchange coupling in multilayers of hard-and softmagnetic phases. IEEE Transactions on Magnetics，1996，32（5）：4437-4439.

[190] Liu W，Zhang Z，Liu J，et al. Exchange coupling and remanence enhancement in nanocomposite multilayer magnets. Advanced Materials，2002，14（24）：1832-1834.

[191] Fukunaga H，Kanai Y. in'Magneticanisotropy andcoercivity in rare-earth transition metal alloys'，Vol.1，（ed.L. Schultz and K.-H. Müller），237-250；1998，Frankfurt，Werkstoff-Informationsgesellschaft mbH.

[192] Fukunaga H，Nakano M，Matsuura Y，et al. Magnetic properties of Nd-Fe-B nanocomposite films prepared by a new method using pulsed laser deposition. Journal of Alloys and Compounds，2006，408：1355-1358.

[193] Yao Q，Liu W，Cui W B，et al. Structure and magnetic properties of nanocomposite（Nd，Dy）-（Fe，Co）-B/α-Fe thin films with perpendicular magnetic anisotropy. Journal of Physics D：Applied Physics，2009，42（3）：035007.

[194] Liu W，Zhang Z D，Liu J P，et al. Structure and magnetic properties of sputtered hard/soft multilayer magnets. Journal of Applied Physics，2003，93（10）：8131-8133.

[195] Liu J，Sepehri-Amin H，Ohkubo T，et al. Effect of Nd content on the microstructure and coercivity of hot-deformed Nd-Fe-B permanent magnets. Acta Materialia，2013，61（14）：5387-5399.

[196] Cui W B，Zheng S J，Liu W，et al. Anisotropic behavior of exchange coupling in textured $Nd_2Fe_{14}B$/α-Fe multilayer films. Journal of Applied Physics，2008，104（5）：053903.

[197] Cui W B，Takahashi Y K，Hono K. $Nd_2Fe_{14}B$/FeCo anisotropic nanocomposite films with a large maximum energy product. Advanced Materials，2012，24（48）：6530-6535.

[198] Kato H，Ishizone M，Miyazaki T，et al. High-frequency ferromagnetic resonance in $Nd_2Fe_{14}B$/α-Fe nanocomposite films. IEEE Transactions on Magnetics，2001，37（4）：2567-2569.

[199] Cui W B，Sepehri-Amin H，Takahashi Y K，et al. Hard magnetic properties of spacer-layer-tuned NdFeB/Ta/Fe nanocomposite films. Acta Materialia，2015，84：405-412.

[200] Xie Y G，Zhao N，Zhong H，et al. Manipulating the magnetic properties and interphase coupling in FePt/Pt/Fe multilayer films by Pt spacer layer. Journal of Physics D：Applied Physics，2017，50（49）：495001.

第5章

软磁材料

　　磁性材料包括铁磁性材料、反铁磁性材料等，其中铁磁性材料根据矫顽力的不同分为硬磁材料和软磁材料。不同的铁磁性材料的磁滞回线有很大的区别，磁滞回线的水平方向越宽，说明磁滞现象越严重。磁滞回线面积越大，材料的剩余磁化强度和矫顽力越大，这种材料被称为硬磁材料，适合用于永久磁体。磁滞回线面积越小，材料的剩余磁化强度和矫顽力就越小，这种材料被称为软磁材料，其磁滞损耗较小，适合于在交变磁场下工作。软磁材料包括磁性金属、磁性合金、磁性金属氧化物、磁性金属氮化物等。随着电子学器件的发展，低维软磁材料在很多领域具有重要的应用价值，备受人们的关注，包括软磁性薄膜、多层膜、颗粒薄膜等。迄今为止，在低维软磁材料中发现了很多新颖的物理现象，具有重要的应用前景。1857 年，在铁磁性金属中发现各向异性磁电阻效应。20 世纪 80 年代后期，对电子器件小型化、高集成度以及高运算速度的追求，特别是金属-绝缘体颗粒薄膜中巨磁电阻效应的发现，引起了物理学和材料科学工作者的广泛研究兴趣。1988 年法国巴黎第十一大学物理系 Fert 教授的科研组首先在 Fe/Cr 多层膜中发现了巨磁电阻效应[1]，即材料的电阻率随材料磁化状态的变化而呈现显著改变的现象，他们采用分子束外延的手段，在 GaAs(001)基底上外延生长了(001)Fe/(001)Cr 超晶格，在 4.2 K 温度下，当 Fe、Cr 层的厚度分别为 3 nm 和 0.9 nm 时，外加 2 kOe 的磁场可获得−50%磁电阻变化率（$\Delta R / R_0 \approx -50\%$），这一数值比人们所熟知的 FeNi 合金的各向异性磁电阻约大一个数量级，并且为负值，故称之为巨磁电阻（giant magnetoresistance，GMR）效应以示区别。Fe/Cr 多层膜中GMR 效应的物理机制源于相邻铁磁层间通过非磁性 Cr 层产生的反铁磁性耦合，而外加磁场可改变铁磁层中磁矩的方向，使其趋于外加磁场方向取向排列，由于电子在具有不同磁矩取向的磁性层中输运时，所受到的散射概率是不同的，从而导致电阻率随磁化状态的改变而改变。1987 年，Grünberg 等[2]采用布里渊散射对

Fe/Cr 多层膜的层间耦合进行了研究，为巨磁电阻效应的发现奠定了物理基础。在磁性多层膜的巨磁电阻效应研究的启发与促进下，1992 年，Berkowitz 和 Chien 研究组分别独立地发现在 Co-Cu 和 Co-Ag 颗粒薄膜中同样存在巨磁电阻效应。1995 年，Miyazaka 等发现 Fe/Al$_2$O$_3$/Fe 隧道结室温下巨磁电阻效应可达 18%。另外，早在 20 世纪 70 年代初期，Gittleman 等在用溅射法制备的 Ni-Si-O 颗粒薄膜中观察到了很小的磁电阻效应，并将它归因于自旋相关隧穿效应。二十多年后，Fujimori 和 Mitani 等首次报道了 Co-Al-O 系统中室温下的巨磁电阻效应，磁电阻值约为 8%。此后不久，Milner 等在 Ni(Co)-Si-O 系统中也发现了这种巨磁电阻效应。该巨磁电阻来源于隧道效应，因此被称为"隧道型磁电阻（tunneling magnetoresistance，TMR）"，理论研究表明其大小与隧穿电子的自旋极化率成正比。1993 年，Helmolt 等在 La$_{0.67}$Ba$_{0.33}$MnO$_x$ 类钙钛矿铁磁薄膜中发现室温磁电阻效应可高达 60%，为这类混合价化合物的本征磁电阻效应的研究揭开了序幕，并把该体系中的磁电阻称为庞磁电阻（CMR）[3]。这些在软磁材料中发现的物理现象，为软磁材料的实际应用奠定了实验和理论基础。

5.2　软磁材料中的各向异性磁电阻

5.2.1　软磁材料中各向异性磁电阻概述

1975 年，McGuire 和 Potter 对软磁性 3d 合金的各向异性磁电阻效应的理论和实验研究进行了系统的评述[4]。本章对该评述和各向异性磁电阻效应的新研究进展进行了介绍。

1857 年，Thomson 在铁磁性金属中发现了各向异性磁电阻效应[2]。然而在他发现各向异性磁电阻一个世纪后，磁电阻效应才被用作磁记录的探测元件。为了更清晰地定义各向异性磁电阻，图 5-1 给出了相应的图。图 5-1（a）给出了合金（Ni$_{0.9942}$Co$_{0.0058}$）从热力学零度到居里温度的自发磁化强度。在室温下，测量圆柱形样品的各向异性磁电阻，圆柱形样品的退磁张量是已知的，图 5-1（b）给出了相应的测量结果。在图 5-1（b）中，上面的曲线是在磁化强度平行于电流的情况下测量得到的电阻率（$\rho_{//}$）；下面的曲线是在磁化强度垂直于电流方向时测量得到的电阻率（$\rho_\perp$）。以多畴框架为特征的任意电阻率为起点，50 Oe 的磁场足够使磁畴一致排列，从而获得了 $\rho_{//}$ 和 $\rho_\perp$。对于坡莫合金，几奥斯特的磁场足够。初始差异 $\Delta\rho = \rho_{//} - \rho_\perp$ 为各向异性磁电阻率。$\Delta\rho/\rho_{AV}$（$\rho_{AV} = 1/3\rho_{//} + 2/3\rho_\perp$）被称为各向异性磁电阻比率，这个物理量在基础理论的理解和工程上都是很有用处的，可以直接从 $\Delta R/R$ 中获得，并不用考虑样品尺寸。如果将外加磁场增大到几千奥斯特，$\rho_{//}$ 和 $\rho_\perp$ 同时降低并且降低的数值是一样的［图 5-1（b）］。电阻率的降低主要是由在自发饱和磁化强度以上，随着外加磁场的增大，磁化强度增大引起的，如图 5-1（a）中 a 和 b 两点间的磁化过程。在 77 K，测得的 $\rho_{//}$ 和 $\rho_{\perp}$ 随磁场的变化关系曲线的特征与室温下测量的结果有明显差别，如图 5-1（c）所示。在 4.2 K，发现 $\rho_{//}$ 和 $\rho_{\perp}$ 随磁场强度的增大而增大，这主要是由于洛伦兹力引起的正常磁电阻效应。

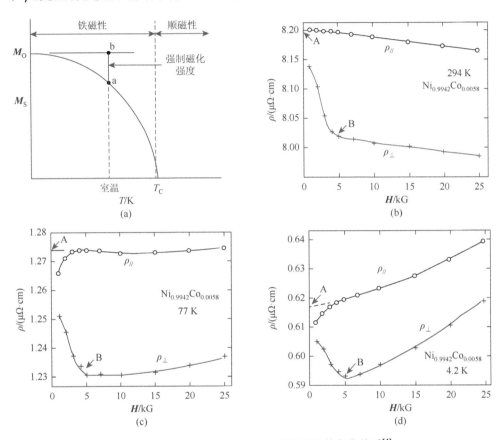

图 5-1　磁化强度和电阻率随温度或磁场的变化关系[4]

（a）磁化强度随温度的变化关系；（b）室温下，$Ni_{0.9942}Co_{0.0058}$ 合金的电阻率随磁场强度的变化关系，选取 A 和 B 两点计算 $\Delta\rho$ 的 $\rho_{//}$ 和 $\rho_{\perp}$，由于退磁场的效应，B 点的磁场较高；（c）77 K，$Ni_{0.9942}Co_{0.0058}$ 合金的电阻率随磁场强度的变化关系；（d）4.2 K，$Ni_{0.9942}Co_{0.0058}$ 合金的电阻率随磁场强度的变化关系

在研究各向异性磁电阻的过程中，人们先后研究了磁化强度、应力、合金成分等因素的影响。在研究合金成分对各向异性磁电阻的影响时，人们发现各向异性磁电阻效应会在某个成分下出现峰值，这是一个有趣的现象。图 5-2 给出了 Ni_xFe_{1-x} 和 Ni_xCo_{1-x} 合金的各向异性磁电阻随 Ni 含量的变化关系。Snoek 认为各向异性磁电阻的峰值与该成分下样品的磁化强度接近一个玻尔磁子，并且与磁滞伸缩较小有关。受 Snoek 的想法的启发，Smit 和 van Elst 进行了更加综合的实验

研究工作，并引入了一些相关的因素，如零反常霍尔电压。同时，还讨论了态密度和自旋-轨道相互作用等的影响。Smit 和 van Elst 的工作又促进了人们对各向异性磁电阻的实验和理论研究工作，有很多关于薄膜的各向异性磁电阻效应的报道，薄膜更有利于在器件上应用。

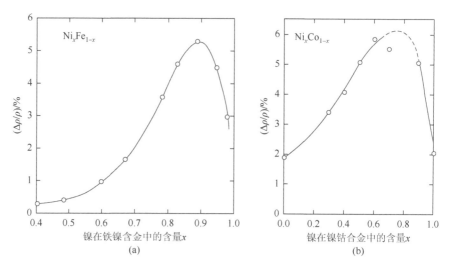

图 5-2 Ni_xFe_{1-x} 和 Ni_xCo_{1-x} 合金的各向异性磁电阻随 Ni 含量的变化关系[4]

正如上面提到的，磁性金属或合金材料的各向异性磁电阻依赖于自发磁矩的方向，而非磁性金属中的正常磁电阻效应来自于洛伦兹力，与外加磁场大小和方向有关，正比于 $\boldsymbol{B}^2$。

各向异性磁电阻中的电场强度的矢量表达式为

$$\boldsymbol{E} = \rho_\perp \boldsymbol{j} + \boldsymbol{\alpha}(\boldsymbol{\alpha}\cdot\boldsymbol{j})(\rho_{//}-\rho_\perp) + \rho_H(\boldsymbol{\alpha}\times\boldsymbol{j}) \tag{5-1}$$

式中，$\boldsymbol{j}$ 为电流密度；$\boldsymbol{\alpha}$ 为单畴样品中的磁矩的单位方向矢量；$\rho_{//}$ 和 $\rho_\perp$ 分别为平行和垂直于 $\boldsymbol{\alpha}$ 的电阻率；最后一项为反常霍尔效应场。对于完全退磁态的样品，在没有外加磁场下的电阻率约为 $\rho_{AV} = 1/3\rho_{//} + 2/3\rho_\perp$。如果定义磁电阻为样品在完全磁化和退磁状态下电阻率的变化，可以得到

$$\frac{\Delta\rho_\perp}{\rho_{AV}} = \frac{\rho_\perp - \rho_{AV}}{\rho_{AV}} \text{ 和 } \frac{\Delta\rho_{//}}{\rho_{AV}} = \frac{\rho_{//} - \rho_{AV}}{\rho_{AV}} \tag{5-2}$$

只要获得 ρ_{AV}、$\rho_{//}$、$\rho_\perp$ 就可以计算样品的磁电阻值。然而，在实验中测量得到的是 ρ_0，并不是 ρ_{AV}，尽管二者差别不大。因此，最好测量 $\rho_{//}$ 和 $\rho_\perp$，并定义磁电阻为

$$\frac{\Delta\rho}{\rho_{AV}} = \frac{\rho_{//} - \rho_\perp}{\rho_{//}/3 + 2\rho_\perp/3} \tag{5-3}$$

如果磁化强度与电流之间的夹角为任意角度 θ，根据式（5-1），可以得到

$$\rho(\theta) = \rho_\perp \sin^2(\theta) + \rho_{//} \cos^2(\theta) \text{ 或者 } \rho(\theta) = \rho_\perp + \Delta\rho \cos^2(\theta) \tag{5-4}$$

表 5-1 给出了室温下几种材料的 $\Delta\rho$、ρ_0、$\Delta\rho/\rho_0$ 和磁化强度 M 的数值，详见表 5-1。从表 5-1 和图 5-1 可以看出，各向异性磁电阻对 M 的依赖关系并不是简单的函数关系。

表 5-1　几种材料的 $\Delta\rho$、ρ_0、$\Delta\rho/\rho_0$ 和磁化强度 M[4]

金属	温度/K	$(\Delta\rho/\rho_0)$/%	$\rho_0/(\mu\Omega\cdot cm)$	$\Delta\rho/(\mu\Omega\cdot cm)$	$4\pi M$/G	n_B^*	T_C^*/K
Fe	300	0.2	9.8	0.02	21580		1043
	77	0.3	0.64	0.002	21800	2.2	
Co	300	1.9	13.0	0.25	17900	1.7	1388
Ni	300	2.02	7.8	0.16	6084		631
	77	3.25	0.69	0.023	6350	0.60	
Gd	300	0	130	0			293
	200	0.2	95	0.19	14500		
	77	6.0	27	0.16	18700	7.5	
Ho	24	22	11	2.43			19
	4.2	32	7	2.24	23200	8.5	
Nd	1.38	5.0	2.21	0.1			

下面介绍几种对各向异性磁电阻效应的理解以及其实际应用中具有重要意义的物理性质[2]。

1. 电阻率

任何铁磁性金属的电阻率 ρ_{AV} 都是影响各向异性磁电阻比率（$\Delta\rho/\rho_{AV}$）的基本参数。在磁电阻器件中，输出信号正比于 $\Delta\rho$，$\Delta\rho/\rho_{AV}$ 是磁电阻器件性能的有利判据，因为器件的功率正比于 ρ_{AV}。根据电子输运理论，电导率为

$$\sigma = Ne\mu \tag{5-5}$$

其中，N 是单位体积内的电子数目；μ 是载流子的迁移率，即载流子在单位电场强度下的速度。根据动力学理论，电阻率可以表达为

$$\rho = 1/\sigma = mv_F/Ne^2l_0 \tag{5-6}$$

其中，v_F 是载流子在费米面的速度；e 和 m 分别是电子的电量和质量；$l_0 = v_F\tau$，平均自由程。计算电阻率需要知道 l_0 或者 τ（自由扩散时间）。

载流子在传输过程中会受到声子的散射，因此会产生依赖于温度的电阻率 ρ_T。同时，还会有来自于缺陷和杂质原子的静态电阻率 ρ_S。在薄膜中，晶界、表面散射、位错和应力都是电阻率的重要来源。各种各样的原因使材料的电阻率

（$\rho = \rho_T + \rho_S$）有所升高，但是各向异性磁电阻并没有相应地增大。大多数情况下，各向异性磁电阻器件中用到的都是二元合金材料，二元合金中的一个组分被认为是另一组分的杂质。杂质作为散射中心的原因为：①杂质原子的电荷与主体晶格的不同；②由于杂质原子尺寸的原因，晶格发生扭曲；③传导电子密度（N）发生变化；④费米面发生了改变。

在①和②两种情况下，晶格的周期性受到影响，相邻原子之间的势能发生了变化。在这种情况下，平均电阻率可以表达为[5]

$$\rho_0 = C(1-x) \tag{5-7}$$

式中，C 是常数；x 是杂质含量。

2. 薄膜的电阻率

一般地，薄膜的电阻率会随着薄膜厚度的减小而升高。这种情况下，传导电子的表面散射变得更加重要，这就是所谓的尺寸效应。当电子的平均自由程和薄膜厚度相当时，电阻率会有明显的升高。对这个效应最简单的理解方式就是薄膜的表面成为电子运动过程中的另外一个障碍。薄膜变薄会使电子的平均自由程变短，电导率降低，表面散射增强。在散射条件下，Fuchs 和 Sondheimer 给出了如下的解释

对于较厚的薄膜（$l_0 < t$）

$$\rho = \rho_0 \left[1 + \frac{3}{8}(l_0/t) \right] \tag{5-8}$$

然而，对于较薄的薄膜（$l_0 \gg t$）

$$\rho = \rho_0 \frac{4l_0}{3} \frac{1}{[\ln(l_0/t)+0.423]} \tag{5-9}$$

其中，ρ_0 是块体电阻率；ρ 是测量得到的电阻率，详细的介绍见文献[6]。图 5-3 给出了 $Ni_{0.82}Fe_{0.18}$ 薄膜的电阻率值。通过拟合得到 $\rho_0 = 18 \times 10^{-6}$ Ω·cm，$l_0 = 30$ nm，这两个数值尽管有点大，但是还在合理的范围内。当薄膜厚度大于 50 nm 时，电阻率和块体的值几乎一样。图 5-3 还给出了在高沉积速率（100 nm/s）下制备的薄膜的电阻率，这些薄膜具有比较高的电阻率。

对 $Ni_{0.82}Fe_{0.18}$ 薄膜的电阻率的分析并没有考虑到晶界的影响。所谓晶界就是两个具有不同晶向的晶粒界面。因此，晶界打断了晶格的连续性。McGuire 等在 $Ni_{0.7}Co_{0.3}$ 薄膜中考虑了晶界散射。在真空中，薄膜在 400℃下退火处理 1 h，样品中的晶粒长大。通过实验观察和测量发现退火样品的颗粒长大、电阻率降低，是由于退火后的样品中的晶界变少、界面散射降低。晶界电阻率（ρ_g）的近似表达式可以写为

$$\rho_g l_g = \frac{3}{2} \rho_0 l_0 \left(\frac{\Psi}{1-\Psi} \right) \tag{5-10}$$

其中，l_g 是与晶界有关的电子平均自由程；ρ_0 和 l_0 分别是不考虑晶界效应的块体材料的电阻率和平均自由程；Ψ 是反射系数，代表传导电子的路径被晶界终止的概率。通过上面几个公式可以对薄膜样品的电阻率进行分析。

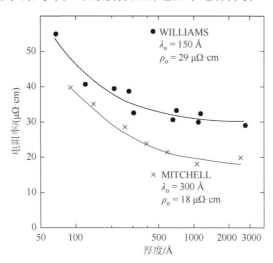

图 5-3 不同沉积速率下制备的 $Ni_{0.82}Fe_{0.18}$ 薄膜的电阻率[4]

3. 磁导率

在图 5-2 中可以看到，样品的各向异性磁电阻在某一成分下出现最大值，这说明各向异性磁电阻与材料的其他磁性质有关。由于 NiFe 合金具有重要的商业价值，因此被广泛地研究。在坡莫合金的成分范围内，NiFe 合金的磁导率具有最大值，并且初始磁导率 μ_0 很大。在 $Ni_{0.78}Fe_{0.22}$ 样品中，发现了最大的初始磁导率，如图 5-4（a）所示。在该成分下，各向异性常量 K_1 和磁滞伸缩系数 λ_S 变得很小。在 NiCo 合金中，磁导率和各向异性磁电阻均在 $Ni_{0.8}Co_{0.2}$ 成分附近，出现最大值，如图 5-4（b）所示。与 NiFe 合金一致的是，各向异性磁电阻都是在各向异性常量 K 通过零点时出现最大值。不同的是，NiFe 合金的各向异性磁电阻最大值出现在磁滞伸缩最小的情况下，而 NiCo 合金却不是这样。无论在 NiFe 还是在 NiCo 合金中均观察到各向异性磁电阻的最大值与磁导率的最大值同时出现。

4. 磁致伸缩

Snoek 首先提出了各向异性磁电阻最大值对应于磁滞伸缩最小值。因此，在具有大的各向异性磁电阻的同时，还可以消除实际应用中由磁滞伸缩带来的噪声，是一举两得的事情[7]。然而，从图 5-4 中可以看到，对于 NiFe 合金确实存在这样一种关系，而对于 NiCo 合金却没有这样的关系，也就是说各向异性磁电阻最大的地方并不是磁滞伸缩为零的地方。

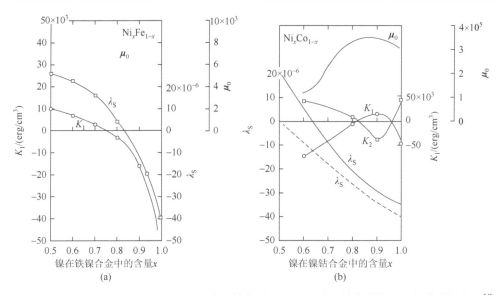

图 5-4 Ni_xFe_{1-x}（a）和 Ni_xCo_{1-x}（b）的各向异性常量 K_1 和 K_2、磁滞伸缩系数 λ_S 和初始磁导率 μ_0[4]

5. 自发霍尔效应

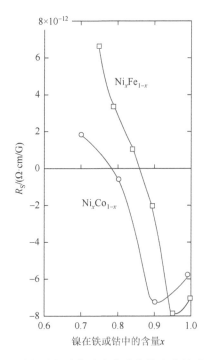

图 5-5 反常霍尔系数随合金成分的变化关系曲线[4]

霍尔效应是与各向异性磁电阻有关的一个物理性质，它对金属中各向异性磁电阻的理解是重要的。铁磁材料的霍尔效应可以分为两个部分：①正常部分，与磁感应强度 B 成正比；②反常部分，依赖于材料的磁化强度 M。磁性材料中的霍尔电阻率 ρ_H 可以表达为

$$\rho_H = R_0 B + R_S 4\pi M \quad (5\text{-}11)$$

式中，R_0 为正常霍尔系数；R_S 为反常霍尔系数；通常 R_0 比 R_S 小很多。各向异性磁电阻的关系中最简单的就是：在一些合金中，当各向异性磁电阻最大时，反常霍尔系数 R_S 符号发生变化，如 NiFe 和 NiCo 系统，如图 5-5 所示。但是三元合金系统 $Ni_{0.7}Fe_{0.3-x}Cu_x$ 并没有出现这样的对应关系。人们发现磁性材料中的反常霍尔效应

与自旋-轨道耦合，以及在高温段的侧跳（side jump）机制有直接关系。

5.2.2 软磁材料中各向异性磁电阻理论

1. 宏观理论

在这里，多晶样品中关于电阻率的著名的 $\cos^2\theta$ 公式［式（5-4）］将被讨论，其中 θ 为电流密度和磁化强度的夹角。此关系在退磁和磁化状态的多晶和单晶样品中获得。取 α_i 为磁化强度与单晶样品晶轴的方向余弦，即磁化强度与晶轴夹角的余弦值。实验上，通入一个相对于晶轴的电流密度 $\boldsymbol{J}_j$，会产生一个电场的分量

$$\boldsymbol{E}_i = \rho_{ij}(\boldsymbol{\alpha})\boldsymbol{J}_j \tag{5-12}$$

电阻率张量 ρ_{ij} 是单位矢量 $\boldsymbol{\alpha}$ 的函数，可以用麦克劳林级数展开为

$$\rho_{ij}(\boldsymbol{\alpha}) = a_{ij} + a_{ijk}\alpha_k + a_{ij}\alpha_k\alpha_l + \cdots$$

电阻率张量可以分为对称部分

$$\rho_{ij}^{\mathrm{S}} = \frac{1}{2}(\rho_{ij} + \rho_{ji})$$

和非对称部分

$$\rho_{ij}^{\mathrm{a}} = \frac{1}{2}(\rho_{ij} - \rho_{ji})$$

根据晶体中的 Onsager 理论

$$\rho_{ij}(\boldsymbol{\alpha}) = \rho_{ji}(-\boldsymbol{\alpha})$$

因此，可以得到 ρ_{ij}^{S} 为偶函数，而 ρ_{ij}^{a} 为奇函数，相应的电场强度 $\boldsymbol{E}^{\mathrm{S}}$ 和 $\boldsymbol{E}^{\mathrm{a}}$ 分别是磁电阻效应和霍尔效应的来源。由于晶体的对称性，电阻率张量可以简化。如果 t_{ij} 是转换矩阵的元，并且保持晶格不变，则有

$$a'_{mn\cdots z} = t_{mi}t_{nj}\cdots a_{ij\cdots z}$$

一定与 $a_{ij\cdots z}$ 相同。例如，如果晶体绕 z 轴旋转 $90°$ 后不变，可以描述为

$$t = \begin{pmatrix} 0 & -1 & 0 \\ 1 & 0 & 0 \\ 0 & 0 & 1 \end{pmatrix}$$

经变换得

$$a'_{12} = t_{1i}t_{2j} \cdot a_{ij} = -a_{21}$$

由于晶体没有变化，$a'_{12} = a_{21}$，因此可以知道 $a_{21} = 0$。磁电阻部分 $\boldsymbol{\rho}^{\mathrm{S}}$ 通过 α_i 的第五阶可以表示为

$$\boldsymbol{\rho}^{\mathrm{S}} = \begin{pmatrix} C'_0 + C'_1\alpha_1^2 + C'_2\alpha_1^4 + C'_3\alpha_2^2\alpha_3^2 & C'_4\alpha_1\alpha_2 + C'_5\alpha_1\alpha_2\alpha_3^2 & C'_4\alpha_1\alpha_3 + C'_5\alpha_1\alpha_3\alpha_2^2 \\ C'_4\alpha_1\alpha_2 + C'_5\alpha_1\alpha_2\alpha_3^2 & C'_0 + C'_1\alpha_2^2 + C'_2\alpha_2^4 + C'_3\alpha_3^2\alpha_1^2 & C'_4\alpha_2\alpha_3 + C'_5\alpha_2\alpha_3\alpha_1^2 \\ C'_4\alpha_1\alpha_3 + C'_5\alpha_1\alpha_3\alpha_2^2 & C'_4\alpha_2\alpha_3 + C'_5\alpha_2\alpha_3\alpha_1^2 & C'_0 + C'_1\alpha_3^2 + C'_2\alpha_3^4 + C'_3\alpha_1^2\alpha_2^2 \end{pmatrix}$$

其中，$C_0' \equiv a_{11} + a_{1122} + a_{111122}$；$C_1' \equiv a_{111} - a_{1122} - 2a_{111122} + a_{112211}$；$C_2' \equiv a_{111111} + a_{111122} - a_{112211}$；$C_3' \equiv a_{112233} - 2a_{111122}$；$C_4' \equiv a_{2323} + a_{111212}$，$C_5' \equiv a_{112323} - a_{111212}$

沿电流方向（β）的电阻率可以表达为

$$\rho(\boldsymbol{\alpha}, \boldsymbol{\beta}) = \boldsymbol{J} \cdot \boldsymbol{E} / |\boldsymbol{J}|^2 = J_i \rho_{ij} J_j / J_i J_i = \beta_i \rho_{ij}^S \beta_i$$

因为 $\beta_i \rho_{ij}^a \beta_j = 0$。通常表示为

$$\begin{aligned}
\rho(\hat{\alpha}, \hat{\beta}) = &C_0 + C_1(\alpha_1^2\beta_1^2 + \alpha_2^2\beta_2^2 + \alpha_3^2\beta_3^2) \\
&+ C_2(\alpha_1\alpha_2\beta_1\beta_2 + \alpha_2\alpha_3\beta_2\beta_3 + \alpha_3\alpha_1\beta_3\beta_1) \\
&+ C_3(\alpha_1^2\alpha_2^2 + \alpha_2^2\alpha_3^2 + \alpha_3^2\alpha_1^2) \\
&+ C_4(\alpha_1^4\beta_1^2 + \alpha_2^4\beta_2^2 + \alpha_3^4\beta_3^2) \\
&+ C_5(\alpha_1\alpha_2\alpha_3^2\beta_1\beta_2 + \alpha_2\alpha_3\alpha_1^2\beta_2\beta_3 + \alpha_3\alpha_1\alpha_2^2\beta_3\beta_1)
\end{aligned}$$

其中

$$\begin{aligned}
\alpha_1^2\alpha_2^2\beta_3^2 + \alpha_2^2\alpha_3^2\beta_1^2 + \alpha_3^2\alpha_1^2\beta_2^2 = &\alpha_1^4\beta_1^2 + \alpha_2^4\beta_2^2 + \alpha_3^4\beta_4^2 - (\alpha_1^2\beta_1^2 + \alpha_2^2\beta_2^2 + \alpha_3^2\beta_3^2) \\
&+ \alpha_1^2\alpha_2^2 + \alpha_2^2\alpha_3^2 + \alpha_3^2\alpha_1^2
\end{aligned}$$

这里，常数 C_i 为 $C_0 = C_0'$，$C_1 = C_1' - C_3'$，$C_2 = 2C_4'$，$C_3 = C_3'$，$C_4 = C_2' + C_3'$，$C_5 = 2C_5' = 2a_{112323} - 2a_{111212}$。

对于立方的简单晶体，当其磁化强度平行于某个晶轴时（如 z 轴），电阻率的表达式为

$$\rho = C_0 + C_2\cos^2\theta + C_4\cos^4\theta + \cdots$$

在这个例子中，θ 恰好为磁化强度与电流密度方向的夹角。如果磁化强度沿着（110）方向，样品的电阻率为

$$\rho = C_0 + C_3/4 + (C_1 + C_4/2 + C_2\sin\phi\cos\phi)\sin^2\theta$$

这里的 θ 和 ϕ 为电流密度与晶轴的夹角。

一般器件上采用的都是多晶材料，因此需要对大量随机取向的晶粒的电阻率取平均值。对多晶样品的平均，可以选取 α 在以任意电流方向 $\boldsymbol{\beta}$ 为轴的锥面内，$\boldsymbol{\alpha} \cdot \boldsymbol{\beta} = \cos\xi$。这样多晶样品的电阻率为

$$\rho_{\text{poly}} = \frac{1}{8\pi^2}\int_0^{2\pi}\mathrm{d}\psi\int_0^\pi\mathrm{d}\theta\int_0^{2\pi}\mathrm{d}\phi\,\rho(\boldsymbol{\alpha}, \boldsymbol{\beta})$$

通过积分可以得到

$$\rho_{\text{poly}} = \rho_0 + \rho_1\cos^2\xi$$

其中，ξ 是磁化强度 $\boldsymbol{M}$ 和电流密度 $\boldsymbol{J}$ 的夹角；

$$\rho_0 = C_0 + C_1/5 - C_2/10 + 2C_4/35 - C_5/70$$
$$\rho_1 = 2C_1/5 + 3C_2/10 + 12C_4/35 + 3C_5/70$$

需要说明的是平均电阻率公式中的余弦平方项，并不是级数展开忽略了高阶项的结果，而是通过平均计算得到。

另外一个有趣的量为退磁状态的样品电阻率，它取决于第一磁晶各向异性的符号。对于 Ni[111]方向和 Fe[100]方向，第一磁晶各向异性常量为负值。对于多晶样品，设 α 沿着易磁化轴，并对 β 取平均，如图 5-6 所示。当[111]方向为易磁化方向时，退磁状态的样品的电阻率可以表达为

$$\rho_{\text{poly,demag}} = C_0 + C_1/3 + C_4/3$$

当[100]方向为易磁化方向时

$$\rho_{\text{poly,demag}} = C_0 + C_1/3 + C_3/3 + C_4/9$$

对于多晶样品，对退磁样品施加外加磁场，使其磁化。当磁场平行于电流密度时，电阻率变化为

$$\rho_{//} - \rho_{\text{demag}} = 4C_1/15 + C_2/5 + C_3/5 + 2C_4/21 + C_5/35$$

$$\rho_{\perp} - \rho_{\text{demag}} = -2C_1/15 - C_2/10 + C_3/5 - 26C_4/105 - C_5/70$$

它们之间的差值为

$$\rho_{//} - \rho_{\perp} = 2C_1/5 + 3C_2/10 + 12C_4/35 + 3C_5/70$$

忽略二次方以上的各项，可以得到

$$\rho_{//} - \rho_{\text{demag}} = 2\delta$$

$$\rho_{\perp} - \rho_{\text{demag}} = -\delta$$

其中，$\delta \equiv 2a_{1111}/15 - 2a_{1122}/15 + a_{2323}/5$。

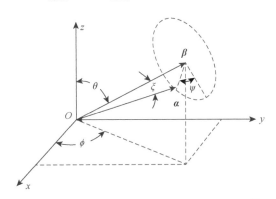

图 5-6　多晶材料中用于平均计算的坐标系统[4]

2. 微观理论

本部分采用微观的量子理论来讨论各向异性磁电阻，主要关注符号和大小。在这里，考虑电导会更方便，而不是电阻，因为基本的有意义的量为电流密度，产生于外场对电子的力的作用[$-e(\boldsymbol{E} + \boldsymbol{v} \times \boldsymbol{B})$]。电流 $\boldsymbol{J}$ 的第 i 分量可以写成

$$J_i = \sigma_{ij}(\boldsymbol{B})E_j = -e \sum_{\text{all electrons}} v_i = -\frac{e}{8\pi^3} \sum_n \int v_i(k) f_n(k) \mathrm{d}^3 k \qquad (5\text{-}13)$$

其中 f_n 为第 n 个能带的费米分布函数，$f_n = f_0 + f_1$，f_0 为平衡分布函数，f_1 是小的修正。在这个问题中，f_n 函数的个数与部分填充的能带数量是一样的。这些函数是玻尔兹曼方程的解，在稳定状态下，外力引起的 f_n 随时间变化率由于碰撞而被消除。这些碰撞是有限电导率的基础，需要简单介绍一下。

在金属的单电子图像中，每个电子在晶格的周期性势场和所有其他电子的平均势场中移动。薛定谔方程在这样势场的解为稳定态 $\varPsi_{n,k}$，被认为具有无限长的寿命，因此具有无限的电导率。由于声子、杂质和晶界会破坏晶格的完美周期性，将导致一个电子最初具有 $|n,k\rangle$ 态，而后变为 $|n',k'\rangle$ 态。因此，这里所说的"碰撞"，指的是任何导致电子单态发生转移的相互作用（包括电子-电子相互作用）和散射机制，而不是两个电子之间的直接碰撞（像桌球一样的碰撞）。如果知道 $f_n(k)$，可以计算 $\sigma_{ij}(\boldsymbol{B})$。但是，$f_n(k)$ 是 n 重非线性微积分方程的解（$n = 1, 2, 3, \cdots, N$）。复杂的方程为

$$-\frac{e}{\hbar}(\boldsymbol{E} + \boldsymbol{v} \times \boldsymbol{B}) \cdot \nabla_k f_n(k) = \sum_{n',k'} \{[1 - f_n(k)] f_{n'}(k') \cdot P_{k',k}^{n',n} - [1 - f_{n'}(k')] f_n(k) \cdot P_{k,k'}^{n,n'}\}$$

$$(5\text{-}14)$$

其中，对 $|n',k'\rangle$ 态的求和是能量守恒的；P 是转移概率。这些又与联系初态和终态的扰动势矩阵元模的平方与终态态密度的乘积成正比。这就是玻恩近似，适用于扰动势较小的情况。

为了计算玻尔兹曼方程中的转移概率

$$P_{k,k'}^{m,n'} = \frac{1}{4\pi^2 \hbar} \frac{|\langle n',k'|V_{\text{scatt}}|n,k\rangle|^2}{|\nabla_{k'} \varepsilon(k')|}$$

需要知道电子波函数 $\varPsi_{n,k}$，同时这些函数还必须反映材料的铁磁有序。假设在式（5-14）中引入弛豫时间的概念，方程为

$$-\frac{e}{h}(\boldsymbol{E} + \boldsymbol{v} \times \boldsymbol{B}) \cdot \nabla_k [f_n^0(k) + f_n^1(k)] = -\frac{f_n^1(k)}{\tau_n(k)}$$

在简单情况下，τ 是 $|k|$ 的函数，而不是 k 的函数。但是，$\tau(k)$ 是比 $f_n(k)$ 更简单的函数。f_n 的级数解为

$$f_n(k) = f_n^0(k) + e\frac{\partial f^0}{\partial \varepsilon} \{1 + \tau_n(k)\varOmega + [\tau_n(k)\varOmega]^2 + \cdots\} \cdot \tau_n(k)\boldsymbol{v} \cdot \boldsymbol{E}$$

其中，$\varOmega$ 为操作符

$$\varOmega \equiv \frac{e}{\hbar}(\boldsymbol{v} \times \boldsymbol{B}) \cdot \nabla_k$$

当然，这个级数要收敛，当 $\boldsymbol{B}$ 不太大时，可以收敛。通过代入方程

$$f_n(k) = f_n^0(k) + \frac{\partial f^0}{\partial \varepsilon}\tau_n(k)\boldsymbol{v}\cdot\boldsymbol{E}$$

到式（5-14）中，可以得到关于 $\tau_n(k)$ 的方程式。同时，把 $f_n(k)$ 关于 $\tau_n(k)$ 的级数方程代入关于电流密度 $\boldsymbol{J}_i$ 的式（5-13）中，会得到

$$\sigma_{ij}(\boldsymbol{B}) = \sigma_{ij}^0 + \sigma_{ijk}^1 B_k + \sigma_{ijkl}^2 B_k B_l + \cdots$$

其中

$$\sigma_{ij}^0 \propto \int \tau \frac{v_i v_j}{|v|}\mathrm{d}s$$

在普通金属中，$\sigma_{ij}(\boldsymbol{B})$ 的第一项为零场下的电导率；第三项为磁电导效应（磁电阻效应）。

如果考虑两个球形的相互重叠的能带，并具有如下特征：电子个数 n_j、弛豫时间常量 τ_j、有效质量 m_i^*（$i=1$、2，表示能带）。取 $\boldsymbol{B}$ 沿着 z 方向，根据电导率张量和矩阵的逆，对角元为

$$\rho_{xx} = \rho_{yy} = \frac{1}{\sigma_1+\sigma_2} + \frac{\sigma_1\sigma_2}{(\sigma_1+\sigma_2)^3}(\omega_1\tau_1-\omega_2\tau_2)^2 \text{ 和 } \rho_{zz} = \frac{1}{\sigma_1+\sigma_2}$$

其中，$\sigma_i = n_i e^2 \tau_i / m_i^*$；$\omega_i = e\boldsymbol{B}/m_i^*$ 是回旋频率。因此，$\rho_\perp = \rho_{xx}$（或 ρ_{yy}）大于 $\rho_{//} = \rho_{zz}$。假设 $\tau_1 = \tau_2 = \tau$，可以得到

$$\frac{\Delta\rho}{\rho_0} \propto \boldsymbol{B}^2\tau^2 e^2\left(\frac{1}{m_1}-\frac{1}{m_2}\right)^2 = \text{常数}\times\left(\frac{\boldsymbol{B}}{\rho_0}\right)^2 \text{ 和 } \ln\left(\frac{\Delta\rho}{\rho_0}\right) = 2\ln\frac{\boldsymbol{B}}{\rho_0} + \text{常数}$$

与每个态 $|n,k\rangle$ 相关的速度可以表示为

$$v_n(k) = \frac{1}{\hbar}\nabla_k \varepsilon(k)$$

铁磁性过渡金属具有能填充 10 个电子的 d 能带，并且 d 能带比较窄，相应的态密度比较大。d 能带比较平，导致有效质量张量比较大，意味着电子的迁移率

$$m_{ij}^* = \hbar^2\left[\frac{\partial^2\varepsilon(k)}{\partial k_i \partial k_j}\right]^{-1}$$

比较低。在铁磁性金属中，4s 电子和 3d 电子杂化。因此，严格意义上说，再按分离的 d 和 s 带来说明就不正确了。在费米能级处，具有两种不同性质的电子态，费米速度和有效质量均不相同。净磁矩来源于 d 轨道的交换劈裂。

Mott 提出在 3d 金属中，特别是 Ni，由于 d 电子的有效质量较大，电流中的大多数电子来自于 s 电子，费米面处的态密度较大，sd 带间的转移成为电阻率的主要贡献。这样简化，使得它可以获得二重玻尔兹曼方程，并得到弛豫时间

$$\frac{1}{\tau_s} = \int P_{k,k'}^{sd} ds' = \frac{\pi}{\hbar} N_d(\varepsilon_F) \int |V_{k,k'}^{sd}|^2 \sin\theta' d\theta' \qquad (5\text{-}15)$$

其中，θ'是 k 和 k' 之间的夹角。这样电导率可以表达为

$$\sigma = n_s e^2 \tau_s / m_s^*$$

式中，m_s^* 近似等于自由电子的质量；τ_s 与 $N_d(\varepsilon_F)$ 成反比。Mott 模型不仅能解释 Ni 相对较高的电阻率，还解释了铁磁有序化过程中电阻率的降低是因为 d 能级劈裂导致多数自旋电子在费米面以下，使得态密度 $N_d(\varepsilon_F)$ 变小，从而 τ_s 增大。

如果散射势与自旋无关，在散射过程中自旋是守恒的，多数自旋和少数自旋的 s 电子分别独立对电导贡献，这被称为"双电流模型"。在居里温度以下，磁振子可以忽略的情况下，可以得到很好的近似结果。因此有

$$\sigma = \sigma_{s+} + \sigma_{s-}$$

其中，"–"号表示少数自旋电子，"+"号表示多数自旋电子。假设 sd 散射和 ss 散射概率是可以相加的，可以获得另外一个简化

$$\frac{1}{\tau} = \frac{1}{\tau_{ss}} + \frac{1}{\tau_{sd}}$$

代入双电流模型中，可以得到

$$\sigma = \frac{ne^2}{m_s} \left[\frac{1}{1/\tau_{ss} + 1/\tau_{s+,d+}} + \frac{1}{1/\tau_{ss} + 1/\tau_{s-,d-}} \right]$$

其中，$n \equiv n_{s+} = n_{s-}$；$\tau_{ss} \equiv \tau_{s+,s+} = \tau_{s-,s-}$。由于 d 轨道的交换劈裂，$\tau_{s+,d+}$ 与 $\tau_{s-,d-}$ 并不相同。如果用电阻率表示，上式可以表达为

$$\frac{1}{\rho} = \frac{1}{\rho_{ss} + \rho_{s+,d+}} + \frac{1}{\rho_{ss} + \rho_{s-,d-}}$$

这个公式为如下并联电路的电阻率表达式。

根据 Mott 模型，铁磁有序化 Ni 的电导率增大的原因是多数载流子的可参与导电 d 电子的态密度为零，因此 $P_{s-,d-} = 0$，使得 $\sigma_{s-,d-}$ 为无穷大，所以 $\rho_{s-,d-} = 0$。只考虑零场电导率，磁矩来自于交换劈裂的 d 轨道。由于能带是各向同性的，电导率应该是各向同性的。

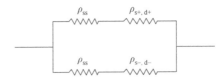

如果过渡族金属的电导率由 sd 散射起决定作用，那么其各向异性磁电阻应该来源于各向异性散射，这是由于存在对称性低于立方对称的散射势（如磁振子），

并且初态和终态为立方对称性，或者散射势是各向同性的，但波函数的对称性低于立方对称性。自旋-轨道耦合可以降低波函数的对称性，自旋-轨道耦合可以表达为

$$H_{\text{S.O.}} = K\boldsymbol{L}\cdot\boldsymbol{S}$$

这里假设静电势为径向的。它是决定自旋和磁化方向的 d 态能量，这个能量有利于磁化强度指向某个晶轴。因此，d 电子自旋与轨道发生耦合，与晶格通过晶体场发生耦合。如果磁化强度 $\boldsymbol{M}$ 被限定在某个晶向，可以通过量子力学理论计算出新的波函数 Ψ_{d}^1，取代没有考虑自旋-轨道耦合的波函数 Ψ_{d}^0。波函数 Ψ_{d}^1 的对称性比立方对称性低，并不是 S_z 的特征函数，因为自旋-轨道耦合掺杂着相反的自旋态。因此，下面两式的对称性均小于立方对称性

$$\frac{1}{\tau_{\text{s+,d}}} \approx \frac{2\pi}{h}N_{\text{d}}(\varepsilon_{\text{F}})\,|\int\psi_{\text{s+}}^* V_{\text{scatt}}\psi_{\text{d}}^1\text{d}\tau|^2 \;\text{和}\; \frac{1}{\tau_{\text{s-,d}}} \approx \frac{2\pi}{h}N_{\text{d}}(\varepsilon_{\text{F}})\,|\int\psi_{\text{s-}}^* V_{\text{scatt}}\psi_{\text{d}}^1\text{d}\tau|^2$$

$\text{d}\tau$ 是对空间和自旋坐标的积分。为了简化，忽略式（5-15）中 k' 相关的 $|V_{k,k'}^{\text{sd}}|^2$ 项。如果假定 s 带是分立的球抛物状，如下式

$$\Psi_{\text{s}} = e^{ik\cdot r}\chi$$

其中，χ 是自旋函数。一般地，认为 $V_{\text{scatt}}(r)$ 是径向函数，可以表示为

$$V_{\text{scatt}} = \frac{\Delta Ze^2}{r}e^{-qr}$$

其中，q^{-1} 为屏蔽长度。在这些条件下，零场电导率张量可以表示为

$$\sigma_{ij}^0 = \frac{ne^2}{m_{\text{s}}}\left[\frac{3}{4\pi k_f^4}\int\frac{k_ik_j\text{d}s}{1/\tau_{\text{ss}}+1/\tau_{\text{s+,d}}(k)} + \frac{3}{4\pi k_f^4}\int\frac{k_ik_j\text{d}s}{1/\tau_{\text{ss}}+1/\tau_{\text{s-,d}}(k)}\right]$$

式中，k_f 为 s 电子的费米波数；$\text{d}s$ 表示在 k 空间对球形费米面的积分。下面需要做些必要的工作：①选择合理的 Ψ_{d}^0；②给定磁化强度 $\boldsymbol{M}$；③计算 Ψ_{d}^1；④利用方程（5-15）对 k' 积分，可以得到 $\tau_{\text{s+,d}}$；⑤计算电导率积分。

通常情况下，假设磁化强度沿着晶轴。除此之外，文献中报道的积分路径差别很大。Smit 在最初的计算中，选择 Ψ_{d}^0 为具有波函数 $xyf(r)$ 的交换能和晶体场劈裂的 3d 能级，放弃 $\boldsymbol{L}\cdot\boldsymbol{S}$ 中的 L_zS_z 项，通过非简并的一级微扰理论计算 Ψ_{d}^1。只考虑多数自旋电子的散射，Ψ_{d}^1 表示为

$$\Psi_{\text{d}}^1 = \phi_{\text{d}}\chi^+ + \frac{K}{2\gamma}\sum_{\text{d}'}b_{\text{d}'}\phi_{\text{d}'}\chi^-$$

式中，ϕ_d、$\phi_{d'}$为原子轨道；K 是自旋-轨道耦合参数；2γ 是交换劈裂系数；$b_{d'}$ 是数值系数，从实际的微扰理论计算中得到的数值。在 Smit 的计算中，缺乏对轨道的具体描述，如 $xyf(r)\chi^-$ 和 $\dfrac{x^2-y^2}{2}f(r)\chi^-$，其重要性在于，多数自旋 s 电子平行于磁化强度运动时，散射概率最大。如果散射势是球对称的，那么其矩阵元为

$$\int xyf(r)V_{\text{scatt}}(r)\mathrm{e}^{ik\cdot r}\mathrm{d}^3r \propto k_x k_y \text{ 和 } 1/2\int (x^2-y^2)f(r)V_{\text{scatt}}(r)\mathrm{e}^{ik\cdot r}\mathrm{d}^3r \propto (k_x^2-k_y^2)/2$$

当 $k_x = k_y = 0$ 时，上面两式均为零，说明沿 z 轴运动的电子不会散射到这些态中。但是，Smit 的计算中并没有考虑这两种情况。因此，平行于磁化强度（z 轴）运动的电子的散射概率最大，这也正是实验中观察到的情况（$\rho_{//} > \rho_\perp$）。

Smit 还发现如果散射势是非球形的，如离子偏离晶格位（声子作用）和晶界，则矩阵元的各向异性会精简，这会产生温度依赖的各向异性磁电阻

$$\frac{\Delta\rho}{\rho} = \frac{n_{\text{imp}}\Delta\rho_{0,\text{imp}} + \langle n_{\text{ph}}(T)\rangle \Delta\rho_{0,\text{ph}}}{n_{\text{imp}}\rho_{0,\text{imp}} + \langle n_{\text{ph}}(T)\rangle \rho_{0,\text{ph}}}$$

其中，$\langle n_{\text{ph}}\rangle$ 为当温度为 T 时的声子数；$\rho_{0,\text{imp}}$ 和 $\rho_{0,\text{ph}}$ 分别来自于杂质和声子散射。

Potter 在计算中考虑 d 电子形成一个能带并且保留 $\boldsymbol{L}\cdot\boldsymbol{S}$ 的所有项。根据紧束缚方法，$\varPsi_d^0$ 的空间坐标部分为

$$\psi_{n,k}^0 = \sum_{l,m} \mathrm{e}^{ik\cdot R_l} a_{n,m}(k)\phi_m(\boldsymbol{r}-\boldsymbol{R}_l)$$

其中，ϕ_m 是电子轨道（$m=1$，2，3，4，5）；$a_{n,m}(k)$ 是与晶体结构有关的量，在布里渊区内 Ni 在高对称性点的数值已经由 Fletcher 计算出来。Conolly 的自洽计算结果认为 d 能带是均匀交换劈裂的。$\varPsi_d^1$ 波函数是在自旋-轨道算符具有晶格的周期性以及 k 的对角化情况下计算出来的。如果 d 能带几乎是满带的（如 Ni），式（5-15）中对 k' 的积分可以忽略，认为 k' 近似于能带顶部的 X 点。大于 2 eV 的能量项在计算 $\varPsi_d^1$ 时均被忽略。因此只有能量劈裂 ε 和交换劈裂系数 2γ，其中 ε 为最上面的两个 d 能级的劈裂。这样 $\tau_{s\pm,d}$ 可以分别写为

$$\frac{1}{\tau_{s+,d}} = \frac{4\pi}{h} C_{sd}^2 N_d \left\{ (k_y^2 k_z^2 + k_z^2 k_x^2 + k_x^2 k_y^2) + \frac{1}{96}\left(\frac{K}{\varepsilon}\right)^2 [(k_y^2-k_z^2)^2 + (k_z^2-k_x^2)^2 + (k_x^2-k_y^2)^2] \right.$$

$$\left. + \frac{1}{96}\left(\frac{K}{\varepsilon}\right)^2 (2k_z^2-k_x^2-k_y^2)^2 \right\}$$

和

$$\frac{1}{\tau_{\text{s-,d}}} = \frac{4\pi}{h} C_{\text{sd}}^2 N_\text{d} \left\{ \frac{1}{16} \left(\frac{K}{2\gamma} \right)^2 (k_y^2 k_z^2 + k_z^2 k_x^2 + k_x^2 k_y^2) + \frac{1}{6} \left[\frac{1}{8} + \left(\frac{1-\sqrt{6}}{16} \right)^2 \right] \left(\frac{K}{2\gamma+\varepsilon} \right)^2 \right.$$

$$\times [(k_y^2 - k_z^2)^2 + (k_z^2 - k_x^2)^2 + (k_x^2 - k_y^2)^2]$$

$$\left. - \frac{1}{6} \left[\frac{1}{16} - \left(\frac{1-\sqrt{6}}{16} \right)^2 \right] \left(\frac{K}{2\gamma+\varepsilon} \right)^2 (2k_z^2 - k_x^2 - k_y^2)^2 - \frac{1}{32} \left(\frac{K}{2\gamma} \right)^2 (k_x^2 + k_y^2) k_z^2 \right\}$$

每个 τ 都是立方对称性，包括一个 $\cos^2\theta$ 和一个 $\cos^4\theta$ 项。与 Smit 的计算相反的是，如果各向异性磁电阻来自于多数自旋电子时

$$\frac{1}{\tau_{\text{s-,d}}(\theta=0)} < \frac{1}{\tau_{\text{s+,d}}(\theta=\pi/2)}$$

这表明 $\rho_{//}<\rho_\perp$。如果各向异性磁电阻来自于少数自旋电子时

$$\frac{1}{\tau_{\text{s+,d}}(\theta=0)} > \frac{1}{\tau_{\text{s+,d}}(\theta=\pi/2)}$$

这表明 $\rho_{//}>\rho_\perp$。

电导率的积分可以表示为

$$\sigma_{//}^+ \propto \frac{1}{N_\text{d}} \int \frac{k_z^2 k_f^2 \sin\theta \mathrm{d}\theta \mathrm{d}\phi}{k_y^2 k_z^2 + k_z^2 k_x^2 + k_x^2 k_y^2 + k_f^4 \left[\left(\dfrac{K}{\varepsilon} \right)^2 f(\theta,\phi) + \beta \dfrac{N_\text{s}}{N_\text{d}} \right]}$$

式中，各向异性磁电阻决定于 $f(\theta,\phi)$；$\beta(N_\text{s}/N_\text{d})$ 来自于各向同性的 SS 散射。通过计算这个积分可以得到

$$\frac{\Delta\rho}{\rho_{\text{AV}}} = \frac{\rho_{//} - \rho_\perp}{\rho_{//}/3 + 2\rho_\perp/3} = \frac{3(\sigma_\perp - \sigma_{//})}{\sigma_\perp + 2\sigma_{//}}$$

其中

$$\sigma_{//} = \sigma_0 \left\{ 1 - \frac{1}{140\beta} \frac{N_\text{d}}{N_\text{s}} \left[\left(\frac{K}{2\gamma} \right)^2 + \frac{5+2\sqrt{6}}{24} \left(\frac{K}{2\gamma+\varepsilon} \right)^2 \right] - \frac{3\sqrt{3}\beta}{2} \frac{N_\text{d}}{N_\text{s}} \ln \left[\frac{1}{16} \left(\frac{K}{\varepsilon} \right)^2 + \beta \frac{N_\text{d}}{N_\text{s}} \right] \right\}$$

和

$$\sigma_{//} = \sigma_0 \left\{ 1 - \frac{1}{140\beta} \frac{N_\text{d}}{N_\text{s}} \left[\frac{5}{4} \left(\frac{K}{2\gamma} \right)^2 + \frac{19-2\sqrt{6}}{8} \left(\frac{K}{2\gamma+\varepsilon} \right)^2 \right] - \frac{3\sqrt{3}\beta}{2} \frac{N_\text{d}}{N_\text{s}} \ln \left[\frac{1}{32} \left(\frac{K}{\varepsilon} \right)^2 + \beta \frac{N_\text{d}}{N_\text{s}} \right] \right\}$$

对于 $Ni_{0.7}Cu_{0.3}$ 合金，$\beta(N_S/N_d)$ 为 1/14，同时各向异性磁电阻比率为 0.44%，$K = 0.1$ eV，$K/\varepsilon = 1/3$，$K/2\gamma = 1/8$ 和 $K/(\varepsilon + 2\gamma) = 1/11$。

5.2.3 软磁材料中各向异性磁电阻的实验研究

本节将介绍磁性材料中的各向异性磁电阻效应的实验研究工作，包括块体材料、薄膜材料、半导体、电子学器件等。

1. 块体材料

在前面，图 5-2 给出了 NiFe 和 NiCo 合金的各向异性磁电阻随着成分的变化关系曲线，发现在特定的成分下各向异性磁电阻存在峰值。另外，各向异性磁电阻随材料的玻尔磁矩的变化关系同样给出了很多信息，如图 5-7 所示。这些曲线最明显的特征是，除了单质元素和化合物，曲线在 $0.9n_B$ 处出现峰值，此峰值经常被归结为在此成分下材料具有最大的态密度。但是，光发射的实验结果发现材料各向异性磁电阻比率最大值并不出现在态密度最大的成分下。例如，纯 Ni 的费米能级十分接近态密度最大值，NiCo 的各向异性磁电阻出现在 Co 含量为 20%～30% 的区域，这时费米面远离态密度最大值，如图 5-8 所示。

Ando 等[8] 研究了 $La_{2-x}Sr_xCuO_4$ 单晶中的反铁磁畴边界对各向异性磁电阻的影响，发现具有弱铁磁性的 $La_{2-x}Sr_xCuO_4$ 单晶中的反相边界由于对电荷的限制作用，对样品的各向异性磁电阻效应也有影响。

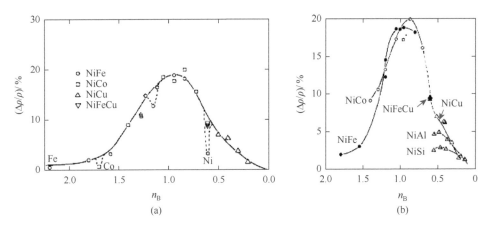

图 5-7　20 K 下，各种不同合金的各向异性磁电阻率变化比率随玻尔磁矩的变化关系

2. 薄膜材料

正如前面提到的，薄膜由于应用在磁记录材料中，因此具有重要地位。在薄膜中有两个比较重要的尺寸效应，一个是薄膜厚度效应；另一个是晶粒尺寸效应。

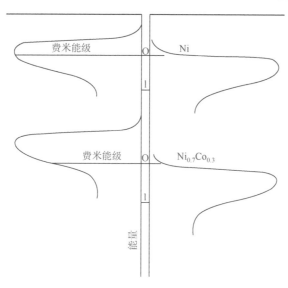

图 5-8　纯 Ni 和 $Ni_{0.7}Co_{0.3}$ 的态密度示意图[4]

图 5-9 给出了具有不同结构特点的坡莫合金薄膜的电阻率和各向异性磁电阻率随着薄膜厚度的变化关系。从图 5-9（b）和（c）中可以看出，各向异性电阻率 $\Delta\rho$ 几乎不随着薄膜厚度的变化而变化，因此该材料的各向异性磁电阻比率只决定于 ρ_{AV}。

另外，薄膜材料中的各向异性磁电阻还与应力、基底材料、不均匀度、缺陷等有关。随着科学技术和测量水平的不断提高，人们研究不同体系的各向异性磁电阻效应。Ziese 等[9]研究了 Fe_3O_4 单晶和外延薄膜的各向异性磁电阻效应，如图 5-10 所示。单晶和外延薄膜具有相同的各向异性磁电阻值，并且可以用立方晶体的磁电阻效应的模型来解释，模型中包括五个展开系数，其中 R_1 和 R_2 基本与温度不相关。在各向异性常量 K_1 改变符号时，R_4 也随之改变符号。另外，Ziese 等[10]还研究了 $La_{0.7}Ca_{0.3}MnO_3$ 薄膜的各向异性磁电阻效应。在低温下，各向异性磁电阻与温度无关，为$-2.0\%\pm0.1\%$，并用一个简单的原子模型对实验结果进行了解释。

Rushforth 等[11]研究了 Mn 掺杂 GaAs 薄膜材料的各向异性磁电阻效应。非晶的(Ga, Mn)As 薄膜的各向异性磁电阻的符号由自旋-轨道耦合、非磁性和磁性对 Mn 杂质势的贡献的相对强度决定。同时，发现局部应力的弛豫可以调整各向异性磁电阻。Wunderlich 等[12]在单电子晶体管中发现了库仑阻塞各向异性磁电阻效应，发现门电压可以控制样品的磁电阻效应的符号和大小。Gould 等[13]发现了隧道型各向异性磁电阻效应，该磁电阻效应与自旋阀中的效应很像（图 5-11），并认为这种行为与(Ga, Mn)As 的相对于磁化强度方向的各向异性态密度和材料中的两步磁化过程有关。

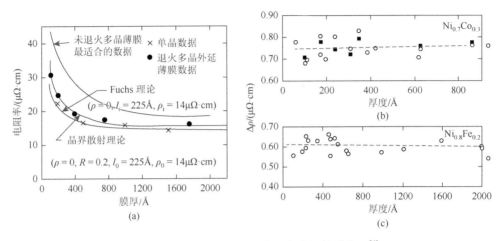

图 5-9 坡莫合金薄膜电阻率和各向异性磁电阻[4]

（a）不同结构坡莫合金薄膜电阻率；（b）$Ni_{0.7}Co_{0.3}$；（c）$Ni_{0.8}Fe_{0.2}$ 各向异性磁电阻随厚度变化

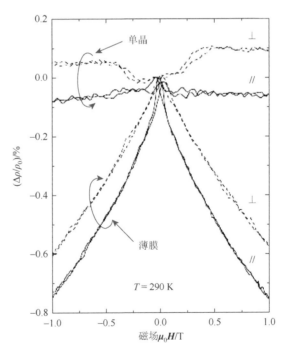

图 5-10 Fe_3O_4 单晶和 200 nm 外延薄膜材料的磁电阻效应随外加磁场方向和大小的变化，电流密度沿[110]方向[9]

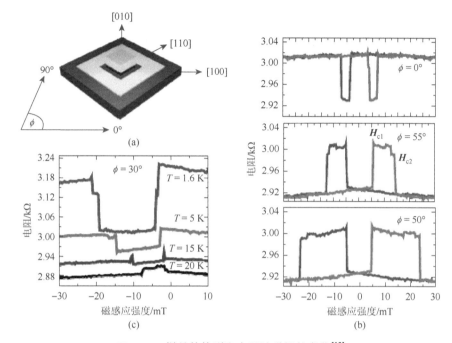

图 5-11 样品的构型和电阻随磁场的变化[13]

（a）样品的构型图和晶体取向；（b）4.2 K、1 mV 偏压和不同角度下测量的电阻随磁场的变化曲线；（c）角度为
30°时，不同温度下测量的电阻随磁场的变化曲线

软磁性多层膜

5.3.1 磁性多层膜

巨磁电阻效应是指磁性材料的电阻率在外加磁场作用时较无外加磁场作用时存在巨大变化的现象。巨磁电阻效应是一种量子力学效应，它产生于层状的磁性薄膜结构。这种结构由铁磁材料和非铁磁材料薄层交替叠合而成。当铁磁层的磁矩相互平行时，载流子的自旋相关散射最小，材料有最小电阻。当铁磁层磁矩为反平行时，自旋相关散射最强，材料的电阻最大。

1988 年，Fert 和 Grünberg 教授的研究小组就各自独立发现了这一现象：非常弱小的磁性变化就能导致磁性材料发生显著的电阻变化。那时，在 Fe/Cr 多层膜中发现，微弱的磁场变化可以导致电阻大小的急剧变化，把这种效应命名为巨磁电阻（giant magnetoresistance，GMR）效应。GMR 的发现被认为是自旋电子学的诞生。磁电阻的定义为

$$\text{MR} = \frac{\Delta\rho}{\rho(0)} = \frac{\rho(\boldsymbol{H}) - \rho(0)}{\rho(0)} \tag{5-16}$$

其中，MR 为磁电阻值；$\rho(\boldsymbol{H})$为外加磁场为 $\boldsymbol{H}$ 时样品的电阻率；$\rho(0)$为无外加磁场时样品的电阻率。同时，在文献中还有一种定义方法，即

$$MR = \frac{\Delta\rho}{\rho(\boldsymbol{H}_{max})} = \frac{\rho(\boldsymbol{H}) - \rho(\boldsymbol{H}_{max})}{\rho(\boldsymbol{H}_{max})} \tag{5-17}$$

式中，$\rho(\boldsymbol{H}_{max})$为样品在最大外加磁场下的电阻率。

磁性金属多层膜是由铁磁性金属与非磁性金属交替沉积而呈层状排布的复合结构。

1. 实验研究结果

1986 年，德国的 Grünberg 在研究 Fe/Cr 多层膜的层间耦合过程中观察到反铁磁层间耦合现象。1988 年，法国巴黎大学 Fert 小组首先在 Fe/Cr 金属多层膜中发现了巨磁电阻效应，即材料的电阻率随磁化状态变化而呈现显著改变的现象。他们采用分子束外延在 GaAs 基底上外延生长了 Fe/Cr 超晶格。在 4.2 K、2 T 磁场下获得磁电阻变化率约 50%，如图 5-12 所示，其值比前面介绍的 FeNi 合金中的各向异性磁电阻约大一个数量级。加磁场后电阻率减小的现象表明传导电子的平均自由路径增大、散射减小，磁场对电阻率的影响归结于电子输运过程中的自旋相关散射。在欧姆定律中，不考虑电子输运与自旋取向的关系，而在 GMR 情况下，电子输运与自旋和局域磁化状态取向有关，一种自旋取向的传导电子比相反方向的电子散射要更强[14]。磁性金属多层膜的 GMR 与磁场方向无关，它仅依赖于相邻铁磁层的磁矩相对取向，外加磁场的作用不过是改变相邻铁磁层的磁矩相对取向。组成层间耦合多层膜的材料有很多，如$(Co/Cu)_n$、$(Co/Ru)_n$、$(CoFe/Co)_n$、$(Co/Ag)_n$、$(NiFe/Cu)_n$ 等，这些材料在室温下的磁电阻率都达到 10%以上甚至更高。

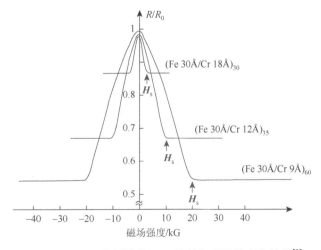

图 5-12　Fe/Cr 多层膜的 R/R_0 随外加磁场的变化关系[1]

　　磁性多层膜的层间交换耦合随非磁层的厚度变化而周期振荡变化，对绝大多数非磁过渡元素差不多是一种普遍现象，并且发现(100)取向的贵金属作为非磁层时同时存在长周期和短周期。交换耦合除了随非磁层的厚度变化而振荡变化以外，人们还发现它随磁性层的厚度变化也发生振荡变化。磁性层之间的耦合的变化直接影响多层膜系统的 GMR，如图 5-13 所示。

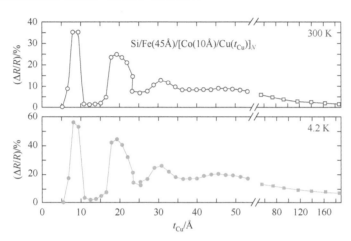

图 5-13　Co/Cu 多层膜的巨磁电阻随 Cu 层厚度的变化关系[1]

2. 多层膜中巨磁电阻效应的唯象解释[14-16]

　　当电子自旋与局域磁化矢量平行时，散射小、自由程长、相应电阻率低，反之，则电阻率高，如图 5-14（a）所示。上述图像可等价于电阻并联，在反铁磁排列时，正向与反向磁化状态概率相等；饱和磁化时，对某一自旋方向的传导电子散射弱，从而构成短路状态，使总电阻率下降。可以理解为，当多层膜中磁性层的 M 呈反平行排列时，若自旋↓的电子在 M 向下的磁层中为低阻态，则当跨越到相邻的 M 向上的磁层中时会变为高阻状态。与此相似，自旋↑的电子从 M 向下的磁层跨越 M 向上的磁层中时，其电阻从高阻态变为低阻态。这种情况类似于铁磁金属中高温下自旋混合的情况。两自旋电子通道的电阻相同，均为高阻态及低阻态的平均值，即

$$R_{AP} = \frac{R_{\downarrow} + R_{\uparrow}}{2} \tag{5-18}$$

当磁性层的 M 平行排列时，则对于一个自旋方向总是低阻态，另一个方向总为高阻态，所以

$$R_{P} = \frac{R_{\downarrow} R_{\uparrow}}{R_{\downarrow} + R_{\uparrow}} \tag{5-19}$$

式中，$R_\uparrow$ 和 $R_\downarrow$ 分别为自旋向上和向下电子在传输中的电阻。将传导电子分为自旋向上与向下两类导电载流子的物理图像，称为二流体模型 [图 5-14（b）]

$$\text{GMR} = \frac{R_{\text{AP}} - R_{\text{P}}}{R_{\text{P}}} = \frac{(R_\downarrow - R_\uparrow)^2}{4R_\downarrow R_\uparrow} \tag{5-20}$$

式中，R_{AP} 为反平行时电阻；R_{P} 为平行时电阻。在 3d 过渡金属中，由于交换作用，d 能带劈裂为两个自旋取向的子能带。$3d_\uparrow$ 能带低于费米能级，全部被电子所占据，而 $3d_\downarrow$ 能带被部分填充（图 5-15），而磁性金属的饱和磁化强度取决于这两个子能带磁矩之差。然对自旋向上的传导电子只能在 s 带被散射，散射较弱，而对自旋向下的电子除 s 带外，$3d_\downarrow$ 能带也可被散射，散射强，平均自由程短。因此从态密度理论出发，在上述情况下，当传导电子自旋平行于局域磁化矢量时，具有低电阻特性，反平行时为高电阻态，见图 5-16。传导电子在多层膜中的散射来自于铁磁层内的体散射与铁磁/非磁的界面散射，在多数情况下，GMR 主要来源于界面散射，因此 GMR 与界面粗糙度有关。

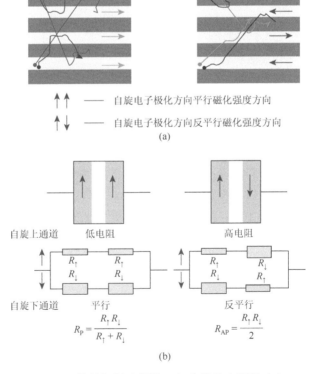

图 5-14　散射机制示意图（a）和等价电路图（b）

多层膜中的GMR效应与所加电流的方向有直接关系，当电流在膜面内，称为电流平行于膜面（current in the plane，CIP）。在CIP情况下，当单层厚度超过电子平均自由程时，不出现GMR。另一种情况是电流垂直于多层膜面情况下的GMR，称为电流垂直于膜面（current perpendicular to the plane，CPP）。在CPP情况下，传导电子必须穿越所有层间界面，理论推断CPP情况下的磁电阻效应大于CIP情况，二者之差甚至可达4倍[13]。磁性金属多层膜的饱和GMR值依赖于多层膜的具体结构，如磁层、非磁层的厚度和结构，周期数N，缓冲层的成分及厚度等。决定磁性金属多层膜总厚度的周期数N是多层膜结构的一个重要量，多层膜GMR的大小通常与它有很大的关系。实验表明，随N的增大，GMR值也增大，当N达到一定值时，GMR值趋近饱和。这一结果可以简单解释为：当N很小时，膜的厚度较小，由于膜表面的散射作用，膜电阻很大，这导致GMR效应变小。当N增大到使膜厚达到可与传导电子的平均自由程相比时，GMR值开始趋向饱和。当然，膜厚增加会影响多层膜中晶粒的生长情况，不同膜厚产生的大量晶界变化也将影响GMR的值。另外，铁磁层的厚度也对GMR效应有着重要的影响，如图5-17所示[17]。

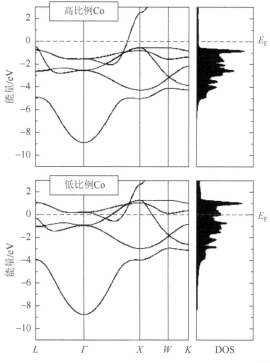

图 5-15　面心立方结构 Co 的能带结构和态密度图[16]

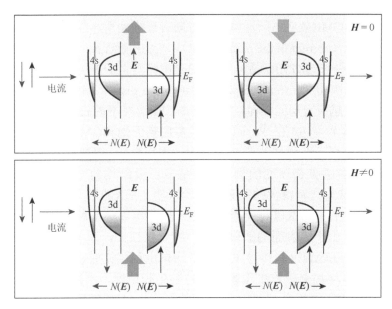

图 5-16　在外加磁场（上）为零和（下）不为零时的能带图[16]

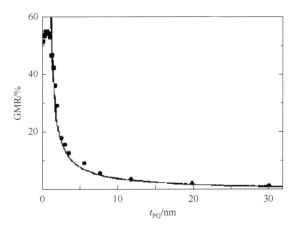

图 5-17　Fe/Cr 多层膜的磁电阻随 Fe 层厚度的变化曲线[17]

5.3.2　软磁性自旋阀

1991 年，IBM 公司 Dieny 等提出一个简化的四层结构，称为自旋阀，即磁性层Ⅰ/非磁性中间层/磁性层Ⅱ/反铁磁性层。其中，反铁磁性层具有较强的单轴各向异性，它通过各向异性交换作用将磁性层Ⅱ的磁矩钉扎在易磁化方向。由于非磁性中间层的隔离，磁性层Ⅰ和磁性层Ⅱ的磁相互作用很弱，称为自由层。很小的外加磁场就可以使磁性层Ⅰ的取向平行或反平行于磁性层Ⅱ的磁矩方向，分别对应于低电阻态和高电阻态。随着人们对自旋阀结构的不断研究，出现了很多种自旋阀结构。但是最基本结构主要有三种：①顶部自旋阀结构，就是反铁磁钉扎层位于整个自旋阀结构的顶部；②底部自旋阀结构，反铁磁钉扎层位于整个自旋阀结构的底部，就是在制备自旋阀结构时，先制备反铁磁层；③双自旋阀结构，有两个铁磁性层被反铁磁性层钉扎住，中间的铁磁性层可以自由活动，看起来像顶部和底部自旋阀的组合，具体见图 5-18。

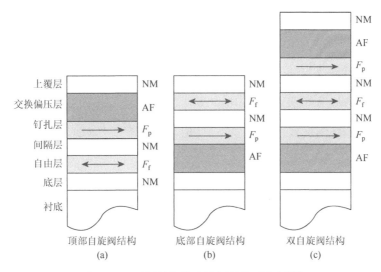

图 5-18 不同结构的自旋阀结构示意图[18]

当外加小的磁场时，自由层可以转动，而被钉扎住的磁性层（钉扎层）的磁矩是不转动的。图 5-19（a）给出了磁化强度随外加磁场的变化关系，从磁化曲线上可以清楚地看出，自旋阀中自由层和钉扎层的磁矩的转动情况。这里定义当外加磁场的方向与钉扎层中的磁矩一致时为正方向。图 5-19（b）给出了不同的磁矩排列导致的电阻变化关系，当自由层和钉扎层的磁矩平行排列时为低阻态，反平行排列时为高阻态。

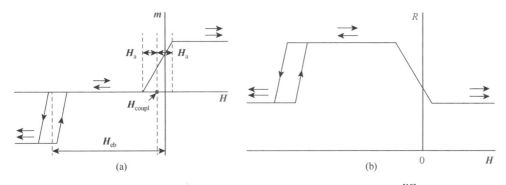

图 5-19 自旋阀的磁化强度和电阻随着外加磁场的变化关系[18]

在实际应用中，自由层通常具有单轴磁各向异性，并且易磁化轴方向垂直于交换偏置方向，如图 5-20 所示。在这种情况下，自由层磁矩在外加磁场在 $[-H_a + H_{coupl}, H_a + H_{coupl}]$ 区间时转动，其中 H_a 为自由层的磁各向异性场。另外一种情况是自由层的磁矩平行于交换偏置方向。

当自由层的磁矩与钉扎层磁矩的夹角为 θ 时，由于 GMR 效应，电阻随角度的变化关系为

$$R(\theta) = R(\theta = 0) + \frac{\Delta R_{GMR}}{2}[1 - \cos(\theta)] \qquad (5\text{-}21)$$

对于弱耦合 $(|H_{coupl}| \ll H_{eb})$ 的垂直情况 [图 5-20]，电阻随外加磁场的变化关系为

$$R(H) = R(H = \infty) + \frac{\Delta R_{GMR}}{2}\left(1 - \frac{H - H_{coupl}}{H_a}\right) \qquad (5\text{-}22)$$

其中，$|H - H_{coupl}| \ll H_a$。

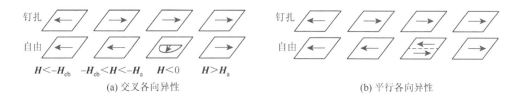

$H < -H_{eb}$ $-H_{eb} < H < -H_a$ $H < 0$ $H > H_a$
(a) 交叉各向异性

(b) 平行各向异性

图 5-20   自旋阀的磁化强度随着外加磁场的变化关系

自旋阀结构中的非磁性中间层可以阻止两侧铁磁性层之间的耦合作用，通常是 2～3 nm 的 Cu。中间层要可以阻止被钉扎的铁磁性层和自由铁磁性层由于存在针孔而发生的直接相互作用，并且还可以阻止间接交换相互作用和静磁相互作用，结果如图 5-21 所示。在自旋阀中，磁电阻效应随非磁性中间层厚度的变化可以唯象地表示为

$$\frac{\Delta R}{R}(t_{NM}) = \left(\frac{\Delta R}{R}\right)_1\left[\exp\left(-\frac{t_{NM}}{l_{NM}}\right)\Big/\left(1 + \frac{t_{NM}}{t_0}\right)\right] \qquad (5\text{-}23)$$

式中，t_{NM} 是非磁性中间层的厚度；l_{NM} 是电子在非磁性中间层中的平均自由程；t_0 是多层膜的有效厚度；$(\Delta R / R)_1$ 是归一化系数。

自旋阀的 GMR 随着磁性自由层的厚度先增大到最大值（10 nm），当厚度继续增大时，GMR 减小。图 5-22 给出了 Si/TM(Co, Ni$_{80}$Fe$_{20}$, Fe)/Cu(2.2 nm)/NiFe(4.7 nm)/FeMn(7.8 nm)/Cu(1.5 nm)自旋阀的 GMR 随磁性自由层厚度的变化关系。GMR 随磁性自由层厚度的变化关系可以表示为

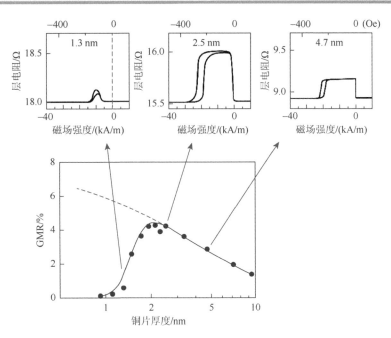

图 5-21　8 nm Py/t_{Cu} nm Cu/6 nm Py/8 nm $Fe_{50}Mn_{50}$ 自旋阀结构的 GMR 随 Cu 层厚度的变化关系，以及不同 Cu 层厚度下 GMR 随磁场的变化关系

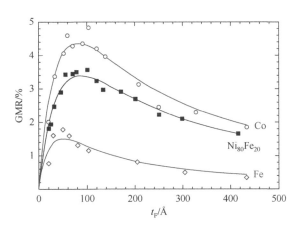

图 5-22　Si/TM(Co, $Ni_{80}Fe_{20}$, Fe)/Cu(2.2 nm)/NiFe(4.7 nm)/FeMn(7.8 nm)/Cu（1.5nm）自旋阀结构的 GMR 随磁性自由层厚度的变化关系

$$\frac{\Delta R}{R}(t_F) = \left(\frac{\Delta R}{R}\right)_0 \left[1 - \exp\left(-\frac{t_F}{l_F}\right) \middle/ \left(1 + \frac{t_F}{t_0}\right)\right] \qquad (5\text{-}24)$$

式中，t_F 是非磁性层的厚度；l_F 是电子在铁磁层中的平均自由程；t_0 是多层膜的有效厚度；$(\Delta R / R)_0$ 是归一化系数。薄膜生长中精确的控制技术可以控制自旋阀中

的各参数，包括界面粗糙度、界面扩散、自旋阀的大小以及表面粗糙度等，从而实现想要达到的某一特殊功能。

5.3.3 软磁性隧道结

磁性隧道结是由两个铁磁性材料层被很薄的绝缘层隔离开而成的复合结构，如图 5-23（a）所示。一般情况下，绝缘层只有几个原子层，因此电子可以从一个电极隧穿到另外一个电极的电子态。当两铁磁层磁化强度平行时，输运过程中一个铁磁层中多数自旋子带的电子将进入另一个铁磁层中多数自旋子带的空态，费米面附近可填充的态数达到最大匹配程度，使隧穿电流最大，隧道磁电阻（TMR）最小；当两铁磁层磁化强度反平行时，输运过程中一个铁磁层中多数自旋子带的电子将进入另一个铁磁层中少数自旋子带的空态，由于态密度之间的不匹配而使隧穿电流最小，隧道磁电阻最大，如图 5-23 所示[19]。

1975 年，Julliere 在 Fe/Ge/Co 隧道结中 4 K 下发现 14%的隧道磁电阻，首先给出了 TMR 效应的表达式

$$TMR = \frac{2P_1P_2}{1 - P_1P_2} \quad\quad (5-25)$$

式中，P_1 和 P_2 分别为两个铁磁性电极的自旋极化率。P 的定义式为

$$P = \frac{N_\uparrow(E_F) - N_\downarrow(E_F)}{N_\uparrow(E_F) + N_\downarrow(E_F)}$$

其中，N 为费米面附近的自旋向上或自旋向下的电子态密度。20 年后，人们在以非晶态的 AlO_x 为隧穿势垒的隧道结中发现了大的室温 TMR 效应，其中 $Co/AlO_x/Co$ 隧道结中的室温 TMR 大于 15%。此后，人们还研究了具有更高的自旋极化率的铁磁电极与非晶态 AlO_x 形成的隧道结的 TMR 效应，并通过不同的手段提高势垒层的质量。2004 年，在 $CoFeB/AlO_x/CoFeB$ 隧道结中，观察到 70%的 TMR 效应。2001 年，理论计算表明以单晶 MgO(100)层为势垒的 Fe/MgO/Fe 的隧道结具有大磁电阻效应。理论计算认为体心立方 Fe(001)面和面心立方 MgO(001)面的晶格匹配使得在势垒层中的衰减态和电极材料的电子态具有很好的自旋相关匹配，因此隧穿过程具有很高的自旋极化率。2004 年，研究人员分别采用分子束外延和磁控溅射法制备了隧道结，分别观察到 180%和 220%的 TMR。此后，在 Co/MgO/Co 隧道结中观察到 400%的 TMR。势垒层从非晶态 AlO_x 到晶态 MgO 的变化，使得室温 TMR 得到显著提高，如图 5-24 所示。下面将具体介绍两种不同结构的隧道结的研究工作。

1. 具有非晶态势垒层的隧道结

由于表面平整、能够形成很薄的致密势垒层，并且 Al 和 O 具有较高的结合

能（3 eV），非晶态氧化铝在一段时间内成为研究最多的势垒层。通过物理气相沉积的方法，如磁控溅射和离子束溅射，制备一层很薄 Al 膜，再将 Al 膜氧化，形成非晶态的氧化铝势垒层。如果在薄膜表面产生等离子体来辅助氧化，则样品的 TMR 效应更加明显，但是隧道结的电阻也增大，会造成应用中消耗更大能量。对于自然氧化的氧化铝势垒层，势垒高度为 0.7～1.0 eV，而等离子辅助氧化的势垒高度为 1～3 eV。此外，退火处理也有利于提高 TMR 效应。图 5-25 为磁控溅射法制备的 Fe/AlO$_x$/NiFe 隧道结的透射电子显微镜照片，从图中可以看出势垒层为非晶态的。另一种非晶态绝缘层为 TiO$_x$，它的势垒高度比较低（约 0.1 eV），使得隧道结的电阻比较小，有利于实际应用。为了制备合适的 TiO$_x$ 层，需要采用自由基氧化的方法，此方法可以使氧化进行得更加彻底。

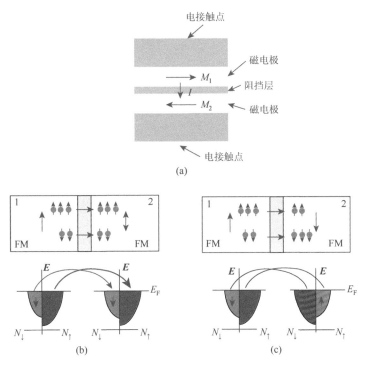

图 5-23 （a）磁性隧道结的结构示意图，其中的磁化强度平行于薄膜表面；（b，c）两个铁磁性电极不同排列方式时的能带图

2. 具有 MgO 势垒层的隧道结

如上所述，要想在以 MgO 为势垒层的隧道结中获得大的磁电阻效应，晶体取向是前提条件，从而满足晶格匹配。实验证明，在不采用单晶基底的情况下，利用物理气相沉积的方法制备(001)晶向的面心立方 Co 和体心立方 Fe 是比较困难的。如果采用单晶基底，将会限制其商品化。

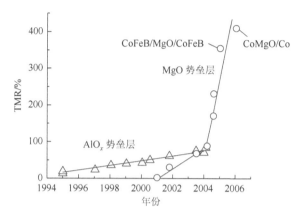

图 5-24　不同时期的隧道结的室温磁电阻效应

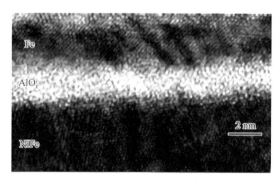

图 5-25　磁控溅射法制备的 Fe/AlO$_x$/NiFe 隧道结的透射电子显微镜图像

　　CoFeB/MgO/CoFeB 隧道结的制备采用了特殊处理方法来克服这个困难。采用传统方法制备的(CoFe)$_{80}$B$_{20}$/MgO/(CoFe)$_{80}$B$_{20}$ 隧道结中的(CoFe)$_{80}$B$_{20}$ 为非晶态，在非晶(CoFe)$_{80}$B$_{20}$ 上的 MgO 恰好为(001)取向生长。360℃退火处理可以诱导(CoFe)$_{80}$B$_{20}$ 结晶，并且沿着 MgO(001)方向外延生长，如图 5-26 所示。

　　3. 具有磁化强度垂直膜面的隧道结

　　具有高自旋极化率的材料，通常会具有大的饱和磁化强度。这些磁性材料的磁矩通常平行于薄膜表面，即易磁化轴在薄膜内。然而很多情况下的实际应用需要磁化强度垂直于薄膜。为了使磁化强度垂直于薄膜表面，需要考虑退磁场大小，选择具有垂直磁晶各向异性的材料。

　　图 5-27（a）给出了具有磁化强度垂直于膜面的隧道结的示意图。每个磁性电极都是一个双层结构，其中挨着绝缘体势垒层具有高的电子自旋极化率，另一层是具有垂直磁晶各向异性的磁性层，这两层具有很强的交换铁磁相互作用。图 5-27（b）

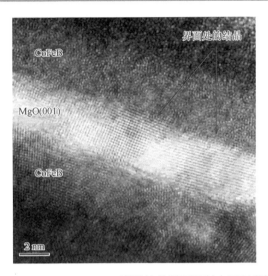

图 5-26　CoFeB/MgO/CoFeB 隧道结的断面透射电子显微镜图像

给出了 Si/Ta(3.0 nm)/Pt(5.0 nm)/[Co(0.6 nm)/Pt(1.8 nm)]$_4$/Co(0.8 nm)/AlO$_x$(2 nm)Co (0.7 nm)/[Pt(1.8 nm)/Co(0.7 nm)]$_2$ 隧道结的 TMR 和磁化强度随磁场的变化，测量过程中外加磁场垂直于薄膜。从图中可以看出，样品具有很大的 TMR，并且表现出两段饱和的磁滞回线。

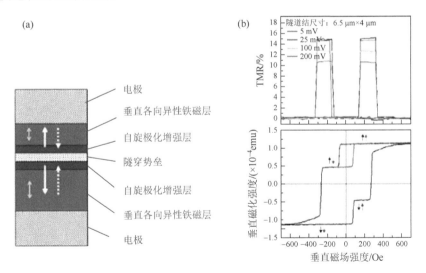

图 5-27　隧道结示意图及磁化强度随磁场的变化关系

（a）具有磁化强度垂直于膜面的隧道结的结构示意图；（b）Si/Ta(3.0 nm)/Pt(5.0 nm)/[Co(0.6 nm)/Pt(1.8 nm)]$_4$/ Co(0.8 nm)/AlO$_x$(2 nm)Co(0.7 nm)/[Pt(1.8 nm)/Co(0.7 nm)]$_2$ 隧道结的 TMR（上图）和磁化强度（下图）随磁场的变化关系

4. 具有半金属铁磁电极的隧道结

人们发现一类具有半金属特性的新材料，其重要特征是具有 100% 的自旋极化率，为磁性隧道结注入新的活力，引起了人们的研究兴趣。半金属材料可分为尖晶石型结构半金属材料，如 Fe_3O_4 和 CuV_2S_4 等；钙钛矿结构型半金属材料，如 $La_{2/3}Sr_{1/3}MnO_3$ 等；金红石结构型半金属材料，如 CrO_2 和 CoS_2 等。于是人们就采用半金属材料作为隧道结的铁磁层，形成了全氧化物型隧道结构。1996 年，IBM 公司的肖刚研究组利用脉冲激光沉积的方法，首先制备了 $LaCaMnO_3/Sr\cdot TiO_3/LaCaMnO_3$ 和 $LaCaMnO_3/Sr\cdot TiO_3/LaCaMnO_3$ 的三层结构，在 120 Oe 的磁场和 200 K 以下才产生磁电阻效应。Lu 等采用原位光刻的方法制备了 $LaCaMnO_3/Sr\cdot TiO_3/LaCaMnO_3$ 的隧道结结构，在 4.2 K 和几十奥斯特的磁场下，得到 83% 的磁电阻，利用 Julliere 公式可以计算出锰氧化物的自旋极化率为 54%。电导与电压的关系呈现出抛物线形，表明输运机制为电子隧道过程。在 200 K 时磁电阻消失，低于 LSMO 的居里温度（347 K），这主要是由于接近居里温度时，磁散射和 Jahn-Teller 效应增强。Seneor 等在玻璃基底上制备了 $Co/Al_2O_3/Fe_3O_4/Al$ 隧道结，在 4.2 K 和 10 mV 下，TMR 可达 43%。Aoshima 等采用 Fe_3O_4 作为铁磁层，制备了 $MgO/V/Ru/Fe_3O_4/AlO_x/CoFe/NiFe/Ru$ 隧道结，室温磁电阻为 14%。Hu 等采用 PLD 法在 $SrTiO_3(110)$ 上制备了 $La_{0.7}Sr_{0.3}MnO_3(60\ nm)/CoCr_2O_4(6\ nm)/Fe_3O_4(80\ nm)$ 磁性隧道结，80 K 的磁电阻为 19%。对全氧化物隧道结，在技术上应优化中间层的制备方法（以获得高质量的超薄薄膜）或使不同层之间晶格匹配，以减小界面的自旋翻转效应，提高磁电阻值；在材料方面应探索匹配的中间层和铁磁层材料，以达到应用要求[20]。

2008 年，日本研究小组[21]发现在外延的 $Co_2MnSi/MgO/CoFe$ 隧道结中 2 K 时具有 753% 的磁电阻，室温磁电阻为 217%，随温度的升高，磁电阻降低很快，其结构如图 5-28 所示。2009 年，Ishikawa 等发现外延 $Co_2MnSi/MgO/Co_2MnSi$ 隧道

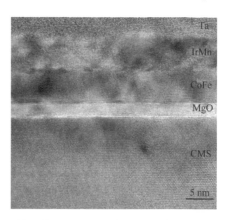

图 5-28　外延的 $Co_2MnSi/MgO/CoFe$ 隧道结的 TEM 图像

结中的 TMR 值随着 Co_2Mn_xSi 中 Mn 含量的改变而改变,在 $x = 1.29$,4.2 K 时 TMR 为 1135%,室温的 TMR 为 236%[22]。此后,有人采用第一性原理计算来研究界面处插入其他材料的影响。

5.4 软磁性颗粒薄膜

5.4.1 软磁性金属–非磁性金属颗粒薄膜

磁性颗粒薄膜是由小铁磁性金属颗粒分布在非磁性薄膜基体中形成的复合材料体系。原则上,颗粒与母体材料在制备条件下应互不固溶,因此颗粒薄膜区别于合金、化合物,属于非均匀系统。满足此条件的材料组合有金属-金属、金属-绝缘体(半导体)、半导体-半导体(超导体)、超导体-绝缘体等,从而构成了内涵丰富,物理、化学性质可以人工剪裁的复合体系。从 Kubo 的早期研究开始,人们注意到了各种精细颗粒体系。由于量子尺寸效应,这种系统展示出不同于块体材料的物理性质。磁性质也受颗粒的尺寸和形状的影响。颗粒薄膜的性质除取决于组分外,还与微颗粒的尺寸、体积分数以及界面等因素有关。通过控制组分和制备工艺条件,可获得纳米量级的颗粒薄膜,呈现尺寸效应[14]。

1992 年,Berkowitz 等[23]和 Xiao 等[24]报道了由单畴铁磁性颗粒镶嵌在非磁性金属母体中形成的 Co-Cu 颗粒薄膜中发现磁电阻效应。这种材料制备很简单,图 5-29 给出了 350℃下制备的 $Co_{16}Cu_{84}$ 颗粒薄膜在 5 K 下的磁电阻和磁化强度随磁场的变化关系。磁电阻的变化与磁性的变化是一致的,并且发现 $MR \propto (M/M_s)^2$ 关系。此后在很多磁性金属颗粒薄膜中发现 GMR 效应。

颗粒薄膜中 GMR 的微观机制通常与电子自旋相关散射有关。当颗粒薄膜中的电子输运时,会受到磁性颗粒的自旋相关散射,源于磁性颗粒的体散射以及磁性颗粒的界面散射,从而产生 GMR 效应,其中以界面散射的贡献为主。在解释颗粒薄膜中的 GMR 效应过程中,还建立了半经典的模型。1992 年,Zhang 考虑了穿过颗粒结构时电场线的自平均,建立了非均质合金的巨磁电阻效应模型,说明 GMR 依赖于铁磁颗粒的尺寸、电子平均自由程、颗粒和界面的自旋相关散射势/自旋无关散射势。1993 年,Xing 建立的模型证明 GMR 效应可能源于自旋相关散射势和 d 带态密度,忽略自旋反向散射,说明了 GMR 与磁场的平方关系。同年,Wang 建立的模型证明自旋相关散射由传导电子和磁化散射之间的交换作用势引起。1996 年,Sheng 考虑了电场和电流的空间变化,建立了位置相关电流模型,说明了电导率和磁电阻强烈依赖于颗粒尺寸,磁电阻达到最大值时磁性颗粒有一个最佳尺寸。此外,还有一些其他的唯象模型[25]。通常铁磁性颗粒的磁矩在颗粒薄膜系中呈空间混乱分布，外加磁场后，其方向趋于磁场方向，因此传导电子的散射与磁矩取向必然有关。因此，颗粒薄膜中 GMR 的唯象表达式为

$$\Delta R / R \propto (\boldsymbol{M}_i \boldsymbol{M}_j) / \boldsymbol{M}^2 = \boldsymbol{M}_i \boldsymbol{M}_j <\cos\theta_{ij}> / \boldsymbol{M}^2 \qquad (5\text{-}26)$$

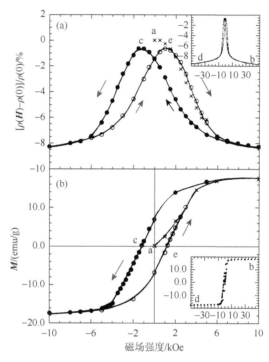

图 5-29　350℃下制备的 $Co_{16}Cu_{84}$ 颗粒薄膜在 5 K 下的磁电阻和磁化强度随磁场的变化关系

式中，θ_{ij} 为 $\boldsymbol{M}_i$ 和 $\boldsymbol{M}_j$ 之间的夹角。

在颗粒薄膜中

$$(\boldsymbol{M} / \boldsymbol{M}_s)^2 = <\cos\phi>^2$$

式中，ϕ 为颗粒的磁矩与磁场的夹角；$\boldsymbol{M}$ 为磁化强度；$\boldsymbol{M}_s$ 为饱和磁化强度；$<\cos\phi>$ 是对所有颗粒的 $\cos\phi$ 的平均值。但颗粒之间无关联时，有

$$<\cos\phi>^2 = <\cos\theta_{ij}>$$

故

$$\Delta R / R \sim -A(\boldsymbol{M} / \boldsymbol{M}_s)^2$$

其中，A 与铁磁性颗粒尺寸、磁性颗粒的体积分数相关。由于在矫顽力处，样品的电阻最大，所以用 $[R(H) - R(H_c)] / R(H_c)$ 来代替原来的磁电阻定义中的 $[R(H) - R(0)] / R(0)$。对于 $Co_{16}Cu_{84}$ 颗粒薄膜样品，实验和理论吻合得很好（图 5-30），得到

$$\Delta R / R = [R(H) - R(H_c)] / R(H_c) = -0.065(\boldsymbol{M} / \boldsymbol{M}_s)^2 \qquad (5\text{-}27)$$

从微观的角度出发，与自旋相关的散射意味着散射矩阵依赖于传导电子自旋相对被散射的局域磁矩的取向，当磁性颗粒薄膜中颗粒的磁矩混乱取向时，散射矩阵 Δ 的平均值对于自旋向上或向下的传导电子是相等的；当颗粒磁矩取向排列时，才会显示出自旋向上或向下的传导电子散射概率不同。假设颗粒薄膜中的 GMR 效应与多层膜中电流垂直于膜面的情况（CPP）类似，同样采用二流体模型，在散射过程中不考虑传导电子自旋的反向，引入与自旋相关的散射势，求出散射矩阵，从而可以获得 GMR 效应的表达式为

$$\sigma = \frac{ne^2}{2m} \sum_{\sigma} \frac{1}{\Delta^{\sigma}}$$

式中，σ 为电导率；Δ^{σ} 为平均散射矩阵；n 为单位体积内的传导电子数；m 为电子质量

$$\Delta^{\sigma} = k_{\mathrm{F}} / m \lambda^{\sigma}$$

λ^{σ} 为电子平均自由程。在颗粒薄膜中，电子散射源于磁性颗粒、非磁性介质以及颗粒与母体之间的界面，分别以符号 FM、NM、IF 来表示，则总的散射矩阵可以表示为

$$\Delta^{\sigma} = \frac{1}{V}\left(\sum_{\mathrm{FM}} \Delta^{\sigma}_{\mathrm{FM}} + \sum_{\mathrm{NM}} \Delta_{\mathrm{NM}} + \sum_{\mathrm{IF}} \Delta^{\sigma}_{\mathrm{IF}} \right)$$

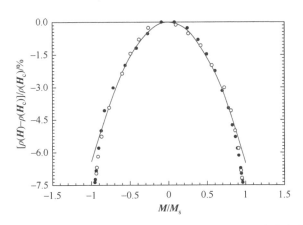

图 5-30　$Co_{16}Cu_{84}$ 颗粒薄膜在 5 K 下的磁电阻随磁化强度的变化关系

引入与自旋相关的平均自由程 $\lambda^{\sigma}_{\mathrm{b}}$ 和 $\lambda^{\sigma}_{\mathrm{s}}$（b 代表磁性颗粒内部；s 代表磁性颗粒表面）

$$\lambda^{\sigma}_{\mathrm{b}} = \lambda_{\mathrm{b}} / (1 + P_{\mathrm{b}} \boldsymbol{\Theta} \boldsymbol{M})^2$$

$$\lambda^{\sigma}_{\mathrm{s}} = \lambda_{\mathrm{s}} / (1 + P_{\mathrm{s}} \boldsymbol{\Theta} \boldsymbol{M})^2$$

式中，P_b 和 P_s 分别代表磁性颗粒内和表面的自旋相关与自旋无关散射势的比例；Θ 为泡利矩阵。可以得到

$$\rho = \frac{1}{\sigma} = (\rho_1^2 - \rho_2^2 \alpha^2) / \rho_1$$

其中

$$\rho_1 = \frac{Ck_F}{ne^2}\left(\frac{1+P_b^2}{\lambda_b} + \frac{1-C}{\lambda_{NM}} + \frac{3(1+P_s^2)}{d_{FM}\lambda_s}\right), \quad \rho_2 = \frac{k_F}{ne}\left(\frac{2P_b}{\lambda_b} + \frac{6P_s}{d_{FM}\lambda_s}\right)$$

C 为单位体积内铁磁颗粒的个数；d_{FM} 为铁磁性颗粒的平均直径。

$$\alpha = M(H) / M_s$$

当 $H = H_c$，$\alpha = 0$；当 H 足够大时，$\alpha = 1$。所以可以计算得到

$$\frac{\Delta\rho}{\rho} = \frac{\rho_2^2}{\rho_1^2 - \rho_2^2}(1-\alpha^2)$$

5.4.2 软磁性金属-绝缘体颗粒薄膜

顾名思义，铁磁性金属-绝缘体颗粒薄膜就是铁磁性金属镶嵌在绝缘体中所形成的颗粒薄膜。由于铁磁性金属和绝缘母体的体积分数的不同，其形貌和结构都会变化。从电输运的角度来看、金属-绝缘体颗粒系统有三种结构形式：①金属结构（metallic regime），当金属颗粒的体积百分比较大时，金属颗粒互相接触并在绝缘基体中形成金属性的连接。在这种金属结构中，电导率通常要比相应的块体金属材料低数个量级。此外，由于绝缘基体和金属晶粒界面对电子的强散射作用，电阻温度系数（TCR）是正的，但远小于相应的纯金属材料。②过渡结构（transition regime），在这种结构中，金属材料的体积百分比接近但小于逾渗阈值。电导率主要来自两个方面，一是金属性的迷津（maze）结构；二是岛状金属颗粒间电子的热激发隧道效应。在一定的成分和温度下，当这两个方面对电导率的贡献可以相互比拟时，电阻温度系数由正变负。③介电结构（dielectric regime），在这种结构中，由于金属材料的体积百分比较小，金属小颗粒被绝缘体很好地分隔。整个系统的电磁输运特性取决于金属颗粒之间电子的隧穿。

在这三种结构中，具有介电结构的颗粒薄膜中会出现 TMR 效应；而过渡结构颗粒薄膜中经常会出现巨霍尔效应。这里只介绍介电结构中的 TMR 效应。铁磁性金属-绝缘体颗粒系统可以看成是一系列相互连接的小"铁磁性金属/绝缘体/铁磁性金属"（FM/I/FM）三明治型隧道结。所以，考虑到磁矩的相对取向 θ 和相邻金属颗粒间的距离 s 的分布后，关于隧道结的理论可以直接应用于金属颗粒薄膜系统。Yakushiji 等[26]对纳米颗粒系统的 TMR 效应进行了总结，具体如下。1972 年，人们首次在 Ni-Si-O 颗粒薄膜中发现 TMR 效应，TMR 较小，这比 Julliere

报道隧道结的结果还要早 3 年。1994 年，Fujimori 等在反应溅射法制备的 Co-Al-O 颗粒薄膜中发现大的磁电阻效应，室温磁电阻为 10%，低温磁电阻高于 20%，表现为超顺磁特性。此后，人们在很多铁磁性金属-绝缘体颗粒薄膜中都发现了 TMR。Co-Al-O 颗粒薄膜的颗粒形貌是各向同性的，也就是说无论是平面的透射电子显微镜图像还是断面透射电子显微镜图像都是一样的，2～3 nm 的 Co 颗粒镶嵌在 Al-O 母体中，形成颗粒薄膜结构，其中 Co 颗粒被 1 nm 厚的 Al-O 层隔离开［图 5-31（a）］，这里 Al-O 母体起到隧穿势垒的作用。Co-Al-O 颗粒薄膜的电阻率随着温度的降低而升高，并且 $\ln\rho$-$T^{-1/2}$ 关系曲线表现出很好的线性关系［图 5-31（b）］。这一关系正好符合 Sheng 提出的理论模型，该模型考虑了电子隧穿、充电能和颗粒尺寸分布。

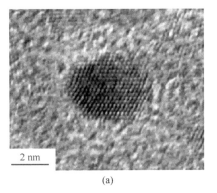
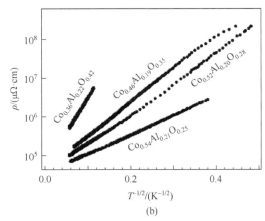

图 5-31　Co-Al-O 颗粒薄膜的电子显微镜图像和电阻率

（a）高分辨透射电子显微镜照片；（b）电阻率随温度的变化关系

图 5-32 给出了 $Co_{0.36}Al_{0.22}O_{0.42}$ 颗粒薄膜的 **M-H** 和 **M-T** 曲线。图 5-32（a）中，样品的室温剩余磁化强度和矫顽力均为零，4.5 K 时样品的剩余磁化强度和矫顽力不为零，说明样品表现为超顺磁性，可以用朗之万方程进行拟合，并且可以拟合出颗粒尺寸分布。图 5-32（b）中，加场冷却曲线和零场冷却曲线在 40 K 附近分开，说明在此温度以下颗粒的磁矩被冻结。

在超顺磁状态下，具有相同颗粒尺寸的无相互作用系统的磁化曲线 **M-H** 可以用朗之万函数来描述

$$\boldsymbol{M} = x_V \boldsymbol{M}_s L(\boldsymbol{\mu H} / k_B T) = x_V \boldsymbol{M}_s [\coth(\boldsymbol{\mu H} / k_B T) - \boldsymbol{\mu H} / k_B T]$$

其中，x_V 是磁性颗粒的体积比；$\boldsymbol{\mu} = \boldsymbol{M}_s V$ 是具有体积 V 的单畴颗粒的磁矩；$\boldsymbol{H}$ 是外加磁场强度。由于 $\boldsymbol{\mu}$ 很大（$10^2 \sim 10^3 \mu_B$），因此在 $T \gg T_B$ 时磁矩也不会达到饱和状态。

在真实系统中，颗粒形状和尺寸并不相同，而是存在一个分布，这时系统的

磁化强度可以表示为

$$M = x_v M_s \int_0^\infty L\left(\frac{M_s VH}{k_B T}\right) f(V)\,\mathrm{d}V$$

其中，L 是朗之万函数；$f(V)$ 是样品中颗粒的尺寸分布函数。假设颗粒为直径为 D 的球形颗粒，通常采用对数-正态颗粒尺寸分布

$$f(D) = \frac{1}{\sqrt{2\pi}\ln\sigma}\exp\left(\frac{-(\ln D - \ln\langle D\rangle)^2}{2(\ln\sigma)^2}\right)$$

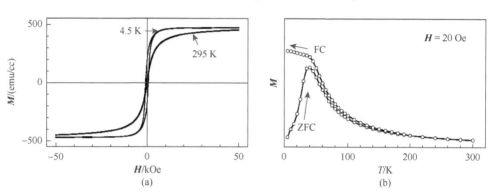

图 5-32　$Co_{0.36}Al_{0.22}O_{0.42}$ 颗粒薄膜的 *M-H* 曲线（a）和 *M-T* 曲线（b）

这一分布就是对数高斯分布，并服从归一化条件，或

$$\int_0^\infty f(D)\,\mathrm{d}\ln D = 1$$

因此，用公式拟合实验数据 ***M(H)***，就可以得出颗粒的平均尺寸 $\langle D\rangle$ 和标准偏差 σ。通过拟合得到的 Co 颗粒的平均尺寸为 2.45 nm，与用电子显微镜观察到的结果（2.20 nm）一致。

　　图 5-33 给出了室温和 4.2 K 下，$Co_{0.36}Al_{0.22}O_{0.42}$ 的磁电阻随磁场的变化关系。从图中可以看出，在 80 kOe 下，室温磁电阻大于 10%，4.2 K 接近 20%。另外，室温磁电阻在高磁场（80 kOe）下仍不饱和；在 4.2 K，磁电阻在 20 kOe 以上才饱和，磁电阻峰值和矫顽力对应。图 5-34（a）给出了 Co-Al-O 颗粒薄膜的磁电阻随温度的变化。在 100 K 以下，磁电阻随温度的降低明显增大；在 100 K 以上，磁电阻随温度变化很小。按照以前的磁电阻理论无法解释这种磁电阻低温显著增大的现象。样品是采用电流垂直于薄膜表面的方式测量的，即约 1 μm 的 Co-Al-O 颗粒薄膜被上下电极夹在中间，如图 5-34（b）和（c）所示。并且还发现样品的电阻率随着外加电压的增大而降低三个数量级，磁电阻基本保持不变。考虑大颗粒之间出现小颗粒的情况，不同尺寸的颗粒具有不同的充电能，在原来理论的基础上，Fujimore 等扩展了原有的磁电阻理论，建立了共隧穿模型。

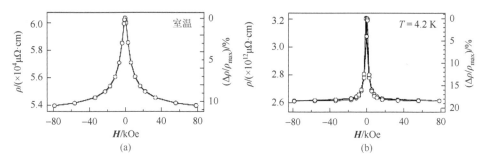

图 5-33 $Co_{0.36}Al_{0.22}O_{0.42}$ 样品的室温（a）和 4.2 K（b）下的磁电阻随磁场的变化关系

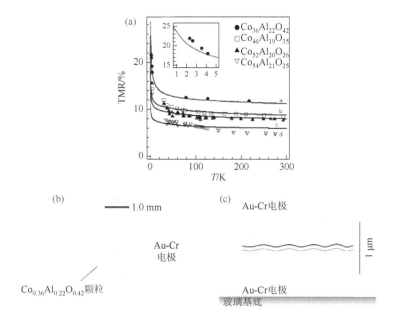

图 5-34 Co-Al-O 颗粒薄膜系统的磁电阻和样品示意图

（a）磁电阻随温度变化的关系曲线；（b，c）样品结构示意图

此后，该研究小组还采用微加工等手段制备了以 Co-Al-O 薄膜为基础的纳米结构，研究了自旋相关的单电子隧穿现象，观察到库仑阻塞效应和库仑台阶现象，同时观察到自旋累积效应导致的 TMR 振荡现象，并给出了合理的理论解释。

5.4.3 软磁性金属–碳基材料中的磁电阻效应

2004 年，清华大学章晓中教授报道了在采用脉冲激光法制备的非晶态 C/Si 结构和非晶态 TM-C/Si（TM = Co、Fe）体系中发现正磁电阻效应，并且做了非常系统的工作，这里只做简单的介绍。Fe_x-C_{1-x}/Si 结构的磁电阻可正可负，随温度变化而变化。当温度低于 258 K 时，$Fe_{0.011}$-$C_{0.989}$/Si 结构的磁电阻为负值；当温度在 258~340 K

之间时，该材料的磁电阻为正值。在室温和磁场强度 1 T 时，该材料的正磁电阻可以大于 20%。在不同的温度范围中，该材料的磁电阻对磁场的依存关系呈现出不同的特点：在 280 和 300 K，磁场强度小于 1 T 时，磁电阻随磁场强度的增大而快速增大，之后随磁场强度的继续增大，磁电阻缓慢增大；在 350 K，磁电阻近似为 $B^{1.5}$；在 30 K，磁电阻为负值且其大小随磁场强度的增大而减小，具体如图 5-35 所示。

2006 年，天津大学白海力教授研究组[27-29]在 Ni-CN$_x$ 体系中发现大的低温负磁电阻效应。他们在室温下采用共溅射法制备了系列 Ni-CN$_x$ 纳米颗粒薄膜，并观察到自旋相关的低温磁电阻显著增强现象，磁电阻在 3 K 和 90 kOe 的磁场下可以达到 −59%，如图 5-36 所示。在磁场由 0 kOe 增大至 90 kOe 的过程中，薄膜的磁电阻一直增大，出现弱饱和现象；当温度高于 20 K 时，薄膜的磁电阻都接近于 0；而当温度低于 20 K 时，磁电阻随温度的降低而急剧增大，并遵循 $\log|\mathrm{MR}|\propto -T$ 关系。通过改变碳氮母体的绝缘性以及磁性金属含量，可以对磁电阻进行调制，而磁电阻随外加磁场和温度的变化关系并不改变。基于高阶隧穿模型，新的自旋极化率随温度的变化关系 $P = P_0\exp(-\beta T^{\alpha})$，解释了低温磁电阻增强现象的物理机制。

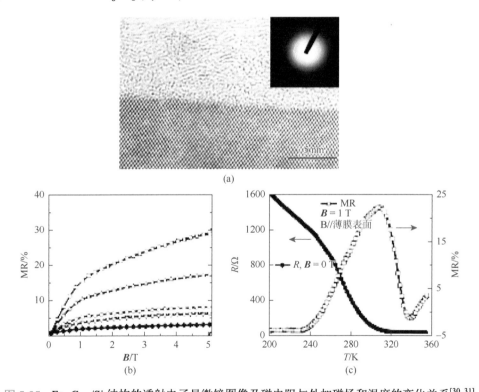

(a)

(b)

(c)

图 5-35　Fe$_x$-C$_{1-x}$/Si 结构的透射电子显微镜图像及磁电阻与外加磁场和温度的变化关系[30, 31]

(a)透射电子显微镜图像；(b)不同 Fe 含量的 Fe$_x$-C$_{1-x}$/Si 结构的磁电阻与外加磁场的变化关系；(c)Fe$_{0.011}$-C$_{0.989}$/Si 结构的磁电阻与温度的变化关系

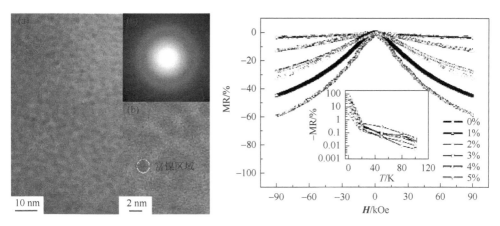

图 5-36　Ni-CN$_x$颗粒薄膜的透射电子显微镜图像（左图）和不同氮气分压下制备的样品的磁电阻随磁场的变化关系（右图）

2006 年开始，日本的研究小组报道了 Co-C$_{60}$ 复合体系中的磁电阻效应，在 Co-C$_{60}$ 中发现大的磁电阻效应，并且磁电阻效应依赖于所加的偏压[32-34]，如图 5-37 所示。从图中可以看出，样品的最大磁电阻可以达到 80%，并且随着偏压的增大 而增大。随着样品中 Co 含量的增加，磁电阻减小。随着磁场的增大，样品的磁 电阻呈现弱饱和趋势。

5.4.4　软磁性金属–氧化物宽带半导体复合薄膜中的磁电阻效应

山东大学颜世申教授等[35]在氧化物磁性半导体 Ti-Co-O 和 Zn-Co-O 中观察到 了较大负磁电阻现象，并认为其物理机制为电子的自旋相关可变程跃迁。田玉峰 等[36]在 Co-ZnO 纳米颗粒薄膜中观察到低温（5 K）下大的正磁电阻效应，最大值 可达 811%（图 5-38），并且磁电阻的值与薄膜中 Co 的含量密切相关，他们认为 正磁电阻效应的出现与自旋塞曼效应对自旋相关可变程跃迁抑制有关。山西师范 大学许小红教授课题组[37]在 Co/ZnO 薄膜中在 10 K 下观察到 26%的负磁电阻。德

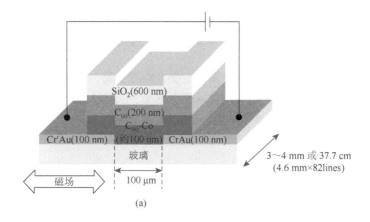

(a)

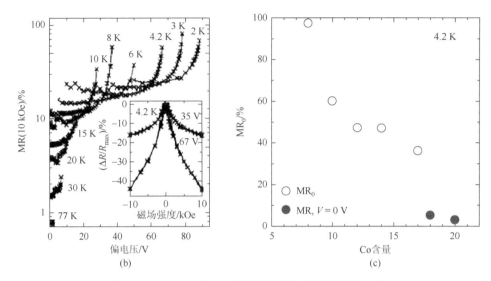

图 5-37 Co-C$_{60}$ 复合体系的样品结构示意图和磁电阻

（a）样品结构示意图；（b）不同温度下的磁电阻随偏电压的变化关系；（c）磁电阻随 Co 含量的变化关系

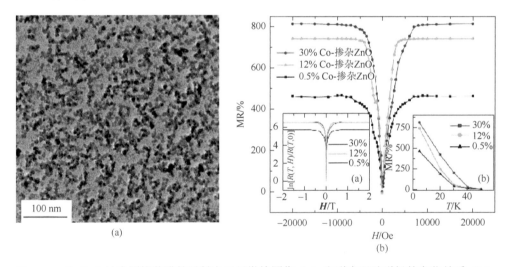

图 5-38 Co-ZnO 纳米颗粒薄膜的透射电子显微镜图像（a）和磁电阻随磁场的变化关系（b）

国研究小组[38]在 3d 金属掺杂的 ZnO 薄膜中在 5 K 时发现 31%的正磁电阻。山东大学物理系的刘宜华教授[39]在 Fe-In$_2$O$_3$ 颗粒薄膜中发现了低温磁电阻的显著增强效应。

5.4.5 一种典型低维软磁材料——Fe$_4$N 薄膜

1. Fe$_4$N 的晶体结构和基本性质

氮化铁材料由于具有优异的铁磁性、良好的耐磨损、抗腐蚀、抗氧化能力而被广泛应用到高密度磁性存储记录和读出磁头中。氮化铁由于氮含量的不同，存在复杂的相结构。随着氮含量的增加，会出现 α-Fe（N）、α'-Fe$_8$N、α''-Fe$_{16}$N$_2$、γ'-Fe$_4$N、ε-Fe$_3$N、ξ-Fe$_2$N、γ''-FeN、γ'''-FeN 等相[40]，见图 5-39。在铁磁氮化物中，Fe$_4$N 除了具有很好的机械性能之外，还具有良好的金属导电性、化学稳定性及热稳定性、高居里温度、高饱和磁化强度、高自旋极化率、晶体结构简单等特点，成为磁性材料和自旋电子学等领域的研究热点。但是从相图中可以看出，Fe$_4$N 的存在窗口很窄，因此纯相 Fe$_4$N 薄膜的制备相对困难很多。

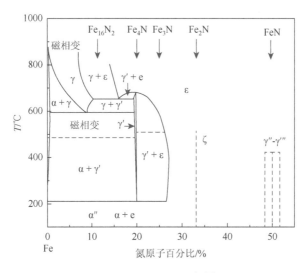

图 5-39　Fe-N 二元相图

　　Fe$_4$N 具有反钙钛矿晶体结构，属立方晶系，空间群为 $Pm\bar{3}m$，晶格常数为 3.795 Å。晶体结构中包含两种不同的 Fe 原子位，Fe$_I$ 占据顶角位置，Fe$_{II}$ 占据面心位置，N 原子占据体心位置，相当于在面心立方结构的 γ-Fe 的体心位置插入 N 原子。Fe$_4$N 的晶体结构如图 5-40 所示。Fe$_4$N 具有较好的热稳定性，居里温度为 767 K，室温饱和磁化强度为 1440 emu/cm^3[42]，各向异性常量为 2.9×10^4 J/m^3[43]。Fe$_I$ 与

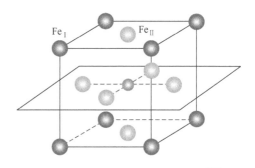

图 5-40　Fe$_4$N 的晶体结构示意图[41]

Fe$_{II}$ 比值为 1：3，二者的磁矩分别为 2.98 μ_B 和 2.01 μ_B[44]。Fe$_I$ 的磁矩大于 Fe$_{II}$，这是由于 Fe$_{II}$ 与体心位置的 N 原子距离要比 Fe$_I$ 近，致使它与 N 原子之间形

成更多的结合键[45]。理论计算表明 Fe_4N 的传导自旋极化率可以达到-100%，是面心立方 γ-Fe 的 2.5 倍，自旋极化率的增大是由于引入 N 原子增强了 3d 能带的输运贡献，而负的自旋极化率则是来源于占主导的 3d 自旋向下的能带。

Fe_4N 含氮量为 20%，在 400℃ 以下能稳定存在。Fe_4N 薄膜通常是由 Fe 和 N_2 反应制备得到的。常见的 Fe_4N 薄膜的制备方法有：分子束外延法[46, 47]、化学气相沉积法[41]、直流磁控溅射法[48]等。除了直接制备 Fe_4N 薄膜之外，还可以通过氮化 Fe 薄膜[49]或间接的热处理方法[50]来制备出单相的 Fe_4N。由于 Fe-N 系统复杂的相结构，制备 Fe_4N 对基底温度与 N_2 流量有很高的要求[51]。Fe_4N 在低温下，N_2 比例范围很窄，N_2 过量会出现 ε-Fe_3N，N_2 不足则出现 α-Fe。当然温度过高，Fe_4N 也会分解。因此可以通过热退火或者氮化处理来得到单相 Fe_4N 薄膜，也可以严格控制基底温度和 N_2 流量来直接制备 Fe_4N 薄膜。Mi 等已经在 Si、MgO(100)、$LaAlO_3$(100)、$SrTiO_3$(100)等基底上利用对向靶反应溅射制备了不同取向的单相多晶和外延 Fe_4N 薄膜[52]。

2. 多晶 Fe_4N 薄膜的结构与物性

本节将重点介绍多晶 Fe_4N 薄膜的表面形貌、晶体结构、磁性质、电输运特性和磁电阻效应[53, 54]。

图 5-41 给出了 450℃ 下 Si(100)基底上不同厚度的 Fe_4N 薄膜的扫描电镜（SEM）图像[53, 54]。从图中可以看出，薄膜表面的颗粒尺寸随着薄膜厚度的增大而逐渐增大，颗粒的形状也从不规则的圆形逐渐趋向于方形。对于同一厚度的薄膜，上层颗粒的尺寸大于下层颗粒的尺寸；并且随着薄膜厚度的增大，上层较大尺寸的颗粒数量增多。上述表面形貌随着薄膜厚度的变化可能是由于在薄膜比较薄时，样品在 450℃ 的时间较短，颗粒趋于小的均匀的圆形形状。随着薄膜厚度的增大，制备时沉积时间长，样品在 450℃ 的时间变长，有更多的能量使得小颗粒汇聚成大的颗粒。按照这样的趋势，如果薄膜足够厚，薄膜表面的颗粒尺寸就应该较大且均匀[53, 54]。从断面 SEM 图像上可以看出，样品为柱状生长，如图 5-42 所示。

图 5-43 给出了 450℃ 下 Si(100)基底上不同厚度的 Fe_4N 薄膜的 X 射线衍射 θ-2θ 扫描图。从图中可以看出，不同厚度的氮化铁薄膜都只有 Si 基底和 Fe_4N 的衍射峰出现，说明在 450℃ 时在 Si 基底上制备出单相的多晶 Fe_4N 薄膜。此外，随着薄膜厚度的增大，可以发现来自 Si 基底的衍射峰也是有区别的。在 $2\theta = 69.22°$ 峰位处的 Si(400)衍射峰，随着薄膜厚度的增大逐渐向高角度偏移，并且衍射峰的半高宽的宽度逐渐增大，这很可能是因为随着薄膜厚度的增大，出现了 Fe_4N(220)衍射峰[14, 23]。Fe_4N(220)衍射峰对应的衍射角是 70.17°，与 Si(400)衍射峰的衍射角比较接近。

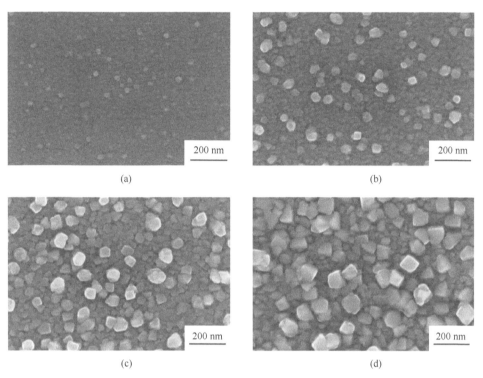

图 5-41 多晶 Fe$_4$N 薄膜的 SEM 图像[53, 54]

薄膜厚度：（a）26 nm；（b）58 nm；（c）91 nm；（d）163 nm

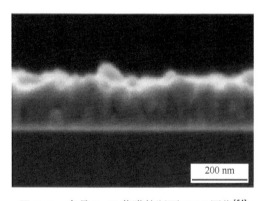

图 5-42 多晶 Fe$_4$N 薄膜的断面 SEM 图像[54]

厚度为 163 nm 的薄膜在这一峰位处可以比较明显地看出 Fe$_4$N(220)衍射峰。随着薄膜厚度的逐渐增大，Fe$_4$N(111)和(200)衍射峰的强度逐渐增强，并且从 58 nm 开始，随着薄膜厚度的增大，逐渐出现了 Fe$_4$N(311)和(222)衍射峰。然而，当薄膜厚度为 10 nm 时，除了 Si 基底的衍射峰外，只能看到一个很微弱的 Fe$_4$N(200)衍射峰，这是由于薄膜厚度相对太小，因此参与衍射的晶面数目较少。用布拉格公式和谢乐（Scherrer）公式，计算了在 450℃下 Si(100)基底上厚度为 163 nm 的 Fe_4N 薄膜的晶格常数和晶粒尺寸。通过计算得到 Fe_4N 薄膜的晶格常数约为 3.798 Å，与通过理论计算得到的理论值 3.795 Å 很接近。Fe_4N 薄膜的颗粒尺寸约为 31.7 nm[53, 54]。

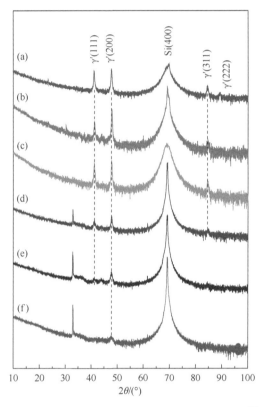

图 5-43　多晶 Fe_4N 薄膜的 X 射线衍射 θ-2θ 扫描图[53, 54]

薄膜厚度：（a）163 nm；（b）91 nm；（c）84 nm；（d）58 nm；（e）26 nm；（f）10 nm

　　图 5-44 给出了 NaCl 基底上厚度为 10 nm 和 91 nm 的 Fe_4N 薄膜的 TEM 图像和相应的选区电子衍射图[53, 54]。从图 5-44（a）可以看出，在厚度为 10 nm 的 Fe_4N 薄膜中晶粒呈现出无规则的形状，晶粒尺寸为 20～40 nm。晶粒之间白色区域表明薄膜中存在着无序原子或面间距较小的晶格。图 5-44（b）为厚度为 10 nm 的 Fe_4N 薄膜对应的选区电子衍射图，电子衍射环均来自于 Fe_4N(111)、(200)和(220)及相对弱的(100)和(110)，并没有其他氮化铁相的衍射环出现，因此说明制备的薄膜为单相的 Fe_4N。从图 5-44（c）中可以看出，晶粒尺寸为 80～100 nm，比厚度为 10 nm 的薄膜中的晶粒尺寸大。晶粒边界处也存在着无序原子或面间距较小的晶格。从图 5-44（d）可以看出，选区电子衍射环同样来自于 Fe_4N(111)、(200)和

(220)及相对较弱的(100)和(110)。由此可见，在 450℃下制备出的不同厚度的薄膜
均为单相的多晶 Fe_4N 薄膜[53, 54]。

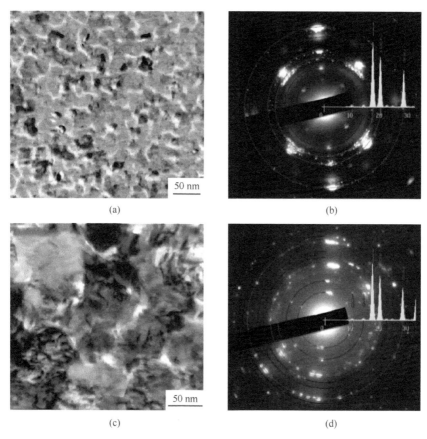

(a)　　　　　　　　　　　　　(b)

(c)　　　　　　　　　　　　　(d)

图 5-44　多晶 Fe_4N 薄膜的 TEM 图像和选区电子衍射图[53, 54]

薄膜厚度：（a，b）10 nm；（c，d）91 nm

　　采用超导量子干涉器件在不同温度下测量了 Si(100)基底上不同厚度的多晶
Fe_4N 薄膜的磁滞回线。测量时磁场平行于薄膜表面，最大磁场为 50 kOe。图 5-45
给出了不同温度下厚度为 5 nm 的多晶 Fe_4N 薄膜的磁滞回线。图中的曲线已扣除了
基底和样品杆的抗磁性信号。插图给出了薄膜的饱和磁化强度 M_s 和矫顽力 H_c 随温
度的变化关系。从图中可以看出，Fe_4N 薄膜呈现出软磁性。Fe_4N 薄膜的 M_s 随着温
度的升高而逐渐减小，当温度为 5 K 时，M_s 为 1128 emu/cm^3，随着温度升高到 300 K，
M_s 减小到最小值 830 emu/cm^3。Fe_4N 薄膜的 H_c 随着温度的升高而减小，当温度≥
100 K 时，H_c 随着温度的升高基本保持为 24 Oe 不变。当温度为 5 K 时，H_c 有最大
值 404 Oe，随着温度升高到 50 K，H_c 减小为 125 Oe[53, 54]。

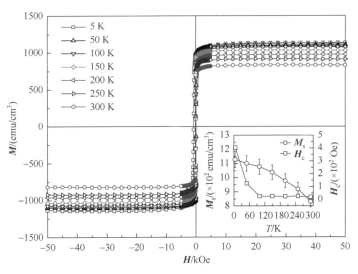

图 5-45   厚度为 5 nm 的多晶 Fe_4N 薄膜不同温度下的面内磁滞回线，插图为 M_s 和 H_c 随温度的
变化关系[53, 54]

图 5-46 给出了厚度分别为 5 nm、91 nm、163 nm 的多晶 Fe_4N 薄膜的 M_s 随温度的变化关系[53, 54]。对于铁磁性样品，原子间存在着交换作用，交换积分大于零。当测量温度等于零时，铁磁体处于基态，各原子的电子自旋平行取向，表现出最大的磁化强度（绝对饱和磁化强度）。当测量温度升高时，由于热激发效应，一部分原子的电子自旋反向，这种反向的自旋不是固定在某个或某几个原子上而是以波的形式在整个铁磁晶体中传播，这就是由布洛赫通过理论推导提出的自旋波的概念[55]。基于布洛赫自旋波理论，可以得到铁磁性样品的饱和磁化强度与温度 T 之间满足一定的关系。布洛赫提出的有关饱和磁化强度与温度 T 满足下面的关系式[55]

$$M_s(T) = M_s(0) \left[1 - 0.1173 \left(\frac{k_B T}{A} \right)^{3/2} \right] \qquad (5-28)$$

其中，k_B 为玻尔兹曼常量；A 为交换积分常数。式（5-28）称为布洛赫的 $T^{3/2}$ 定律。由于布洛赫的自旋波理论忽略了自旋波之间的相互作用，所以这一定律在较低的测量温度范围与实验结果符合。随后，戴森考虑了自旋波之间的相互散射问题，修正了布洛赫的 $T^{3/2}$ 定律。由戴森修正后的关系式为[55]

$$M_s(T) = M_s(0)[1 - aT^{3/2} - bT^{5/2} - cT^{7/2} - \cdots] \qquad (5-29)$$

其中，a、b 和 c 是相关的系数。式（5-29）适用于较高的测量温度。采用式（5-28）

和式（5-29）对厚度为 5 nm、91 nm、163 nm 的多晶 Fe_4N 薄膜的 M_s 随着温度的变化进行了拟合。采用布洛赫的 $T^{3/2}$ 定律不能进行很好的拟合，采用由戴森修正后的式（5-29）可以很好地拟合实验数据，如图 5-46 中的实线所示[53,54]，图中三角形、圆形和正方形的点为实验数据点。可见在 5～350 K 的温度范围内，存在着自旋波相互作用。对于厚度为 5 nm 的多晶 Fe_4N 薄膜的拟合所得数据如下：$M_s(0) = 1128$ emu/cm³、$a = 3.579 \times 10^{-4}$ K$^{-3/2}$、$b = 9.922 \times 10^{-7}$ K$^{-5/2}$ 和 $c = 2.319 \times 10^{-19}$ K$^{-7/2}$。对于 91 nm 的多晶 Fe_4N 薄膜的拟合所得数据如下：$M_s(0) = 1370$ emu/cm³、$a = 1.399 \times 10^{-8}$ K$^{-3/2}$、$b = 0$ 和 $c = 4.879 \times 10^{-19}$ K$^{-7/2}$。对于厚度为 163 nm 的多晶 Fe_4N 薄膜的拟合所得数据如下：$M_s(0) = 1201$ emu/cm³、$a = 1.537 \times 10^{-8}$ K$^{-3/2}$、$b = 0$ 和 $c = 3.055 \times 10^{-19}$ K$^{-7/2}$。根据 $a = 0.1173(k_B / A)^{3/2}$ 可以求出交换积分常数 A。对于厚度为 5 nm 的多晶 Fe_4N 薄膜，交换积分常数 $A = 8.670 \times 10^{-22}$。对于厚度为 91 nm 的多晶 Fe_4N 薄膜，交换积分常数 $A = 5.699 \times 10^{-19}$。对于厚度为 163 nm 的多晶 Fe_4N 薄膜，交换积分常数 $A = 5.355 \times 10^{-19}$[53,54]。

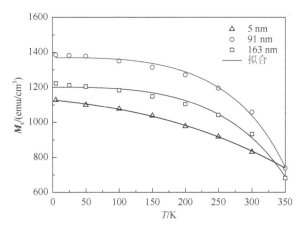

图 5-46 不同厚度的多晶 Fe_4N 薄膜的 M_s 随温度的变化关系[53,54]

图 5-47 给出了玻璃基底上不同厚度的多晶 Fe_4N 薄膜的 $\rho(T)/\rho(305 \text{ K})$ 随着温度的变化曲线[53,54]。从图中可以得出，样品的电阻率随着温度的降低而减小，表现为金属导电特性。插图给出了室温下多晶 Fe_4N 薄膜的电阻率随着薄膜厚度的变化曲线。随着 Fe_4N 薄膜厚度从 5 nm 增大到 163 nm，薄膜的电阻率逐渐减小，这主要是由于随着薄膜厚度的增大，薄膜中的晶粒尺寸逐渐增大，引起薄膜中晶粒边界减少，对传导电子的散射减小。同时薄的薄膜表面对电子的散射也会使得其电阻率比厚的薄膜的电阻率大[53,54]。

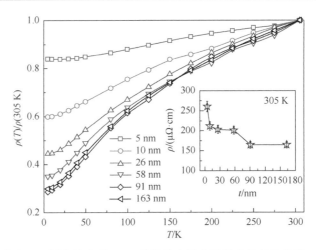

图 5-47　玻璃基底上不同厚度的多晶 Fe_4N 薄膜的电阻率随温度的变化曲线，插图为室温电阻率随薄膜厚度的变化曲线[53, 54]

众所周知，导体的 ρ 起源于不同的散射机制，导体中总的 ρ 可以表示为[53, 54]

$$\rho(T) = \rho_0 + \rho_{ph}(T) + \rho_{ee}(T) + \rho_m(T) \tag{5-30}$$

其中，ρ_0 为剩余电阻率；$\rho_{ph}(T)$ 为电子-声子散射引起的电阻率；$\rho_{ee}(T)$ 为电子-电子散射引起的电阻率；$\rho_m(T)$ 为无序的局域磁矩引起的电阻率。一般地，电子-声子散射在高温时占主导。当温度 $T \geqslant \theta_D$（θ_D 为德拜温度），ρ 随温度的变化关系为 $\rho_{ph}(T) \propto T$，当温度 $T \leqslant \theta_D$ 时，ρ 随温度的变化关系为 $\rho_{ph}(T) \propto T^5$。在低温区域，电子-声子散射被冻结，主要是电子-电子散射起作用，ρ 随温度的变化关系为 $\rho_{ee}(T) \propto T^2$。无序的局域磁矩对 ρ 的贡献在整个测量温度范围内都很重要，此时对于铁磁耦合 ρ 随温度的变化关系为 $\rho_m(T) \propto T^2$，而对于反铁磁耦合随温度的变化则表现为 T^5 和 T^4 关系[56]。在不同的测量温度范围内，不同的散射机制所起的主导作用不同，利用式（5-27）在 2～305 K 的测量温度范围内不能对实验数据进行很好的拟合。通过拟合发现在低温度范围内，电阻率随着测量温度的变化关系满足 T^2 关系[53, 54]。可见在低的测量温度范围内，对多晶 Fe_4N 薄膜的电阻率的贡献来自于电子-电子相互作用和/或无序的局域磁矩引起的散射。在较高温度范围内，电阻率随着温度的变化关系满足 T^n 关系，其中 n 小于 1，并且随着温度的升高，曲线的斜率越来越小，说明在高的温度范围内，对多晶 Fe_4N 薄膜的电阻率的贡献主要来自于电子-声子散射。总之，在不同厚度的多晶 Fe_4N 薄膜中，电阻率是由多种散射机制共同作用引起的，在不同的温度范围内，不同的散射机制起着不同的主导作用[53, 54]。

为了进一步地研究磁场对多晶 Fe_4N 薄膜电输运特性的影响，测量了不同温度下的磁电阻 MR。测量磁电阻 MR 时，外加磁场平行于薄膜表面，最大外加磁场强度为 50 kOe。图 5-48 给出了玻璃基底上不同厚度的多晶 Fe_4N 薄膜的 MR-H 曲线[53,54]。从图 5-48（a）看出，厚度为 5 nm 的 Fe_4N 薄膜，在 5～200 K 温度范围内，当磁场强度在 0～±500 Oe 范围内时，MR 随着磁场的增大呈现出急剧增大的趋势。当磁场强度的绝对值大于 500 Oe，温度为 5～100 K 时，MR 随着磁场强度的增大呈现出缓慢继续增大的趋势，当磁场强度达到最大值 50 kOe 也未达到饱和。当温度大于 100 K 时，MR 随着磁场强度的增加呈现出减小的趋势，为负磁电阻[53,54]。图 5-48（b）为厚度为 10 nm 的 Fe_4N 薄膜，在 5～200 K 的温度范围内，当磁场强度在 0～±500 Oe 范围内时，MR 随着磁场强度的增大呈现出急剧增大的趋势。当磁场强度的绝对值大于 500 Oe，温度为 5～40 K 时，MR 随着磁场强度的增大呈现出缓慢继续增大的趋势，在最大的外加磁场强度 50 kOe 下也未达到饱和。温度大于 40 K 时，MR 随着磁场强度的增大呈现减小的趋势，为负的磁电阻[53,54]。对于厚度为 26～163 nm 的 Fe_4N 薄膜而言，在 500 Oe 左右的磁场范围内，所有测量温度下，薄膜的 MR 随着磁场强度增大而急剧增大。当磁场强度的绝对值大于 500 Oe，温度为 5 K、10 K 和 20 K 时，MR 随着磁场强度的增大而继续增大，最大磁场强度下也未达到饱和。而当温度≥30 K 时，MR 随着磁场强度的增大而减小，表现为负磁电阻。通过上面的结果可以看出，MR 随着薄膜厚度的变化，没有一定的规律，但是对于不同厚度的多晶 Fe_4N 薄膜而言，在低的温度下，MR 都是随着磁场强度的增大而增大，在较高的温度下，MR 随着磁场强度的增大先增大然后减小为负值。而且 MR 的数值几乎都小于 1.2%。上述不同厚度的多晶 Fe_4N 薄膜的 MR 在不同温度下随着磁场强度的变化呈现出复杂的变化行为。产生这种复杂的 MR 变化行为是由于多种散射机制引起的正 MR 与负 MR 相互竞争。其中洛伦兹力的存在使得 Fe_4N 薄膜的 MR 为正值[53,54]。因为载流子在传导的过程中会受到洛伦兹力的影响，而做螺旋运动，从而使其受到散射的概率增大，平均自由程减小，引起电阻随着磁场强度的增大而增大。而随着磁场强度的增大，磁场提供的铁磁有序抑制了自旋波的无序散射，使得 MR 为负值。同时磁场引起自旋向上和自旋向下的能带发生劈裂，使得 Fe_4N 薄膜的 s 态电子散射到 d 态的概率减小，也会引起负 MR。由于引起 Fe_4N 薄膜磁电阻变化的物理机制在不同温度和磁场所起的主导作用不同，磁电阻随着磁场强度和温度的变化呈现出复杂的变化行为。在低的温度和磁场下，洛伦兹力引起的正 MR 起主导作用，所以随着磁场强度的增大，MR 呈现出快速增大的趋势。随着磁场的不断增加，磁场提供的铁磁有序同时抑制了由自旋波激发引起的电子散射和局域磁各向异性，使得 MR 减小，所以 Fe_4N 薄膜的 MR 随着磁场强度增大呈现出相对于低场下的 MR 平缓的增大趋势；在高的温度下，薄膜 MR 随着磁场强度的增大，呈现出先增大后减小的趋势。这主要是由于随着磁场强度的增大，磁场抑制自旋的无序散射引起的负 MR，能带劈裂引起的负 MR 逐渐竞争过由洛伦兹力引起的正 MR[53,54]。

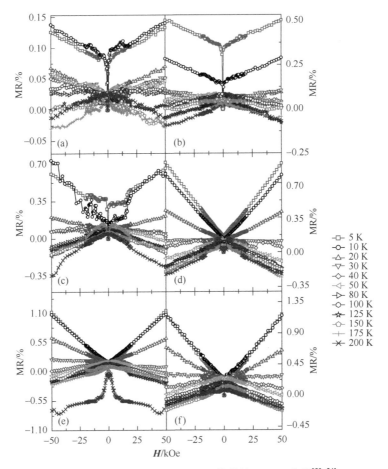

图 5-48 玻璃基底上多晶 Fe$_4$N 薄膜的 MR-*H* 曲线[53, 54]

薄膜厚度：（a）5 nm；（b）10 nm；（c）26 nm；（d）58 nm；（e）91 nm；（f）163 nm

3. 外延 Fe$_4$N 薄膜的结构与物性

本节将重点介绍外延 Fe$_4$N 薄膜的表面形貌、晶体结构、磁性质、电输运特性和磁电阻效应[52, 53]。

在单晶基底上制备出外延薄膜，必须要知道薄膜和基底之间的晶格失配度，只有失配度在一定范围内才能制备出外延薄膜，下面是薄膜晶格与基底晶格失配度的计算公式[53, 54]

$$m = \frac{b-a}{a} \times 100\% \qquad (5\text{-}31)$$

其中，m 为晶格失配度；a 和 b 分别为基底和外延薄膜的晶格常数。通常情况下，当 $m \leqslant 15\%$ 时，才能够在单晶基底上制备出外延薄膜。Fe$_4$N 相的晶格常数为 3.795Å，首先选择和 Fe₄N 晶格失配度分别为 0%、–3%和–10%的 LaAlO₃(100)、SrTiO₃(100)和 MgO(100)取向的基底来制备外延 Fe₄N 薄膜。在 450℃的 MgO(100)、SrTiO₃(100)和 LaAlO₃(100)基底上制备了氮化铁薄膜。制备氮化铁薄膜的条件是：氮气和氩气的流量分别为 20 sccm 和 100 sccm，溅射压强为 1 Pa，溅射电压为 1175 V。通过控制溅射时间制备了不同厚度的 Fe₄N 薄膜。

图 5-49 给出了不同厚度外延 Fe₄N 薄膜的原子力显微镜（AFM）图像[52, 53]。从图上可以看出，厚度为 5 nm 的薄膜上有很多小洞，并且薄膜的深度与薄膜的厚度一样，说明尚未完全形成连续的薄膜。当厚度为 26 nm 时，薄膜表面平整。随着薄膜表面粗糙度继续增大，表面出现很多小岛[52, 53]。

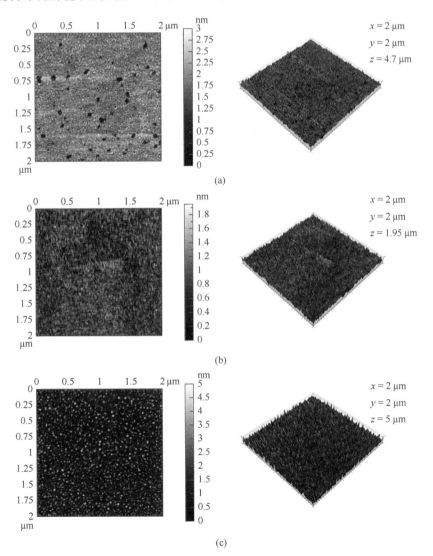

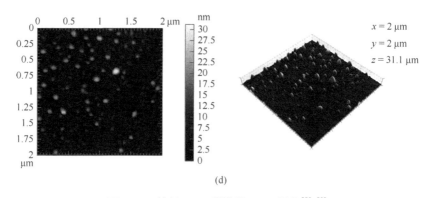

(d)

图 5-49　外延 Fe$_4$N 薄膜的 AFM 图像[52, 53]

薄膜厚度：（a）5 nm；（b）26 nm；（c）58 nm；（d）91 nm

图 5-50 给出了 MgO(100)基底和在 MgO(100)基底上不同厚度的 Fe$_4$N 薄膜的 X 射线衍射θ-2θ扫描图[52, 53]。从图中可以看出，除了 MgO 基底的(200)和(400)衍射峰外，不同厚度的氮化铁薄膜的衍射峰都是在 23.45°左右的 Fe$_4$N 的(100)衍射峰和 47.97°左右的 Fe$_4$N 的(200)衍射峰。由此可见，在单晶 MgO(100)基底上制备出取向生长的单相 Fe$_4$N 薄膜。随着薄膜厚度从 163 nm 减小到 5 nm 时，Fe$_4$N 薄

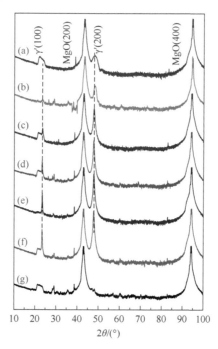

图 5-50　MgO(100)基底（g）和在 MgO(100)基底上不同厚度的 Fe$_4$N 薄膜（a～f）的 X 射线衍射θ-2θ扫描图[52, 53]

薄膜厚度：（a）5 nm；（b）10 nm；（c）26 nm；（d）58 nm；（e）91 nm；（f）163 nm

膜的衍射峰对应的峰位逐渐向大角度移动，并且衍射峰的强度逐渐变弱，衍射峰的半高宽的宽度逐渐变大。衍射峰向大角度偏移，主要是由薄膜受到拉应力导致的[52,53]。MgO(100)基底的晶格常数是 4.21Å，大于 Fe_4N 的晶格常数 3.79Å，所以 Fe_4N 的(h00)面要受到面内的拉应力，引起(h00)面之间的面间距 d 变小，根据布拉格衍射公式可知对应的衍射角向大角度偏移。衍射峰的强度随着薄膜厚度从大变小而逐渐变弱，这主要是因为随着薄膜厚度逐渐变小，对 X 射线的衍射级数就会减小，接收到的信号就会变弱，最后形成弱的衍射峰。随着薄膜厚度逐渐变小，薄膜衍射峰的半高宽宽度逐渐增大，根据谢乐公式可以得出，Fe_4N 薄膜垂直膜面的晶粒尺寸逐渐减小[52,53]。

选择晶格常数与 Fe_4N 晶格常数失配度分别约为−10%的 MgO(100)基底、−3%的 $SrTiO_3$(100)基底、0%的 $LaAlO_3$(100)基底来制备单相外延 Fe_4N 薄膜。图 5-51 给出了在三种基底上厚度为 163 nm 的单相 Fe_4N 薄膜的 X 射线衍射 θ-2θ 扫描图[52,53]。从图中可以看出，随着薄膜晶格常数与基底晶格常数失配度的减小，Fe_4N(100)和(200)衍射峰与基底的衍射峰逐渐靠近，尤其是在 $LaAlO_3$(100)基底上 Fe_4N 薄膜的衍射峰与基底的衍射峰基本上是重合的。同时为了研究不同取向 Fe_4N 薄膜的磁学性质和电输运特性的不同，还在 $SrTiO_3$(110)取向的基底上制备了氮化铁薄膜。

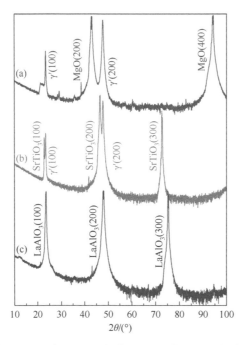

图 5-51　不同单晶基底上厚度为 163 nm 的单相 Fe_4N 薄膜的 X 射线衍射 θ-2θ 扫描图[52,53]

（a）MgO(100)；（b）$SrTiO_3$(100)；（c）$LaAlO_3$(100)

图 5-52（a）给出了在 450℃ 的 SrTiO$_3$(110)基底上厚度为 91 nm 的 Fe$_4$N 薄膜以及 SrTiO$_3$(110)基底的 X 射线衍射 θ-2θ 扫描图[52, 53]。当薄膜厚度为 91 nm 时，除了 SrTiO$_3$ 基底的(110)和(220)衍射峰外，只在 2θ = 70.18° 处出现了 Fe$_4$N 的(220)衍射峰。图 5-52（b）给出了 SrTiO$_3$(110)基底的 X 射线衍射 θ-2θ 扫描图，从图中可以看出，除了基底的(110)和(220)衍射峰外，还出现了很多其他小的凸起，进一步说明图 5-52（a）中出现的小峰来自于基底。厚度为 91 nm 的 Fe$_4$N 薄膜是取向生长的，需要进一步的结构表征来验证是否为外延生长的[52, 53]。

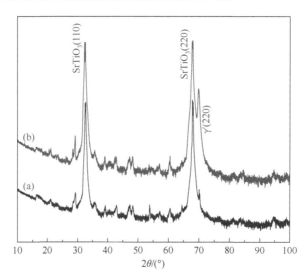

图 5-52　在 45℃的 SrTiO$_3$(110)基底上厚度为 91 nm Fe$_4$N 薄膜（a）以及 SrTiO$_3$(110)基底（b）
的 X 射线衍射 θ-2θ 扫描图[52, 53]

　　已知在 LaAlO$_3$(100)、SrTiO$_3$(100)、SrTiO$_3$(110)和 MgO(100)取向的单晶基底上制备的 Fe$_4$N 薄膜都表现出取向生长。为了证明在这些单晶基底上制备的 Fe$_4$N 薄膜是外延生长的模式，对在 MgO(100)和 SrTiO$_3$(100)、SrTiO$_3$(110)取向的单晶基底上制备的 Fe$_4$N 薄膜进一步进行了 X 射线衍射的 φ 扫描和极图的结构表征。因为 LaAlO$_3$(100)基底的晶格常数与 Fe$_4$N 薄膜的晶格常数几乎是相等的，所以从 X 射线衍射的 θ-2θ 扫描图上已无法区分衍射峰是来自基底还是薄膜，对其做 X 射线衍射的 φ 扫描和极图的结构表征也无法区分是来自基底的还是薄膜的峰。图 5-53 给出了 MgO(100)基底上厚度为 5 nm、10 nm、58 nm 和 163 nm 的取向生长的 Fe$_4$N 薄膜的 X 射线衍射 φ 扫描图[52, 53]。为了避开 MgO(100)基底的衍射峰的影响，把 2θ 衍射角固定于 41.22°，因为在 41.22° 处，MgO(100)基底没有衍射峰出现，只有 Fe$_4$N 薄膜的 (111) 衍射峰。测量时样品的旋转范围是：α = 35.26°，β = −180°～ + 180°。从图中可以看出，不同厚度的 Fe$_4$N 薄膜的 X 射线衍射 φ 扫描图中在 360° 的范围内都出现了四个比较尖锐的等间隔（间隔为 90°）的衍射峰，

这四个衍射峰来自于具有 C_4 旋转对称的 $Fe_4N(111)$ 面的衍射，表现出四重对称性。随着 Fe_4N 薄膜厚度的增大，薄膜中参与 X 射线衍射的晶面越来越多，所以衍射峰的强度增强，但是并不会影响到 Fe_4N 薄膜的四重对称性。所以，$MgO(100)$ 基底上的取向生长的 Fe_4N 薄膜具有立方外延结构，Fe_4N 薄膜与 $MgO(100)$ 基底的外延生长关系为[52,53]：$Fe_4N(100)[001]\|MgO(100)[001]$。

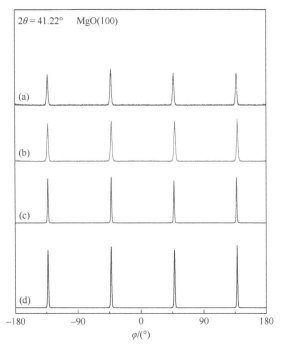

图 **5-53**　$MgO(100)$ 基底上取向生长的 Fe_4N 薄膜的 X 射线衍射 φ 扫描图[52,53]

薄膜厚度：（a）5 nm；（b）10 nm；（c）58 nm；（d）163 nm

图 5-54 给出了 $SrTiO_3(100)$ 和 $SrTiO_3(110)$ 基底上厚度分别为 163 nm 和 91 nm 的取向生长的单相 Fe_4N 薄膜的 X 射线衍射 φ 扫描图，其中 2θ 衍射角对应固定于 $Fe_4N(111)$ 的峰位处，即 $2\theta = 41.22°$[23,24]。如图 5-54（a）所示，为 $SrTiO_3(100)$ 基底上取向生长的 Fe_4N 薄膜的 X 射线衍射 φ 扫描图，当 φ 转过 $360°$ 后，φ 扫描图中出现了四个比较尖锐的等间隔（间隔为 $90°$）的 Fe_4N 薄膜的衍射峰，这四个衍射峰来自于具有 C_4 旋转对称的(111)面，说明 Fe_4N 薄膜具有面内的立方对称性，则 Fe_4N 薄膜与 $SrTiO_3(100)$ 基底的外延生长关系可表示为：$Fe_4N(100)$ $[001]\|SrTiO_3(100)[001]$[52,53]。图 5-54（b）给出了 $SrTiO_3(110)$ 基底上取向生长的 Fe_4N 薄膜的 X 射线衍射 φ 扫描图，当 φ 转过 $360°$ 后，φ 扫描图中出现了两个比较尖锐的等间隔（间隔为 $180°$）的 Fe_4N 薄膜的衍射峰，说明薄膜具有面内的立方对称性，取向生长的 Fe_4N 薄膜与 $SrTiO_3(110)$ 基底的外延生长关系可表示为

Fe$_4$N(110)[110]‖SrTiO$_3$(110)[110][52, 53]。为了进一步表征 Fe$_4$N 薄膜在单晶基底上的外延生长，分别测量了 MgO(100)和 SrTiO$_3$(100)单晶基底上厚度为 163 nm 的 Fe$_4$N 薄膜的极图。图 5-55 给出了 MgO(100)和 SrTiO$_3$(100)单晶基底上厚度为 163 nm 的外延 Fe$_4$N 薄膜的平面极图和三维极图，很好地反映了 Fe$_4$N 薄膜的四重对称性，佐证了 Fe$_4$N 薄膜在单晶基底上的外延生长模式。图 5-56 给出了 SrTiO$_3$(110)基底上厚度为 91 nm 的外延 Fe$_4$N 薄膜的平面极图和三维极图，也很好地证明了薄膜的外延生长模式。X 射线衍射 θ-2θ 扫描图结合 φ 扫描图和极图的结构表征，证明了 Fe$_4$N 薄膜的外延生长模式[52, 53]。

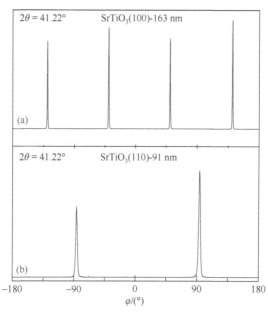

图 5-54　Fe$_4$N 薄膜的 X 射线衍射 φ 扫描图[52, 53]

（a）SrTiO$_3$(100)；（b）SrTiO$_3$(110)

图 5-57 给出了 MgO(100)基底上不同厚度的外延 Fe$_4$N 薄膜的室温面内磁滞回线[52, 53]。从磁滞回线的形状可以看出，不同厚度的外延 Fe$_4$N 薄膜呈现出软磁性。插图给出的是薄膜的饱和磁化强度 M_s 和 H_c 随着薄膜厚度的变化曲线。当薄膜厚度从 5 nm 增大到 10 nm 时，薄膜的 M_s 从 1213 emu/cm^3 增大到 1243 emu/cm^3，随着薄膜厚度增大到 58 nm，M_s 几乎线性的减小到最小值 1056 emu/cm^3，当薄膜厚度为 91 nm 时，M_s 有最大值 1341 emu/cm^3。当薄膜厚度增大到 163 nm 时，M_s 又减小到 1181 emu/cm^3。可见外延 Fe$_4$N 薄膜的厚度会影响到其 M_s 的大小，但是 M_s 随着厚度变化没有很强的规律性[52, 53]。从外延 Fe$_4$N 薄膜的矫顽力 H_c 随着薄膜厚度的变化曲线可以看出，外延 Fe$_4$N 薄膜的 H_c 不随薄膜厚度的变化而变化，基本保持在 50 Oe 左右。影响薄膜 H_c 大小的因素有很

多，如薄膜受到的应力大小、薄膜的表面粗糙度、颗粒尺寸的大小等，MgO(100)
基底上外延 Fe_4N 薄膜的 H_c 随着厚度变化基本保持不变，可能就是上面提到的
这些诸多的因素综合影响造成的[52, 53]。

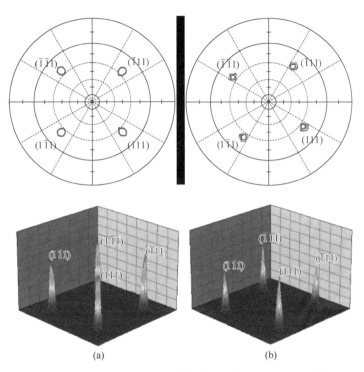

图 5-55　MgO(100)（a）和 $SrTiO_3$(100)（b）单晶基底上厚度为 163 nm 的外延 Fe_4N 薄膜的平面极图和三维极图[52, 53]

$\alpha = 20\sim90°$，步长为 2.5°

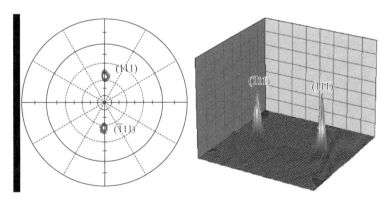

图 5-56　$SrFiO_3$(110)基底上厚度为 91 nm 的外延 Fe_4N(110)薄膜的平面极图和三维极图，
$\alpha = 20\sim90°$，步长为 2.5°[52, 53]

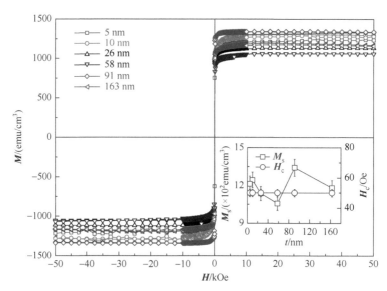

图 5-57　MgO(100)基底上不同厚度的外延 Fe$_4$N 薄膜的室温面内磁滞回线，插图为 M_s 和 H_c 随着薄膜厚度的变化曲线[52, 53]

进一步测量 MgO(100)基底上不同厚度的外延 Fe$_4$N 薄膜在不同温度下的磁滞回线。图 5-58 分别给出了厚度为 10 nm 外延 Fe$_4$N 薄膜在不同温度下的磁滞回线[52, 53]。从图中可以看出，磁滞回线的形状反映出随着温度的变化，外延 Fe$_4$N

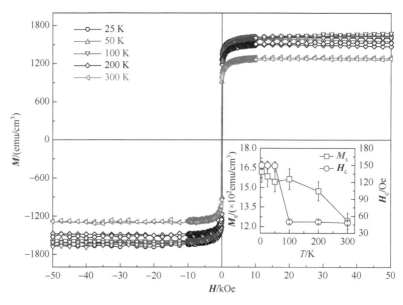

图 5-58　MgO(100)上厚度为 10 nm 的外延 Fe$_4$N 薄膜在不同温度下的面内磁滞回线，插图为 M_s 和 H_c 随着温度的变化曲线[52, 53]

薄膜呈现出软磁性。图 5-58 右下角的插图给出了外延 Fe4N 薄膜的 M_s 和 H_c 随着测量温度的变化曲线。M_s 随着温度的升高而逐渐减小。当温度小于 100 K 时，H_c 约为 150 Oe，随着温度的升高，H_c 减小。当温度大于 100 K 时，H_c 减小到约 50 Oe[52, 53]。

图 5-59 给出了 MgO(100)基底上不同厚度的外延 Fe4N 薄膜的 $\rho(T)/\rho(300\,\text{K})$ 随着温度的变化曲线[52, 53]。从图中可以看出，随着温度的升高，Fe4N 薄膜的电阻率逐渐增大，呈现出金属的导电特性。右下角的插图给出了室温下 Fe4N 薄膜的 ρ 随着薄膜厚度的变化曲线。从图中可以看出，Fe4N 薄膜的 ρ 随着薄膜厚度的减小而逐渐增大[52, 53]。随着薄膜厚度的减小，薄膜受到张应力逐渐增大，使得薄膜中的缺陷增多，并且薄膜表面对电子的散射就会增强，所以随着 Fe4N 薄膜厚度的减小，ρ 逐渐增大。同时，通过对比玻璃基底上相同厚度的多晶 Fe4N 薄膜的 ρ 随着薄膜厚度的变化得出，相同厚度的多晶 Fe4N 薄膜的室温 ρ 大于外延 Fe4N 薄膜的室温 ρ，这主要是由于相对于外延薄膜，多晶薄膜中存在着更多的缺陷杂质和颗粒边界，引起薄膜 ρ 的增大。

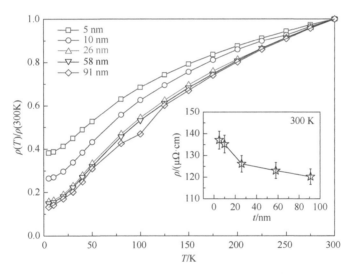

图 5-59　MgO(100)基底上不同厚度的外延 Fe4N 薄膜的电阻率随温度的变化曲线，插图为室温电阻率随薄膜厚度的变化曲线[52, 53]

图 5-60 给出了在不同基底上厚度为 10 nm 的 Fe4N 薄膜的 $\rho(T)/\rho(300\,\text{K})$ 随着测量温度的变化曲线[52, 53]。薄膜的电阻率随着测量温度的降低而减小，呈现出金属的导电特性。右下角的插图给出了不同基底上 Fe4N 薄膜的室温 ρ。LaAlO3(100)基底上的 ρ 最小，玻璃基底上的 ρ 最大。玻璃基底上制备的样品是多晶的 Fe4N 薄膜，与单晶基底上外延 Fe4N 薄膜相比较存在更多的颗粒边界和缺陷，所以会引起 ρ 增大。LaAlO3(100)基底的晶格常数与 Fe4N 薄膜的晶格常数几乎相等，所以

LaAlO$_3$(100)基底上 Fe$_4$N 薄膜中的缺陷相对而言就会很少，在低温下 Fe$_4$N 薄膜的 ρ 相对 MgO(100)和 SrTiO$_3$(100)基底上 Fe$_4$N 薄膜的 ρ 就要小些。

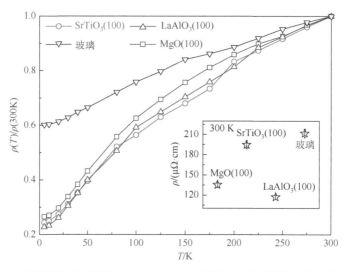

图 5-60 不同基底上厚度为 10 nm 的 Fe$_4$N 薄膜的电阻率随温度的变化曲线，
插图为室温电阻率[52, 53]

图 5-61 给出了 SrTiO$_3$(100)和(110)基底上厚度为 10 nm 的 Fe$_4$N 薄膜的 ρ(T)/ρ(300 K)随着测量温度的变化曲线[52, 53]。随着测量温度的升高，不同取向的 SrTiO$_3$ 基底上制备的 Fe$_4$N 薄膜的电阻率都逐渐增大，表现出金属的导电特性。右下角的插图给出了不同取向的 SrTiO$_3$ 基底上制备的 Fe$_4$N 薄膜的

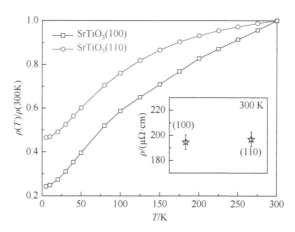

图 5-61 SrTiO$_3$(100)和(110)基底上厚度为 10 nm 的 Fe$_4$N 薄膜的电阻率随温度的变化曲线，插图为室温下的电阻率[52, 53]

室温 ρ。随着温度的升高，不同取向的 $SrTiO_3$ 基底上 Fe_4N 薄膜的电阻率大小关系为：$\rho(110) > \rho(100)$。可见氮化铁薄膜的 ρ 沿着氮化铁薄膜的不同生长取向是不同的。这主要是因为在氮化铁薄膜的不同取向上，Fe 原子和氮原子的占位不同，使得电子云的分布不同，进而影响到氮化铁薄膜不同取向的 ρ 大小不同[52, 53]。

图 5-62 给出了 MgO(100)基底上不同厚度的外延 Fe_4N 薄膜的 MR-H 曲线[52, 53]。图 5-62（a）和（b）给出了厚度为 5 nm 和 10 nm 的 Fe_4N 薄膜的 MR 在不同温度下随磁场强度的变化曲线。在较低的温度下，MR 随着磁场强度的增大而增大，当温度大于 30 K 时，MR 随着磁场强度的增大而减小，呈现出负的 MR。随着 Fe_4N 薄膜的厚度增大到 26 nm 和 58 nm，在低温下，MR 随着磁场强度的增大先有一个小的减小然后又增大。在较高的温度下，MR 随着磁场强度的增大而减小，表现为负的 MR。为了对比不同基底上制备的 Fe_4N 薄膜的 MR 的变化关系，测量了不同基底上厚度为 10 nm 的 Fe_4N 薄膜的 MR[52, 53]。图 5-63 给出了在 MgO(100)、$SrTiO_3$(100)、$LaAlO_3$(100)单晶基底和玻璃基底上制备的厚度为 10 nm 外延和多晶 Fe_4N 薄膜的 MR-H 曲线。从图中可以看出，无论是单晶基底上制备的外延 Fe_4N 薄膜还是玻璃基底上制备的多晶 Fe_4N 薄膜，除了零场附近 MR 随着磁场强度的增大变化不同外，在较低的温度下，MR 随着磁场强度的增大而增大并且在最大的磁场强度下也未达到饱和。当温度大于 30 K 时，MR 随着磁场强度的增大而减小，呈现

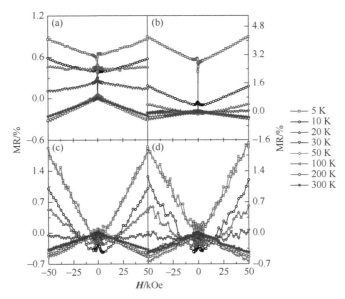

图 5-62 MgO(100)基底上不同厚度的外延 Fe_4N 薄膜在不同温度下的 MR-H 曲线[52, 53]

薄膜厚度：（a）5 nm；（b）10 nm；（c）26 nm；（d）58 nm

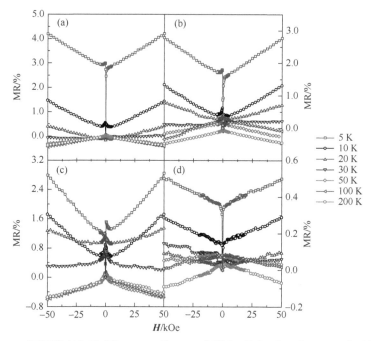

图 5-63　不同基底上厚度为 10 nm 的 Fe₄N 薄膜在不同温度下的 MR-*H* 曲线[52, 53]

（a）MgO(100)；（b）SrTiO₃(100)；（c）LaAlO₃(100)；（d）玻璃

出负的 MR。在零场附近，对于四种基底上制备的 Fe₄N 薄膜而言，随着磁场强度的增大，MR 在不同温度下表现为有的先增大再减小，有的一直增大，有的一直减小的行为。并且在同一温度下，单晶基底上制备的 Fe₄N 薄膜的 MR 要比玻璃基底上的大[52, 53]。图 5-64 给出了 SrTiO₃ 基底上制备的不同取向的外延 Fe₄N 薄膜的 MR-*H* 曲线。从图中可以看出，在不同取向的 SrTiO₃ 基底上的外延 Fe₄N 薄膜的 MR 随着磁场强度的变化表现出相似的行为，都是在低的温度下，MR 随着磁场强度的增大而增大，当温度大于 30 K 时，MR 随着磁场强度的增大而减小为负值。其中在(100)取向上的 MR 大于在(110)取向上的 MR[52, 53]。

上面介绍的是 Fe₄N 薄膜的 MR 随着温度和磁场的变化关系。无论是同一基底上不同厚度的 Fe₄N 薄膜的 MR 变化规律，还是不同基底上相同厚度的 Fe₄N 薄膜的 MR 变化规律，基本上都是相似的。通过对比可以得出，无论是多晶还是外延 Fe₄N 薄膜，MR 产生的原因是相同的。随着温度的降低，γ'-Fe₄N 薄膜的电阻率减小，使得 MR 增大。随着温度的升高，磁场使得 γ'-Fe₄N 薄膜中的铁磁有序化和由自旋波引起的电子散射和局域磁各向异性受到抑制，从而使得 MR 随着磁场的增大而减小。根据 s-d 能带散射模型，磁场会使得多数自旋能带和少数自旋能带发生劈裂，产生负的 MR。这几种机制在不同温度和磁场强度下相互竞争，使得 MR 的行为表现复杂化[52, 53]。

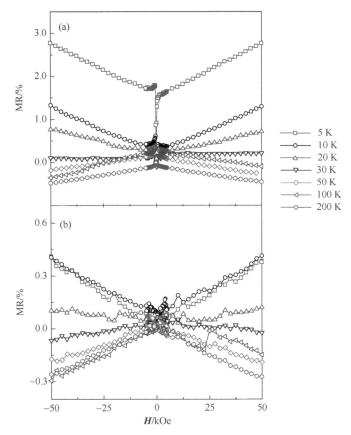

图 5-64　不同取向的外延 Fe₄N 薄膜在不同温度下的 MR-H 曲线[52, 53]

（a）SrFiO₃(100)；（b）SrFiO₃(110)

　　人们也常用各向异性磁电阻 AMR 来研究铁磁性材料的电输运特性。AMR 效应一般存在于铁磁金属及其合金材料中，电阻率ρ的大小与磁化强度方向和电流的方向之间的夹角有关系。从 20 世纪 90 年代初期，AMR 效应就已经用于硬盘驱动器的磁记录读出磁头。1857 年，汤姆逊首先在铁磁金属中发现 AMR 效应[4]。本节中 AMR 的定义为[57]

$$\text{AMR} = (R_{//} - R_{\perp}) / R_{\perp} \qquad (5\text{-}32)$$

其中，$R_{//}$ 和 $R_{\perp}$ 分别为磁化方向与电流方向平行和垂直时薄膜的电阻。图 5-65 给出了 MgO(100)基底上制备的不同厚度的外延 γ′-Fe₄N 薄膜在外加磁场为 10 kOe 时不同温度下的 AMR 极图。从图中可以得出，不同厚度的 γ′-Fe₄N 薄膜的 AMR 表现出两重对称性，并且 AMR 的数值为负的。随着温度从 5 K 升高到 300 K 的过程中，AMR 的两重对称性逐渐减弱。随着薄膜厚度的变化，外延 γ′-Fe₄N 薄膜的 AMR 也发生了变化。当薄膜厚度为 5 nm 时，γ′-Fe₄N 薄膜最大的 AMR 值约为 −1.7%。当薄膜厚度为 26 nm 时，γ′-Fe₄N 薄膜具有最大的 AMR，约为 −4.2%。厚度为 10 nm 和 58 nm 的 γ′-Fe₄N 薄膜的 AMR 分别约为 −3.4% 和 −3.7%。随着温度的升高，不同厚度的外延 γ′-Fe₄N 薄膜的 AMR 的绝对值减小，当测量温度为 300 K 时，AMR 接近于零。

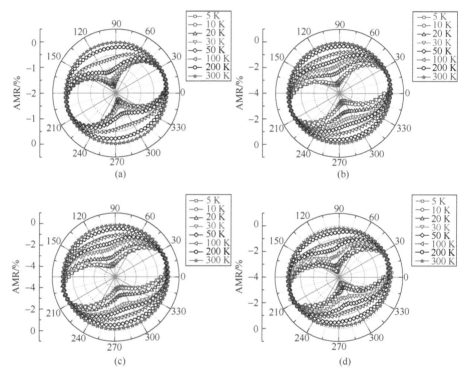

图 5-65 MgO(100) 基底上制备的不同厚度的外延 γ′-Fe₄N 薄膜在外加磁场强度为 10 kOe 时不同温度下的 AMR 极图，电流方向沿着 [001][52, 53]

薄膜厚度：（a）5 nm；（b）10 nm；（c）26 nm；（d）58 nm

随着 γ′-Fe₄N 薄膜厚度的增大，不同温度下的 AMR 的绝对值增大[52, 53]。图 5-66 给出了 MgO(100) 基底上不同厚度的外延 γ′-Fe₄N 薄膜在 5 K 和 300 K 下的 AMR 随磁场的变化曲线。其中图的左边对应着在 5 K 下的 AMR 随着磁场的变化曲线，右边对应着在 300 K 下的 AMR 随着磁场的变化曲线。从图中可以看出在 5 K 下测得的 AMR 除了在 200 Oe 下表现出不同的形状外，随着磁场从 50 kOe 变化到 500 Oe，AMR 都呈现出两重对称性。在 200 Oe 的磁场下得到的 AMR 的形状类似于梯形，在峰的顶部变得很平缓，偏离了余弦波函数的形状。可以看出，随着磁场的逐渐减小，AMR 的形状从余弦波的形状逐渐过渡到类似于梯形的形状。而且，AMR 数值为负值，并且 AMR 的大小基本不随磁场的变化而改变[52, 53]。随着薄膜厚度的变化，AMR 数值变化不大，只有在薄膜厚度为 5 nm 时，样品的 AMR 比较小，仅约-1.7%。其余不同厚度的 γ'-Fe$_4$N 薄膜的 AMR 值均在-4%左右。从 300 K 下测量得到的不同厚度的 γ'-Fe$_4$N 薄膜的 AMR 可以看出，不同薄膜厚度和磁场下测得的 AMR 都呈现出两重对称性[52, 53]。AMR 为负值，随着磁场的变化，AMR 数值基本也是不变的，但是数值很小，都小于-0.2%。随着外加磁场从 50 kOe 减小到 100 Oe，300 K 下 γ'-Fe$_4$N 薄膜的 AMR 的形状逐渐从余弦形状过渡到峰的顶部比较平坦的形状。低磁场下 γ'-Fe$_4$N 薄膜的 AMR 有别于高磁场下的特殊形状的原因，目前还没有给出一个合理的解释，可能与低外加磁场不足以使 γ'-Fe$_4$N 薄膜磁化到饱和有关[52, 53]。

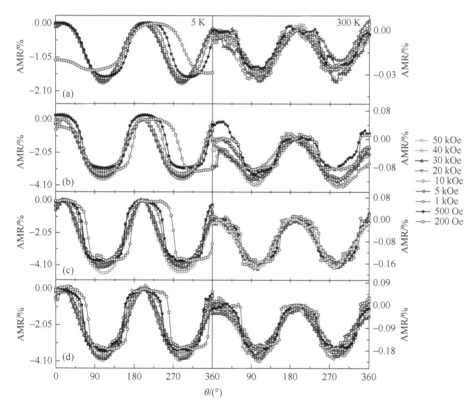

图 5-66　MgO(100)基底上不同厚度的外延 Fe$_4$N 薄膜在 5 K 和 300 K 下的 AMR 随磁场的变化曲线，电流沿着[001][52, 53]

薄膜厚度：（a）5 nm；（b）10 nm；（c）26 nm；（d）58 nm

为了进一步研究不同基底上制备的 γ'-Fe$_4$N 薄膜的 AMR 的特点，图 5-67

给出了在 10 kOe 的磁场下不同温度下测量的不同基底上 γ'-Fe₄N 薄膜的 AMR
极图。从图中可以看出，在不同基底上 γ'-Fe₄N 薄膜的 AMR 均呈现出两重对
称性，随着温度的升高，AMR 的两重对称性减弱。三种单晶基底 MgO(100)、
SrTiO₃(100) 和 LaAlO₃(100)基底上 γ'-Fe₄N 薄膜的 AMR 值最大分别达到了
–3.45%、–3.47%和–3.56%。玻璃基底上多晶 γ'-Fe₄N 薄膜的 AMR 值相对于单
晶基底上的要小很多，最大只有约–0.89%。随着温度的升高，不同基底上的氮
化铁薄膜的 AMR 的绝对值都减小，尤其是玻璃基底上制备的氮化铁薄膜的
AMR 的绝对值在整个温度范围内都小于 1%，单晶基底上的 γ'-Fe₄N 薄膜的
AMR 的绝对值都大于玻璃基底，LaAlO₃(100)基底上的 γ'-Fe₄N 薄膜的 AMR 在
不同温度下都是最大的[52, 53]。

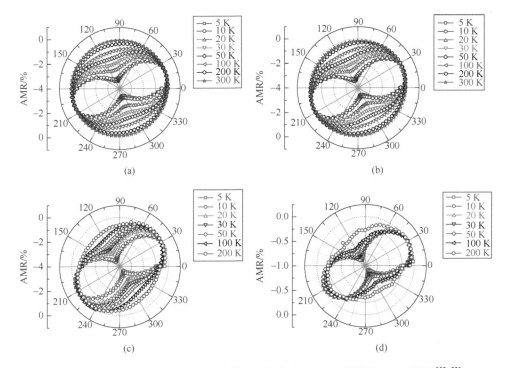

图 5-67　10 kOe 下不同温度下测量的不同基底上 γ'-Fe₄N 薄膜的 AMR 极图[52, 53]

（a）MgO(100)；（b）SrTiO₃(100)；（c）LaAlO₃(100)；（d）玻璃

　　图 5-68 给出了 SrTiO₃(100)和 SrTiO₃(110)基底上的外延 γ'-Fe₄N 薄膜在 10 kOe
磁场下的 AMR 随着温度的变化曲线[52, 53]。从图中可以看出，在不同取向的基底上
制备的 γ'-Fe₄N 薄膜的 AMR 在不同温度下都呈现出很好的两重对称性，除了
SrTiO₃(110)基底上 γ'-Fe₄N 薄膜在 300 K 下测得的 AMR 不具有两重对称性[52, 53]。
不同取向的 SrTiO₃ 基底上 γ'-Fe₄N 薄膜的 AMR 值均为负值，并且在低温时 AMR

绝对值达到最大值。$SrTiO_3(100)$和 $SrTiO_3(110)$基底上 γ'-Fe_4N 薄膜的 AMR 最大值分别为–3.47%和–1.06%[52, 53]。

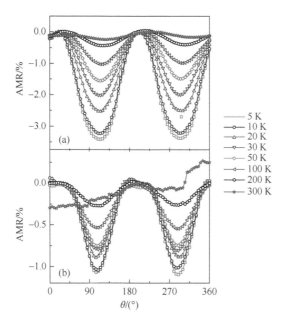

图 5-68　10 kOe 磁场下不同温度测量的不同取向 $SrTiO_3$ 上外延 γ'-Fe_4N 薄膜的 AMR，电流方向沿着[001][52, 53]

（a）(100)；（b）(110)

5.5　软磁材料的纳米点接触

　　1999 年，西班牙的 García 等[58]首次报道在铁磁性材料原子量级的纳米接触中发现了超过 200%的磁电阻，即弹道磁电阻（ballistic magnetoresistance，BMR）效应。如此大的磁电阻效应，无论对于实际应用方面还是基础理论方面的研究都是十分有趣的。同年 9 月，他们又给出了 BMR 的理论解释[59]，提出大的磁电阻来自于磁畴壁对电子的散射，认为在外加磁场作用下，纳米接触两侧的铁磁体的磁化呈平行取向时，电子可以通过均匀的有效磁场而不发生散射；相反，当两侧的磁化呈反平行取向时，由于磁化强度在空间上的急剧变化，电子将受到强烈散射，引起电阻增大。当时采用的实验装置如图 5-69 所示。实验过程中，在两根直径为 2 mm 的绕有线圈的镍针两端加上电压，并在线的两端施加力直到其间有电流通过，可以通过测量它的电导率大致判断镍丝间是否实现了纳米接触，并将两根镍线用胶水固定，形成纳米接触。再在其中一个线圈中加上直流电，在另一个线圈中加上 10 Hz 交流电，这样其中一根镍线的磁化方向保持不变，而另一根镍线的磁化方向将不断改变。为了研究其磁电阻效应，运用示波器观察所加交流电的波形和接触点两端的电压波形，获得点接触的磁电阻效应。

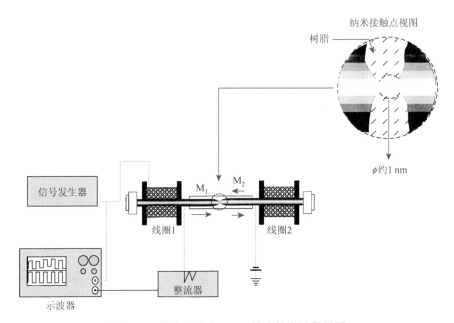

图 5-69 首次发现大 BMR 效应的实验装置图

　　2000 年，García 等[60]又提出了"T"字形镍线配置方式，具体过程为：取两根直径为 125 μm、长为 5 mm 的镍线用胶水将其固定在基底上，其间的距离大约为 20 μm，然后将其放入电镀液中电镀，直到纳米结点形成。在测量过程中磁场方向沿着其中一根镍线的方向，获得的 MR 大约为 400%。2002 年，Susan 和 Harsh发现运用类似的方法所得的 BMR 值可高达 3000%；2003 年进一步提高至 100000%以上，具体如图 5-70 所示。

　　Yang 等沉积了镍膜，并利用光刻的方法制作"T"型电极，两电极间的距离约为 100 nm，然后用电镀的方法在电极上沉积镍膜并制作出纳米接触，结果发现：获得的磁电阻效应却很小[61]。William 等[62]对 Chopra 和 Hua 的实验结果产生了怀疑，他们认为测试时磁场将对镍线产生作用力，并且会有磁滞伸缩存在，使得镍线有分开的趋势，这将导致对连接两根镍线的纳米接触的形状和电阻产生很大的影响，从而产生了磁电阻效应。中国科学院物理研究所韩秀峰小组与爱尔兰 Coey小组合作[63]，采用聚焦粒子束刻蚀的办法直接制备了 Ni 的纳米点接触，发现磁电阻效应为 3%，进一步证明了点接触在外加磁场时可能断开的事实。近些年来，BMR 不再成为人们研究的热点。

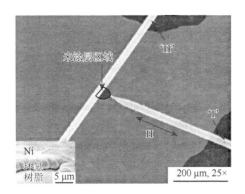 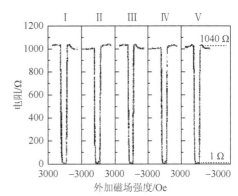

图 5-70 Susan 等制备的样品的 SEM 图像和磁电阻曲线

参 考 文 献

[1] Baibich M N，Broto J M，Fert A，et al. Giant magnetoresistance of (001) Fe/(001)Cr magnetic superlattices. Physical Review Letters，1987，61：2472-2475.

[2] Grünberg P，Schreiber R，Pang Y，et al. Layered magnetic structures：evidence for antiferromagnetic coupling of Fe layers across Cr interlayers. Journal of Applied Physics，1987，61（8）：3750-3752.

[3] 都有为. 2007 年度诺贝尔物理奖简介. 物理与工程，2008，18（1）：1-3，5.

[4] McGuire T R，Potter R I. Anisotropic magnetoresistance in ferromagnetic 3D alloys. IEEE Transactions on Magnetics，1975，11：1018-1038.

[5] Rosenberg H M. Low Temperature Solid State Physics. London：Oxford University Press，1963.

[6] Berry R W，Hall P M，Harris M T. Thin Film Technology，New York：Van Nostrand Reinhold，1968.

[7] Snoek J L. The weiss-heisenberg theory of ferromagnetism and a new rule concerning magnetostriction and magnetoresistance. Nature，1949，163：837-838.

[8] Ando Y，Lavrov A N，Komiya S. Anisotropic magnetoresistance in lightly doped $La_{2-x}Sr_xCuO_4$: impact of antiphase domain boundaries on the electron transport. Physical Review Letters，2003：90.

[9] Ziese M，Blythe H J. Magnetoresistance of magnetite. Journal of Physics：Condensed Matter，1999，12：13.

[10] Ziese M，Sena S P. Anisotropic magnetoresistance of thin $La_{0.7}Ca_{0.3}MnO_3$ films. Journal of Physics：Condensed Matter，1999，10：2727.

[11] Rushforth A W，Výborný K，King C S，et al. Anisotropic magnetoresistance components in（Ga，Mn）As. Physical Review Letters，2007，99：147207.

[12] Wunderlich J，Jungwirth T，Kaestner B，et al. Coulomb blockade anisotropic magnetoresistance effect in a（Ga，Mn）as single-electron transistor. Physical Review Letters，2006，97：077201.

[13] Gould C，Rüster C，Jungwirth T，et al. Tunneling anisotropic magnetoresistance：a spin-valve-like tunnel magnetoresistance using a single magnetic layer. Physical Review Letters，2004，93：117203.

[14] 都有为. 纳米材料中的巨磁电阻效应. 物理学进展，1997，17（2）：180.

[15] 翟宏如，鹿牧，赵宏武，等. 多层膜的巨磁电阻. 物理学进展，1997，17（2）：159-179.

[16] Thompson S M. Topical review: the discovery, development and future of GMR: the Nobel Prize 2007. Journal of Physics D: Applied Physics, 2008, 41: 093001.

[17] 姜宏伟. 磁性金属多层膜中的巨磁电阻效应. 物理，1997，26（9）：562-567.

[18] Coehoorn R. Giant Magnetoresistance and Magnetic Interactions in Exchange-Biased Spin-Valves, Handbook of Magnetic Materials. Amsterdam: Elsevier, 2003.

[19] Zhu J G, Park C. Magnetic tunnel junctions. Materials Today, 2006, 9 (11): 36-45.

[20] 金克新，陈长乐，赵省贵，等. 磁隧道结的研究进展. 材料导报，2007，21（3）：32-35.

[21] Tsunegi S, Sakuraba Y, Oogane M, et al. Large tunnel magnetoresistance in magnetic tunnel junctions using a Co_2MnSi Heusler alloy electrode and a MgO barrier. Applied Physics Letters, 2008, 93 (11): 112506.

[22] Ishikawa T, Liu H, Taira T, et al. Influence of film composition in Co_2MnSi electrodes on tunnel magnetoresistance characteristics of $Co_2MnSi/MgO/Co_2MnSi$ magnetic tunnel junctions. Applied Physics Letters, 2009: 95.

[23] Berkowitz A, Mitchell J R, Carey M J, et al. Giant magnetoresistance in heterogeneous Cu-Co alloys. Physical Review Letters, 1992, 68: 3745-3748.

[24] Xiao J Q, Jiang J S, Chien C L. Giant magnetoresistance in nonmultilayer magnetic systems. Physical Review Letters, 1992, 68: 3749-3752.

[25] 刘冰，李书光. 颗粒膜中的巨磁电阻效应. 青岛大学学报，2002，15（4）：66-70，85.

[26] Yakushiji K, Ernult F, Mitani S, et al. Spin-dependent tunneling and Coulomb blockade in ferromagnetic nanoparticles. Physics Reports, 2007, 451: 1-35.

[27] Wang X C, Mi W B, Jiang E Y, et al. Enhanced low-temperature magnetoresistance in facing-target reactive sputtered $Ni-CN_x$ composite films. Applied Physics Letters, 2006, 89: 242502.

[28] Wang X C, Mi W B, Jiang E Y, et al. Large magnetoresistance observed in facing-target sputtered Ni-doped CN_x amorphous composite films. Acta Materialia, 2007, 55: 3547-3553.

[29] 王晓姹. 碳氮基纳米复合薄膜的微观结构和性质，天津：天津大学，2007.

[30] 章晓中，薛庆忠. Fe_x-C_{1-x}/Si 颗粒膜的巨磁电阻效应. 稀有金属，2006，30（4）：429-431.

[31] Tian P, Zhang X Z, Xue Q Z. Enhanced room-temperature positive magnetoresistance of a-C: Fe film. Carbon, 2007, 45: 1764-1768.

[32] Miwa S, Shiraishi M, Tanabe S, et al. Tunnel magnetoresistance of C_{60}-Co nanocomposites and spin-dependent transport in organic semiconductors. Physical Review B, 2007, 76 (21): 214414.

[33] Sakai S, Yakushiji K, Mitani S, et al. Tunnel magnetoresistance in Co nanoparticle/Co-C_{60} compound hybrid system. Applied Physics Letters, 2006, 89: 113118.

[34] Sugai I, Sakai S, Matsumoto Y, et al. Composition dependence of magnetic and magnetotransport properties in C_{60}-Co granular thin films. Journal of Applied Physics, 2010, 108: 063920.

[35] Yan S S, Liu J P, Mei L M, et al. Spin-dependent variable range hopping and magnetoresistance in $Ti_{1-x}Co_xO_2$ and $Zn_{1-x}Co_xO$ magnetic semiconductor films. Journal of Physics. Condensed Matter, 2006, 18: 10469-10480.

[36] You Q, Tian Y F, Yan S S, et al. Giant positive magnetoresistance in Co-doped ZnO nanocluster films. Applied Physics Letters, 2008, 92: 192109.

[37] Quan Z Y, Xu X H, Li X L, et al. Investigation of structure and magnetoresistance in Co/ZnO films. Journal of Applied Physics, 2010, 108: 103912-103912.

[38] Xu Q Y, Hartmann L, Schmidt H, et al. Magnetoresistance in pulsed laser deposited 3d transition metal doped ZnO

films. Thin Solid Films，2006，515：2549-2554.

[39] Huang B X，Liu Y H，Wang J H，et al. Magnetic properties and giant magnetoresistance in $Fe_{0.35}(In_2O_3)_{0.65}$ granular film. Journal of Physics：Condensed Matter，2002，15：47.

[40] Gallego J，Grachev S，Borsa D，et al. Mechanisms of epitaxial growth and magnetic properties of γ'-Fe$_4$N(100)films on Cu(100). Physical Review B，2004，70（70）：5417.

[41] Navio C，Alvarez J，Capitan M J，et al. Electronic structure of ultrathin γ'-Fe$_4$N(100)films epitaxially grown on Cu(100). Physical Review B，2007，75（12）：125422.

[42] Grachev S，Borsa D，Boerma D O. On the growth of magnetic Fe$_4$N films. Surface Science，2002，516：159-168.

[43] Costa-Krämer J，Borsa D，Garcia-Martin J M，et al. Structure and magnetism of single-phase epitaxial γ'-Fe$_4$N. Physical Review B，2004，69：144402.

[44] Frazer B C. Magnetic structure of Fe$_4$N. Physical Review，1958，112：751-754.

[45] Houari A，Matar S，Belkhir M A. DFT study of magneto-volume effects in iron and cobalt nitrides. Journal of Magnetism and Magnetic Materials，2010，322：658-660.

[46] Ito K，Lee G H，Harada K，et al. Spin and orbital magnetic moments of molecular beam epitaxy γ'-Fe$_4$N films on LaAlO$_3$（001）and MgO（001）substrates by X-ray magnetic circular dichroism. Applied Physics Letters，2011，98：102507.

[47] Grachev S，Borsa D，Vongtragool S，et al. The growth of epitaxial iron nitrides by gas flow assisted MBE. Surface Science，2001，482：802-808.

[48] Wang L L，Wang X，Zheng W，et al. Synthesis of single nanocrystal phase γ'-Fe$_4$N on NaCl substrate by DC magnetron sputtering. Materials Chemistry and Physics，2006，100：304-307.

[49] Arabczyk W，Zamłynny J，Moszyński D. Kinetics of nanocrystalline iron nitriding. Polish Journal of Chemical Technology，2010，12：38-43.

[50] Kim T K，Takahashi M. New magnetic material having ultrahigh magnetic moment. Applied Physics Letters，1972，20：492-494.

[51] Wriedt H A，Gokcen N A，Nafziger R H. The Fe-N（iron-nitrogen）system. Bulletin of Alloy Phase Diagrams，1987，8（4）：355-377.

[52] Mi W B，Guo Z B，Feng X P，et al. Reactively sputtered epitaxial γ'-Fe$_4$N films：surface morphology，microstructure，magnetic and electrical transport properties. Acta Materialia，2013，61：6387-6395.

[53] 封秀平. γ'-Fe$_4$N 薄膜的结构、磁性和磁电阻效应，天津：天津大学，2011.

[54] Mi W B，Feng X P，Duan X F，et al. Microstructure，magnetic and electronic transport properties of polycrystalline γ'-Fe$_4$N films. Thin Solid Films，2012，520（23）：7035-7040.

[55] 姜寿亭，李卫. 凝聚态磁性物理. 北京：科学出版社，2003.

[56] Chattopadhyay S K，Meikap A，Lal K，et al. Transport properties of iron nitride films prepared by ion beam assisted deposition. Solid State Communications，1998，108：977-982.

[57] Li Z R，Feng X P，Wang X C，et al. Anisotropic magnetoresistance in facing-target reactively sputtered epitaxial γ'-Fe$_4$N films. Materials Research Bulletin，2015，65：175-182.

[58] García N，Munoz M，Zhao Y W. Magnetoresistance in excess of 200% in ballistic Ni nanocontacts at room temperature and 100 Oe. Physical Review Letters，1999，82：2923-2926.

[59] Tatara G，Zhao Y W，Munoz M，et al. Domain wall scattering explains 300% ballistic magnetoconductance of nanocontacts. Physical Review Letters，1999，83：2030-2033.

[60] García N，Rohrer H，Saveliev I G，et al. Negative and positive magnetoresistance manipulation in an

electrodeposited nanometer Ni contact. Physical Review Letters，2000，85：3053-3056.

[61] Yang C S，Zhang C，Redepenning J，et al. *In situ* magnetoresistance of Ni nanocontacts. Applied Physics Letters，2004，84：2865-2867.

[62] Egelhoff W F，Gan L，Ettedgui H，et al. Artifacts in ballistic magnetoresistance measurements（invited）. Journal of Applied Physics，2004，95（11）：7554-7559.

[63] Wei H X，Wang T X，Clifford E，et al. Magnetoresistance of nickel nanocontacts fabricated by different methods. Journal of Applied Physics，2006，99：08C512.

第6章　磁记录材料

本章内容基于国家自然科学基金"各向异性硬磁/软磁纳米颗粒多层自组装阵列的交换耦合机制和磁性研究"（编号 51571072）的支持。

6.1　引言

人类社会已经进入了快速发展的信息时代，人们每天都需要处理和保存大量的数据、声音、图像和视频文件。人类对高存储容量、高数据存取速度、高性价比存储设备不断增长的需求进一步推动了数据存储记录技术的发展。近些年来，传统数据存储技术的性能越来越高，新型存储设备不断涌现，信息存储技术已经成为当今信息社会中最为活跃的领域之一。磁带存储、磁盘存储、光盘存储、相变存储、固态存储、全息光学存储等存储技术相继出现，在种类繁多的存储设备中，磁盘存储具有性能可靠、使用方便、成本低廉、易于保存和可擦写等优点，因而成为当今社会最重要的信息记录方式。

磁记录（存储）是利用材料的磁特性和磁效应输入（写入）、记录、存储和输出（读出）声音、图像、数字等信息。磁存储使用的磁性材料分为磁记录介质和磁头材料，前者主要完成信息的记录和存储功能，后者主要完成信息的写入和读出功能。磁记录原理是：在信息记录过程中，输入的信息首先转变为相应的电信号输送至磁头线圈，使磁头中产生与输入电信号相应的变化磁场，此时靠近气隙并以恒定速度移动的磁记录介质受到变化磁场的作用，从原来的退磁状态转变为磁化状态，即将随时间变化的磁场转变为按空间变化的磁化强度分布，磁记录介质通过磁头后转变到相应的剩磁状态，从而记录与气隙磁场、磁头电流和输入信号相应的信息。当需要输出信息时，正好与上述记录过程相反。按记录点区分磁记录有两种方式，一种是把连续信号转变为磁化强度的变化（模拟信号），另一种通过数字信号进行记录[1]。

录音和放音是最常见的模拟磁记录过程。录音（录像）时需要一个具有微小气隙电磁铁的磁头，使磁记录介质靠近磁头的气隙移动，此时磁头线圈内通入由声音或图像转化成的电信号，即强弱和频率都改变的电流，电流将使电磁铁的磁化状态以及缝隙中的磁场发生同步变化。变化的磁场将使在附近经过的磁记录介质上的磁化状态发生同步变化，从而使磁记录介质离开磁头，其剩磁强弱和极性变化对应于输入磁头电流的变化，也就是对应于声音或图像信号的变化。这样就在磁记录介质上记录了声音或图像。

从记录、再生的质量和变频技术的难易等角度看，磁记录向数字信号记录方向发展。数字（digital）记录采用 on（有）和 off（无）即"1"和"0"这两种数值信号，这种数值信号目前主要用于计算机各种磁盘数据存储。在高密度、大容量化的发展潮流中，音频、视频等存储领域也正向数字信号记录的方向发展。

借助微小永磁体进行数字信号记录的原理如图 6-1 所示，利用磁化方向 [图 6-1（a）] 或磁化反转 [图 6-1（b）] 的方式进行记录。首先，在记录介质上连续并排着磁化方向相同的微小永磁体，在利用这种微小永磁体进行数字式记录时，在其上方用于记录的微小电磁线圈连续运动，但并不产生感应电压，而仅在需要发生磁化反转时，产生电压脉冲。以磁化方向作为数字信号记录的磁存储介质，按微小永磁体的磁化方向与脉冲电压的关系来判别信号。与此相对，以磁化反转作为数字信号记录的场合，如图 6-1（b）所示，磁化发生反转为"1"，不反转为"0"，则电压脉冲发生时，可以判读为"1"。

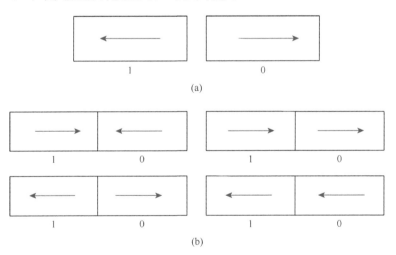

图 6-1　利用微小磁体进行数字信号记录的原理

（a）利用磁化方向进行数字信号记录；（b）利用磁化反转进行数字信号记录

6.2　磁记录发展历程

磁记录技术在信息存储领域具有重要地位，它的发展已经有 100 多年历史。

表 6-1 中按时间顺序列出了与磁记录相关的发明、发现及产业化进展[2]。从表 6-1 中可以看出，自 1898 年丹麦科学家 Poulsen 发明钢丝录音机以来，磁记录材料飞速发展。

表 6-1　磁记录技术发展历程

时间	事件	国家
1888 年	Smith 关于磁性录音机论文的发表	美国
1898 年	Poulsen 磁性录音机的发明	丹麦
1927 年	交流偏磁法专利	美国
1928 年	Pfleumer 纸基底上磁粉涂布磁带的发明	德国
1932 年	Scholler 环形磁头的发明	德国
1935 年	钢丝录音机的生产	日本
1953 年	计算机用磁带装置的发布（IBM726）	美国
1956 年	固定式磁盘装置（IBM350）	美国
1967 年	CrO_2 磁带、磁泡技术	美国
1968 年	热压铁氧体磁头	日本
1969 年	薄膜磁头的开发、利用 MR 效应检测磁场的应用	美国、日本
1972 年	软盘（IBM33FD）	美国
1973 年	温彻斯特（Winchester）硬盘	美国
1979 年	金属蒸镀磁带、单晶铁氧体薄膜磁头	美国
1980 年	3.5 in 软盘、垂直记录方式的研究	日本
1982 年	涂布型钡铁氧体介质	日本
1990 年	薄膜磁头-MR 磁头的实用化	美国
1991 年	3.5 in 的 1 GB 硬盘	美国
1997 年	GMR 磁头实用化	美国
2000 年	反铁磁耦合介质的开发	美国
2005 年	垂直磁记录介质的实用化	日本
2007 年	日立环球储存科技发售全球首只 1 T 的硬盘	日本
2013 年	SMR 硬盘 Archive 8 TB	美国

现今，以磁盘为主要形式的磁记录设备由于价格低廉、性能优良等特点，占据了计算机外部存储领域的大部分市场。随着数字化技术的飞速发展，需要传输、记录大量的数据信息，作为计算机的主要信息存储介质，磁记录材料至今仍处于记录密度逐年提高的发展态势。现代磁记录技术始于 1956 年，IBM 的一个研究小组向世界展示了第一台磁盘存储系统 IBM350 RAMAC（random access method of accounting and control)，其磁头可以直接移动到盘片上的任何一块存储区域，从而成功地实现了随机存储，这套系统的总容量只有 5MB，共使用了 50 个直径为 24 in 的磁盘，盘片表面涂有一层磁性物质，它们被叠起来固定在一起，绕着同一个轴旋转。IBM350 RAMAC 的出现使得航空售票、银行自动化、医疗诊断和航空航天等领域引入计算机成为可能。1973 年，IBM 又发明了温彻斯特（Winchester）硬盘，其特点是工作时磁头悬浮在高速转动的盘片上方，而不与盘片直接接触，这便是现代硬盘的原型。IBM 随后生产的 3340 硬盘系统即采用了温氏技术，共有两个 30MB 的子系统。"密封、固定并高速旋转的镀磁盘片、磁头沿盘片径向移动"是"温彻斯特"硬盘技术的精髓。今天个人计算机（PC）中的硬盘容量虽然已经高达几百 GB 以上，但仍然没有脱离"温彻斯特"模式。

PC 时代之前的硬盘系统都具有体积大、容量小、速度慢和价格昂贵的特点，这是因为当时计算机的应用范围较小，技术与市场是一种相互制约的关系，使得包括存储业在内的整个计算机产业的发展都受到了限制。1979 年，IBM 发明了薄膜磁头，为进一步减小硬盘体积、增大容量、提高读写速度提供了可能。70 年代末与 80 年代初是微型计算机的萌芽时期，包括希捷、昆腾、迈拓在内的许多著名硬盘厂商都诞生于这一段时间。1979 年，IBM 的两位员工 Shugart 和 Conner 决定开发 5.25 in 大小的硬盘驱动器，他们组建了希捷公司（Seagate），次年，希捷发布了第一款适合于微型计算机使用的硬盘，容量为 5 MB，体积与软驱相仿，这是首款面向台式机的产品。80 年代末，IBM 公司推出磁电阻（magneto resistive，MR）技术使磁头灵敏度大大提升，盘片的存储密度较之前的 $20MB/in^2$ 提高了数十倍，该技术为硬盘容量的提升奠定了基础。1991 年，IBM 应用该技术推出了首款 3.5 in 的 1 GB 硬盘。1970~1991 年，硬盘盘片的存储密度以每年 25%~30% 的速度增长；从 1997 年开始增长到 60%~80%；从 1997 年开始的惊人速度提升得益于 IBM 的巨磁电阻（giant magneto resistive，GMR）技术，它使磁头灵敏度进一步提升，进而提高了硬盘的存储密度。2007 年，日立利用垂直磁记录技术推出了第一款突破 TB 级容量的硬盘。2012 年 10 月希捷研发的热辅助垂直磁记录的面密度已达到了 $1 TB/in^2$ 的水平，这比当时传统硬盘的记录密度又提升了将近 55%。

从以上数据可以看出，磁盘出现在 50 年代中期，从 70 年代开始，磁盘的容量不断增大，从最早的几十兆到现在的 TB 级别，同时，磁盘体积则不断缩小。磁盘记录密度如此迅猛的增长主要得益于各种新材料的开发和新技术的应用。在磁记录的发展历史上，磁性材料的发展和薄膜介质的处理加工可以划分为三个非常明显的阶段。第一个阶段主要着力于为了适应感应式磁头的读写能力而采用的各种设计（发展了真空溅射技术，进而得到高矫顽力和高饱和磁化强度的磁性材料）；第二个阶段则主要着力于为了适应 MR 磁头而对薄膜介质进行的优化（通过晶粒边界 Cr 的分离作用，降低晶粒间的磁性耦合，从而有效降低磁记录介质的噪声），也正是 MR/GMR 效应的发现和应用，使得硬盘的记录密度在 90 年代出现了飞速增长；第三个阶段着力于最大限度地降低磁矩热涨落效应对记录信息稳定性的影响，这就要求选用高磁晶各向异性材料、采取合理的设计以获得更小的超顺磁临界尺寸[3]。

6.3 磁记录介质的主要参量

对于磁记录介质而言，衡量其磁学性质的参量除了饱和磁化强度、剩余磁化强度、矫顽力以外，还需要其他的磁学参量对其进行描述，如矩形比、开关场分布、回线斜率、磁晶各向异性、单畴临界尺寸、晶粒超顺磁临界尺寸、磁相互作用、晶粒大小的分布和热涨落等。

6.3.1 矩形比和开关场分布

对于超高密度磁记录介质，存储单元的面积不断减小，为了保证记录介质有足够的信号输出，要求介质在被磁化后有较高的剩余磁化强度 M_r，因此可以用磁滞回线的矩形比来表征，矩形比 S 的定义为

$$S = M_r/M_s \tag{6-1}$$

式中，M_s 为饱和磁化强度。在超高密度存储中，通常希望存储介质的剩余磁化强度等于饱和磁化强度，即矩形比为 1。

开关场分布（SFD）描述磁记录材料的磁滞回线在第二象限的陡度，定义为

$$\text{SFD} = \Delta H/H_c \tag{6-2}$$

式中，ΔH 为第二象限磁滞回线的微分曲线的半峰宽；H_c 为矫顽力。开关场分布是表征磁滞回线的另一种方法，开关场分布越小，微分曲线的半峰宽越小，磁滞回线的矩形度越好。因此对于超高密度磁记录介质而言，开关场分布越小越好，小的开关场分布可以提高磁记录介质的信噪比。磁记录介质的微观结构对开关场分布有很重要的影响，通常不同大小和形状的磁性颗粒具有不同的矫顽力，因为大小和形状不同的磁性颗粒会在不同的磁场下进行反转，使得磁滞回线在第二象限的微分曲线的半峰宽变大，进而开关场分布变大。因此，开关场分布是衡量磁记录介质的一个重要参数。

6.3.2 矫顽力处回线斜率[4]

回线斜率 α 用来表征垂直磁记录介质中磁性颗粒交换相互作用强弱，α 越大表明磁性颗粒间的耦合作用越强

$$\alpha = 4\pi \frac{\mathrm{d}M}{\mathrm{d}H}\bigg|_{H_c} \tag{6-3}$$

理论计算和实验结果均表明，对于磁记录介质而言，α 值的最佳范围在 $1\sim2$ 之间，此时既能满足减小过渡区宽度的要求，又可以保持较高的信噪比。

6.3.3 磁晶各向异性[5]

对于磁性材料，通常在不同方向对其磁化的难易程度是不同的，称为磁各向异性。磁各向异性可以分为磁晶各向异性、形状磁各向异性、应力磁各向异性、诱导磁各向异性等。在记录介质中，磁晶各向异性对记录介质的性能有极为重要的影响。

对于一个铁磁性单晶体来说，未加外加磁场时，其自发磁化方向与其易磁化轴方向一致，要使自发磁化的方向从易磁化轴方向向其他方向旋转，必须施加外加磁场，即需要能量。一般情况下，在铁磁体中存在着取决于自发磁化方向的自由能，自发磁化强度沿着该能量取最小值的方向时是稳定的，而向其他方向旋转，能量会增大，对应的自由能成为磁晶各向异性能。

在一定方向上磁化样品到饱和所需的单位体积能量称为磁各向异性能量密度，由下述方程给出

$$u_a = \mu_0 \int_0^{M_s} H(M)\mathrm{d}M \longrightarrow \mu_0 \frac{M_s H_s}{2}(\mathrm{J}/\mathrm{m}^3) \qquad (6\text{-}4)$$

其中，一级表达式应用于磁化曲线和磁场呈线性时。当磁化曲线与磁场不成线性时，磁各向异性能量密度为磁化曲线所围成的面积。

对于 Co 基合金，为密排六方结构，c 轴是易磁化轴，此时磁晶各向异性能可以表达为级数展开形式

$$E_{\mathrm{ani}} = K_{u0} + K_{u1}\sin^2\theta + K_{u2}\sin^4\theta + \cdots \qquad (6\text{-}5)$$

式中，K_{u0} 不代表各向异性，因为它不依赖 M 的取向；K_{u1} 和 K_{u2} 为单轴磁晶各向异性常量；θ 为磁化方向与易磁化轴的夹角。忽略高次项及为了应用方便，磁晶各向异性能的表达式可近似为

$$E_{\mathrm{ani}} = K_{u1}\sin^2\theta \qquad (6\text{-}6)$$

因此对于具有一个易磁化轴的单晶体而言，为了达到能量最小，自发磁化强度只能沿着易磁化轴的方向。

有若干种方法测量单轴磁晶各向异性常量，但最常用的是用磁滞回线计算单轴磁晶各向异性常量，方法如下：

（1）对于具有织构的单轴易磁化样品，在难磁化方向上，饱和场等于 $2K/M_s$。

（2）测量易磁化方向和难磁化方向的初始磁化曲线的积分面积的差别。

（3）在强磁场下，磁性材料被磁化至饱和，此时所有的磁矩都趋向于外加磁场方向排列，在趋于饱和的过程中，磁化强度可以用下式表达

$$M = M_s\left(1 - \frac{A}{H} - \frac{B}{H^2} - \frac{C}{H^3} - \cdots\right) + \chi_0 H \tag{6-7}$$

式中，第一项 $\dfrac{A}{H}$ 来源于位错、非磁性添加物、空穴等产生的应力场，仅在有限的磁场下有效，通常这一项不包括在计算中。第二项和第三项对应于饱和磁化强度和各向异性常量，通常由下式表达

$$B = \frac{4}{15}\left(1 + \frac{16K_2}{7K_1} + \cdots\right)\frac{K_1^2}{M_s^2} \tag{6-8}$$

$$C = \frac{16}{105}\left(1 + \frac{8K_2}{3K_1} + \cdots\right)\frac{K_1^3}{M_s^3} \tag{6-9}$$

在单轴磁晶各向异性材料中，K_2 通常为 0，因此上述公式可进一步简化为

$$B = \frac{4}{15}\frac{K_1^2}{M_s^2} \text{ 和 } C = \frac{16}{105}\frac{K_1^3}{M_s^3}$$

$\chi_0 H$ 来源于外加磁场引起的自发磁化强度增大；χ_0 被称为高场磁化率，是温度的函数。当所有的磁矩和外场的夹角很小且外加磁场很高时，才能使用此种方法。

6.3.4　单畴临界尺寸[6]

当磁性颗粒小于某一临界尺寸时，磁性颗粒用于产生畴壁的能量大于维持单畴态的静磁能，为了保持能量最低，磁性颗粒将形成一个单畴。单畴临界尺寸 L 可用下式表达

$$D_c = \frac{1.7\gamma}{\pi^2 M_s^2} = \frac{0.7\sqrt{AK_u}}{M_s^2} \tag{6-10}$$

式中，$\gamma = 2K_u\delta$，δ 为磁畴壁厚度；K_u 为磁晶各向异性常量；A 为交换常量；M_s 为饱和磁化强度。

单畴粒子有从 0 至 $2K_u/M_s$ 宽范围的矫顽力。当磁性颗粒变得太小，热能就足以克服由颗粒单轴磁各向异性建立起来的能垒而反转磁化方向，此时矫顽力就趋近于 0。对于接近单畴临界尺寸的磁性颗粒而言，其矫顽力接近上限。

6.3.5　超顺磁临界尺寸[7]

对于磁性颗粒而言，不可能无限地减小尺寸而始终具有磁性。当颗粒尺寸小于某一临界尺寸，自发磁化强度不再固定在被颗粒的形状或晶体的各向异性决定的方向上。室温的热能可能已经大到足以使磁矩在两个不同的磁化强度的稳定取向间跳跃，

即自发磁化强度对一个大的磁性系统或者单独一个磁性颗粒的时间平均都互相抵消。但在局部区域观察几个磁性颗粒或者短时间观察某一个磁性颗粒，磁化强度并不为0。

超顺磁体的 M-H 曲线与铁磁体的相似，但有两个明显特征：①趋向于饱和时遵从朗之万行为；②无矫顽力。超顺磁性的去磁化作用是在无矫顽力的情况下发生的，因为此时不是外加磁场起作用而是热能起作用。当低于某一温度时，热能不再起主要作用，此时磁性颗粒恢复到铁磁态。

6.3.6 磁相互作用[8]

依据作用距离的不同，磁性颗粒间的相互作用可以分为长程的静磁相互作用（磁偶极相互作用）和近邻晶粒间的交换耦合相互作用。静磁相互作用趋向于使相邻的磁性颗粒的磁化强度反平行排列；交换耦合相互作用指不同取向的磁矩产生耦合作用，从而使相邻磁性颗粒的磁矩相互平行。

磁性颗粒间的相互作用一般用 δM 曲线表征，而 δM 曲线的获得是基于等温剩磁（isothermal remanent magnetization，IRM）曲线和直流退磁（direct current demagnetization，DCD）曲线的测量，其测量方法如下：首先从退磁态开始，加一小外加磁场 H，撤掉外加磁场后测量剩余磁化强度 $M_r(H)$，再将外加磁场逐渐增加，测得对应的剩余磁化强度，不断重复以上过程，可测得剩余磁化强度与外加磁场的变化关系 $M_r(H)$，即等温剩磁曲线。直流退磁曲线的测量方法为初始态为饱和磁化态然后沿反向依次施加、去掉逐渐增强的外加磁场 H，并测量相应的剩余磁化强度 $M_d(H)$，得到剩余磁化强度与外加磁场的关系。

对于没有相互作用的 S-W 粒子，可满足如下关系

$$M_d(H) = M_i(\infty) - 2M_r(H) \tag{6-11}$$

式中，$M_i(\infty)$ 为饱和磁化强度，用 $M_i(\infty)$ 将上式归一化可得

$$M_d(H) = 1 - 2M_r(H) \tag{6-12}$$

对于没有相互作用的颗粒，$M_d(H)$ 与 $M_r(H)$ 满足线性关系。如果磁性颗粒间存在相互作用，则 $M_d(H)$ 与 $M_r(H)$ 偏离线性关系，因此可令

$$\delta M = M_d(H) - [1 - 2M_r(H)] \tag{6-13}$$

可以根据 δM 曲线的形状来判断磁性颗粒间是否存在相互作用及相互作用的类型和大小。一般情况下，$\delta M > 0$ 说明磁性颗粒间存在交换耦合相互作用；$\delta M = 0$ 说明磁性颗粒间无相互作用；$\delta M < 0$ 说明磁性颗粒间存在静磁相互作用。根据 δM 曲线峰的相对高度，也可以比较各个样品中磁性颗粒间相互作用的强弱。

磁性颗粒间交换耦合相互作用会导致磁激活体积的增大，即多个磁性颗粒通过交换耦合相互作用发生一致磁化反转，相当于记录单元的介质体积增大。另外由于过渡区的宽度增大，介质信息记录的噪声增加。因此要尽量降低磁记录介质的交换耦合相互作用。

6.3.7 晶粒大小的分布和热涨落[9]

设有一组大小相等、体积为 V、位置固定、彼此隔离、无相互作用的单轴各向异性的单畴晶粒。其各向异性能能量密度可表示为

$$f = K\sin^2\theta \tag{6-14}$$

如通过一致转动反磁化，则需克服势垒 $\Delta E = KV$，因此当温度为零时，需要有外加磁场才能使其反磁化，但若温度不为零，由于热涨落运动，晶粒的磁化向量也能以和 $\exp(-KV/k_BT)$ 成比例的概率超过势垒 $\Delta E = KV$，而自发地改变磁化方向。

当外加磁场使晶粒集合体饱和磁化时撤掉外加磁场，则剩余磁化强度随时间 t 的变化关系为

$$\boldsymbol{M}_r(t) = \boldsymbol{M}_r(0)\exp\left(-\frac{t}{\tau_0}\right) \tag{6-15}$$

奈尔给出弛豫时间的表达式

$$\tau_0^{-1} = f_0 \exp\left(-\frac{KV}{k_BT}\right) = f_0\exp\left(-\frac{V\boldsymbol{M}_s\boldsymbol{H}_c}{2k_BT}\right) \tag{6-16}$$

f_0 是一个变化很小的频率因子，约为 $10^9\ \mathrm{s}^{-1}$；k_B 为玻尔兹曼常量。若 $\tau_0 \geqslant 10^9\mathrm{s}$（即每 30 年磁化强度降低为 $1/e$），则 $\Delta E = KV \geqslant 40k_BT$。为了保证磁记录信息在长时间（10 年以上）不丢失，通常满足热稳定性的临界尺寸 D_p 由 $KV = 60k_BT$ 决定。

估算超顺磁晶粒的上限尺寸 D_m 的方法是：取 $\tau_0 = 1\mathrm{s}$，则 $\Delta E = KV = 20k_BT$，此时 $\boldsymbol{M}_r = 0$，$\boldsymbol{H}_c = 0$，体系处于超顺磁态。当铁磁性单畴晶粒的直径小于临界尺寸 D_m 时，会表现出超顺磁性。在超高密度磁记录时，晶粒尺寸必然减小，若保证热稳定性必须选择高各向异性的材料。

6.4 水平磁记录介质

传统的磁记录是已经具有 60 年历史的纵向记录模式。在这种记录模式下，磁场的磁化方向与盘片的表面方向平行，由磁性颗粒组成的磁单元也以水平的方式在盘片表面首尾相接沿着盘片旋转方向排列。一旦被磁头写入，磁单元的磁化方向将做 180° 反转，这样它与相邻磁单元的连接方式变为 N 极-N 极或 S 极-S 极相接，从而在界面处产生排斥力，界面处的磁化状态也会相应地改变而产生退磁效应，因而过渡区展宽，如图 6-2 所示。过渡区是引起磁记录噪声的一个主要因素，在高密度磁记录中要求过渡区长度尽量小。理想情况下，数字磁记录相当于条形磁铁的连续排列，由于相邻两磁极的极性相反，在磁化跃迁断面上的面磁荷密度

$\sigma = 2M_r$，由此可计算出自退磁场。对于纵向磁记录方式，当记录介质较厚时，退磁场作用很强[10]。

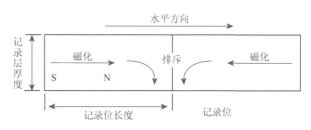

图 6-2　相邻磁化单元的过渡区[9]

过渡区会引起磁记录噪声，因此在高密度磁记录中要求过渡区长度尽量小。纵向磁记录自退磁场非常强，可表达为如下形式

$$a_d \propto \frac{M_r \delta}{H_c} \tag{6-17}$$

要减小过渡区，可以减小膜厚 δ、增大矫顽力 H_c、减小剩余磁化强度 M_r、提高矩形比 $S = M_r/M_s$。

对于高密度存储，为了确保记录信息的可靠性，必须保证记录介质拥有足够高的信噪比（signal-noise ratio，SNR），信噪比与每个记录位的晶粒数 N 的关系可表示为[10]

$$SNR = 10\log N \tag{6-18}$$

从上述公式可以看出，为了保证记录介质具有可接受的信噪比，每个记录位需要有足够多的晶粒数。记录位的面积减小要求磁性颗粒的尺寸不断减小，但是磁性颗粒并不能无限小，磁性颗粒越小，其磁化反转所需的能量越小。在小于某一尺度时，室温的热能都可以使它的极性自动反转，存储的数据将会丢失，这就是所谓的超顺磁效应。根据阿伦尼乌斯-奈尔定律，晶粒的热衰减时间为

$$\tau = 10^{-9} \exp(K_u V/k_B T) \tag{6-19}$$

式中，K_u 和 V 分别为磁性颗粒的单轴磁晶各向异性常量和晶粒的体积；k_B 为玻尔兹曼常量；T 为温度；$K_u V/k_B T$ 称为能垒或稳定性参数。根据计算，当 $K_u V/k_B T = 25$ 时，热衰减时间约为 1 min，而当 $K_u V/k_B T = 40$ 和 60 时，热衰减时间分别为 715 年和 10^9 年[11]。为了保证介质中晶粒磁化状态稳定，应保持较高的 $K_u V$ 值，一般认为其数值应大于 40。由于 K_u 值的增大受磁头写磁场的限制，所以从热稳定性的角度考虑，晶粒体积 V 不能太小。由于记录位的能量取决于其体积，如果其面积减小了，那么其厚度需维持不变（甚至增大），这样至少可抑制记录位体积下降的幅度。但是，纵向记录技术的记录位磁化方向与其在盘片表面上的长度是

一致的，在长度缩短的情况下，磁层厚度若不随之变薄，磁极将倾向于分布在长轴两端而使记录位的磁化方向很难继续位于盘片表面的平面上，纵向记录也将不存在。

为避免磁性颗粒在室温下自动反转磁化方向，需使用具有高矫顽力的材料以提高热稳定性，但这样又会给磁头读写数据带来困难。而写头所能提供的极限磁场是由写头材料的饱和磁化强度决定的，一般不能超过 2 T。因此信噪比、热稳定性和可写性就成为磁记录介质进一步发展的三个难题，三者的关系如图 6-3 所示[11]。同时为了提高记录性能，还需要综合考虑由于颗粒尺寸分布、位置的随机性和磁性能的均匀性、晶体结构和取向以及记录位之间的交换耦合作用等问题产生的过渡区噪声。

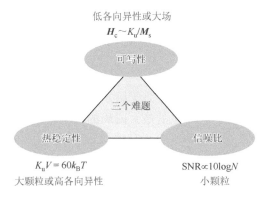

图 6-3 磁记录介质发展面临的三个难题

总体来说，对于水平磁记录技术，为了获得更高的信息记录密度：①需要更小且均匀的颗粒尺寸、更多的颗粒数量，获得更高的信噪比、保证信息记录的可靠性；②记录介质的易磁化轴位于磁碟面内方向，存储信息时，磁性介质中磁性颗粒的磁矩恰好指向同一水平方向，进而提高读出数据的磁场输出信号；③在易磁化轴位于磁碟面内的基础上，进一步要求磁记录介质的磁性颗粒的易磁化轴沿磁道方向；④降低磁性颗粒间小的交换耦合相互作用，减小信息记录单元的边界宽度。

为了提高水平磁记录的信息记录面密度，需要减小信息记录比特单元的道宽和位宽尺寸，并同时减小记录介质颗粒的平均尺寸和 M_rS 的乘积，但与此同时介质颗粒尺寸降低，必将导致记录单元的 K_uV 的降低，从而使得记录单元面临超顺磁效应限制。在水平磁记录早期阶段，缩小记录单元的尺寸，使得记录面密度持续提高。随着记录面密度的提高，超顺磁效应严重阻碍了水平磁记录密度的提高。为了进一步提高记录面密度，人们采用取向磁记录介质和反铁磁耦合介质。在反铁磁耦合介质中，通过薄的 Ru 层将两个铁磁性层采用反铁磁的方式进行耦合，来提高记录介质的热稳定性，从而提高记录面密度。但是，水平磁记录由于超顺磁效应的限制，记录面密度的提高非常有限。而垂直磁记录技术的出现，则成为磁记录技术的一个新的里程碑。

6.5　垂直磁记录介质

在高密度磁记录中水平磁记录遇到如下困难：

（1）薄膜厚度减小到一定程度时，会出现锯齿状畴壁，使相邻位之间的过渡区加宽，限制记录面密度的进一步提高。

（2）记录介质很薄时，均匀性的破坏及每位信息对应的剩余磁通量减小，使重放信号的信噪比下降。若采用垂直磁记录方式，每位信息对应的磁通量高出一个数量级，因此垂直磁记录可以提高信噪比。

（3）如果为了减小过渡区的长度而过度降低记录介质的剩余磁化强度，将造成低的信噪比。

（4）提高记录介质的矫顽力也不是无限制的，采用高矫顽力的合金薄膜作为记录介质，必须考虑磁头所能产生的最大磁场的限制。

垂直磁记录技术被认为是解决上述存储密度限制的最有效技术。该技术是在1977 年由日本东北工业大学校长及首席总监岩崎俊一教授首先提出的[12]。经过数十年的发展，直到 20 世纪末垂直磁记录技术才在实验室中逐渐走向成熟。采用垂直磁记录，在记录波长减小时，退磁场也减小（纵向磁记录时，退磁场增大），在高密度记录时，可以不必采用很薄的介质，而使剩余磁矩变大，因此可以提高信噪比。表 6-2 列举了垂直磁记录技术的发展历程[1]。

表 6-2　垂直磁记录技术的发展历程

时间	事件
1898 年	Poulsen 发明垂直式钢丝录音机
1958 年	Mayer 演示垂直式接触写信息
1977 年	Iwasaki 等提出垂直磁记录（单极头磁头与 CoCr 垂直磁化介质）
1979 年	Iwasaki 等制备了双层垂直磁记录介质（CoCr/NiFe）
1987 年	Iwasaki 等提出接触式垂直磁记录
2000 年	日立实现垂直记录面密度 52.5 GB/in²
2002 年	Seagate 演示垂直记录面密度 100 GB/in²
2003 年	富士电机演示垂直记录面密度 169 GB/in²
2004 年	东芝推出面密度 133 GB/in² 垂直记录微硬盘
2005 年	日立实现垂直记录面密度 233 GB/in²

图 6-4 示意了纵向磁记录与垂直磁记录的对比。与纵向磁记录相比，垂直磁记录的硬盘盘片和磁头的结构都要做出相应的改变。纵向磁记录的记录单元的两个磁极都在盘片表面上，磁头采用环式写入元件，通过其下方的狭缝磁场即可将磁信号记录到记录单元。而使用垂直记录后，记录单元只有一个磁极暴露在盘片表面上，磁头必须改用底部开口很大的单极写入元件，并且需要在磁记录层下面加入较厚的软磁底层，单极写入元件的信号极和返回极之间的磁场通过磁记录层和软磁底层形成完整的回路。信号极一端很窄，其下方的磁通量密度较高，可将磁信号写入对应的记录单元，而返回极一端较宽，使得下方的磁通量密度大为降低，因而不会错误地改写记录单元。在软磁底层的配合下，磁记录层与单极写入元件的信号极之间的磁场要高于环式写入元件的狭缝磁场，因此垂直记录技术允许该层使用具有更高矫顽力的材料，这意味着存储单元的体积可以继续减小，从而进一步提高记录面密度。在垂直磁记录介质中更容易实现短波长信号的写入。在水平磁记录介质中，记录面密度越高，记录波长越短，而相邻记录位的退磁场随波长的缩短而增强。退磁场将使磁化过渡区的磁化强度减小，因而导致输出信号幅度降低。相反，在垂直磁记录介质中，退磁场随着记录波长的缩短而逐渐减弱，而且退磁场有助于提高磁化过渡区相邻记录位的磁化强度。垂直磁记录要求记录介质具有更强的单轴取向（水平记录介质在面内是随机取向的），有利于实现比较小的开关场分布和尖锐的写过渡区，从而在垂直磁记录介质中更容易实现高信噪比[13]。

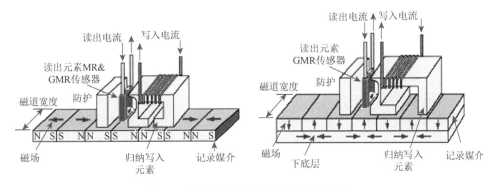

图 6-4　纵向磁记录与垂直磁记录的对比

垂直磁记录介质的基本结构如图 6-5 所示，主要由基底、缓冲层、软磁层、中间层、记录层以及保护层组成。记录层是溅射法制备的颗粒薄膜，如现在使用的 $L1_0$-FePt 合金，用于实现信息的记录与存储，通常沉积在 AlMg 合金或者高温玻璃基底上。在沉积记录层之前首先在基底上沉积一层如 Ta、Ti 等缓冲层，主要作用是提高软磁层与基底之间的附着力。之后沉积一层软磁层，可以用于提高磁头读出信号的强度，而沉积在软磁层上面的中间层可以起到减弱软磁层与记录层之间的交换耦合作用，同时也为记录层提供外延生长的条件，从而实现垂直取向。记录层上面通常会沉积一层保护层，同时对磁头起到润滑作用。如上所述，与纵向磁记录介质相比，垂直磁记录介质具有更高的存储密度、更优良的抗热扰动性和抗噪声性能，从而成为当今磁记录领域的研究热点。

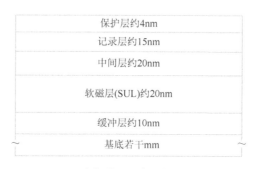

图 6-5 垂直磁记录介质的基本结构

相比于水平磁记录技术，垂直磁记录技术有如下优点：①柱状结构/软磁底层的配置可提供相当于水平记录传统环形磁头 2 倍的写入磁场，高的磁头写入磁场可使用比水平磁记录具有更高磁各向异性能 K_u 和更高矫顽力 H_c 的记录介质，这使得利用更小的晶粒尺寸获得更高的磁记录面密度成为可能；②尖锐的过渡区需要更大的记录介质层厚度，单位体积能够容纳更多的晶粒，提高磁记录面密度，柱状结构降低了垂直于膜面方向的退磁能，提高了磁滞回线的矩形比；③有效地限制了写入过程中的边界效应，提高了磁记录面密度和信号的分辨率；④在读写过程中使用更短的波长（脉冲宽度），提高了硬盘读写的速度；⑤垂直磁记录介质具有更强的单轴各向异性，能够获得更窄的交换场分布和尖锐的写入过渡区，从而提高了读写过程中的信噪比；⑥水平磁记录面密度的提高依赖于晶粒尺寸的减小，而这又受到超顺磁效应的限制，垂直磁记录尖锐的过渡区可允许使用比水平磁记录更大的晶粒尺寸来达到相同的记录面密度，从而提高了记录面密度的上限。

基于前面的讨论，对于实现超高记录面密度，低噪声和良好热稳定性的磁性薄膜的基本要求总结如下[14]：

（1）高矫顽力，这是获得非常窄的过渡区所必需的，也是为了能在热扰动和杂散场的影响下保持记录数据的稳定性。硬磁材料的矫顽力通常由磁晶各向异性决定，即具有高的磁晶各向异性的材料是必需的。但是记录介质的矫顽力不能超过写入磁头的写入能力。

（2）高的矩形比和适中的饱和磁化强度。高的剩余磁化强度与饱和磁化强度比值，是满足足够大的读出信号和信噪比的必然要求。

（3）降低磁性颗粒之间的耦合。在磁记录介质的制备工艺中，磁性颗粒之间的磁耦合是噪声的一个重要来源。磁性颗粒间过强的耦合会降低信噪比，并且在一个记录位写入信息时，会影响周围记录位信息。

（4）磁性颗粒尺寸大小以及分布。磁性颗粒直径过大和不均匀会导致信噪比降低，而且小尺寸的磁性颗粒也是提高面密度的必然选择。

（5）适中的居里温度。考虑到热辅助垂直磁记录方式，磁性材料的居里温度应该适中。如果磁性材料的居里温度过高，则在适用温度下，矫顽力随温度的变化不明显，达不到热辅助的效果，而如果磁性材料的居里温度过低，其热稳定性差，由于硬盘在使用时会发热，记录信息容易丢失。

综上所述，垂直磁记录技术对记录介质的要求很高，并且将会随着面密度的提高提出更多的要求。长期以来，各国研究人员对垂直磁记录材料进行了大量研究，并取得了不少成果。现在人们的目光主要集中在垂直于膜面方向，具有更高垂直磁各向异性能和矫顽力的材料。高磁晶各向异性和高矫顽力材料主要集中在 Co 基合金、L1$_0$ 相的 3d-4d 和 3d-5d 金属间化合物及稀土-过渡族化合物。典型硬磁材料的磁性能见表 6-3[12]。

表 6-3　典型硬磁材料的磁性能

合金	材料	各向异性 K_u/($\times 10^7$ erg/cc)	饱和磁化强度 M_s/(emu/cc)	各向异性场 H_k/kOe	超顺磁尺寸 D_p/nm
Co 基合金	CoCrPt$_x$	0.20	200～300	15～20	8～10
	Co	0.45	2400	6.4	8.0
	Co$_3$Pt	2.00	1100	36	4.8
L1$_0$ 相	FePd	1.80	1100	33	5.0
	FePt	6.6～10	1140	116	2.8～3.3
	CoPt	4.9	800	123	3.6
	MnAl	1.7	560	69	5.1
RE-TM	Nd$_2$Fe$_{14}$B	4.6	1270	73	3.7
	SmCo$_5$	11～20	910	200～400	2.2～2.7

从表 6-3 可以看出稀土-过渡族化合物的磁性能最好，但此类化合物容易氧化且抗腐蚀性能差，因此限制了其作为磁记录材料的应用。L1$_0$-FePt 合金由于具有优异的磁性能吸引了研究人员的广泛注意，成为下一代超高密度磁记录介质的首选材料。

6.6 L1$_0$-FePt 材料

6.6.1 L1$_0$–FePt 材料的性质

图 6-6 为 Fe-Pt 二元合金的平衡相图[13]。从图中可以看出，随着成分和温度的变化，FePt 合金的相结构和磁性能发生了显著变化。根据成分的不同，Fe-Pt 合金可以形成三种化合物，即 Fe$_3$Pt、FePt 和 FePt$_3$。有序的 Fe$_3$Pt 呈现铁磁性；FePt$_3$ 在有序态时显示反铁磁性，无序态时显示铁磁性。FePt 合金随着温度的不同也会发生结构转变，在高温下 Fe 原子和 Pt 原子随机占据面心立方（fcc）晶格格点，形成无序相，呈现软磁性。当温度降低时，FePt 合金发生无序-有序转变，形成有序的面心四方（fct）结构，c 轴晶格常数小于 a 轴，Fe 原子和 Pt 原子沿着 c 轴交替排列，即 Pt 原子占据四方结构的侧面面心晶格格点，Fe 原子占据四方结构的顶角晶格格点和上下底心晶格格点，此时合金呈现硬磁性，c 轴是易磁化轴。无序和有序 FePt 合金的晶体结构如图 6-7 所示。

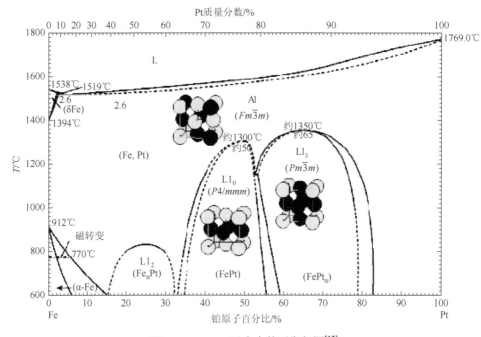

图 6-6　FePt 二元合金的平衡相图[13]

在 L1$_0$-FePt 合金中，Fe 原子具有磁偶极矩，Pt 是非磁性的，但它们能够表现出 Stoner 增强的顺磁磁化。因为在 L1$_0$ 晶体结构中，Pt 原子离 Fe 原子很近，Pt 原子与 Fe 原子直接交换耦合产生偶极矩。Pt 原子外层电子的自旋-轨道耦合相

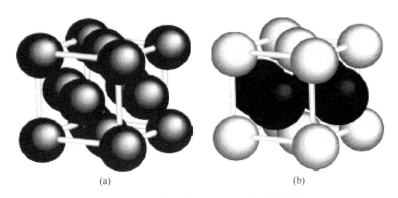

(a)　　　　　　　　(b)

图 6-7　无序和有序 FePt 合金的晶体结构

互作用导致了 $L1_0$-FePt 合金具有极高的磁晶各向异性[15]。一些研究人员对 FePt 的无序-有序转变进行了深入研究，当 FePt 合金薄膜发生有序化转变时，其 DSC 曲线显示放热峰，说明该有序化转变为一级相变[16-19]。相应地，相变的过程存在新相的形核和长大，即有序畴的形核和长大。

6.6.2　$L1_0$-FePt 材料的制备方法

1. FePt 纳米颗粒的化学合成与自组装

从 2000 年以来，Sun 等发表了一系列关于磁性纳米颗粒 FePt 的合成与自组装的研究成果[16-18]，指出自组装后的 FePt 纳米颗粒经高温退火后，颗粒内部结构从化学无序的 fcc 相转变成有序的 fct 相，从超顺磁性变成铁磁性。很多研究人员在 Sun 等工作的基础上，对合成和自组装的工艺进行了改进，相继又得到了不同尺寸、性能和微观结构的磁性纳米颗粒。

Sun 的实验过程主要分为三步进行。首先，进行 FePt 纳米颗粒的合成。最常用的方法是在 297℃用油酸和油胺作为表面活性剂，多元醇还原乙酰丙酮铂和热解五羰基铁制备 FePt 合金。另外一种方法是在 200℃将超氢化物（$LiBEt_3H$）加入 $FeCl_2$ 和 $Pt(acac)_2$ 的苯基醚溶液中，在油酸、油胺和 1, 2-十六烷二醇催化剂的作用下，加热升温至 263℃退火，得到 4 nm 的 FePt 纳米颗粒。金属前驱体的初始摩尔比在整个合成过程中保持不变，而且最终的 FePt 颗粒组成可以随意调节。

其次，FePt 纳米颗粒在聚合物功能化的基底表面进行自组装。所谓自组装是指分子及其纳米颗粒等结构单元在平衡条件下，通过非共价键作用，如氢键、范德瓦耳斯键以及弱的离子键作用，自发地缔结成热力学上稳定的、结构上确定的、性能上特殊的聚集体的过程。自组装的最大特点是其过程一旦开始，将自动进行到某个预期的终点，分子等结构单元将自动排列成有序的结构，而不需要任何外力的作用。纳米颗粒自组装成三维结构的具体过程为：①用一层聚乙烯亚胺（PEI）涂膜进行表面功能化；②用 PEI 的悬浮功能化基团—NH—替换 FePt 纳米颗粒的稳定基，这种悬浮的功能化基团—NH—能扩展到整个溶液。将 PEI 表面已涂膜的基底浸泡在颗粒溶液中，纳米颗粒在 PEI 表面上进行配合基互换，从而组装成单分散性的 FePt 纳米颗粒。如此轮流地将一层 PEI 和一层 FePt 纳米颗粒吸收在 Si(110)基底表面，待溶剂挥发后，纳米颗粒就能自发地有序排列，从而形成三维有序阵列。通过这种方法组装的 PEI/FePt 体系，每层厚度可以调节，如图 6-8 所示。

最后，对这种自组装体系进行高温退火，从而使纳米颗粒内部结构从无序的 FCC 相变成有序的 FCT 相，并且从超顺磁性转变成铁磁性。

自从 Sun 的研究小组首次报道了 FePt 纳米颗粒的合成和自组装后，其他研究小组也相继展开 FePt 纳米颗粒的研究工作，如改进制备方法[20-24]、改进组装方式[25-29]、降低 FePt 颗粒的有序化温度[30-32]、控制热 FePt 颗粒尺寸和热处理过程中颗粒烧结[16-18, 33-36]等。

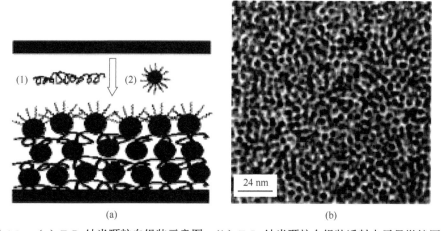

(a)   (b)

图 6-8   （a）FePt 纳米颗粒自组装示意图；（b）FePt 纳米颗粒自组装透射电子显微镜图像

2. 物理气相沉积制备 FePt 薄膜

物理气相沉积（PVD）指的是利用某种物理过程，如物质的热蒸发或在受到粒子束轰击时物质表面原子的溅射等现象，实现物质从源物质到薄膜的可控的原子转移过程。利用物理气相沉积，特别是磁控溅射技术、分子束外延技术、电子束蒸发、脉冲激光沉积技术等，可以得到大面积的成分和厚度均匀的金属或非金属薄膜，并且具有生长速度快、厚度易于控制、薄膜和基底的结合力好等特点，而且与现有的硬盘生产工艺兼容，因此，物理气相沉积已经成为制备 FePt 薄膜的主流方法。

　　1）磁控溅射

　　目前最常用的 FePt 薄膜的物理气相沉积方法是磁控溅射法[19, 37-41]。磁控溅射法是在高真空室中充入适量的氩气，在阴极（柱状靶或平面靶）和阳极（镀膜室壁）之间施加几百伏特的直流电压，在镀膜室内产生磁控型异常辉光放电，使氩气发生电离。氩离子被阴极加速并轰击阴极靶材表面，将靶材表面原子溅射出来沉积在基底表面形成薄膜。通过控制不同材料的靶材共溅射或者交替溅射及调节溅射时间、溅射功率、溅射气压、基底和靶材的距离、基底温度等，可以获得不同结构和不同厚度的薄膜。磁控溅射法具有镀膜层与基底的结合力强、溅射速度快、镀膜层致密均匀等优点。

　　2）分子束外延

　　分子束外延是一种物理沉积单晶薄膜的方法。在超高真空腔内（真空度达到 10^{-8} Pa 以上），原材料经高温蒸发，产生分子束流，射入分子束与基底交换能量后，经表面吸附、迁移、形核、生长成膜。生长系统配有多种监控设备，可以瞬态实时测量分析生长过程，精确监控表面凹凸、起伏、原子覆盖度、黏附系数、蒸发系数及表面扩散距离等。而且分子束外延的生长环境洁净、温度低、具有精确的原位实时检测系统，晶体生长完好、组分与厚度均匀准确。分子束外延具有其他薄膜制备手段无法比拟的优势，因此一些课题组利用分子束外延技术制备 FePt 单晶薄膜，以便能够精确控制 FePt 薄膜的微观结构和物理性能。

　　3）电子束蒸发

　　电子束蒸发是由热丝发射的电子经过聚焦、偏转和加速后形成能量约为 10 keV 的电子束，然后轰击在有冷却水套的容器中的金属并使其蒸发。蒸发的金属在置于附近的基底（如硅片）上沉积，从而获得有一定厚度的金属镀层。电子束蒸发具有沾污轻和适用范围广等优点，因此也可以利用电子束蒸发技术来制备 FePt 薄膜[42, 43]。

　　4）脉冲激光沉积

　　脉冲激光沉积技术是 20 世纪 80 年代后期发展起来的新型薄膜制备技术。激光束经透镜聚集后投射到靶上，使被照射区域的物质烧蚀，烧蚀物择优沿着靶的法线方向传输，形成羽毛状的发光团——羽辉，最后烧蚀物沉积到前方的基底上形成一层薄膜。在沉积氧化物时总是充入氧气，以改善薄膜的性能。整个脉冲激光沉积过程可以分为三个阶段：①激光与靶作用阶段；②烧蚀物在气体气氛中的传输阶段；③到达基底的烧蚀物在基底上的成膜阶段。脉冲激光沉积技术具有很多优点，如可对化学成分复杂的复合物材料进行镀膜，易于保证镀膜后化学计量比的稳定；反应迅速、生长快；高真空环境对薄膜污染少，可制成高纯薄膜；等等。一些国外研究小组利用脉冲激光沉积技术制备了 FePt 薄膜，对薄膜的取向、微观结构、磁性能和低温有序化等方面进行了研究[44-46]。

6.6.3 L1$_0$-FePt 磁记录材料的研究进展

由于 L1$_0$-FePt 薄膜具有大的矫顽力和高的单轴磁晶各向异性，使其具有很小的超顺磁临界尺寸，因而用其作为磁记录介质可以大大提高存储密度；大的饱和磁化强度也可以降低存储介质的厚度，因此 L1$_0$-FePt 薄膜在磁记录行业中具有广阔的应用前景。但到目前为止，对 L1$_0$-FePt 薄膜的研究仍然处于实验室阶段，距离实际应用还有一系列问题需要解决。理想的磁记录介质具有以下几个特征：易磁化轴平行或者垂直薄膜表面；磁性颗粒分散性好，颗粒间相互作用小；具有小的磁性颗粒尺寸和分布，减小噪声；表面粗糙度小，使磁头飞行高度尽量低。因此要使 FePt 薄膜作为能够实际应用的磁记录介质，也必须围绕这几个方面优化其各种性能，目前 FePt 薄膜的研究热点主要集中在以下几个方面：降低有序化温度；控制易磁化轴取向；减小 L1$_0$-FePt 颗粒的尺寸，减弱磁性颗粒间的相互作用；大矫顽力机制及其影响因素；利用软磁相调控 L1$_0$-FePt 薄膜矫顽力。

1. 降低有序化温度

由于在室温制备的 FePt 薄膜是面心立方结构，Fe 和 Pt 原子在晶格中无序占位如图 6-7（a）所示，这种薄膜具有软磁性能。通常需要热处理或者原位加热沉积 FePt 薄膜，才能得到面心四方结构的具有硬磁性能和高单轴磁晶各向异性的 FePt 薄膜。但退火温度一般都在 500℃以上[47-51]，高的退火温度将直接导致 FePt 颗粒异常长大，薄膜表面粗糙度增大，从而降低信息的存储密度和信噪比，所以如何有效地降低 FePt 薄膜的有序化温度已成为重要的研究方向。国内外的研究者采取多种方法来降低 FePt 薄膜的有序化温度，如添加第三种元素、优化 Fe/Pt 多层膜加速 Fe 和 Pt 原子扩散、引入下底层、原位加热沉积、离子照射、在薄膜热处理时引入动应力促进 FePt 薄膜有序化等。

1）添加第三种元素促进 FePt 薄膜有序化

大量的实验结果表明，添加第三种元素将在 FePt 薄膜中引起晶格畸变或形成缺陷，进而产生应力或者形成有序相的形核中心，从而降低无序-有序相变的能垒，降低有序化温度。研究发现添加低熔点的第三种元素，可以有效降低 FePt 薄膜的有序化温度。

Maeda 等[52, 53]研究发现共溅射 FePtCu 可以有效地降低有序化温度。在 FePtCu 三元合金中，FePtCu 能够在较低温度下首先形成一些有序相的形核中心，进而促进薄膜的有序化。他们的研究结果表明当含 15% Cu 时，在 300℃热处理，FePt 薄膜的矫顽力就可以达到 5 kOe。Wang 和 Mi 等[54, 55]研究结果表明当用 Si/SiO$_2$ 作基底时，在沉积薄膜的过程中将少量 N 原子添加到 FePt 薄膜中，后续退火过程中，N 原子将会被释放出来，从而在薄膜中产生大量的空穴和缺陷，加大 Fe 和 Pt 原子的移动，从而加速 FePt 薄膜有序化。

2）优化 Fe/Pt 多层薄膜结构促进 FePt 薄膜有序化

热处理 Fe/Pt 多层薄膜时，多层薄膜界面处的原子能够快速扩散形成 $L1_0$-FePt 晶格，促进薄膜的有序化进程[56-62]。Endo 等[63]研究了不同厚度的 Fe/Pt 多层膜的退火行为。他们发现当 Fe 层和 Pt 层的厚度相同时，在 275~325℃处理，Fe 和 Pt 原子在界面发生快速的扩散，薄膜的序参量可以达到 0.50~0.65。Chou 等[64]研究了分子束外延制备的生长在 Al_2O_3 基底上的 Fe/Pt 多层膜的退火效应。实验结果表明，经过 400℃处理 1 h，[Fe 6Å/Pt 6Å]$_{25}$ 的矫顽力达到 16 kOe。

在 Fe/Pt 多层薄膜结构中，当 Fe 层和 Pt 层的厚度接近原子尺度时，多层薄膜结构就与具有(001)织构的 $L1_0$-FePt 晶格中原子的排列方式相近，而且薄的层间厚度可以降低 Fe 和 Pt 原子的扩散距离，因而可以显著增强 FePt 薄膜的低温有序化[64, 65]。Shima 等[66, 67]分别利用电子束蒸发和磁控溅射等方法在 MgO(001)基底上制备原子尺度 Fe/Pt 多层薄膜，当基底温度为 230℃时，XRD 曲线出现较强的(001)和(003)衍射峰，经过计算，薄膜的有序度达 0.8，磁晶各向异性能达到 5×10^7 erg/cc。垂直薄膜表面的矫顽力达到 1.7 kOe，在平行薄膜表面的方向上，55 kOe 的外加磁场仍不能使薄膜饱和，表现出较大的磁晶各向异性能。

3）引入下底层促进 FePt 薄膜有序化

Zhu 和 Cai[68]研究了不同厚度的 AuCu 底层对 FePt 有序化温度的影响。由于等计量比的 AuCu 在室温沉积时也具有无序的面心立方结构，需要热处理才能转变为有序的面心四方结构。但 AuCu 的有序化温度低于 FePt 的有序化温度，所以他们期望利用 AuCu 的低温无序-有序转变来驱动 FePt 的低温无序-有序转变。研究发现通过引进 10 nm 的 AuCu 底层，厚度为 5 nm 的 FePt 的有序化温度降至 350℃，矫顽力达到了 4.6 kOe，400℃处理时矫顽力达到了 7.5 kOe。相比之下，没有 AuCu 底层的 5 nm FePt 薄膜在 600℃处理时的矫顽力仅为 4.0 kOe。通过研究可以得出，AuCu 的相对低温的无序-有序转变可以诱发 FePt 的低温无序-有序转变。

Feng 等[69]研究了 Bi 底层对 FePt 无序-有序转变的影响。有序 Bi 具有较低的熔点和表面能，因此在热处理过程中，底层的 Bi 原子会向 FePt 层扩散，从而在 FePt 薄膜中产生大量的缺陷，缺陷的产生有利于 Fe 和 Pt 原子的扩散，从而降低 FePt 薄膜的有序化温度，当热处理温度过高时 Bi 原子便从薄膜中挥发出去。

CrW 和 Ti 作为底层对 FePt 无序-有序转变的影响也被深入研究[70, 71]。研究发现合适成分和厚度的 CrW 和 Ti 底层对取得低有序化温度和高矫顽力的 FePt 薄膜有重要影响。

4）原位加热沉积 FePt 薄膜降低有序化温度

在薄膜沉积的过程中，加热基底可以增强沉积原子的表面扩散能力。因此在沉积 FePt 薄膜的过程中，通过原位加热基底，沉积在表面的 Fe 和 Pt 原子将会发生表面扩散，就可以使在表面形成的化合物达到稳态，即在表面形成 $L1_0$-FePt，薄膜沉积过程结束后就可以得到有序的 FePt 薄膜[72]。由于在相对较低的加热温度沉积薄膜便可以显著增强 Fe 和 Pt 原子的表面扩散，因而可以显著降低加热温度。

5）离子照射促进 FePt 薄膜有序化

Lai 等[73]研究了 FePt 薄膜在粒子辐照下的相变行为。他们用束流密度为 $1.25~\mu A/cm^2$、剂量为 $2.4 \times 10^{16}~ions/cm^2$ 的粒子照射样品，此时样品表面的温度仅为 230℃。经过这种处理的薄膜，矫顽力可以达到 5.7 kOe。相比之下，在 230℃ 退火 10 h 的薄膜的矫顽力只有 1.2 kOe。他们的研究发现随着照射束流密度的增大，对样品的加热效应也变得更加显著，样品的温度升高促进了 FePt 的有序化转变。并且矫顽力也随着辐照剂量的增加而增大，辐照剂量的增加导致缺陷密度增大，从而促进了 FePt 有序化。最后他们得出以下结论，粒子辐照可以使薄膜内部产生缺陷和加热薄膜，而缺陷和热能可以提高 Fe 和 Pt 原子的扩散动力和扩散距离，并且产生的缺陷的密度与束流密度和辐照剂量成正比，所以增大束流密度或者辐照剂量都可以更有效地降低有序化温度。Ravelosona 等[74]的研究结果也表明粒子辐照可以增大 FePt 的序参量，进而改善 FePt 的硬磁性能，提高矫顽力。

6）引入动应力促进 FePt 薄膜低温有序

Lai 等[75]在热处理 FePt 薄膜时引入了动应力，使得 FePt 的有序化温度显著降低，在 275℃处理，FePt 的矫顽力就可以达到 6.2 kOe。他们在 HF 酸洗过的 Si(001) 基底上沉积了 100 nm 的 Cu，薄膜结构为基底/Cu(100 nm)/$Co_{90}Fe_{10}$(60 nm)/Pt(10 nm)/FePt(50 nm)，$Co_{90}Fe_{10}$ 作为阻挡层，防止 Cu 扩散进入 FePt 层中。当热处理温度为 275℃时，沉积在 HF 酸清洗过的基底上的薄膜的矫顽力就达到了 4.2 kOe，远高于热氧化硅基底上的薄膜的矫顽力。相应的 XRD 测量表明，在 HF 酸清洗过的基底上沉积的薄膜中出现了 Cu_3Si 的衍射峰，而沉积在热氧化硅基底上的薄膜没有出现此衍射峰，结合原位加热时测量的应力，可以看出在 270℃出现负的曲率，说明 Cu_3Si 在此温度形成。而 Cu_3Si 可以在 FePt 薄膜中产生拉应力，从而使(111)的晶面间距减小，促进 FePt 有序，降低有序化温度。Lai 等[76]也发现铂硅化合物的形成也可以有效地降低 FePt 的有序化温度。

2. 控制易磁化轴取向

要使 $L1_0$-FePt 薄膜能够作为垂直磁记录介质，必须使其易磁化轴垂直薄膜表面。由于(111)面是 $L1_0$-FePt 薄膜的最密排面，因此在非晶基底上沉积得到的

$L1_0$-FePt 薄膜通常具有(111)织构，此时易磁化轴与薄膜表面的法线方向成 36° 夹角，即 c 轴既非平行也非垂直薄膜表面。所以应当采用合适的缓冲层或基底来诱发 $L1_0$-FePt 的(001)织构，使易磁化轴垂直薄膜表面。目前获得 $L1_0$-FePt 薄膜(001)织构主要通过以下两种方法：利用 MgO 单晶基底或者晶格常数相近的缓冲层诱发 $L1_0$-FePt 外延生长获得(001)织构；在非晶基底沉积 Fe/Pt 多层薄膜，然后快速退火，获得(001)织构的 $L1_0$-FePt 薄膜。

1）$L1_0$-FePt 薄膜的外延生长

由于单晶 MgO(001)基底与 $L1_0$-FePt 薄膜之间有 8.5%的晶格失配度，因此在合适的沉积条件下，经过退火可以得到具有良好(001)织构的 $L1_0$-FePt 薄膜。Itoh 等[77]在 MgO(001)基底上，利用分子束外延法，沉积得到 FePt 多层薄膜，当薄膜经过 350℃热处理时，垂直薄膜表面的矫顽力达到 12.5 kOe。在 MgO 基底表面沉积适当厚度的 Pt 缓冲层可以进一步减小 MgO 基底和 FePt 薄膜之间的晶格失配度。也有研究者利用磁控溅射在 MgO(001)单晶基底上共溅射沉积 FePt 薄膜，在沉积 FePt 薄膜前首先在基底表面沉积 5 nm Pt 缓冲层，然后原位加热沉积 FePt 薄膜，当基底温度达到 520℃以上时，可以得到具有良好(001)织构的 $L1_0$-FePt 薄膜。但是 MgO 单晶基底制备成本很高，难以将其作为基底大规模应用于工业生产。

从实用化的角度而言，采用玻璃或者热氧化硅基底制备具有垂直取向的 $L1_0$-FePt 薄膜是更佳的选择。因此，可以在非晶基底表面首先生长一层具有择优取向的其他种类薄膜，然后外延生长 $L1_0$-FePt 薄膜。Xu 等[78]在玻璃基底上以 CrRu 作为缓冲层，成功地制备出垂直各向异性的 FePt 薄膜。利用 Cr 的(002)取向实现 FePt 薄膜沿(001)方向的外延生长。适量的 Ru 添加可以增大体心立方（bcc）Cr 的晶格常数，使 Cr 更容易实现(200)取向。实验结果表明，当 Ru 的添加量为 8%～9% 时，FePt(001)织构比较好，但是以 Cr 作为缓冲层，在加温时往往会使 Cr 原子迅速扩散到 FePt 薄膜中，形成一个晶粒粗大层，从而影响 FePt 的磁性能。为了避免这个现象，经常在 CrRu 与 FePt 之间再加一层中间层。以 4 nm 的 Pt 作为中间层，可以抑制 Cr 的扩散，得到较高的有序度和垂直各向异性。此后，新加坡国立大学的 Chen 课题组利用 CrRu 作为缓冲层开展了大量研究工作，他们在 CrRu 缓冲层原位加热沉积 FePt-C[79]、FePt-TiO_2[80]、FePt-MgO[81]、FePt-Ta_2O_5[82]等复合薄膜，不仅将 FePt 的有序化温度降至 350℃，而且利用添加物很好地控制了磁性颗粒尺寸和磁性颗粒间的相互作用。NiAl 也被用作中间层，NiAl 的 B2 结构，使原子之间的连接力较强，原子不容易扩散，因此可以抑制颗粒的长大，当 NiAl 的厚度为 2 nm 时，垂直方向磁滞回线的矩形度最大[83]。其他研究发现，利用 Ag[84]、RuAl[85]、TiN[86] 等作为缓冲层，也可以有效地诱导 $L1_0$-FePt 薄膜外延生长。

2）$L1_0$-FePt 薄膜的非外延生长

如果能在非晶基底上得到具有(001)织构的 $L1_0$-FePt 薄膜，将会进一步推动

$L1_0$-FePt 薄膜的实际应用。自 2000 年以来，内布拉斯加大学林肯分校的 Sellmyer 课题组在 $L1_0$-FePt 薄膜的非外延生长方面做了大量工作，取得了一系列极具科学价值的研究成果。对于非外延生长制备未添加其他组分的纯 $L1_0$-FePt 薄膜，Zeng 等[87]在热氧化硅上沉积 $(Fe/Pt)_n$ 多层膜，并快速退火，通过控制多层膜的成分、厚度以及退火时间和温度，得到了(001)垂直择优取向的 $L1_0$-FePt 薄膜。Yan 等[88]采用类似的制备方法在 7059 玻璃上制备了具有(001)择优取向的 $L1_0$-FePt 薄膜。Sellmyer 课题组还研究了添加物对 $L1_0$-FePt 薄膜的非外延生长、微观结构和磁性能的影响，他们在 FePt-C[89]、FeNiPt[90]、FePt-Ag[91]、$FePt-B_2O_3$[92]、FePt-Au 和 FePt-CuAu[93]以及 $FePt-SiO_2$[94]等复合薄膜中均得到了具有良好(001)取向的 $L1_0$-FePt 薄膜，而且添加物有效地调控了薄膜的微观机构和磁性能。

　　除了多层膜生长方式之外，Nakagawa 和 Kamiki[95]在硬盘玻璃基底上生长 Pt/Fe 双层膜，并在 600℃下退火 2 h，发现当 Fe 层的生长速率很小时，可以得到垂直方向易磁化的 $L1_0$-FePt 薄膜。Cao 等[96]则综合多层膜和双层膜的制备方式，研究了当膜厚比较大时制备条件对(001)择优取向的影响。

　　虽然非外延生长[001]垂直取向的 $L1_0$-FePt 薄膜有其技术上的重要性，但是其生长机制目前研究得还不多。Kim 等[97]认为 $L1_0$-FePt 薄膜在非晶基底上非外延生长获得(001)择优取向主要是由应力引起的。在相变应力和面内双轴应力的作用下，(001)垂直取向时应变能最低，并进一步通过实验测量证明薄膜中确实存在相变应力和面内拉应力[98]。Ichitsubo 等[99]对 $FePt/B_2O_3$ 多层膜(001)垂直取向的研究发现面内拉应力是薄膜形成(001)择优取向的关键因素。

3. 减小 $L1_0$-FePt 颗粒尺寸

　　为了增大数据存储密度，提高信噪比，需要对磁记录介质颗粒的大小及颗粒间的磁相互作用进行控制。Victora 等[100]提出，在垂直磁记录面密度达到 1 TB/in² 时，记录介质颗粒的平均尺寸约为 5 nm。大量研究结果表明，为了获得有序的 $L1_0$-FePt 薄膜，通常需要 500℃左右的高温生长或者退火过程。在高温热处理过程中，FePt 颗粒会发生合并并长大。

　　通常在 FePt 薄膜中添加第三种组元可以有效降低 $L1_0$-FePt 颗粒尺寸。第三种组元的选择应该能够同时抑制 FePt 颗粒的长大，而且在高温下不会与 Fe 或 Pt 发生反应，不会引起磁性能的恶化。C[101]、BN[102]、Al_2O_3[103]等都被用作第三种组元，这些添加物质都可以使 FePt 颗粒相互作用降低，使颗粒尺寸减小。

4. 大矫顽力机制及其影响因素

　　$L1_0$-FePt 薄膜具有很大的磁晶各向异性能，相应的矫顽力也非常大，目前实验室制备的 FePt 薄膜的室温矫顽力最高可达 70 kOe[104]。但是,矫顽力的大小不只与磁晶各向异性能有关,还有更多复杂的影响因素,其与薄膜中 fcc/L1$_0$ 相边界的钉扎位置、反向畴界(APB)、应变弛豫缺陷和反磁化机制有密切的关系。一般认为,在薄膜未达到完全有序化之前,FePt 薄膜矫顽力的大小与有序相成分成正比,L1$_0$ 有序相成分越多,矫顽力越大[105],这是因为各向异性能随有序相成分的增多而增大。

Kuo 等[106]的研究结果同样表明,退火后自然冷却样品的矫顽力较小,反磁化机制为形核方式;而退火后用冰块快速冷却的样品矫顽力要大得多,反磁化机制为畴壁移动方式。快速冷却的样品有序化程度要比自然冷却的高,但是也不可能达到完全有序,这种不完全的有序结构产生了畴壁移动的钉扎中心,阻碍了反磁化过程中畴壁的移动,具有大的矫顽力。反磁化机制的转变可能与有序相成分有关,有序化程度较低时,有大量的近程有序、远程无序的 fct 相,形成大量反磁化的形核中心,因此反磁化过程以形核模式为主。

孪晶和反相边界的存在被认为是块状 L1$_0$-FePt 合金产生大矫顽力的主要原因。Hong 等[107]详细研究了 FePt 薄膜合金中此类缺陷对其矫顽力的影响。他们通过改变薄膜成分配比和 Pt 缓冲层厚度来得到不同结构的薄膜,即引起薄膜中缺陷不同的种类和密度。在研究不同 Pt 缓冲层厚度变化的影响时,发现 Pt 缓冲层厚度较小时,薄膜为单晶结构,矫顽力和孪晶密度成正比;而当 Pt 缓冲层的厚度为 500 nm 时,薄膜为多晶结构,晶粒边界形成畴壁移动的钉扎中心,引起大的矫顽力。而改变成分配比时,虽然孪晶密度也有所不同,但最大矫顽力并非出现在孪晶密度高的样品中,这说明在薄膜样品中,孪晶密度和矫顽力的大小并没有直接的正比关系。

为了进一步证明缺陷对 FePt 薄膜矫顽力的影响,Zhao 等[108]在两层 FePt 薄膜之间引入一层磁性的 Ru 作为钉扎层。结果发现,在相同的有序度时,1 nm 的 Ru 钉扎层可以使矫顽力提高 60%,这显然是由于 Ru 和 FePt 薄膜之间晶格的不匹配,产生某些缺陷而形成钉扎中心,从而阻碍畴壁的移动,当继续增大 Ru 层的厚度到 2 nm 时,由于缺陷增多,形成形核中心,反磁化机制由畴壁移动变成形核模式,矫顽力急剧下降。可见,适当地增大缺陷密度可以增大矫顽力。

综上所述,矫顽力的大小不仅与 FePt 薄膜本身大的磁晶各向异性有关,还与反磁化机制和薄膜微结构有关。所以,要增大 FePt 薄膜的矫顽力,首先,要使其有序化程度尽量高,以得到大的各向异性能;其次,要分析反磁化的机制,单磁畴薄膜的畴翻转磁化必将使矫顽力有很高的数值,因为这种方式需要克服的能垒最大;如果反磁化过程以畴壁移动为主,那么适当增大钉扎中心的密度就可以提高矫顽力;如果反磁化过程以形核为主,矫顽力一般较小,这时要设法使形核场尽量大。

交换耦合磁记录介质

由于写磁头产生磁场的限制，写磁头无法对高矫顽力的磁记录介质进行信息写入，因此必须有效地调控 $L1_0$-FePt 磁记录介质的矫顽力。由硬磁层和软磁层组成的交换耦合磁记录介质不仅可以满足超高密度磁记录的要求，还可以利用软磁层的厚度及硬磁层和软磁层的界面调控薄膜的矫顽力。在交换耦合磁记录介质中，软磁层沉积在硬磁层表面，由于软磁层具有较高的饱和磁化强度，因而可以显著降低硬磁层的开关场而不影响硬磁层的热稳定性[109-111]。根据软磁层与硬磁层界面处的情况又可以将其分为交换弹性介质和交换梯度介质，前者软磁层与硬磁层通过界面发生交换耦合作用，后者软磁层与硬磁层相互扩散形成各向异性呈梯度分布的膜。对于交换弹性介质还可以在软磁层与硬磁层之间加入一中间层来调节二者交换耦合作用的强弱[112-115]。

一些研究人员进行了相关的理论计算，研究了交换耦合磁记录介质的反转机制[116]、开关场特征[117]、热稳定性[118]等。Asti 等[113]通过对交换弹性双层膜和多层膜进行一维微磁学模拟分析得到了与各层厚度相关的磁相图，有助于了解交换耦合磁记录体系的磁化反转过程。如图 6-9 所示，图 6-9（a）为各向异性轴垂直于膜面的软/硬多层膜一维微磁学模型示意图，图 6-9（b）为各向异性轴垂直于膜面的 Fe/FePt 双层膜相图，其中 t_1、t_2 分别为软磁层和硬磁层的厚度。当外加磁场较小时，远离 FePt 层的 Fe 先成核反转，之后带动硬磁场反转，随着外加磁场的增大，FePt 将最终实现反转。形核场 H_{c1} 和反转场 H_{c2} 均与各层厚度有关，同时

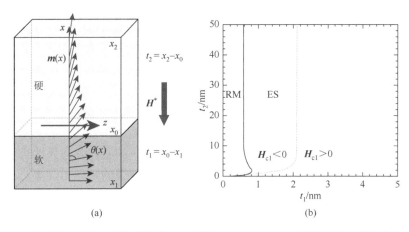

图 6-9　（a）软/硬多层膜一维微磁学模型示意图；（b）Fe/FePt 双层膜相图，虚线表示 $H_{c1} = 0$，RM 代表硬磁体，ES 代表交换弹性磁体

被限制在交换长度范围内，随着软磁层厚度的增大，形核场和反转场趋于饱和。当每层厚度远大于各自的交换长度时，尽管界面耦合作用会影响体系的反转场，但是体系仍然会表现出两相之间去耦合作用的线性退磁，而且随着软磁层厚度的增大，反转场快速减小。

相关的实验工作也在进行，并取得了一些重要结果。Casoli 等[119]在有序的 $L1_0$-FePt 薄膜表面室温沉积 Fe 软磁层，改变 Fe 层厚度来调控薄膜矫顽力，研究发现 2 nm 的 Fe 层就可以显著降低薄膜矫顽力。Goll 等[120]则研究软磁层和硬磁层间的梯度界面层对薄膜矫顽力的调控。他们发现梯度界面层厚度的增大可以有效降低薄膜的矫顽力。Wang 等[121]和 Zhou 等[122]分别利用成分梯度和各向异性梯度来调控薄膜的矫顽力，也都取得了很好的效果。

6.8 热辅助磁记录技术

早在 1999 年，Saga 等提出热辅助磁记录（heat assisted magnetic recording，HAMR）介质的概念[123-125]，目的是解决高各向异性材料写入场的问题。最近希捷公司及其合作者报道证实采用热辅助磁记录方式可以实现 1 Tb/in^2 以上的存储密度，使得热辅助磁记录技术成为最有可能短期实现的高密度记录技术[126, 127]。热辅助磁记录技术利用激光局部加热记录介质的方式帮助磁畴反转，主要用来改善垂直磁记录介质的写入方式，从而可以利用高各向异性材料继续减小记录单元尺寸、增大硬盘存储密度。图 6-10（a）和（b）分别为热辅助磁记录的结构[128]和写入过程[129]的示意图。当写入信息时，位于磁头上的激光瞬间局部加热介质使其温度达到居里温度附近，此时介质磁矩反转所需的外场很小，因此使用较小的写头磁场就可以实现信息的写入。写入信息之后再将介质快速冷却到室温，此时记录介质又表现出大的矫顽力，可以保证记录单元高的热稳定性。

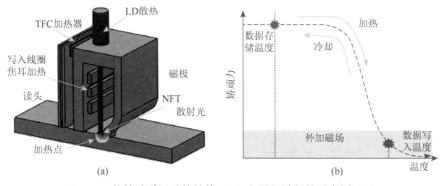

图 6-10 热辅助磁记录的结构（a）和写入过程的示意图（b）

LD 为激光二极管；TFC 为热波动控制器；NFT 为近场传感器

2009 年报道的第一个热辅助磁记录的记录面密度显示为 250 GB/in^2，最近一次报道为 1 TB/in^2，已经超过了使用传统磁记录达到的最高值[126]。Choi 等[130]已经展示了使用热辅助磁记录的功能齐全的高密度硬盘驱动器。除了许多工程制备上的挑战，如把一个激光二极管合并或安装到一个运输记录头的滑块上[图 6-10（a）]，或者开发一个可以承受记录时温度的稳定摩擦学界面，热辅助磁记录发展过程中的重要挑战是：①开发可以把光集中到低于光学衍射极限的小斑点上的高效稳定的近场光学传感器；②开发合适的低噪高磁晶各向异性磁性媒介。

（1）首先，寻找高效的光学近场传感器对于热辅助磁记录是一个巨大的挑战，但是在过去的十余年中，纳米级孔径和天线结构的近场光学以及等离子体学的开创性的工作已经引领了许多竞争设计，如将足够强度的光集中到小于 50 nm、记录密度大于 1 TB/in^2 的光学点上，在 500℃或更高的温度条件下进行记录[131]。

（2）在媒介方面可以确定三个主要特征：①就像传统的磁记录一样，小的颗粒大小和粒径分布以及存储温度的热稳定性是实现高记录性能和长期数据稳定性的必要条件；②通过在媒介中使用高效的散热片层调整媒介结构的热性质可以实现尖锐的热梯度；③媒介能够被写入，需要被调整到适宜的写入温度，媒介在此温度下有一个较大梯度的转换场。

媒介中两个二进制数字之间的过渡宽度是由温度曲线、随温度变化的介质转换场、等温介质交换场以及写入场分布的卷积确定的[132]。为了实现最大的场梯度，需要磁性和光学轮廓的紧密重叠以抑制在写入过程的热诱发自擦除，将第四标准加入上述描述的三个难题中[133]。

化学法制备的 FePt 合金在热辅助磁记录方面的应用表明，L1$_0$ 合金已经成为具有高磁晶各向异性的热辅助磁记录的理想材料。基于合金颗粒尺寸降低至 3～4 nm 时全部有序的磁晶各向异性，面密度增大至 5 TB/in^2 是可行的，然而在高温沉积条件下调控晶粒尺寸及分布并获得化学有序的 L1$_0$ 结构仍然面临重大挑战。此外，虽然高磁晶各向异性 FePt 具有较高的热稳定性和潜在的面密度，但仍要将其加热至居里温度充分降低矫顽力以达到能够记录的要求。FePt 的居里温度约为 500℃，这对摩擦的磁头磁盘界面来说是一个巨大挑战。因此，大量研究聚焦至铁镍铂或铁铜铂等 L1$_0$ 结构的三元合金材料，使其具有复杂的层结构以提高其磁晶各向异性并降低居里温度和记录温度[134]。

6.9 图形化磁记录介质

传统的连续垂直磁记录介质中颗粒尺寸与取向具有一定的随机性，通常采用一组颗粒来存储一个位元，因此超顺磁效应是针对位元中的单个颗粒。随着存储密度的不断增大，颗粒尺寸减小会受到超顺磁效应的制约，同时连续介质的颗粒之间存在强的交换耦合作用会带来较大的过渡区噪声。Chou 等[135]提出的图形化磁记录介质纳米点阵列可以很好地解决了这些问题，其结构如图 6-11 所示。其中纳米点阵列是由高密度周期性分布的磁性纳米点组成，常选择高 K_u 值的 L1$_0$-Fe(Co)Pt 材料，每个纳米点可以用来存储一个位元，这样超顺磁限制是针对单个位元而不是位元中的颗粒，给存储密度的进一步提高留下了更大的空间。同时纳米点之间彼此分离，可以有效地避免颗粒之间的交换耦合作用，因此在提高存储密度的同时可以保持介质高的信噪比和热稳定性，适合作为下一代超高密度垂直磁记录介质。

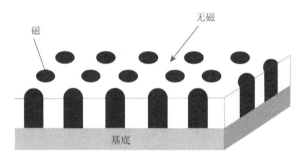

图 6-11　图形化磁记录介质示意图

但是在纳米点阵列的实用化过程中如何获得大面积高度有序的小尺寸纳米点还是具有挑战性的，目前使用比较多的方法是自上而下的刻蚀法[136-138]。Zhang 等[139]采用电子束光刻和离子减薄法制备了各向异性呈梯度分布的 L1$_0$-FePt 纳米点阵列膜。为了制备具有垂直取向的 FePt 纳米点阵列，在刻蚀之前先在 MgO(001) 基底上沉积 45 nm 厚 FePt 薄膜并通过在线加温实现相变，在此过程中通过

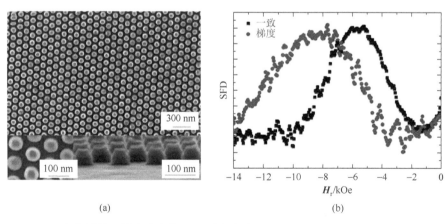

图 6-12　（a）各向异性呈梯度分布的 FePt 纳米点阵扫描电镜图像；（b）各向异性呈一致和梯度分布的 FePt 纳米点阵开关场分布图

连续控制基底温度获得了各向异性呈梯度分布的 FePt 薄膜。之后采用厚度为 70～80 nm 的柱状 SiO_x 作为刻蚀过程的掩模板制备了直径为 87 nm、周期为 100 nm 的纳米点阵列。图 6-12 所示为其表面形貌 SEM 图和开关场分布图,与刻蚀之前的薄膜相比,FePt 纳米点的磁化反转经历了形核和畴壁位移过程,其矫顽力有很大提高。对于各向异性呈梯度分布的纳米点阵列,由于每个纳米点中软硬磁强烈地交换耦合在一起,可以有效地降低矫顽力,但是计算结果表明其仍然可以保持高的热稳定性,同时表现出窄的开关场分布,因此可以保持高的信噪比。

虽然这些刻蚀法精度高,但是工艺复杂、刻蚀速度慢、成本高、难以实现工业化生产,而且刻蚀过程可能会破坏纳米点阵列结构降低其有序度。为了克服这些问题,Dong 等[140]首次采用纳米压印技术制备了 $L1_0$-FePt 纳米点阵列结构,图 6-13 所示为制备过程的示意图。首先通过化学法合成同时含有 Fe 和 Pt 原子的聚合物,并通过直接高温分解获得 $L1_0$ 有序的 FePt 纳米颗粒,将其滴附在基底上,之后采用具有特定图形的聚合物模具压印纳米颗粒,从而获得与模具尺寸相当的纳米点阵列结构。制备过程不需要光刻胶、光刻和剥离等技术,可以方便快速地对磁性颗粒进行图形化处理,而且与直接采用单分散的纳米颗粒进行压印相比,这种含 Fe 和 Pt 原子的聚合物在有机溶剂中具有大的溶解度,在压印过程中使用软模型在较小的外力下就可以获得大面积有序的纳米点阵列结构,因此可以避免在压印过程中对纳米点造成破坏。Ouchi 等[141]则是利用纳米压印技术,采用柱状结构的石英模具对一种旋涂在玻璃/Cr/CoZrNb/Cu 上的树脂进行图形化处理,首先

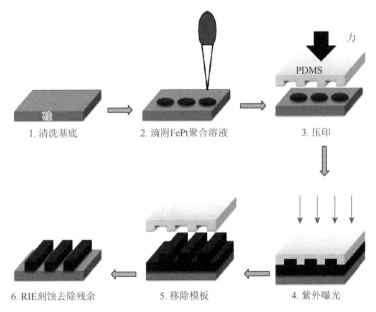

1. 清洗基底　　　2. 滴附 FePt 聚合溶液　　　3. 压印

6. RIE 刻蚀去除残余　　　5. 移除模板　　　4. 紫外曝光

图 6-13　采用纳米压印法对 FePt 金属聚合物进行图形化处理获得 FePt 纳米点阵列的示意图

获得多孔阵列结构，之后采用恒电位阳极氧化法进行电化学沉积，由于导电性的限制，CoPt 会沉积在纳米孔洞中从而获得与孔尺寸相当的纳米点阵列结构。在电化学沉积过程中 Cu 层有利于 CoPt 进入纳米孔洞，同时也可以减小 CoPt 与 CoZrNb 之间的交换耦合作用，通过优化 Cu 层的厚度可以提高 CoPt 的垂直矫顽力和矩形比。Noh 等[142]采用类似的方法在 CrV 上制备了直径为 30 nm 的 L1$_0$-FePt 纳米点阵列。

早期 Kim 等[143]尝试采用阳极氧化铝（AAO）模板制备具有垂直各向异性的 FePt 纳米点阵列膜，制备的纳米点阵列直径为 18 nm，周期为 25 nm，可以获得高达 1×10^{12} dot/in^2 的面密度，如图 6-14 所示。同时通过快速热退火实现了 FePt 从无序 fcc 相向有序 fct 相的转变，相变之后 FePt 具有非常好的垂直取向和大的矫顽力，为高密度纳米点阵列的制备提供了思路。此外，人们采用 AAO 模板结合化学合成法、电化学沉积法以及溅射法等制备了 Fe(Co)Pt 纳米管、纳米线和纳米柱以及纳米帽等结构[144-147]。在制备纳米结构方面，AAO 模板法具有很大优势[148]，操作简单、成本低、耐高温、可以在大面积内获得规则有序的多孔阵列结构，同时孔径、孔间距、孔密度和孔深等结构参数均可以通过改变实验参数在大范围内连续调节。

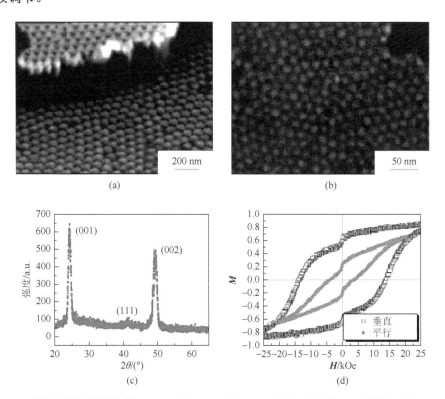

图 6-14 孔径和孔间距分别为 100 nm 和 70 nm 的 FePt 纳米点阵列的 SEM 图像（a）、XRD 图像（c）和磁滞回线（d）；（b）孔径和孔间距分别为 18 nm 和 25 nm 样品的 SEM 图像

6.10 其他磁记录技术

除上面介绍的磁记录技术之外，瓦片式磁记录（shingled magnetic recording）技术由于独特的优势也引起了人们很大的关注。与传统垂直磁记录介质将信息写入相互平行的磁道上不同，该技术盘片上的磁道就像屋顶的瓦片一样，相邻磁道之间部分叠加在一起，因此可以拥有更多的磁道来增大存储密度。该技术要想实现工业化的核心问题在于数据布局以及对整个体系结构的设计等[109, 110, 149]方面。另外，2002 年提出的倾斜磁记录技术中介质易磁化轴相对于垂直方向倾斜一定的角度，可以容许在使用高 K_u 值材料存储信息的同时只需要较小的外场就可以实现信息的写入，同时这种技术还表现出高的开关速度[111, 150, 151]，但是其制备方法还存在很大的挑战性。Albrecht 等[152]利用球形纳米颗粒得到了具有弯曲表面的 Co/Pd 薄膜，该薄膜的开关场在 30°～60°之间表现出良好的角度无关性，同时通过改变薄膜的沉积角度可以调节 Co/Pd 磁晶各向异性的方向，为倾斜磁记录介质的制备方法提供了思路。而同样也是针对高 K_u 值材料写入场问题，微波辅助磁记录（microwave assisted magnetic recording）技术则是给介质施加一个交流磁场，通过激发进动位移实现磁化反转的一种技术，其中交流磁场是由高频发生器提供，该技术目前的主要问题是如何产生非线性大角度的进动位移以及设计合适的高频发生器[153, 154]。可以看出所有这些技术均是对垂直磁记录方式的改善，本质并没有改变，虽然每一种技术在实现工业化生产的过程中都需要克服很多问题，但是为超高密度磁记录介质的发展提供了方向。

6.11 磁头及磁头材料

6.11.1 磁头

磁头在磁记录发展过程中经历了三个重要的飞跃阶段，即体型磁头、薄膜磁头、磁电阻磁头。

体型磁头是磁记录中沿用很长时间的一种磁电转换器件，它的核心材料是磁头的磁芯。为了减小涡流损耗，最初的磁头磁芯由磁性合金叠加而成。磁性合金具有高的磁化强度，不受磁饱和效应制约，从而能产生强的记录磁场。通常使用的磁芯材料是以 Fe-Ni 为基础的软磁合金，如坡莫合金（Fe-Ni-Mo-Mn）、台斯特合金（Sendust，Fe-Si-Al）、Fe-Al 合金和 Fe-Al-B 合金。这些合金的 H_c 在 1.2～4 A/m 之间，B_s 在 0.8～1 T 之间。为了提高磁头的高频性能，开发了铁氧体磁头，其材料体系分为 Mn-Zn 铁氧体和 Ni-Zn 铁氧体。由于它们耐磨性能好，适于制作视频磁头。在铁氧体磁芯间隙中沉积一层软磁合金薄膜，从而提高记录磁场强度，称为隐含金属（metal in gap，MIG）磁头。

薄膜磁头是在薄膜沉积工艺取得进展的基础上发展起来的。薄膜磁头的主要优点是工作缝隙小、磁场分布陡，故可提高记录速度和读出分辨率。

体型磁头和薄膜磁头都是利用电磁感应原理进行记录和再生。记录时，为了能使记录介质进行有效的磁化，要求磁头磁芯应具有高饱和磁通密度；再生时，为了能对来自磁记录介质的弱的磁通也能敏感地反应，要求磁芯材料具有高磁导率。因此，对体型磁头材料和溶膜磁头材料有如下要求[155]。

（1）高的饱和磁化强度。具有高饱和磁化强度的写磁头材料可以提供大的写头场，避免磁头极尖被饱和磁化，使磁头具有向高矫顽力介质材料写入信息的能力。

（2）优良的软磁性。通常，写磁头材料的矫顽力要小于 1 Oe。小的矫顽力不仅可以减小磁滞损耗、降低热噪声，而且容易在膜面内感生出单轴各向异性。当材料的矫顽力较高时，很难感生出单轴各向异性。

（3）高的磁导率。写磁头的效率与写磁头材料的磁导率密切相关。通常，在低场下饱和磁化前写磁头材料的磁导率要大于 1000，以获得足够大的写磁头效率。为了得到高的数据传输率，写磁头材料的磁导率在一个很宽的频率范围内都要足够大。为了防止磁导率在高频下由于涡流损耗的影响而下降，写磁头材料的电阻率要高。若要提高写磁头材料的电阻率，则需要采用高电阻率的磁性单层膜或者中间有绝缘层的多层膜。

（4）磁化矢量转动为主要的磁化模式。磁化过程主要有畴壁位移和磁化矢量转动两种模式。前者要求畴壁能量随位置的波动尽可能小，而实际上畴壁移动时会受到由不均匀的微结构所导致的阻力作用，因而产生巴克豪森（Barkhausen）噪声。另外，在畴壁位移磁化模式下，当频率升高时，由于畴壁移动速率比较低，磁导率将急剧下降。相比之下，在磁化矢量转动模式下，磁矩在整块材料中的分布比较均匀，磁通量在整块材料中的变化也很均匀，从而产生的涡流比较小。在高频下，通过磁化矢量的转动而实现的磁化过程更可取。因此，理想的写磁头材料在高频下的磁化过程应当以磁化矢量转动为主要模式。

（5）良好的热稳定性。在写磁头的制作过程中，写磁头材料要经受250℃或更高的温度，并且要在自身产生的热效应下长期工作，因此其居里温度要高，热稳定性要好。

（6）良好的耐腐蚀性。材料要经受得起相当程度的加速腐蚀测验，即材料要有良好的耐腐蚀性。

（7）材料脆性好、易加工、硬度高、耐磨损成本低、能实现批量生产。磁电阻磁头是利用磁电阻效应制成的。磁电阻（magnetoresistance，MR）效应是指在磁场中介质电阻发生变化的现象。一般情况下，磁电阻效应的大小与磁化方向有关，称这种现象为各向异性磁电阻效应。MR 磁头就是利用了这种各向异性磁电阻效应。

MR 磁头的基本结构如图 6-15 所示。在 MR 磁头中，沿 MR 磁头易磁化方向通过电流 I，而在与其垂直的方向上施加外加磁场 H，则磁化强度 M 相对于易磁化轴呈 θ 角。MR 磁头采用了读写分离的磁头结构，写操作时使用传统的磁感应磁头，读操作则采用 MR 磁头。分离设计可以针对磁头的不同特性分别进行优化，以得到最佳的读写性能。读取时，记录介质磁场使磁头的磁化方向发生改变，从而引起磁头电阻的变化。一般来说，$\theta = 0$ 时，电阻取最大值 R_{max}，$\theta = 90°$ 时，电阻取最小值 R_{min}。这样，电阻的变化范围为 $\Delta R = R_{max} - R_{min}$。用这种方法读取的磁头检出灵敏度相当高。图 6-16 为 MR 磁头的再生原理。其中，在图 6-16 的 H-R 曲线上得到直线型响应曲线，一般要施加偏置磁场，使磁头工作在直线响应区间内，这样可以高灵敏度地读出电阻的变化。MR 磁头现在已经被广泛地应用在计算机用大容量硬盘驱动器（hard disk drive，HDD）、微机用 HDD 等方面，随着 GMR（巨磁电阻）及 CMR（庞磁电阻）等更高灵敏度效应的研究开发，磁电阻效应和 MR 磁头已经成为引人注目的技术领域之一。

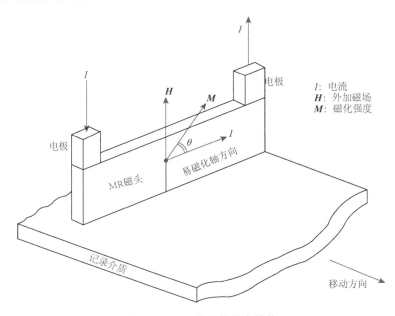

图 6-15　MR 磁头的基本结构

6.11.2　磁头材料

1. 铁氧体磁头

铁氧体磁头属于传统的磁头，这些磁头都有由电磁线圈包裹的铁氧体。这种驱动会在线圈中通电，然后产生磁场。这些磁头就具备了读写能力。铁氧体磁头比薄膜磁头大且重，因此在磁盘转动时需要更大的浮动高度来防止与磁盘接触。

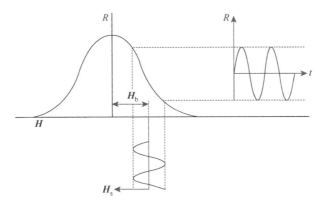

图 6-16　MR 磁头的再生原理

　　厂商对最初的铁氧体磁头进行了很多改进。有一种名为混合铁氧体磁头就是在陶瓷外壳中装有较小的铁氧芯，这枚铁氧芯与玻璃相连。这种设计减小了磁头间隙，具有更高的磁道密度。与原来体积较大的磁头相比，这些磁头不易受其他磁场的影响。

　　20 世纪 80 年代，综合铁氧体磁头被广泛应用于低端磁盘，如希捷 ST-225。随着磁道密度需求的增加，MIG 和薄膜磁头开始取代铁氧体磁头，直至铁氧体磁体被完全淘汰。在高密度磁盘中，铁氧体磁头无法写入具有高抗磁性的介质中，而且频率低、噪声大。铁氧体磁头的主要优势在于价格便宜。

　　商业上最令人感兴趣的有两种铁氧体：一种是镍锌（Ni-Zn）铁氧体，化学配比为$(NiO)_x(ZnO)_{1-x}(Fe_2O_3)$；另一种是锰锌（Mn-Zn）铁氧体，化学配比为$(MnO)_x(ZnO)_{1-x}(Fe_2O_3)$。它们都是尖晶石型结构。这两种材料的性质受镍与锌和锰与锌之比的影响。在磁性能方面，铁氧体最严重的缺陷是饱和磁感应强度低，因此在提高记录密度方面有巨大的困难。为了满足高密度存储对磁性介质高矫顽力的要求，铁氧体逐渐被非晶态、纳米晶薄膜和多层膜等高饱和磁感应强度的磁芯材料所代替。

2. 隙含金属磁头

　　隙含金属（metal-in-gap，MIG）磁头是综合铁氧体磁头的升级版本。在 MIG 磁头中，金属物质被应用到磁头的间隙。目前有两种 MIG 磁头：单边 MIG 磁头和双边 MIG 磁头。单边 MIG 磁头在后缘部分有一层磁性合金。双边 MIG 磁头则在间隙两侧都有磁性合金层。对金属合金采用喷溅涂覆法进行真空镀膜处理。

这种磁合金的磁性是铁氧体的两倍，而且可以使磁头写入抗磁性较高的薄膜介质，较高的磁道密度通常需要这种介质。MIG 磁头还能在磁场中产生更明显的磁性梯度，所以磁脉冲更清晰。双边 MIG 磁头的抗磁性比单边 MIG 磁头更好。这种性能上的改进使 MIG 磁头一度成为使用最广泛的磁头，而且在 20 世纪 80 年代末到 90 年代初期广泛应用于硬盘中。

3. 合金磁头材料

合金磁头材料具有高磁导率和高饱和磁通密度的优点，经常使用的是含钼坡莫合金（典型成分：4 wt%Mo-17 wt%Fe-Ni）和仙台斯特合金（典型成分：5.4 wt% Al-9.6 wt%Si-Fe）。这两种材料在低频下的磁导率较高，而且矫顽力低。它们的磁致伸缩系数可接近于零，它们具有很高的饱和磁感应强度，因而具有很好的写入特性。坡莫合金的电阻率较低，即使在中频下，由涡流造成的磁导率下降也十分显著，因此通常采用薄膜层叠结构。坡莫合金系磁芯用薄膜，现在主要用电镀、溅射镀膜等方法制作。目前，坡莫合金是薄膜磁头中主要采用的磁芯材料。仙台斯特合金的主要优点是硬度高，但成型较为困难。比较成功的制备仙台斯特合金薄膜的工艺是，用溅射法沉积薄膜，再经过 $400^{\circ}C$ 退火，由此获得优良的软磁特性。

4. 非晶态、微晶态磁头材料

非晶态磁头材料最大的特点是晶体磁各向异性为零，由于不存在晶界及晶格缺陷引起的内应力，矫顽力很低。薄膜化可使涡流损耗变得很小，明显改善高频特性。目前已开发出耐磨性、耐腐蚀性均优良的实用型非晶态磁头材料，如 Co-Nb-Zr（金属-金属系）、Co-Fe-Si（金属-非金属系）。它们的磁学特性与其他材料相比，具有较高的磁导率、高的磁通密度。

典型的体系为 [Fe-M（Nb、Ta、Zr、Hf、Ti、V 等）-X（N、C、B）]，由溅射沉积法形成非晶态膜，而后加热形成微晶，通过晶粒微细化，达到磁致伸缩。通过添加 X 抑制晶粒生长，与上述 M 元素一起实现热稳定性，从而获得更大的饱和磁化强度，相比于非晶材料，用其制作的磁头更能够满足高矫顽力磁记录介质的要求。

5. 磁电阻磁头

在信息技术发展中，磁电阻材料是一种重要的具有磁记录和磁开关等功能的材料，它是包含磁多层膜、磁颗粒薄膜、磁氧化膜和磁隧道结等多种形态和功能的磁性材料。磁随机存取存储器、计算机读出磁头和高灵敏度微型磁传感器等的需要，促进了对具有室温高磁电阻率、低电阻和低自由层偏转场的磁隧道结巨磁电阻材料的研究。

1991 年推出第一款商业型 MR 磁头，其制式为 1 GB 3 1/2 in，其他供应商也纷纷效仿。MR 磁头将磁头作为电阻使用而不是用磁头生成微弱电流。电路在磁头输送电压，等待电压发生改变，这样一来就可以产生更强、更清晰的信号，因此，磁道密度也可以增大。当外加磁场出现时，导体的阻力会稍微发生改变。MR 磁头可以感知通量逆转并改变电阻而不用通过磁场的通量逆转释放电压。小股电流通过磁头，而这股电流可以检测电阻的改变。使用这种设计，读取时的输出功率比 TF 磁头要强劲三倍甚至多倍。MR 磁头原则上只能读取数据，不能进行写入操作，所以 MR 磁头其实是二合一磁头。这种组装模式包含了一个标准的用于写数据的感应式 TF 磁头和一个用于读取数据的 MR 磁头。两个磁头组装在一起，各司其职。铁氧体、MIG 等磁头是单边磁头，因为相同的间隙被用作读写操作，而 MR 磁头则是分开操作。读取功能需要稀疏的密度才能获得高分辨率；而读取功能需要大密度来获取更深的通量穿透来改变介质。在双边 MR 磁头中，读写间隙都可以得到优化。读取元件是磁电阻式传感器，由铁镍（NiFe）薄膜组成。这层 NiFe 薄膜在磁场出现时改变电阻。屏蔽层保护 MR 传感器的读取元件不被邻近的磁场干扰。在很多磁头设计中，第二层屏蔽同样是写入元件的一端，从而形成了合并的 MR 磁头。写入元件并非 MR 磁头中出现的设计而是传统 TF 磁头。IBM 的 MR 磁头设计使用 SAL（soft adjacent layer）结构，它由 MR NiFe 薄膜以及磁性软合金层构成，两层之间由高电阻薄膜间隔。在这种设计中，NiFe 层的阻力会随着 MR 传感器通过磁场强度的变化而发生改变。由于平面密度增大了，MR 磁头的元件被设计得更小。

6. 巨磁电阻磁头

在不断增大的密度需求下，IBM 在 1997 年推出新的 MR 磁头，也就是所谓的巨磁电阻（GMR）磁头，它们比标准的 MR 磁头更小，但是设计原理基于 MR，传统 MR 磁头单层 NiFe 薄膜被多层薄膜取代。在 MR 磁头中，单层 NiFe 薄膜会随着磁盘上通量逆转来改变电阻。而在 GMR 磁头中，有两层薄膜来实现这一功能。

GMR 效应在 1988 年的水晶样本中被发现，随即被应用到高能磁场中。德国科学家 Grüenberg 和法国科学家 Fert 发现，在各种金属元素薄层组成的材料中会出现较大的电阻改变。GMR 材料的关键结构是在两个磁性金属层之间有一个非金属隔离层。其中一个磁性层被固定住，也就是说它具备固定的磁场取向。另一个磁性层的磁场取向则随意。磁性物质倾向于指向同一方向。因此如果隔离层足够薄，那么任意磁性层就会与固定磁性层方向一致。任意磁性层的取向也会周期性地来回变动。当两个磁性层取向一致时，总电阻较低，而取向相反时，总电阻较高。

如果是较弱的磁场，如硬盘上的某个部分，通过 GMR 磁头，那么任意磁性层的磁场取向会相应改变并出现显著的电阻改变。由于电阻改变的物理属性是由其他层电子元件的相对旋转造成的，所以 GMR 磁头通常也称自旋阀磁头。

1997 年 12 月，IBM 推出了第一款 GMR 磁头商用驱动。此后 GMR 磁头的标准基本定位在 3.5 in 和 2.5 in 驱动。2007 年，日立公司开发出直流电 GMR 磁头，它的平面密度可达 1 TB/in^2 甚至更大。这种可称为直流平面 GMR，于 2011 年应用到驱动中。

6.12 磁记录发展前景及总结

受限于物理规则，机械硬盘的瓶颈难以突破，从 2012 年开始，机械硬盘的发展几乎停滞，大厂们也纷纷转攻固态硬盘，但近年来，随着存储需求的增大，人们又重新开始关注机械硬盘。

在容量上，希捷宣布其热辅助磁记录技术已经接近商用，这项技术能够极大提高机械硬盘的容量密度[1]，从而使机械硬盘的容量实现翻倍。最近，希捷已将容量密度提升到 2 Tbpsi（每平方英寸容量），且最终目标是提升到 10 Tbpsi，根据希捷的计划，在 2030 年将会实现 100 TB 的机械硬盘容量；此外，西部数据也宣布了微波辅助磁记录硬盘，与热辅助磁记录的区别在于利用微波取代热辅助磁记录里的激光来作为辅助媒介，2019 年出货，密度高达 4 TB/in^2。

在存储效率上，希捷宣布了多执行器（multi-actuator）技术。传统驱动器中的所有悬臂都是捆绑在一起的，靠着单一的执行机构将磁头定位到不同的存储区域。然而硬盘是如此紧密，同一碟片的两面只有一面可以有效地读写。为了摆脱这个限制，希捷决定开发位于同一个中心点上、能够有两组独立运作的悬臂制动器的技术。多制动器技术可以向同一驱动器提供两个"并行访问流"。两组磁头可以同时读取、写入或者一读一写。这项技术能够极大地提升机械硬盘的性能以及弥补与固态硬盘相比的短板。

如今的时代是一个信息爆炸的时代，根据互联网数据中心（IDC）预测，2020 年全球数据存储需求将会达到 44 ZB 的规模。而固态硬盘的发展远远达不到这个数据量的需求，机械硬盘在接下来 15~20 年，仍有用武之地甚至继续占据市场主要地位。

参 考 文 献

[1]　田民波. 磁性材料. 北京：清华大学出版社，2001.

[2]　于永生. $L1_0$FePt 薄膜有序化行为和磁性能研究. 哈尔滨：哈尔滨工业大学，2010.

[3]　李晓红. FePt 薄膜的 $L1_0$ 有序化转变动力学及其控制. 秦皇岛：燕山大学，2007.

[4]　Honda N，Ouchi K，Iwasaki S I. Design consideration of ultrahigh-density perpendicular magnetic recording media. IEEE Transactions on Magnetics，2002，38（4）：1615-1621.

[5]　Huang Y. CoPt and FePt Nanoparticles for High Density Magnetic Recording. Newark：University of Delaware，2002.

[6]　Zana I. Magnetic and Structural Characterization of High Anisotropy Co-Rich Alloys：Thin Films and Patterns. Tuscaloosa：University of Alabama，2003.

[7]　O'Handley R C. 现代磁性材料原理和应用. 北京：化学工业出版社，2002.

[8]　Mayo P，O'Grady K，Kelly P，et al. A magnetic evaluation of interaction and noise characteristics of CoNiCr thin films. Journal of Applied Physics，1991，69（8）：4733-4735.

[9]　李宝河. 高磁晶各向异性磁记录介质 FePt 薄膜的研究. 北京：北京科技大学，2005.

[10]　严密. 磁学基础与磁性材料. 杭州：浙江大学出版社，2006.

[11]　邓晨华. 高密度磁记录介质用 Fe(Co)Pt 纳米结构的制备与研究. 临汾：山西师范大学，2016.

[12]　Iwasaki S I，Nakamura Y. An analysis for the magnetization mode for high density magnetic recording. IEEE Transactions on Magnetics，1977，13：1272-1277.

[13]　Gutfleisch O，Lyubina J，Müller K H，et al. FePt hard magnets. Advanced Engineering Materials，2005，7（4）：208-212.

[14]　查超麟. $L1_0$FePt 基磁记录介质材料的研究. 上海：复旦大学，2006.

[15]　Shick A B，Mryasov O N. Coulomb correlations and magnetic anisotropy in ordered $L1_0$-CoPt and FePt alloys. Physical Review B，2003，67（17）：172407.

[16]　Yu C H，Caiulo N，Lo C C，et al. Synthesis and fabrication of a thin film containing silica-encapsulated face-centered tetragonal FePt nanoparticles. Advanced Materials，2006，18（17）：2312-2314.

[17]　Lei W，Yu Y，Yang W，et al. A general strategy for synthesizing high-coercivity $L1_0$-FePt nanoparticles. Nanoscale，2017，9（35）：12855-12861.

[18]　Yu Y，Mukherjee P，Tian Y，et al. Direct chemical synthesis of $L1_0$-FePtAu nanoparticles with high coercivity. Nanoscale，2014，6（20）：12050-12055.

[19]　Yu Y，Li X Z，George T，et al. Low temperature ordering and high（001）orientation of [Fe/Pt/Cu]$_{18}$ multilayer films. Thin Solid Films，2013，531：460-465.

[20]　Monnier V，Delalande M，Bayle-Guillemaud P，et al. Synthesis of homogeneous FePt nanoparticles using a nitrile ligand. Small，2008，4（8）：1139-1142.

[21]　Liu K，Ho C L，Aouba S，et al. Synthesis and lithographic patterning of FePt nanoparticles using a bimetallic metallopolyyne precursor. Angewandte Chemie International Edition，2008，47（7）：1255-1259.

[22]　Wang C，Hou Y，Kim J，et al. A general strategy for synthesizing FePt nanowires and nanorods. Angewandte Chemie International Edition，2007，46（33）：6333-6335.

[23]　Teng X，Yang H. Synthesis of face-centered tetragonal FePt nanoparticles and granular films from Pt@Fe$_2$O$_3$ core-shell nanoparticles. Journal of the American Chemical Society，2003，125（47）：14559-14563.

[24]　Rutledge R D，Morris W H，Wellons M S，et al. Formation of FePt nanoparticles having high coercivity. Journal

of the American Chemical Society，2006，128（44）：14210-14211.

[25] Shevchenko E，Talapin D，Kornowski A，et al. Colloidal crystals of monodisperse FePt nanoparticles grown by a three-layer technique of controlled oversaturation. Advanced Materials，2002，14（4）：287-290.

[26] Sun S，Anders S，Hamann H F，et al. Polymer mediated self-assembly of magnetic nanoparticles. Journal of the American Chemical Society，2002，124（12）：2884-2885.

[27] Arumugam P，Patra D，Samanta B，et al. Self-assembly and cross-linking of FePt nanoparticles at planar and colloidal liquid-liquid interfaces. Journal of the American Chemical Society，2008，130（31）：10046-10047.

[28] Iskandar F，Iwaki T，Toda T，et al. High coercivity of ordered macroporous FePt films synthesized via colloidal templates. Nano Letters，2005，5（7）：1525-1528.

[29] Sun S，Anders S，Thomson T，et al. Controlled synthesis and assembly of FePt nanoparticles. The Journal of Physical Chemistry B，2003，107（23）：5419-5425.

[30] Kinge S，Gang T，Naber W J，et al. Low-temperature solution synthesis of chemically functional ferromagnetic FePtAu nanoparticles. Nano Letters，2009，9（9）：3220-3224.

[31] Yan Q，Kim T，Purkayastha A，et al. Enhanced chemical ordering and coercivity in FePt alloy nanoparticles by Sb-doping. Advanced Materials，2005，17（18）：2233-2237.

[32] Kang S，Harrell J，Nikles D E. Reduction of the fcc to L1$_0$ ordering temperature for self-assembled FePt nanoparticles containing Ag. Nano Letters，2002，2（10）：1033-1036.

[33] Kim J，Rong C，Liu J P，et al. Dispersible ferromagnetic FePt nanoparticles. Advanced Materials，2009，21（8）：906-909.

[34] Seo W S，Kim S M，Kim Y M，et al. Synthesis of ultrasmall ferromagnetic face-centered tetragonal FePt-graphite core-shell nanocrystals. Small，2008，4（11）：1968-1971.

[35] Yan Q，Purkayastha A，Kim T，et al. Synthesis and assembly of monodisperse high-coercivity silica-capped FePt nanomagnets of tunable size, composition, and thermal stability from microemulsions. Advanced Materials，2006，18（19）：2569-2573.

[36] Sort J，Suriñach S，Baró M D，et al. Direct synthesis of isolated L1$_0$ FePt nanoparticles in a robust TiO$_2$ matrix via a combined sol-gel/pyrolysis route. Advanced Materials，2006，18（4）：466-470.

[37] Yu Y，George T，Li H，et al. Effects of deposition temperature and in-situ annealing time on structure and magnetic properties of（001）orientation FePt films. Journal of Magnetism and Magnetic Materials，2013，328：7-10.

[38] Yu Y，George T，Li W，et al. Effects of total thickness on（001）texture，surface morphology，and magnetic properties of [Fe/Pt]$_n$ multilayer films by monatomic layer deposition. Journal of Applied Physics，2010，108（7）：073906.

[39] Yu Y，Li H B，Li W，et al. Structure and magnetic properties of magnetron-sputtered [(Fe/Pt/Fe)/Au]$_n$ multilayer films. Journal of Magnetism and Magnetic Materials，2010，322（13）：1770-1774.

[40] Seki T，Shima T，Takanashi K. Fabrication of in-plane magnetized FePt sputtered films with large uniaxial anisotropy. Journal of Magnetism and Magnetic Materials，2004，272：2182-2183.

[41] Lim B，Chen J，Wang J. Thickness dependence of structural and magnetic properties of FePt films. Journal of Magnetism and Magnetic Materials，2004，271（2-3）：159-164.

[42] Castaldi L，Giannakopoulos K，Travlos A，et al. Enhanced magnetic properties of FePt nanoparticles codeposited on Ag nanoislands. Journal of Applied Physics，2009，105（9）：093914.

[43] Won C，Keavney D，Bader S. Phase separation and nanoparticle formation in Cr-doped FePt thin films. Journal of Applied Physics，2007，101（5）：053901.

[44] Weisheit M, Schultz L, Fähler S. Temperature dependence of FePt thin film growth on MgO (100). Thin Solid Films, 2007, 515 (7-8): 3952-3955.

[45] Trichy G, Chakraborti D, Narayan J, et al. Structure-magnetic property correlations in the epitaxial FePt system. Applied Physics Letters, 2008, 92 (10): 102504.

[46] Lin J, Pan Z, Karamat S, et al. FePt: Al_2O_3 nanocomposite thin films synthesized by magnetic trapping assisted pulsed laser deposition with reduced intergranular exchange coupling. Journal of Physics D: Applied Physics, 2008, 41 (9): 095001.

[47] Yu A C, Mizuno M, Sasaki Y, et al. Fabrication of monodispersive FePt nanoparticle films stabilized on rigid substrates. Applied Physics Letters, 2003, 82 (24): 4352-4354.

[48] Yu Y, Li H B, Li W, et al. Low-temperature ordering of $L1_0$ FePt phase in FePt thin film with AgCu underlayer. Journal of Magnetism and Magnetic Materials, 2008, 320 (19): L125-L128.

[49] Suzuki T, Harada K, Honda N, et al. Preparation of ordered Fe-Pt thin films for perpendicular magnetic recording media. Journal of Magnetism and Magnetic Materials, 1999, 193 (1-3): 85-88.

[50] Yu Y, George T, Li W, et al. Enhanced $L1_0$ ordering and (001) orientation in FePt: Ag nanocomposite films by monatomic layer deposition. IEEE Transactions on Magnetics, 2010, 46 (6): 1817-1820.

[51] Yu Y, Li H B, Li W, et al. Low temperature ordering of FePt films by *in-situ* heating deposition plus post deposition annealing. Thin Solid Films, 2010, 518 (8): 2171-2174.

[52] Maeda T, Kai T, Kikitsu A, et al. Reduction of ordering temperature of an FePt-ordered alloy by addition of Cu. Applied Physics Letters, 2002, 80 (12): 2147-2149.

[53] Maeda T, Kikitsu A, Kai T, et al. Effect of added Cu on disorder-order transformation of $L1_0$-FePt. IEEE Transactions on Magnetics, 2002, 38 (5): 2796-2798.

[54] Wang H, Mao W, Ma X, et al. Improvement in hard magnetic properties of FePt films by N addition. Journal of Applied Physics, 2004, 95 (5): 2564-2568.

[55] Mi W, Jiang E, Bai H, et al. Structure and magnetic properties of N-doped $L1_0$-ordered FePt-C nanocomposite films. Journal of Applied Physics, 2006, 99 (3): 034315.

[56] Endo Y, Oikawa K, Miyazaki T, et al. Study of the low temperature ordering of $L1_0$-Fe-Pt in Fe/Pt multilayers. Journal of Applied Physics, 2003, 94 (11): 7222-7226.

[57] Reddy V R, Kavita S, Gupta A. Fe 57 Mössbauer study of $L1_0$ ordering in Fe 57/Pt multilayers. Journal of Applied Physics, 2006, 99 (11): 113906.

[58] Yao B, Coffey K R. The effective interdiffusivity, structure, and magnetic properties of [Fe/Pt]$_n$ multilayer films. Journal of Applied Physics, 2008, 103 (7): 07E107.

[59] Hamann H F, Woods S, Sun S. Direct thermal patterning of self-assembled nanoparticles. Nano Letters, 2003, 3 (12): 1643-1645.

[60] Zotov N, Feydt J, Savan A, et al. Interdiffusion in Fe-Pt multilayers. Journal of Applied Physics, 2006, 100 (7): 073517.

[61] Bera S, Roy S, Bhattacharjee K, et al. Microstructural evolution, atomic migration, and FePt nanoparticle formation in ion-irradiated Pt(Fe)/C(Fe) multilayers. Journal of Applied Physics, 2007, 102 (1): 014308.

[62] Yao B, Coffey K R. The influence of periodicity on the structures and properties of annealed [Fe/Pt]$_n$ multilayer films. Journal of Magnetism and Magnetic Materials, 2008, 320 (3-4): 559-564.

[63] Endo Y, Kikuchi N, Kitakami O, et al. Lowering of ordering temperature for fct Fe-Pt in Fe/Pt multilayers. Journal of Applied Physics, 2001, 89 (11): 7065-7067.

[64] Chou S C, Yu C C, Liou Y, et al. Annealing effect on the Fe/Pt multilayers grown on Al_2O_3 (0001) substrates. Journal of Applied Physics. 2004, 95 (11): 7276-7278.

[65] Wu Y C, Wang L W, Lai C H. Low-temperature ordering of (001) granular FePt films by inserting ultrathin SiO_2 layers. Applied Physics Letters, 2007, 91 (7): 072502.

[66] Shima T, Moriguchi T, Mitani S, et al. Low-temperature fabrication of $L1_0$ ordered FePt alloy by alternate monatomic layer deposition. Applied Physics Letters, 2002, 80 (2): 288-290.

[67] Shima T, Moriguchi T, Seki T, et al. Fabrication of $L1_0$ ordered FePt alloy films by monatomic layer sputter deposition. Journal of Applied Physics, 2003, 93 (10): 7238-7240.

[68] Zhu Y, Cai J. Low-temperature ordering of FePt thin films by a thin AuCu underlayer. Applied Physics Letters, 2005, 87 (3): 032504.

[69] Feng C, Li B H, Han G, et al. Low-temperature ordering and enhanced coercivity of $L1_0$-FePt thin film promoted by a Bi underlayer. Applied Physics Letters, 2006, 88 (23): 232109.

[70] Sun H, Xu J, Feng S, et al. Magnetic properties and microstructures of FePt/Ti bilayer films sputter deposited onto glass amorphous substrates. Applied Physics Letters, 2006, 88 (19): 192501.

[71] Cao J, Cai J, Liu Y, et al. Effect of CrW underlayer on structural and magnetic properties of FePt thin films. Journal of Applied Physics, 2006, 99 (8): 08F901.

[72] Takahashi Y, Hono K. On low-temperature ordering of FePt films. Scripta Materialia, 2005, 53 (4): 403-409.

[73] Lai C H, Yang C H, Chiang C. Ion-irradiation-induced direct ordering of $L1_0$-FePt phase. Applied Physics Letters, 2003, 83 (22): 4550-4552.

[74] Ravelosona D, Chappert C, Mathet V, et al. Chemical order induced by ion irradiation in FePt(001) films. Applied Physics Letters, 2000, 76 (2): 236-238.

[75] Lai C H, Yang C H, Chiang C, et al. Dynamic stress-induced low-temperature ordering of FePt. Applied Physics Letters, 2004, 85 (19): 4430-4432.

[76] Lai C H, Chiang C, Yang C. Low-temperature ordering of FePt by formation of silicides in underlayers. Journal of Applied Physics, 2005, 97 (10): 10H310.

[77] Itoh T, Kato T, Iwata S, et al. Perpendicular anisotropy of MBE-grown FePt granular films. IEEE Transactions on Magnetics, 2005, 41 (10): 3217-3219.

[78] Xu Y, Chen J, Wang J. *In situ* ordering of FePt thin films with face-centered-tetragonal (001) texture on $Cr_{100-x}Ru_x$ underlayer at low substrate temperature. Applied Physics Letters, 2002, 80 (18): 3325-3327.

[79] Chen J, Lim B, Hu J, et al. Low temperature deposited $L1_0$-FePt-C (001) films with high coercivity and small grain size. Applied Physics Letters, 2007, 91 (13): 132506.

[80] Ding Y, Chen J, Lim B, et al. Granular $L1_0$-FePt: TiO_2(001) nanocomposite thin films with 5 nm grains for high density magnetic recording. Applied Physics Letters, 2008, 93 (3): 032506.

[81] Lim B, Chen J, Hu J, et al. Improvement of chemical ordering of FePt (001) oriented films by MgO buffer layer. Journal of Applied Physics, 2008, 103 (7): 07E143.

[82] Chen J, Lim B, Ding Y, et al. Granular $L1_0$-FePt-X (X = C, TiO_2, Ta_2O_5) (001) nanocomposite films with small grain size for high density magnetic recording. Journal of Applied Physics, 2009, 105 (7): 07B702.

[83] Chen J, Lim B, Wang J. Effect of NiAl intermediate layer on structural and magnetic properties of $L1_0$-FePt films with perpendicular anisotropy. Journal of Applied Physics, 2003, 93 (10): 8167-8169.

[84] Hsu Y N, Jeong S, Laughlin D E, et al. Effects of Ag underlayers on the microstructure and magnetic properties of epitaxial FePt thin films. Journal of Applied Physics, 2001, 89 (11): 7068-7070.

[85] Shen W, Judy J, Wang J P. *In situ* epitaxial growth of ordered FePt (001) films with ultra small and uniform grain size using a RuAl underlayer. Journal of Applied Physics, 2005, 97 (10): 10H301.

[86] Trichy G, Narayan J, Zhou H. $L1_0$ ordered epitaxial FePt (001) thin films on TiN/Si (100) by pulsed laser deposition. Applied Physics Letters, 2006, 89 (13): 132502.

[87] Zeng H, Yan M, Powers N, et al. Orientation-controlled nonepitaxial $L1_0$-CoPt and FePt films. Applied Physics Letters, 2002, 80 (13): 2350-2352.

[88] Yan M, Powers N, Sellmyer D J. Highly oriented nonepitaxially grown $L1_0$-FePt films. Journal of Applied Physics, 2003, 93 (10): 8292-8294.

[89] Yan M, Li X, Gao L, et al. Fabrication of nonepitaxially grown double-layered FePt: C/FeCoNi thin films for perpendicular recording. Applied Physics Letters, 2003, 83 (16): 3332-3334.

[90] Yan M, Xu Y, Li X, et al. Highly (001)-oriented Ni-doped $L1_0$-FePt films and their magnetic properties. Journal of Applied Physics, 2005, 97 (10): 10H309.

[91] Shao Y, Yan M, Sellmyer D J. Effects of rapid thermal annealing on nanostructure, texture and magnetic properties of granular FePt: Ag films for perpendicular recording. Journal of Applied Physics, 2003, 93 (10): 8152-8154.

[92] Yan M, Powers N, Sellmyer D. Non-epitaxial, highly textured (001)CoPt: B_2O_3 composite films for perpendicular recording. MRS Online Proceedings Library Archive, 2002: 721.

[93] Feng C, Li B H, Liu Y, et al. Improvement of magnetic property of $L1_0$-FePt film by FePt/Au multilayer structure. Journal of Applied Physics, 2008, 103 (2): 023916.

[94] Luo C, Sellmyer D J. Structural and magnetic properties of FePt: SiO_2 granular thin films. Applied Physics Letters, 1999, 75 (20): 3162-3164.

[95] Nakagawa S, Kamiki T. Highly (001) oriented FePt ordered alloy thin films fabricated from Pt (100) /Fe (100) structure on glass disks without seed layers. Journal of Magnetism and Magnetic Materials, 2005, 287: 204-208.

[96] Cao J, Cai J, Liu Y, et al. Preparation of (001) oriented $L1_0$ phase FePt thin films by alternate sputtering. Journal of Magnetism and Magnetic Materials, 2006, 303 (1): 142-146.

[97] Kim J S, Koo Y M, Lee B J, et al. The origin of (001) texture evolution in FePt thin films on amorphous substrates. Journal of Applied Physics, 2006, 99 (5): 053906.

[98] Kim J S, Koo Y M, Shin N. The effect of residual strain on (001) texture evolution in FePt thin film during postannealing. Journal of Applied Physics, 2006, 100 (9): 093909.

[99] Ichitsubo T, Tojo S, Uchihara T, et al. Mechanism of *c*-axis orientation of $L1_0$-FePt in nanostructured FePt/B_2O_3 thin films. Physical Review B, 2008, 77 (9): 094114.

[100] Victora R, Xue J, Patwari M. Areal density limits for perpendicular magnetic recording. IEEE Transactions on Magnetics, 2002, 38 (5): 1886-1891.

[101] Ko H S, Perumal A, Shin S C. Fine control of $L1_0$ ordering and grain growth kinetics by C doping in FePt films. Applied Physics Letters, 2003, 82: 2311-2313.

[102] Daniil M, Farber P, Okumura H, et al. FePt/BN granular films for high-density recording media. Journal of Magnetism and Magnetic Materials, 2002, 246 (1-2): 297-302.

[103] Wei D H, Chi P W, Chao C H. Perpendicular magnetization reversal mechanism of functional FePt films for magnetic storage medium. Japanese Journal of Applied Physics, 2014, 53 (11S): 11RG01.

[104] Shima T, Takanashi K, Takahashi Y, et al. Coercivity exceeding 100 kOe in epitaxially grown FePt sputtered films. Applied Physics Letters, 2004, 85 (13): 2571-2573.

[105] Jeong S, Hsu Y N, Laughlin D E, et al. Atomic ordering and coercivity mechanism in FePt and CoPt

polycrystalline thin films. IEEE Transactions on Magnetics，2001，37（4）：1299-1301.

[106] Kuo C，Kuo P，Wu H，et al. Magnetic hardening mechanism study in FePt thin films. Journal of Applied Physics，1999，85（8）：4886-4888.

[107] Hong M，Hono K，Watanabe M. Microstructure of FePt/Pt magneticthin films with high perpendicular coercivity. Journal of Applied Physics，1998，84（8）：4403-4409.

[108] Zhao Z，Ding J，Chen J，et al. Coercivity enhancement by Ru pinning layer in FePt thin films. Journal of Applied Physics，2003，93（10）：7753-7755.

[109] Salo M，Olson T，Galbraith R，et al. The structure of shingled magnetic recording tracks. IEEE Transactions on Magnetics，2014，50（3）：18-23.

[110] Teo K K，Elidrissi M R，Chan K S，et al. Analysis and design of shingled magnetic recording systems. Journal of Applied Physics，2012，111（7）：07B716.

[111] Gao K Z，Bertram H N. Transition jitter estimates in tilted and conventional perpendicular recording media at 1 Tb/in^2. IEEE Transactions on Magnetics，2003，39（2）：704-709.

[112] Suess D，Schrefl T，Fähler S，et al. Exchange spring media for perpendicular recording. Applied Physics Letters，2005，87（1）：012504.

[113] Asti G，Ghidini M，Pellicelli R，et al. Magnetic phase diagram and demagnetization processes in perpendicular exchange-spring multilayers. Physical Review B，2006，73（9）：094406.

[114] Süss D. Multilayer exchange spring media for magnetic recording. Applied Physics Letters，2006，89（11）：113105.

[115] Victora R，Shen X. Composite media for perpendicular magnetic recording. IEEE Transactions on Magnetics，2005，41（2）：537-542.

[116] Dobin A Y，Richter H. Domain wall assisted magnetic recording. Applied Physics Letters，2006，89（6）：062512.

[117] Livshitz B，Inomata A，Neal Bertram H，et al. Precessional reversal in exchange-coupled composite magnetic elements. Applied Physics Letters，2007，91（18）：182502.

[118] Goll D，Macke S，Bertram H. Thermal reversal of exchange spring composite media in magnetic fields. Applied Physics Letters，2007，90（17）：172506.

[119] Casoli F，Albertini F，Nasi L，et al. Strong coercivity reduction in perpendicular FePt/Fe bilayers due to hard/soft coupling. Applied Physics Letters，2008，92（14）：142506.

[120] Goll D，Breitling A，Gu L，et al. Experimental realization of graded L1$_0$-FePt/Fe composite media with perpendicular magnetization. Journal of Applied Physics，2008，104（8）：083903.

[121] Wang F，Xu X，Liang Y，et al. FeAu/FePt exchange-spring media fabricated by magnetron sputtering and postannealing. Applied Physics Letters，2009，95（2）：022516.

[122] Zhou T J，Lim B C，Liu B. Anisotropy graded FePt-TiO$_2$ nanocomposite thin films with small grain size. Applied Physics Letters，2009，94（15）：152505.

[123] Saga H，Nemoto H，Takahashi M. New recording method combining thermo-magnetic writing and flux detection. Japanese Journal of Applied Physics，1999，38（3S）：1839.

[124] Ruigrok J，Coehoorn R，Cumpson S，et al. Disk recording beyond 100 Gb/in^2: hybrid recording? Journal of Applied Physics，2000，87（9）：5398-5403.

[125] Alex M，Tselikov A，Mcdaniel T，et al. Characteristics of thermally assisted magnetic recording. IEEE Transactions on Magnetics，2001，37（4）：1244-1249.

[126] Wu A Q，Kubota Y，Klemmer T，et al. HAMR areal density demonstration of 1 + Tbpsi on spinstand. IEEE Transactions on Magnetics，2013，49（2）：779-782.

[127] Wang X, Gao K, Zhou H, et al. HAMR recording limitations and extendibility. IEEE Transactions on Magnetics, 2013, 49 (2): 686-692.

[128] Huang L, Stipe B, Staffaroni M, et al. HAMR thermal modeling including media hot spot. IEEE Transactions on Magnetics, 2013, 49 (6): 2565-2568.

[129] Varaprasad B C S, Takahashi Y, Hono K. Microstructure control of $L1_0$-ordered FePt granular film for heat-assisted magnetic recording (HAMR) media. JOM, 2013, 65 (7): 853-861.

[130] Choi J, Park N C, Park K S, et al. Study of flying stability of a thermally assisted magnetic recording system with laser diode mount light delivery. Japanese Journal of Applied Physics, 2013, 52 (9S2): 09LF02.

[131] Kryder M H, Gage E C, Mcdaniel T W, et al. Heat assisted magnetic recording. Proceedings of the IEEE, 2008, 96 (11): 1810-1835.

[132] Gilbert D A, Wang L W, Klemmer T J, et al. Tuning magnetic anisotropy in (001) oriented $L1_0$ $(Fe_{1-x}Cu_x)_{55}Pt_{45}$ films. Applied Physics Letters, 2013, 102 (13): 132406.

[133] Evans R, Chantrell R W, Nowak U, et al. Thermally induced error: density limit for magnetic data storage. Applied Physics Letters, 2012, 100 (10): 102402.

[134] Stamps R L, Breitkreutz S, Åkerman J, et al. The 2014 magnetism roadmap. Journal of Physics D: Applied Physics, 2014, 47 (33): 333001.

[135] Chou S Y, Wei M S, Krauss P R, et al. Single-domain magnetic pillar array of 35 nm diameter and 65 Gbits/in^2 density for ultrahigh density quantum magnetic storage. Journal of Applied Physics, 1994, 76 (10): 6673-6675.

[136] Seki T, Iwama H, Shima T, et al. Size dependence of the magnetization reversal process in microfabricated $L1_0$-FePt nano dots. Journal of Physics D: Applied Physics, 2011, 44 (33): 335001.

[137] Breitling A, Bublat T, Goll D. Exchange-coupled $L1_0$-FePt/Fe composite patterns with perpendicular magnetization. Physica Status Solidi (RRL) -Rapid Research Letters, 2009, 3 (5): 130-132.

[138] Yan Z, Takahashi S, Hasegawa T, et al. Understanding magnetic properties of arrays of small FePt dots with perpendicular anisotropy. Journal of Magnetism and Magnetic Materials, 2012, 324 (22): 3737-3740.

[139] Zhang J, Sun Z, Sun J, et al. Structural and magnetic properties of patterned perpendicular media with linearly graded anisotropy. Applied Physics Letters, 2013, 102 (15): 152407.

[140] Dong Q, Li G, Ho C L, et al. A polyferroplatinyne precursor for the rapid fabrication of $L1_0$-FePt-type bit patterned media by nanoimprint lithography. Advanced Materials, 2012, 24 (8): 1034-1040.

[141] Ouchi T, Arikawa Y, Konishi Y, et al. Fabrication of magnetic nanodot array using electrochemical deposition processes. Electrochimica Acta, 2010, 55 (27): 8081-8086.

[142] Noh J S, Kim H, Chun D W, et al. Hyperfine FePt patterned media for terabit data storage. Current Applied Physics, 2011, 11 (4): S33-S35.

[143] Kim C, Loedding T, Jang S, et al. FePt nanodot arrays with perpendicular easy axis, large coercivity, and extremely high density. Applied Physics Letters, 2007, 91 (17): 172508.

[144] Gapin A I, Ye X R, Chen L H, et al. Patterned media based on soft/hard composite nanowire array of Ni/CoPt. IEEE Transactions on Magnetics, 2007, 43 (6): 2151-2153.

[145] Su H, Tang S, Tang N, et al. Chemical synthesis and magnetic properties of well-coupled FePt/Fe composite nanotubes. Nanotechnology, 2005, 16 (10): 2124.

[146] Martín J, Hernández-Vélez M, de Abril O, et al. Fabrication and characterization of polymer-based magnetic composite nanotubes and nanorods. European Polymer Journal, 2012, 48 (4): 712-719.

[147] Piraux L, Antohe V, Araujo F A, et al. Periodic arrays of magnetic nanostructures by depositing Co/Pt multilayers

on the barrier layer of ordered anodic alumina templates. Applied Physics Letters，2012，101（1）：013110.

[148] Jani A M M，Losic D，Voelcker N H. Nanoporous anodic aluminium oxide：advances in surface engineering and emerging applications. Progress in Materials Science，2013，58（5）：636-704.

[149] Wood R，Williams M，Kavcic A，et al. The feasibility of magnetic recording at 10 terabits per square inch on conventional media. IEEE Transactions on Magnetics，2009，45（2）：917-923.

[150] Guan L，Zhu J G. Bicrystal structure of tilted perpendicular media for ultra-high-density recording. Journal of Applied Physics，2003，93（10）：7735-7737.

[151] Zou Y，Wang J，Hee C，et al. Tilted media in a perpendicular recording system for high areal density recording. Applied Physics Letters，2003，82（15）：2473-2475.

[152] Albrecht M，Hu G，Guhr I L，et al. Magnetic multilayers on nanospheres. Nature Materials，2005，4（3）：203.

[153] Bashir M，Schrefl T，Dean J，et al. Microwave-assisted magnetization reversal in exchange spring media. IEEE Transactions on Magnetics，2008，44（11）：3519-3522.

[154] Okamoto S，Kikuchi N，Furuta M，et al. Microwave assisted magnetic recording technologies and related physics. Journal of Physics D：Applied Physics，2015，48（35）：353001.

[155] 李彦波. 超高密度用介质和磁头材料研究. 兰州：兰州大学，2010.

第7章

自旋电子学

7.1 自旋电子学概述

微电子器件在过去近半个世纪中，按照摩尔定律，每 18 个月尺寸缩小一半，性能提升一倍。这使得计算机的体积，从当初需要占据整间房变成可放入我们口袋或套在手腕上的随身之物；性能从简单地计算炮弹的弹道变成可以用于基因分析、矿藏勘察、天气预报、宇宙演化规律的模拟等。现在微电子工艺的特征尺寸（CMOS 沟道宽度）已经减小至 7 nm，并进一步向 5 nm 和 3 nm 工艺发展。不过摩尔定律终究有其物理极限，随着器件尺寸的进一步缩小，因电子隧穿而引起的漏电将越来越严重，因此"器件微缩"的性能提升思路将不得不被放弃，而变革现有的革新思路、探寻新的性能增长方式变得刻不容缓。

自旋电子学正是在这种背景下应运而生的。自旋电子学是在利用电子电荷属性的基础上，进一步研究和开发电子自旋属性在信息存储、处理、传播中的物理效应和应用潜力。它不仅与传统的 CMOS 工艺兼容，还能将磁性材料的非易失性、自旋动力学的高速特征、电子型材料的长循环操作寿命等优势结合在一起，有望催生出下一代微电子器件，如基于巨磁电阻（giant magnetoresistance）效应和隧道磁电阻（tunnel magnetoresistance，TMR）效应并大幅提升硬盘存储密度的硬盘读头（reader），又如基于隧道磁电阻效应和自旋转移力矩效应并集数据非易失性和高密度于一身的磁随机存储器（MRAM）等。下面将按照物理效应进行分类，逐项介绍各种自旋电子器件及其物理效应。

7.2 巨磁电阻效应·隧道磁电阻效应

导体或半导体材料的电阻会随着磁场而发生些许的变化。电阻或电阻率的变化率被定义为磁电阻比值，简称磁电阻（magnetoresistance，MR）。MR = [R(B)–R(0)]/R(0)×100%。载流子在与其速度垂直的磁场作用下，会因洛伦兹力而导致轨迹偏转，从而产生正磁电阻。这种效应被称为正常磁电阻（ordinary magnetoresistance，OMR）效应。它与材料的迁移率有关。对于通常的 Si 材料而言，在 1 T 磁场和室温下，正常磁电阻为 1%～2%[1]。对于磁性材料，如坡莫合金（permalloy，一种铁镍合金），它的电阻率与磁矩相对电流的取向有关：当磁矩平行于电流时，电阻率较高；当磁矩垂直于电流时，电阻率较低。这种磁电阻效应被称为各向异性磁电阻（anisotropic magnetoresistance，AMR）。坡莫合金的室温 AMR 约为 6%[2]。1988 年，Baibich 等[3]在 Fe/Cr 磁性超晶格中观察到近 50% 的负磁电阻效应，如图 7-1 所示。因该效应巨大的磁电阻比值被专门命名为巨磁电阻（giant magnetoresistance，GMR）效应。同期，Binasch 等[4]在 Fe/Cr/Fe 三明治结构中观察到类似的效应。而且他们通过布里渊光散射技术发现两层 Fe 通过中间层 Cr 发生了反铁磁耦合相互作用。这种作用是形成反平行态进而产生 GMR 效应的关键之一。GMR 效应很快被应用到磁敏传感器领域，特别是计算机硬盘的磁读头技术方面，使得硬盘存储密度得到飞速提升。法国科学家 Fert 和德国科学家 Grünberg，也因在 GMR 效应发现中起到了决定性作用，而被授予 2007 年诺贝尔物理学奖。

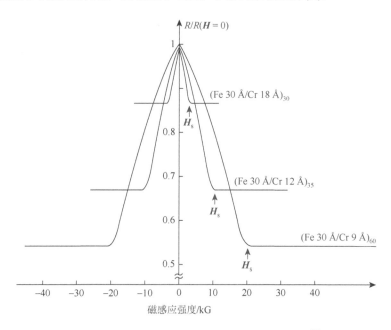

图 7-1　三种 Fe/Cr 多层膜的巨磁电阻效应曲线[3]

GMR 效应起源于磁性/非磁性复合多层膜结构中的自旋相关散射[5-7]。对于 3d 磁性导体而言，s 电子和 d 电子能带均穿过费米面，其中 s 电子的自旋极化率较小，而 d 电子是贡献净余磁矩的主体，因而具有较大的自旋极化率。而且 d 电子和 s 电子分别相对定域化和非定域化，因此 d 电子还具有较大的有效质量。这些特征导致自旋向上和自旋向下的电子具有非常不同的电阻率。Mott 将铁磁导体的这一特征通过简化的双通道模型描述：当自旋弛豫寿命远大于电子平均散射时间时，铁磁导体的电输运由两条自旋相反、电阻率各异的输运通道并联完成。在 Mott 双通道模型下，GMR 效应见图 7-2。

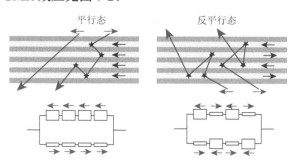

图 7-2　在 Mott 双通道模型下 GMR 效应的简化示意图

若多层膜处于平行态，对于自旋朝左（←）的电子，它在穿过不同磁性层时，将发生较弱的自旋相关散射，因此对于自旋朝左的电子其感受到的电阻较低；相反地，对于自旋朝右(→)的电子，它在经过磁化强度朝左(←)的磁性层时，将发生非常剧烈的自旋相关散射，其感受到的电阻将显著增加。因此平行态情况下，多层膜的等效电阻模型是大小电阻先串联再并联。此时 $R_{\mathrm{P}} = 4rR/(r + R)$，其中 r 和 R 分别代表小电阻和大电阻；R_{P} 是平行态等效电阻。若多层膜处于反平行态，对于任意自旋取向的电子，它们经过该磁性多层膜时，均需分别穿越磁化强度方向与之平行和反平行的两层薄膜，因此将感受到两个大电阻和两个小电阻的影响。因此等效电阻模型是两个大电阻和两个小电阻先串联，再与另外一个自旋支路并联。此时等效电阻 $R_{\mathrm{AP}} = r + R$。很显然，$R_{\mathrm{P}} < R_{\mathrm{AP}}$。$\mathrm{GMR} = (R_{\mathrm{AP}} - R_{\mathrm{P}})/R_{\mathrm{AP}} = P^2$，其中 $P = (R - r)/(R + r)$，即 GMR 效应的大小取决于大小电阻的差异化程度。

GMR 效应的另外一个要素是反铁磁层间耦合，这是形成反平行排列的条件。当两个磁性层靠在一起，它们可能由于磁偶极相互作用而反平行排列，但是磁偶极相互作用的强度偏低。实验证明，Fe/Cr/Fe 中的层间耦合强度要远大于磁偶极相互作用强度。它们实际上是通过中间非磁性层巡游电子的中介而发生层间反铁磁交换耦合作用，即 RKKY 机制[8]。Parkin 等[9-11]系统研究了不同中间非磁性层在不同厚度条件下的耦合作用，如图 7-3 所示。随着非磁性层厚度的增大，耦合类型可在铁磁耦合和反铁磁耦合两种类型之间来回振荡，这一实验结果是 RKKY 机制强有力的证明。

由于 GMR 效应的发现，磁敏传感器的灵敏度很快提高到一个新的水平，并成功地商用到硬盘磁读头领域。因为 GMR 效应、垂直磁记录材料和隧道磁电阻效应的发现，现在硬盘的存储密度已经超过了 1 Tb/in² 的水平，如图 7-4 所示。

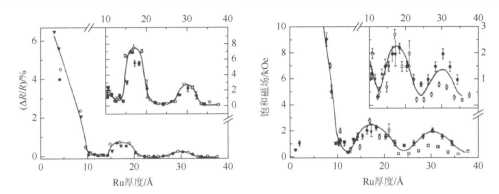

图 7-3 不同温度下[Co(2 nm)/Ru(t)]$_{20}$的 GMR 与饱和磁场随 t 的振荡曲线[11]

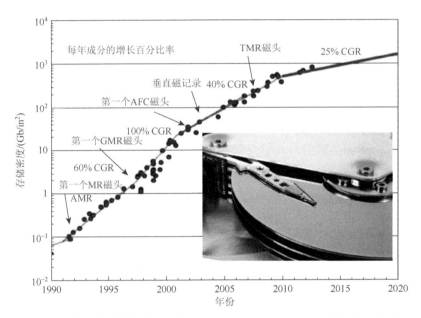

图 7-4 硬盘存储密度的发展趋势图（来自 Marchon，HGST，2013）。插图来自希捷（Seagate）ST33232A 硬盘磁头

由图 7-4 可见，硬盘磁头的演化历史是从 AMR 磁头到 GMR 磁头再到 TMR 磁头，此处 TMR 是隧道磁电阻的缩写。TMR 效应甚至可以提供比 GMR 效应更高的磁电阻比值。与 GMR 效应类似，TMR 效应也是在磁性/非磁性复合结构中被观察到的。不过非磁性层在 TMR 效应中被替换成隧穿势垒层，如半导体锗、氧化铝和氧化镁等。

1975 年，Julliere[12]首先在 Fe/Ge/Co 结构中，在低温下报道了磁矩排布相关的 TMR 效应，并提出了著名的 Julliere 模型来解释该磁电阻效应。TMR = 2p_1p_2/(1−p_1p_2)。其中 p_1 和 p_2 是势垒两侧铁磁导体的自旋极化率。该模型也可由类似于 Mott

双通道模型的自旋相关隧穿模型近似解释，如图 7-5 所示。假定隧穿概率对不同自旋的电子都相同，则特定自旋电子的输运只能由左侧对应自旋子带上的占据态和右侧相同自旋子带的非占据态决定，很容易得知 $p_i = (N_{i\uparrow} - N_{i\downarrow})/(N_{i\uparrow} + N_{i\downarrow})$，即参数 p_i 的物理意义是铁磁电极不同的自旋子带在费米面态密度上的差异化程度。

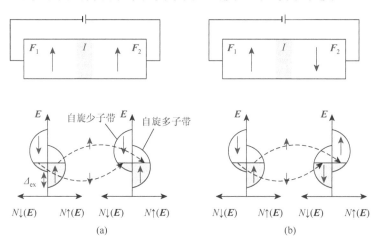

图 7-5　TMR 效应的隧穿模型[7]

（a）平行态；（b）反平行态

　　20 世纪 90 年代中期，Moodera 等[13]及 Miyazaki 和 Tezuka[14]同时报道了室温下 Al_2O_3 隧道结中的隧道磁电阻效应。他们分别在 $CoFe/Al_2O_3/Co$ 和 $Fe/Al_2O_3/Fe$ 隧道结中报道了室温 11.8%和 18%的 TMR 比值，如图 7-6 所示。自此往后，相关领域的专家就在想方设法地提高 TMR 比值。一种自然而然的想法便是根据 Julliere 模型，提高铁磁金属的自旋极化率，如寻找具有近乎 100%自旋极化率的半金属材料——费米面仅穿越某一自旋子带的材料。假如费米面只通过自旋朝上（↑）的自旋子带，在这种材料中，$p = (N_\uparrow - 0)/(N_\uparrow + 0) = 100\%$。迄今为止，自旋极化率非常高的材料包括 $La_{2/3}Sr_{1/3}MnO_3$[15]、CrO_2[16]、NiMnSb Heusler 合金[17]等。

　　另外一种提高 TMR 比值的方法由 Butler 等[18]在 2001 年报道。Fe 和 MgO 分别拥有 BCC 和 NaCl 结构的晶体类型，且它们的晶格参数相近，两者可以外延生长。Butler 等利用第一性原理的方法分析了 Fe/MgO/Fe 隧道结的输运特性，发现了不同对称性的电子（如 s、p、d 轨道电子可以具有 Δ_1、Δ_5 和 Δ_2 的对称性）在 MgO 单晶势垒中的衰减长度按 Δ_1、Δ_5 和 Δ_2 的顺序依次变短，如图 7-7（a）和（b）所示[19]。因此经过 MgO 势垒的电输运主要由具有 Δ_1 对称性的电子完成。恰好，在 BCC 结构 Fe 的[100]方向上，如图 7-7（c）和（d）所示[20]，费米面穿过了具有 Δ_1 对称性电子的自旋多子能带，而没有经过 Δ_1 对称性电子的自旋少子能带。如果我们设想外延 Fe/MgO/Fe 结构中，完全由 Δ_1 对称性电子进行电荷输运，这一

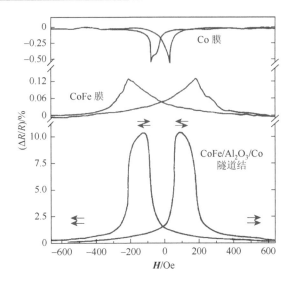

图 7-6　CoFe/Al₂O₃/Co 以及电极的磁电阻随磁场的依赖关系[13]

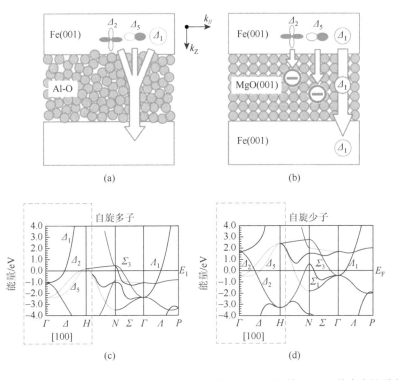

图 7-7　不同对称性电子（Δ_1、Δ_5 和 Δ_2 对称性电子）在非晶（a）和单晶（b）势垒中的隧穿概率示意图[19]；在[100]方向上，Fe 自旋多子带（c）和自旋少子带（d）的能带图[20]

结构就仿佛一个由半金属电极构成的"完美"隧道结，费米面上只有自旋多子导电而自旋少子不导电。因此在这种情况下，可以预期隧道结会有很高的 TMR 比值。

　　MgO 和 Fe 的组合具有电子对称性过滤的特征。事实上，具有这种特征的绝缘层势垒远不止单晶 MgO。经过第一性原理计算结果的预测，与 Fe 匹配的绝缘势垒还包括 $MgAl_2O_4$、$ZnAl_2O_4$、$SiMg_2O_4$ 和 $SiZn_2O_4$ 等尖晶石型结构氧化物[21]。其中 $MgAl_2O_4$ 与 Fe 的晶格参数匹配得非常好，是一种非常有潜力的势垒材料。

　　2004 年，Yuasa 等[22]和 Parkin 等[23]分别利用分子束外延方法和磁控溅射方法制备了结晶状态良好的 Fe/MgO/Fe 隧道结，并在室温下观察到高约 200%的 TMR比值。后来 Lee 等[24]在 CoFeB/MgO/CoFeB 中实现了低温 1000%、室温 500%的TMR 比值。这些结果均验证了 Butler 等[18]的理论预言。其中 Yuasa 等[22]的实验结果如图 7-8 所示。

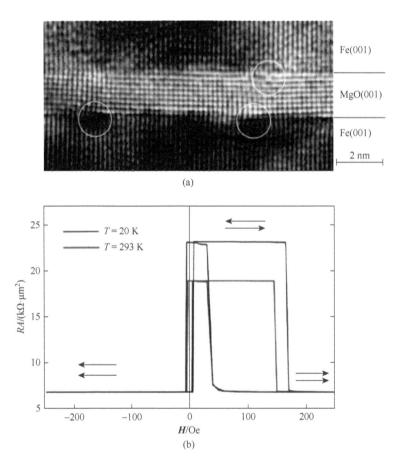

图 7-8　（a）Fe/MgO/Fe 单晶隧道结的高分辨透射电子显微镜图像；（b）该结构的结电阻随外
　　　　加磁场的变化关系。在这种结构中实现了室温约 180%的 TMR 比值[22]

高 TMR 比值的材料已被应用到新一代的硬盘读出磁头中，并促进了磁硬盘密度的进一步提升。另外，结合后面将介绍的自旋转移力矩（spin transfer torque，STT）效应，磁性隧道结也很快被应用到磁随机存储器（magnetic random access memory，MRAM）中。随机存储器（又称内存或主存）在存储架构中位于硬盘和缓存/CPU 之间，暂存需要被 CPU 高速调用的数据，缓存需要被硬盘永久记录的数据。现在商用的随机存储器主要是动态随机存储器（DRAM），由 MOS 电路构成。而磁随机存储器的功能类似于 DRAM。不过相较于后者，磁随机存储器还具有数据非易失的特点，是下一代高速存储器的优良备选者。

磁性隧道结还可以用于开发新型量子共振隧穿器件。早在 2006 年，Nozaki 等[25]在 Fe/MgO/Fe/MgO/Fe 结构中观察到微分电导随偏压的振荡效应，并将其归因于量子阱态的共振隧穿效应。随后，王炎等[26]从第一性原理计算的角度系统研究了该体系的量子输运行为，确认了量子阱共振隧穿的可行性，并且预言了量子阱态与偏压和阱深的依赖关系（图 7-9），而后大量工作投入双势垒磁性隧道结的研究中。2015 年，陶丙山等[27]利用分子束外延技术制备了高质量 Fe/MgAlO$_x$/Fe/MgAlO$_x$/Fe 双势垒隧道结，并成功地在较厚的势阱中（6.3～12.6 nm）在低温和室温下均观察到非常显著的量子阱共振隧穿效应，如图 7-10 所示。当外加偏压抬高左侧 Fe 电极的费米面，使其划过量子阱的分立能级时，隧穿电导会产生一个个的峰值，峰值的位置与理论计算结果非常匹配。这种效应将来可用于发展量子阱共振隧穿二极管等特殊的量子器件。

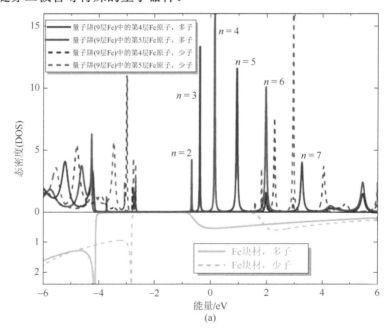

(a)

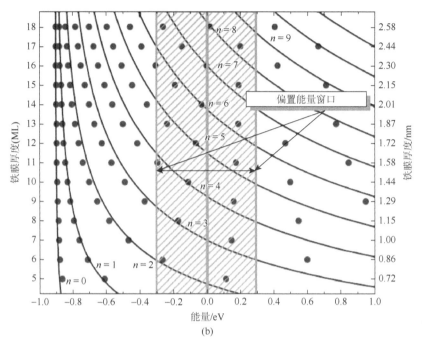

图 7-9　第一性原理计算的 Fe(001)/MgO/Fe（9 原子层）/MgO/Fe 双势垒隧道结的势阱中第 4
层和第 5 层 Fe 的态密度图（a）和在不同阱深和能量下量子节点的位置（b）[26]

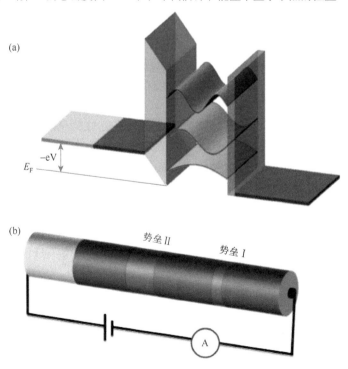

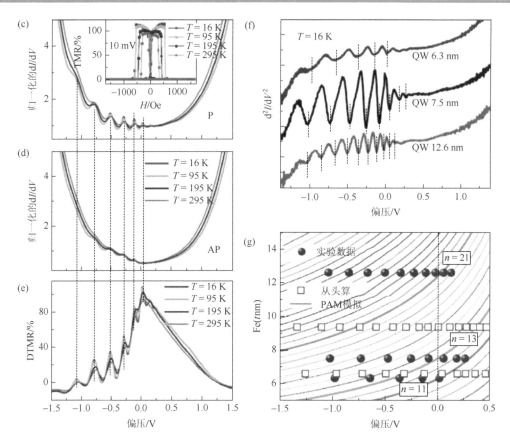

图 7-10 （a，b）Fe/MgO/Fe/MgO/Fe 量子阱共振能级及测量布置；（c～e）平行态、反平行态的电导和 TMR 的偏压依赖曲线；（f，g）实验和理论共振峰位与阱深/偏压的关系[27]

另外，可提高 TMR 比值的物理原理还包括铁磁性势垒的自旋过滤效应：当磁性隧穿势垒沿"↑"磁化时，"↑"和"↓"取向的入射电子将感受到不同的势垒高度，从而增大透射电子的自旋极化率，如图 7-11（b）所示。Song 等[28]发现单层的二维材料 CrI_3 是磁性半导体。因此，隧穿电子的透射概率与 CrI_3 的磁矩方向相关。当两层 CrI_3 叠加在一起时，它们的磁矩将反铁磁耦合在一起。不过这种耦合作用强度较弱，可通过 z 轴磁场将磁矩约束到平行态。Song 等[28]发现当两层 CrI_3 反平行和平行排列时，隧穿电流可以增大约 4 倍，如图 7-11（c）所示。隧道结相应的磁矩状态可通过反射式磁光 Kerr 显微镜观察得知，如图 7-11（d）所示。更有意思的是，将 CrI_3 的层数增加到 4 层，反平行态和平行态的隧穿电流可变化约 2 个数量级，远大于 MgO 隧道结中的磁电阻。不过 CrI_3 只在低温下保持磁性，该效应暂时在温室下观测不到。

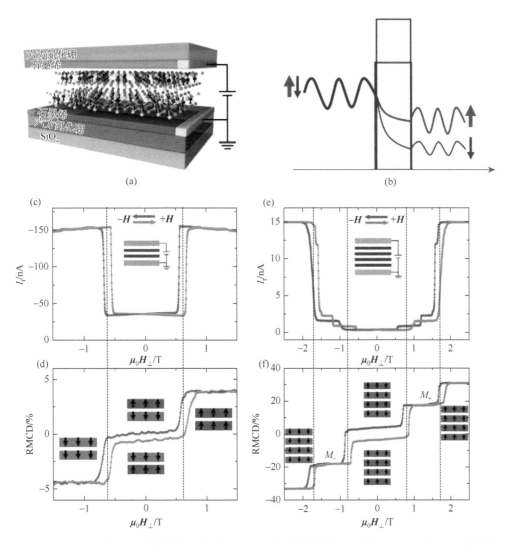

图 7-11 （a）双层 CrI_3 隧道结的示意图；（b）自旋过滤效应的示意图；（c）双层 CrI_3 隧道结中，隧穿电流与垂直外加磁场的依赖关系；（d）双层 CrI_3 的磁矩状态随外加磁场的依赖关系；（e）四层 CrI_3 的隧道磁电阻与磁场的依赖关系；（f）四层 CrI_3 的磁矩状态随外加磁场的依赖关系[28]

综上所述，提高 TMR 比值的方法至少有以下几种，提高铁磁电极的自旋极化率（如寻找理想半金属）、利用特殊隧穿势垒（如 MgO）的对称性过滤特性、利用磁性势垒的自旋过滤特性（如 CrI_3）、利用共振隧穿原理（如双势垒隧道结）等。

7.3 ▶ 自旋转移力矩和自旋轨道力矩效应

7.3.1 自旋转移力矩效应

调控磁性材料磁矩状态最普遍的方式是外加磁场。例如，第一代磁随机存储器便是磁场驱动的，如图 7-12 所示。磁性隧道结是存储器单元的核心结构，其中自由层磁矩可翻转，而钉扎层磁矩固定。数据 0、1 以隧道结的平行和反平行状态或者低电阻和高电阻状态来反映。写入电流通过感生的磁场（又称奥斯特场）来控制自由层的磁矩方向，从而实现数据 0、1 的写入。磁随机存储器的优点是能将非易失性引入存储器中，但是通过电流产生的磁场翻转磁矩，功耗很高，而且这种技术不能支持单元小型化。

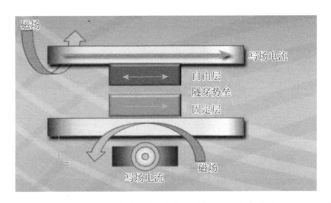

图 7-12   Toggle 型磁场驱动型磁随机存储器单元（图片来自 Everspin 公司）

1996 年，Slonczewski[29]和 Berger[30]提出了利用自旋极化电流驱动磁矩动力学的物理图像，并修正了经典的自旋动力学方程——Landau-Lifshitz-Gilbert（LLG）方程。经典 LLG 方程如式（7-1）所示

$$\frac{\mathrm{d}\boldsymbol{m}}{\mathrm{d}t} = -\gamma\boldsymbol{m}\times\boldsymbol{H} + \alpha\boldsymbol{m}\times\left(\frac{\mathrm{d}\boldsymbol{m}}{\mathrm{d}t}\right) \qquad (7\text{-}1)$$

其中，$\boldsymbol{m}$ 代表磁矩方向的单位矢量；$\boldsymbol{H}$ 是磁矩感受到的有效磁场；γ 是旋磁比；α 是阻尼因子。LLG 方程右侧第一、二项分别称为进动项和阻尼项，其方向如图 7-13 所示。顾名思义，进动项使磁矩绕有效场旋转；阻尼项使磁矩偏向有效场。

而 Slonczewski[29]和 Berger[30]意识到：在磁性隧道结中，被钉扎层（$\boldsymbol{m}_\mathrm{p}$）极化的电流进入自由层（$\boldsymbol{m}$）后，极化电流的自旋方向将从 $\boldsymbol{m}_\mathrm{p}$ 逐渐旋转到 $\boldsymbol{m}$ 的方向上。在这个过程中，自旋极化电流向周围环境转移了一部分自旋角动量 $\boldsymbol{m}-\boldsymbol{m}_\mathrm{p}$。而周围

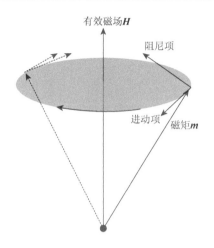

图 7-13 LLG 方程中各参量的方向示意图

环境——自由层刚好吸收了这部分自旋角动量，并且自由层的磁矩在这部分角动量的驱动下，开始发生变化。这部分角动量会对自由层提供力矩的作用。该力矩又称为自旋转移力矩（spin transfer torque，STT）。它的形式为 $\sigma m \times (m_p - m) \times m$ 或 $\sigma m \times m_p \times m$，$\sigma$ 为自由层接收的 STT 绝对值。这个过程的物理图像如图 7-14 所示[31]。修正后的 LLG 方程被更名为 LLGS 方程，见式（7-2）。其中简称中的 S 便是指物理学家 Slonczewski，LLGS 方程的最后一项称为逆阻尼力矩项（antidamping torque）或自旋转移力矩项或 Slonczewski 力矩项。

$$\frac{\mathrm{d}m}{\mathrm{d}t} = -\gamma m \times H + \alpha m \times \left(\frac{\mathrm{d}m}{\mathrm{d}t}\right) + \sigma m \times m_p \times m \tag{7-2}$$

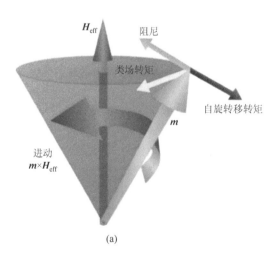

(a)

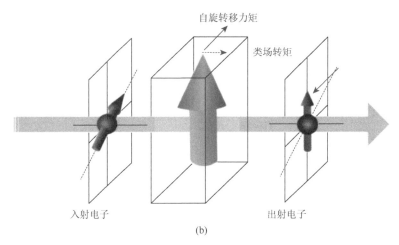

图 7-14   （a）LLGS 方程不同力矩的方向示意图；（b）自旋转移力矩的作用原理图[31]

自旋转移力矩引起的自旋波激发随后在点接触金属多层膜[32]、锰氧化物器件[33]中被观察到。然后自旋转移力矩引起的磁矩翻转也在金属多层膜，如 Co/Cu/Co 纳米柱构成的器件中被观察到[34, 35]。图 7-15 显示了典型的电流驱动（或者自旋转移力矩驱动）的磁矩翻转与磁场驱动的磁矩翻转的差别[36]。

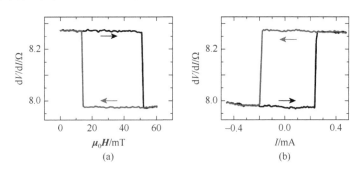

图 7-15   室温磁场（a）和电流（b）驱动的磁矩翻转。样品为 20 nm $Ni_{81}Fe_{19}$/12 nm Cu/4.5 nm $Ni_{81}Fe_{19}$ 纳米柱[36]。已施加偏置磁场使电阻-电流曲线关于 $I = 0$ 对称

根据 LLGS 方程的预言，电流驱动的自旋动力学过程至少包括两种类型，如图 7-16 所示[37]。图 7-16 中，假设磁体的各向异性能相对于外加磁场诱导的塞曼能可忽略不计，此时系统的能量唯一地由外加磁场决定，自旋转移力矩的极性受外加电流控制。下面假设电流引起的自旋转移力矩的方向与阻尼力矩相反。在这些假设下，随着电流密度的增大，系统将可能处于以下三种状态：

（1）自旋转移力矩＜阻尼力矩：磁矩缓慢地弛豫到外加磁场方向。

（2）自旋转移力矩＝阻尼力矩：磁矩最终将绕着固定的轨道进动。

（3）自旋转移力矩＞阻尼力矩：磁矩将翻转到与外加磁场反平行的状态。

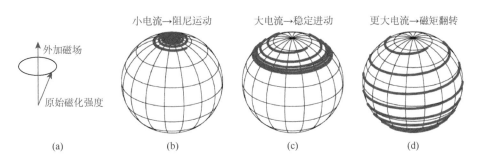

图 7-16 （a）外加磁场和初始磁矩位置；分别由小电流、大电流和更大电流诱导的磁矩弛豫至外加磁场方向（b）、（c）稳定进动和（d）磁矩翻转过程的动力学模拟结果[37]

在 Slonczewski[38]预言了自旋转移力矩驱动自旋动力学效应后，这一过程随即在纳米多层膜、纳米柱器件或者点接触实验布置中被观察到[39-42]，验证了该理论的正确性。典型的测量布置，以纳米柱器件为例，如图 7-17 所示。在 GMR 结构（如 Co/Cu/Co 或者 Py/Cu/Py）的纳米柱中通入直流电流，对整个器件沿合适的方

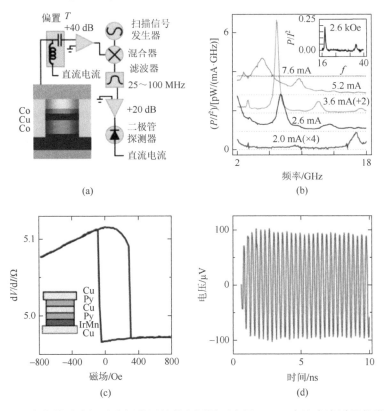

图 7-17 （a）自旋转移力矩纳米振荡器结构和测量示意图；（b）直流电流诱导的微波发射功率密度谱，反映频域信息，该器件结构为 Co/Cu/Co 纳米柱[40]；（c）Py/Cu/Py 纳米柱结构的 GMR 效应；（d）Py/Cu/Py 纳米柱的微波发射性能时域的测试曲线[42]

向施加外加磁场以约束进动轨迹和频率。当直流电流大到一定的程度，自由层磁矩开始发生进动，使 GMR 结构中两层磁矩在平行态和反平行态之间来回振荡。这种磁结构的振荡又使得纳米柱在低组态和高组态之间周期性切换。需要注意，此时器件同时通入了直流电流。根据欧姆定律，直流电流乘以交变电阻，最终在纳米柱两端输出交变电压，这便是 STT-纳米振荡器的工作原理。因为自由层的进动频率以及进动幅度（与进动角大小有关）均与外加电流和外加磁场有关，因此最终输出的微波功率和频率也可以受外加磁场和电流的调控，如图 7-17（b）所示[40]。图 7-17（c）和（d）是另外一种器件中测得的微波发射的时域信号，纳米柱两端周期性振荡的电压清晰可辨[42]。

Co/Cu/Co 的微波发射性能受外加磁场和电流调控。发射功率与磁场、电流的相图如图 7-18（a）和（b）所示。P 代表平行态；AP 代表反平行态；P/AP 代表双稳态；S 代表自由层的小角度进动；L 代表自由层的大角度进动。大角度进动又可进一步细分出面外进动。这里需要指出，为了获得更高的输出功率，器件在工作时既需要大的磁电阻比值，又需要大的进动幅度，以充分发挥大磁电阻效应的优势。在兼顾两者的情况下，获得的最强输出功率出现在相图的右上方，如图 7-18（c）所示。

基于 GMR 或者 TMR 结构的自旋纳米振荡器具有体积小（100 nm 量级或更小）、微波频率可调（若干 GHz 到几十 GHz 之间可调）、微波功率可调、易于芯片集成等优点，在微波通信、精确定位、微波检测等领域具有广阔的应用前景。

除了微波振荡器，自旋转移力矩更大的应用场景在于磁随机存储器领域。上面已提到，磁场驱动的 MRAM 器件功耗高、很难小型化。现在很多公司，包括三星、台积电、IBM 等都在研发自旋转移力矩型磁随机存储器（STT-MRAM），如图 7-19（a）所示。相对于第一代的器件，该器件以自旋极化电流进行数据的写入，功耗可以降得更低。2017 年，IBM 演示了直径 11 nm、写入电流 7.5 μA@10 ns、误码率低于 7×10^{-10} 的垂直型 STT-MRAW 单元。三星和台积电对外发布消息[43, 44]，于 2018 年可量产 STT-MRAM 的产品。这将是自旋电子学领域继硬盘磁头又一个可大规模商业应用的纳米器件。

7.3.2   自旋轨道力矩效应

产生自旋力矩的方法除了自旋转移力矩，还有近几年刚刚兴起的自旋轨道力矩（spin orbit torque，SOT）[45-49]。利用 SOT 原理进行信息写入的 MRAM，称为 SOT-MRAM，如图 7-19（b）所示。相比于 STT-MRAM 单元器件，SOT-MRAM 单元器件能实现读写分离，从而最大限度地降低了隧穿势垒被电流击穿的风险，提高了器件的可操作次数。同时，后面将会提到，SOT 翻转速度要远快于 STT 翻转速度。因此，SOT-MRAM 适用于对稳定性和速度要求极为苛刻，对容量大小要求宽泛的应用场景，如缓存等。下面首先介绍自旋轨道力矩效应，然后重点介绍自旋轨道力矩驱动的磁矩翻转效应。

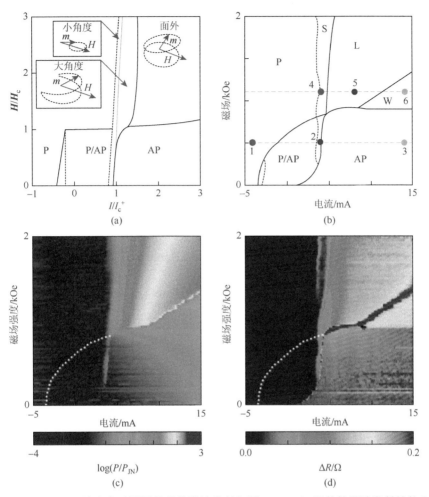

图 7-18　（a，b）理论和实验测量获得的微波发射相图；（c，d）器件的微波发射性能和磁电
阻随磁场和电流的变化图，它们与理论计算结果吻合很好[40]

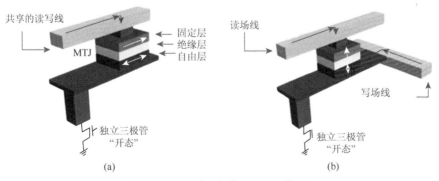

图 7-19　两种可行的 MRAM 单元

（a）STT-MRAM 单元；（b）SOT-MRAM 单元

　　早在 1971 年，Dyakonov 和 Perel[50]便在文章 "Possibility of orienting electron spins with current" 中预言了自旋霍尔效应的存在。文章标题即他们的预测结果或者自旋霍尔效应的实质：利用电流来排列自旋的取向。当然更细节的解读如下：无自旋极化的纵向电流（沿 x 方向），通过自旋轨道耦合作用，不同自旋取向的电子（如沿 z 轴向上和向下的电子）将在横向（y 轴方向）沿相反的方向发生散射，如向上的电子向 $+y$ 方向散射，而向下的电子向 $-y$ 方向散射，从而产生横向纯自旋流。这也称为正自旋霍尔效应。它的逆效应即逆自旋霍尔效应，则是横向的纯自旋流，通过自旋轨道耦合作用，产生纵向的电荷流，如图 7-20 所示。1984 年，Bakun 等[51]利用光学方法验证了逆自旋霍尔效应（inverse spin Hall effect，ISHE）的存在：利用圆偏振光辐照 $Ga_{0.73}Al_{0.27}As$ 半导体，激发出自旋极化的光生载流子。这些载流子再向未辐照的区域扩散产生自旋流，并通过逆自旋霍尔效应产生电压信号。他们还利用磁场来加速自旋的弛豫——Hanle 效应来观察电压信号的变化，进一步验证逆自旋霍尔效应。

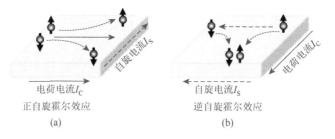

图 7-20　正自旋霍尔效应（a）和逆自旋霍尔效应（b）示意图。前者是电荷流通过自旋轨道耦合产生自旋流；而后者是自旋流通过逆过程产生电荷流

　　自旋霍尔效应预言和逆自旋霍尔效应发现之初，并未获得足够的重视。1999 年，Hirsch[52]和 Zhang[53]又从理论上 "发现" 了它，强调了它在产生自旋流和自旋积累方面的潜在价值，从而引起了自旋电子学界的广泛关注。2004 年，Kato 等[54]利用分辨率极高的磁光 Kerr 显微镜：一种对磁化强度敏感的显微设备，在 GaAs 材料中首次直接观察到正自旋霍尔效应，如图 7-21 所示。

　　2006 年，Valenzuela 和 Tinkham[55]利用非局域自旋阀（nonlocal spin valve）结构和电学方法测量了金属 Al 的逆自旋霍尔效应和自旋霍尔角。此处自旋霍尔角 θ_{SH} 被定义为自旋霍尔电导率与正常电导率的比值，或者横向自旋流密度和纵向电流密度的比值，反映了自旋流-电荷流的转换效率。2007 年，Kimura 等[56]利用改进的非局域自旋阀结构测量了重金属 Pt 的正/逆自旋霍尔效应以及 θ_{SH}，他们的测量布置和实验结果如图 7-22 所示。具体测试原理如下。

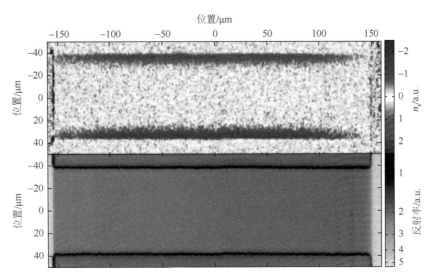

图 7-21　GaAs 正自旋霍尔效应观测图。下图中两条黑线是 GaAs 样品边界。上图为 GaAs 在加载电流后进行磁光 Kerr 显微镜观测的结果。在两侧边界上积累了向上和向下取向的净余自旋，且自旋积累随着远离边界的距离增加而指数衰减[54]

　　在进行逆自旋霍尔效应测量时，电流从 1 点流入，从 4 点流出。在 1 点附近，因为电流垂直流经 Py/Cu，自旋流和电荷流将被同时注入非磁性的 Cu 中。此处，Py 指代一种 NiFe 合金，它是磁性金属材料。在 2 点处，电荷流将转向 90°，流向 4 点。而自旋流将继续沿 2-3 方向扩散。经过 2 点后，自旋流和电荷流分离开来，独自输运。在 3 点处，纯自旋流将被重金属 Pt 吸收。还需要注意，在进行逆自旋霍尔效应测量时，磁场沿 1-3 方向施加。因此自旋流的极化方向也沿着 1-3 方向。在自旋流被 Pt 吸收的过程中，沿 x 方向极化的自旋流沿 z 轴方向传播，经自旋霍尔效应作用后，将沿 y 轴方向偏转，因此可在 y 方向上探测到电压信号。而且当外加磁场反转 Py 的磁矩方向时，电压信号的极性将也反转，如图 7-22（c）和（d）所示。在进行正自旋霍尔效应测量时，电流沿 Pt 条传播，

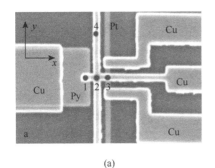

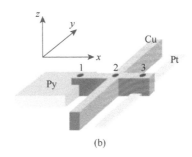

(a)　　　　　　　　　　　　　　　(b)

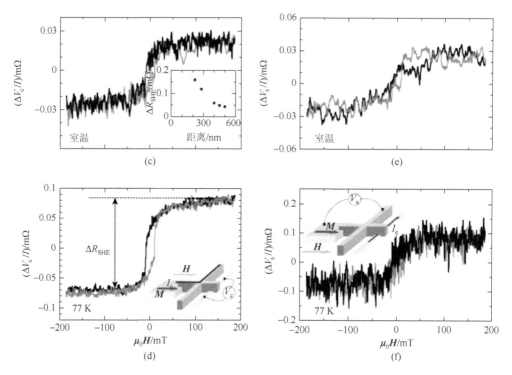

图 7-22 （a，b）Py/Cu/Pt 非局域自旋阀扫描电镜图和三维示意图；（c，d）室温和低温下逆自旋霍尔效应测量结果；（e，f）室温和低温下正自旋霍尔效应的测量结果[56]

产生沿 x 方向极化沿 z 方向输运的纯自旋流。这个自旋流将进入 Cu 中，并进一步扩散至 1 点 Py/Cu 电极处，并通过 Py 和 Cu 之间的电压差反映出来，如图 7-22（e）和（f）所示。Kimura 等[56]的研究还表明正自旋霍尔效应和逆自旋霍尔效应满足 Onsager 关系。

2011 年，Miron 等[45]在 Pt/Co/MgO 三明治结构中利用面内电流翻转了具有垂直各向异性的 Co 层。2012 年，Liu 等[47]在几乎相同的材料体系和实验布置下观察到非常类似的电流翻转磁矩的现象。他们的测量布置如图 7-23 所示，利用霍尔条结构测量反常霍尔电阻，用以跟踪 Co 层的磁矩方向。在霍尔条的一个支路上沿 y 方向施加电流，在另一正交支路上沿 x 轴测量霍尔电压，同时沿 y 方向施加一个固定磁场。当电流超过某一阈值时，磁矩可发生确定性的翻转，如图 7-23（c）和（f）所示。外加磁场的极性可以影响电流翻转磁矩的方向性。

Liu 等[47]还提出了一个简化的单畴模型，用以解释所观察到的现象。根据 LLGS 方程，在稳态条件下，$0 = -\gamma \boldsymbol{m} \times \boldsymbol{H}_{\text{eff}} + \boldsymbol{m} \times \boldsymbol{\sigma} \times \boldsymbol{m}$。其中，$\boldsymbol{H}_{\text{eff}}$ 由系统能量 E 根据关系式 $\boldsymbol{H}_{\text{eff}} = -\partial E / \partial \boldsymbol{m}$ 确定。而系统能量包括两项，一项是各向异性能

$-K\sin^2\theta$；另一项是外加磁场诱导的塞曼能$-\boldsymbol{m}H\cos\theta$。$K$是各向异性能常量；$\boldsymbol{H}$是外加磁场的强度；$\theta$是磁矩的角度；定义如图 7-23（b）所示。根据上述 LLGS 的稳态方程，不难得到式（7-3）

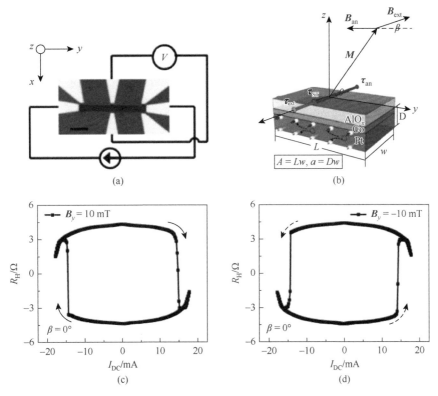

图 7-23　（a）霍尔条结构的光学显微镜图像；（b）决定系统状态的各力矩项以及它们的方向，这些力矩包括各向异性能导致的力矩、外加磁场引起的力矩以及 Pt 中的自旋轨道力矩（角度 β 接近 0°）；（c，d）在 $\boldsymbol{B}_y = 10$ mT 和 –10 mT 条件下，磁矩随外加电流的翻转曲线，相反的外加磁场会导致相反的翻转方向[47]

$$H_K \sin\theta\cos\theta - H\sin\theta - \boldsymbol{\sigma} = 0 \qquad (7\text{-}3)$$

其中，$H_K = 2K/m$ 为磁性层的各向异性场。上式的三项分别是各向异性场力矩项、外加磁场力矩项和由自旋霍尔效应导致的自旋轨道力矩项，它们均沿 x 轴方向，三个力矩的平衡条件决定着系统的终态。上述模型可以定性重复出实验结果，包括不同 $\boldsymbol{H}$ 的极性影响翻转方向的现象，如图 7-24 所示。临界翻转电流密度或临界自旋轨道力矩 $\sigma_C = H_K / 2 - H / \sqrt{2}$。外加磁场强度增大，导致临界翻转电流密度下降。临界翻转电流密度主要取决于各向异性能。

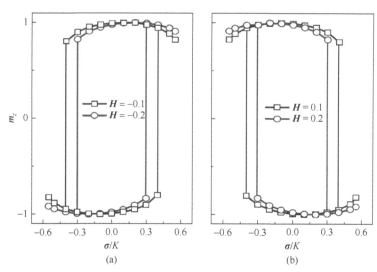

图 7-24　负磁场（a）和正磁场（b）条件下的电流翻转曲线

外加磁场强度的增大将导致临界翻转电流密度的降低

　　Liu 等[46]还在 Ta/CoFeB/MgO/CoFeB 三端口隧道结中实现了自旋轨道力矩驱动的磁矩翻转，如图 7-25 所示。重金属 Ta 中的写入电流，通过自旋霍尔效应产生自旋流。与图 7-23 的例子不同，此处自由层 CoFeB 的易磁化轴与自旋流的极化方向共线而非垂直。此时自旋流被 CoFeB 吸收后将以传统 STT 效应来翻转磁矩。这种情况下的自旋动力学行为非常类似于磁性隧道结中 STT 效应导致的动力学行为。Liu 等又在隧道结上施加一个小的电流来读取自由层的磁矩状态，通过自由层与参考层磁矩的相对取向，如图 7-25（b）所示。在这个器件中，他们成功地演示了三端口 SOT-MRAM 单元器件的工作原理。

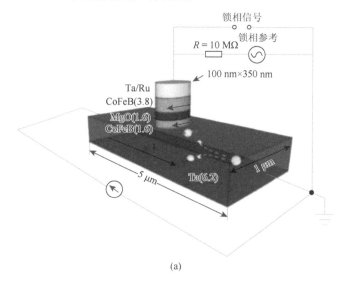

(a)

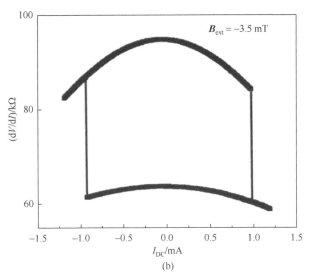

(b)

图 7-25　（a）三端口 SOT-MRAM 单元的结构示意图；（b）相应的电流磁矩状态关系图[46]

　　在上面的 SOT-磁矩翻转案例中，实际上只考虑了自旋霍尔效应的影响，从自旋动力学的角度分析，只利用了逆阻尼自旋轨道力矩项（antidamping- like torque）。对于很多垂直磁性薄膜体系，如 Ta/CoFeB/MgO 体系[46, 49, 57]，还存在着非常强的类进动项力矩（又称类场项，field-like torque）。这个力矩的一个可能来源是 CoFeB 两层界面的 Rashba 效应[58]。考虑这一项的影响后，自旋动力学方程演变成式（7-4）。新引进的参数 b 描述类场项与逆阻尼项的相对比例。类场项和逆阻尼项具有一个特点：两者恒正交。利用这一特点，张轩等[49]设计了一种新的 SOT-磁矩翻转测量方法，用以研究新的力矩项-类场项对自旋翻转动力学的影响，如图 7-26 所示。

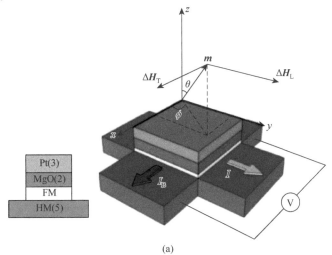

(a)

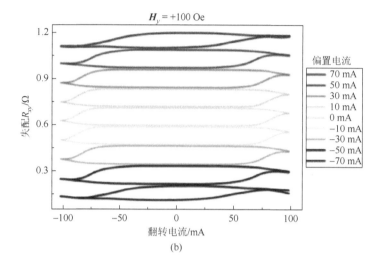

(b)

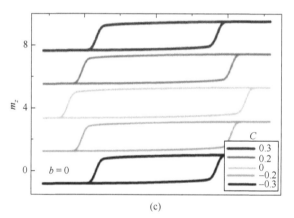

(c)

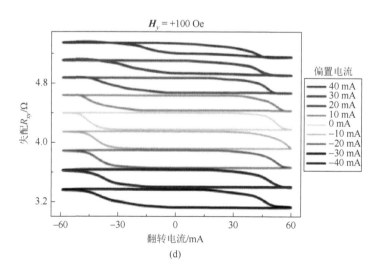

(d)

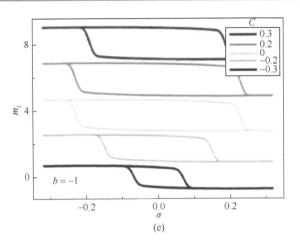

图 7-26　（a）双电流 SOT-磁矩翻转的实验测量布置示意图；（b, c）对类场项力矩可忽略不计的 Pt/Co/MgO 体系进行双电流翻转测试的实验曲线图（b）和宏自旋模拟图（c）；（d, e）对类场项力矩非常显著的 Ta/CoFeB/MgO 体系进行双电流翻转测试的实验曲线图（d）和宏自旋模拟图（e）[49]

$$\frac{\mathrm{d}\boldsymbol{m}}{\mathrm{d}t} = -\gamma \boldsymbol{m}\times\boldsymbol{H} + \alpha \boldsymbol{m}\times\left(\frac{\mathrm{d}\boldsymbol{m}}{\mathrm{d}t}\right) + \boldsymbol{m}\times\boldsymbol{\sigma}\times\boldsymbol{m} + b\boldsymbol{m}\times\boldsymbol{\sigma} \qquad (7\text{-}4)$$

测量布置如图 7-26（a）所示，在 y 方向施加翻转电流 I（switching current），沿 y 方向施加固定的偏置磁场 $\boldsymbol{H}$，这与图 7-23 的测量布置类似。张轩等的测量方法的新颖之处在于利用另外一个与 I 正交的电流——偏置电流 I_B（bias current）来调控 SOT 的翻转。因为 I 和 I_B 同样正交，因此 I_B 产生的逆阻尼力矩项和类场力矩项将分别与 I 产生的类场力矩项和逆阻尼力矩项具有完全相同的方向性。正是利用这一原理，他们可以利用 I_B 的逆阻尼项力矩来模拟 I 类场项力矩的作用和影响，如图 7-26（b）～（e）所示。

为了定量分析，考虑这一系统的宏自旋模型，并加入 I 和 I_B 的两种力矩对自旋动力学的影响，不难得到系统的力矩平衡方程，如式（7-5）所示

$$\sin\theta\cos\theta - h_y^{\mathrm{eff}}\cos\theta\sin\phi + \sigma^{\mathrm{eff}}\sin\phi = 0 \qquad (7\text{-}5\mathrm{a})$$

$$h_y^{\mathrm{eff}} = \frac{\sigma^2(b^2+1)(c^2+1) + h_y^2 - 2bc\sigma h_y}{h_y - \sigma\cos\theta - bc\sigma} \qquad (7\text{-}5\mathrm{b})$$

$$\sigma^{\mathrm{eff}} = \sigma\frac{h_y(1+\cos^2\theta)}{h_y - \sigma\cos\theta - bc\sigma}$$

因为图 7-26（a）和图 7-23（b）对 θ 的定义相差 90°，因此式（7-3）中第二项的 $\sin\theta$ 变成了式（7-5a）中的 $\cos\theta$ 项。除此之外，式（7-5a）可以理解为式（7-3）的推广，它们均由三项构成，从左往右，分别代表各向异性场产生的力矩、外加

磁场或等效外加磁场产生的力矩以及有效自旋轨道力矩。式（7-5b）则概括了偏置电流与类场项力矩对等效磁场以及等效力矩的影响。其中参数 b，如上面所示，代表类场项与逆阻尼项的相对比例；参数 c 则代表偏置电流相对翻转电流的比例（$c = I_B/I$）；参数 $h_y = H_y/H_K$。

下面分三种情况讨论式（7-5）。

（1）当 $b = 0$ 且 $c = 0$ 时，式（7-5）退化为 $\sin\theta\cos\theta - h_y\cos\theta + \sigma = 0$，与式（7-3）一致。

（2）当 $b \neq 0$ 且 $c = 0$ 或者 $b = 0$ 且 $c \neq 0$ 时，有效场 h_y^{eff} 将随着非零的 b 或 c 以 b^2 或 c^2 的方式增加。参数 b 和 c 的作用在这两种情况下是完全等价的，这也就是在类场力矩可忽略的体系中（如 Pt/Co/MgO 体系），张轩等可以用偏置电流的逆阻尼项来模拟翻转电流的类场力矩的数学物理基础。从图 7-26（b）可见，随着偏置电流的增大，无论其极性如何，临界翻转电流密度均显著降低。图 7-26（c）从宏自旋模型的角度很好地重复了实验观测。这一结果还意味着，提高体系的类场项力矩，将非常有利于降低临界翻转电流密度。

（3）当 $b \neq 0$ 且 $c \neq 0$ 时，从实验结果看 [图 7-26（d）]，唯有合适极性的偏置电流才能显著降低临界电流密度。而模型结果图 7-26（e）很好地复现了这一趋势。这种利用 I_B 对 SOT-磁矩翻转进行不对称调控的方法可应用于后续的自旋霍尔逻辑器件中。

下面将详细介绍实现磁矩翻转的不同器件构型或磁结构构型。在此期间，我们还将穿插介绍免除外加磁场的技术途径，毕竟真实的磁随机存储器工作在无外加磁场环境下。

经典 SOT-磁矩翻转的器件构型包括图 7-23 和图 7-25 所示的两种。2016 年，Fukami 等[48]开发了第三种 SOT-磁矩翻转构型，并与前两者做了细致对比，如图 7-27 所示。三种不同构型的分类标准是易轴的取向。易轴沿 i 方向的磁矩翻转，被称为 i 类 SOT 翻转。图 7-23 和图 7-25 分别对应 z 类和 y 类翻转。Fukami 首先演示了 x 类翻转。其中，y 类翻转与经典的 STT-磁矩翻转过程类似，磁矩的易轴与自旋流极化方向平行。在翻转启动前，磁矩需要经历一个漫长的进动过程，才能最终翻转到反方向，因此这类翻转的速度较慢。而 x 类和 z 类翻转则属于另一类能够实现快速翻转的类型，因为在它们的翻转过程中，起始的进动过程可以免除。不过这两种类型分别需要垂直和面内磁场的辅助才能实现磁矩的确定性翻转。实际上，与 z 类构型相比，x 类构型只是将 z 类构型的易轴和偏置磁场绕着自旋极化方向（此处为 y 轴）旋转 90°，所以这两种构型的动力学过程非常类似。由于垂直磁记录材料、垂直型磁随机存储器的兴起，研究者更关注 z 类型的翻转。下面将就 z 类型的零磁场 SOT-翻转做详细介绍。

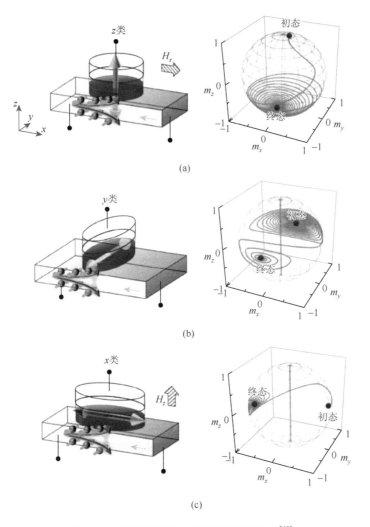

(a)

(b)

(c)

图 7-27　三种不同的 SOT-磁矩翻转构型[48]

（a）z 类；（b）y 类；（c）x 类。分类标准以易轴的取向为准

在 z 类构型中，水平偏置场是必不可少的。但是为了应用上的方便，必须取消这个外加的偏置磁场，代之以合适的有效磁场。为此，自旋电子学界尝试了几种方法。于国强等[59]利用楔形薄膜结构实现了零磁场的翻转，并将对称性破缺的机制归因于薄膜结构的不对称。Fukami 等[60]则利用 PtMn 反铁磁材料提供的水平交换偏置场以及这种材料本身的自旋霍尔效应实现了垂直磁性层 [Co/Ni]$_n$ 多层膜的零磁场翻转，如图 7-28 所示。零磁场的磁矩翻转方向取决于交换偏置的方向。

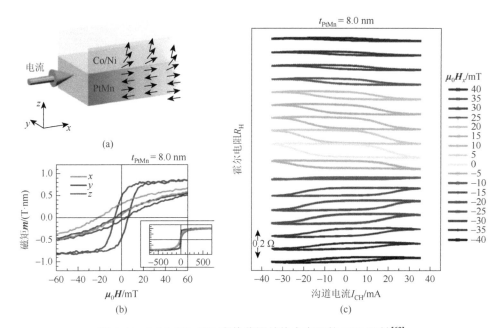

图 7-28　PtMn/[Co/Ni]$_n$ 交换偏置结构中实现的 SOT 翻转[60]

（a）结构示意图；（b）$\textbf{\textit{M-H}}$ 曲线测量，交换偏置方向沿 x 方向；（c）沿 x 方向施加电流和磁场的磁矩翻转曲线，在零外加磁场条件下，可实现电流驱动的磁矩翻转

　　Lau 等[61]则利用铁磁层之间的交换耦合效应实现了磁矩的零磁场翻转，如图 7-29 所示。核心结构如下：利用 Pt 的自旋霍尔效应提供自旋轨道力矩。底层 CoFe 具有垂直易轴，顶层 CoFe 具有面内易轴。两者通过中间层 Ru 发生反铁磁或铁磁耦合，这取决于 Ru 的厚度。IrMn 是反铁磁材料，用于交换偏置顶层的 CoFe，提高顶层 CoFe 沿 x 方向的各向异性能。电流翻转数据显示零磁场翻转可以实现，且反铁磁和铁磁耦合条件下的翻转方向刚好相反。反铁磁和铁磁耦合分别对应零磁场条件下的顺时针和逆时针翻转。因此可通过控制耦合类型来控制翻转方向。

　　此后，Oh 等[62]和 Baek 等[63]也分别在 IrMn 交换偏置体系和平面 CoFeB/Ti/垂直 CoFeB 交换耦合体系均观察到零磁场电流驱动的翻转行为。对于磁随机存储应用而言，实现零磁场条件下的磁矩翻转效应已经能够满足应用要求。不过在上述工作中，SOT-磁矩翻转的方向受交换偏置方向、交换耦合层的磁矩方向或者薄膜结构不对称的方向所限制，只能实现顺时针或逆时针的翻转。这对于逻辑或者控制等应用而言，不免损失了 SOT-磁矩翻转的灵活性。实际上，如图 7-23（c）和（d）所示，SOT-磁矩翻转的方向性可受外加磁场灵活控制。为了恢复 SOT 翻转的这种手性可调性——顺/逆时针的翻转方向，自旋电子学界也做了很多努力。Cai 等[64]利用铁磁/铁电复合结构实现了翻转方向可控的 SOT 翻转。而王潇等[65]则利用交换耦合效应在普通的硅基底上实现了零磁场条件下的电流驱动磁矩翻转。更重要的是，他们还在同一结构中在不同的临界电流密度下实现了面内层磁矩和垂直层磁矩的翻转，具体情况如图 7-30 所示。

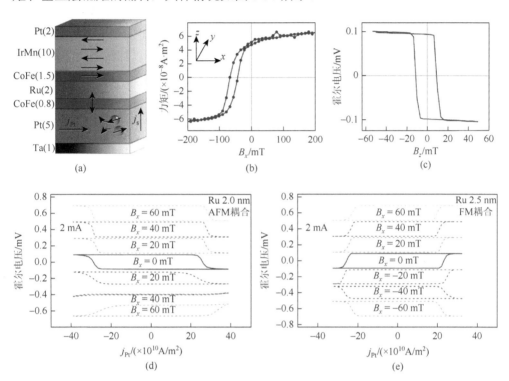

图 **7-29** （a）Ta/Pt/CoFe/Ru/CoFe/IrMn/Pt 薄膜结构；其中顶层（b）和底层（c）CoFe 分别具有平面和垂直的磁各向异性。其中（b）面内各向异性的 CoFe 层还被反铁磁层 IrMn 将易轴方向交换偏置到 x 方向。最重要的是两层 CoFe 通过 Ru 层交换耦合，其中 2.0 nm 和 2.5 nm 的 Ru 分别可以中介反铁磁（AFM）和铁磁（FM）耦合作用；（d, e）是反铁磁和铁磁交换耦合条件下的电流驱动的磁矩翻转，两者均实现了零磁场条件下的磁矩翻转，且翻转方向相反。前者和后者分别为顺时针翻转和逆时针翻转[61]

样品为 Pt/p-Co/Ru/i-Co/Pt，p 和 i 分别包含垂直和面内的含义。其中顶层和底层的 Pt 可以向磁性三明治结构施加极性相反的自旋轨道力矩。磁性层 p-Co 和 i-Co 分别代表具有垂直各向异性和面内各向异性的 Co 薄膜。它们之间通过 Ru 层反铁磁耦合。而且顶层 i-Co 具有 y 方向的单轴各向异性。该方向的单轴各向异性可通过带诱导磁场的退火或生长工艺诱导出来。因此 p-Co 将感受到来自 i-Co 的 y 方向的有效磁场。

与图 7-26（a）的测量布置类似，两路电流可以沿两个正交的方向施加到器件上，如图 7-30（a）和（b）示意图中的蓝色箭头所示。不同的电流加载方式对应不同的 SOT 翻转模式，同时被翻转的磁层也将有所不同。当翻转电流沿 y 轴方向施加时，自旋流极化方向 σ 沿 x 方向，与 i-Co 的易磁化轴垂直，暂不能翻转面内层磁矩。但是加上"p-Co 受到 y 方向有效磁场"的条件后，p-Co 刚好满足 z 类 SOT 翻转构型。此时 p-Co 可翻转而 i-Co 受对称性保护不能翻转。当偏置电流沿 x 方向施加时，σ 沿 y 方向，与 i-Co 的易轴平行，满足 y 类 SOT 翻转构型。但是此时 p-Co 的 z 类 SOT 翻转条件被破坏。因此，此时 i-Co 可发生 y 类构型的翻转而 p-Co 受对称性保护而保持稳定。总之，不同方向的电流可以翻转不同的磁性层。图 7-30（c）～（f）是实测曲线。

当施加 y 轴电流时，王潇等[65]观察到初始磁场依赖的零磁场翻转行为，如图 7-30（d）所示。初始磁化的磁场施加在 y 轴方向，它可以定义 i-Co 的磁化方向，进而控制 p-Co 所感受到的有效场方向，从而影响 z 类 SOT 翻转的方向。当沿 x 轴施加偏置电流时，i-Co 的磁化方向将受该偏置电流的影响，进而影响 p-Co 的 z 类翻转行为，如图 7-30（c）和（e）所示。从效果上来看，x 轴的偏置电流起到与 y 轴初始偏置磁场类似的作用——控制 i-Co 的磁化方向。最后，王潇等通过 p-Co 在 z 类模式中翻转方向的变化来推测 i-Co 的临界电流密度，如图 7-30（f）所示，测量曲线满足 y 类 SOT 翻转的线型。

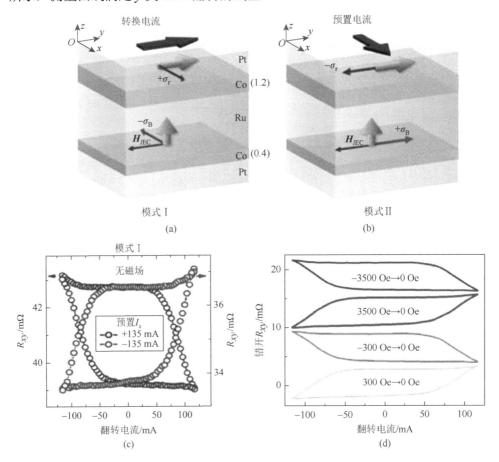

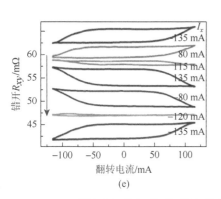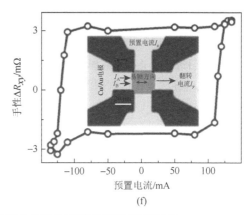

图 7-30　Pt/p-Co/Ru/i-Co/Pt 交换耦合体系的双模式 SOT-磁矩翻转

（a）z 类翻转模式和（b）y 类翻转模式的示意图；（c）施加 + /–135 mA 偏置电流后，利用电流翻转垂直磁矩的测试曲线。+ /–偏置电流分别对应顺时针/逆时针翻转；（d）z 类翻转模式的测量曲线；（e）不同偏置电流施加后，z 类翻转模式的测量曲线，偏置电流可以改变 z 类翻转模式的方向和翻转幅度；（f）y 类翻转模式的测量曲线[65]

　　至此，为发展后"摩尔"时代的磁随机存储器技术，自旋电子学专家针对所需的 GMR 效应、TMR 效应、自旋转移力矩效应、自旋轨道力矩效应或周边科技进行了大量的基础和应用基础研究，为后续开发准备了一个"百宝箱"，使我们能够灵活调控存储器的读写特性以及器件的灵活性和多功能性。不过现在弹冠相庆还为时尚早，功耗依然是横亘在磁随机存储器发展道路上的一道难关。自旋电子学界还需进一步丰富"百宝箱"的深度和广度，使磁随机存储器乃至自旋逻辑器件尽早进入我们的日常生活中。

7.4　半导体和金属基自旋注入、调控及探测

　　自旋电子学的核心目标之一是利用电子自旋属性实现信息的处理和存储。其中存储功能已在磁随机存储器、硬盘等电子器件中得以实现；而自旋的信息处理功能还亟待开发。Datta 和 Das 早在 1990 年便在论文"Electronic analog of the electro-optic modulator"提出了一种可能的自旋信息处理方案——自旋场效应晶体管。在这种晶体管中，人们可以通过铁磁金属源电极（source）将自旋注入半导体沟道（channel）中；然后利用门（gate）电极以及自旋轨道耦合效应（如 Rashba 效应）调控自旋在沟道中的进动和传输，包括控制自旋取向和自旋势大小等；最后利用另外一个铁磁漏（drain）电极检测自旋取向或者自旋势高低。该方案的优点是它能与现有微电子工艺兼容。

　　当然基于自旋操作的原理实现信息处理的方案还有很多。这些方案大部分包含三个步骤：①自旋注入；②自旋调控；③自旋探测。其中自旋调控可通过 Rashba

效应等实现[7, 66]；自旋探测可通过自旋势探测技术[67]或者圆偏振光学方法[7, 68, 69]实现。因此实现从铁磁体向非磁体的高效自旋注入，则成为自旋电子学器件的关键。

早在 1985 年，Johnson 和 Silsbee[67]就提出了通过非局域自旋阀（nonlocal spin valve）结构实现自旋注入和自旋探测的方案。自旋注入可通过铁磁薄膜/非磁沟道的欧姆接触或铁磁薄膜/隧穿势垒/非磁沟道的隧道结结构实现。他们工作的亮点在于通过非局域的几何测量布置（图 7-31）实现自旋流和电荷流的分离，从而极大地提高了自旋势探测的信噪比。

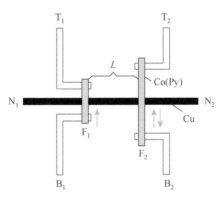

图 7-31　非局域自旋阀探测布置的示意图

黑条是自旋传输通道，如金属 Cu 纳米线；灰条是铁磁电极，如金属 Co 或者坡莫合金。两根灰条分别用于自旋注入和自旋势探测。测量时，在电极 N_1-T_1 间通入电流。自旋将从 F_1 中注入 Cu 中，并在 F_1 和黑条的接触点处实现自旋的注入和积聚。积聚的自旋在自旋势梯度的驱动下，从 F_1 处向 F_2 处扩散。当 L 小于或约等于自旋扩散长度时，可以在 F_2 处观测到自旋势的积累，它将以 Cu/F_2 之间的电势差体现出来。当 F_2 的磁化方向反转时，T_2-N_2 测得的电势差也将反号[70]。

非局域自旋阀探测自旋注入效应的实例如图 7-32 所示。电极 3-4 通入电流，实现自旋注入；电极 1-2 负责自旋势的探测。与图 7-31 的器件相比，这个器件的非局域磁电阻行为更加复杂，因为电极 1-4 均是磁性电极且它们之间的距离都与自旋扩散长度可比拟。具体非局域电阻-磁场依赖关系分析如下。

（1）当电极 3、4 的磁矩平行排列时，如"↓↓"磁矩结构，电流从电极 3 流入，从电极 4 流出石墨烯，在电极 3 和电极 4 附近分别发生了"↓"自旋的抽取和注入。因为电极 3 比电极 4 更接近探测电极，因此探测端积累的自旋为"↑"取向。此时电极 1、2 的磁矩方向也是"↓↓"，非局域电阻为正，且数值较小，为 2.3Ω。

（2）当电极 3、4 的磁矩反平行排列时，如"↑↓"磁矩结构，在电极 3 和电极 4 附近分别发生了"↑"自旋的抽取和"↓"自旋的注入，两者等效的结果均是"↓"自旋的注入。此时探测端积累的自旋也应该为"↓"取向，且积累的浓度较情况（1）要高。因此当依然用"↓↓"取向的探测电极 1、2 进行自旋积累测量时，首先信号极性会发生反转，从情况（1）的正号变成负号，且非局域电阻的数值变大为 3.5Ω。

（3）如果自旋注入端的磁矩取向不变，如"↑↓"磁矩结构，此时在探测端积累的自旋依然为"↓"取向。但是如果用"↓↑"取向的探测电极测量自旋积累，由于为电极 2 更靠近自旋注入端且它的取向相对于情况（2）发生了变化，测得的非局域电阻的符号相对于情况（2）也会发生转变，从负号变为正号。又因为"↓↑"探测电极比"↓↓"取向的电极能测得更大的自旋势，因此此时的信号达到 4 Ω。

（4）当磁场沿 z 轴方向施加且磁场强度不大的情况下，自旋积累的取向沿面内 y 轴，与磁场方向垂直。根据布洛赫方程[72]，积累的自旋会发生进动并加速弛豫，导致自旋势和非局域电阻的减小，如图 7-32（d）所示。这种效应称为 Hanle 效应。通过 Hanle 效应曲线的半高宽，人们可以获得这种材料的自旋弛豫寿命。对于图中的石墨烯而言，在不同的偏压条件下，它的自旋弛豫寿命约为 125 ps 和 155 ps。

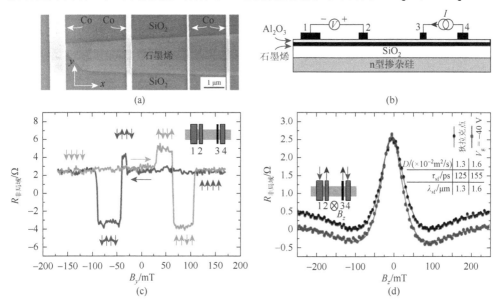

图 7-32 （a）石墨烯/Co 非局域自旋阀扫描电子显微镜图像；（b）测量布置的截面图；（c）施加 y 方向磁场时，非局域电阻随磁场的变化曲线；（d）施加 z 轴磁场时，非局域磁电阻随磁场的变化曲线[71]

非局域自旋阀非常适合于测量自旋弛豫长度较大的薄膜和二维材料。对于体材料，因为自旋扩散发生在三维方向上，非局域自旋阀的信号将极大地减弱。但是为了测量这些体材料的自旋弛豫时间，学界也开发了一些特殊的测量方法，如局域的两端法和三端法。其中三端法的测量布置如图 7-33 所示。

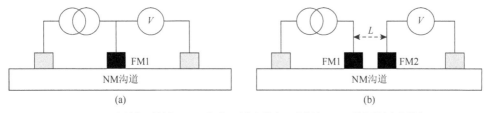

图 7-33 局域三端法（a）和非局域自旋阀四端法（b）的测量布置图

FM 和 NM 分别代表铁磁层和非磁层

　　局域三端法实际上测量的是铁磁电极/非磁导体的结电阻。当自旋从铁磁层向非磁层注入时，自旋会在非磁层中积累。积累的自旋会使得进一步的自旋注入变得更加困难，从而导致铁磁层/非磁层结电阻的增大。此时，如果利用一个垂直磁场使积累的自旋发生进动并加速其弛豫，积累的自旋浓度将下降，由自旋积累产生的额外结电阻也会下降，产生一个可观测的负磁电阻效应，这实质上是 Hanle 效应的结果。利用这个负磁电阻现象，能够在局域三端法测量布置中探测到自旋注入效应，并估算非磁性材料的自旋弛豫寿命。

　　2009 年，Dash 等[73]利用局域三端法成功地在室温下实现了硅基自旋注入，并利用 Hanle 效应，测量了室温下高掺杂 Si 的自旋弛豫寿命，如图 7-34 所示。该

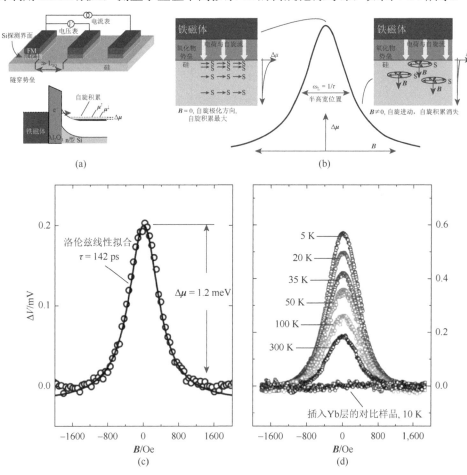

图 7-34　（a）三端法自旋注入测量布置；（b）Hanle 效应示意图，磁场导致进动，进动加速弛豫；（c，d）室温下和低温下在单晶 Si 中的自旋注入效应的 Hanle 测试曲线；（c）图显示了显著的负磁电阻效应，且磁电阻-磁场依赖曲线可以用洛伦兹线性很好地拟合；（d）图显示随着温度降低，半高宽变窄，自旋弛豫寿命变长，同时由自旋注入而导致的电压信号也逐步增强[73]

寿命约为 142 ps。对比 Dash 等[73]和 Tombros[72]等的工作，可以看出局域三端法和非局域自旋阀结构的测量优缺点，如表 7-1 所示。

表 7-1 局域三端法和非局域自旋阀四端法器件的测试优点和限制条件对比

对比维度	局域三端法	非局域自旋阀四端法
是否测量自旋弛豫时间	是	是
是否测量自旋扩散长度	否	是
适用体系	原则上所有导体	薄膜和二维材料
微加工的条件	低	高
特殊要求	需仔细排除电极磁电阻以及隧道各向异性磁电阻的影响	自旋扩散长度较大的材料体系

在这些测量方案的引导下，自旋注入效应已经成功地在如下非磁性材料中得以实现，包括金属 Cu[70]、Al[74]、Ag[75]、Au[76,77]，半导体 Si[73,78,79]、GaAs[80,81]、Ge[82]、SrTiO$_3$[83]，石墨烯[71,84-87]、MoS$_2$[88]等二维材料，Pt、Ta 重金属材料[89]等，详见表 7-2。这些工作，特别是 Si 和 GaAs 的自旋注入，推动了半导体基自旋电子学的发展。

表 7-2 部分材料的自旋弛豫寿命和自旋扩散长度数据

材料	自旋弛豫寿命	自旋扩散长度	载流子浓度	测量方法	文献
n-Si	142 ps@300 K	不适用	3 mΩ·cm	三端法	[73]
p-Si	270 ps@300 K	不适用	11 mΩ·cm	三端法	[73]
n-Si	100 ps@10 K	180 nm	3×10^{19} cm^{-3}	三端法	[78]
n-Si	320 ps@10 K	120 nm@10 K，380 nm@300 K	3×10^{18} cm^{-3}	三端法	[78]
i-Si	1 ns@85 K	10 μm@85 K	本征浓度	热电子发射三极管	[79]
石墨烯	100～170 ps@RT	1.3～2.0 μm@RT	狄拉克点	非局域自旋阀四端法	[71]
石墨烯	450～490 ps@RT	2.5～3.0 μm@RT	狄拉克点	非局域自旋阀四端法	[84]
双层石墨烯	100～200 ps@2～300K	700 nm@RT	狄拉克点	非局域自旋阀四端法	[85]
在 SiC 基底上生长的石墨烯	1.7～2.3 ns@4.2 K，1.3 ns@RT	0.8～1.0 μm@4.2 K	3.0～10×10^{12} cm^{-3}	非局域自旋阀四端法	[86]
在 BN 基底上生长的石墨烯	100～500 ps@RT	2～5 μm@RT	$\pm 2 \times 10^{12}$ cm^{-3}	非局域自旋阀四端法	[87]
GaAs	24 ns@10 K，4 ns@70 K	6 μm@50 K	5×10^{18} cm^{-3} 接触层的掺杂浓度，2～3.5×10^{16} cm^{-3} 沟道层的掺杂浓度	非局域自旋阀四端法	[80]
GaAs	Above 2 ns@20 K，～5 ns@4.2 K	3.1 μm@4.2 K，2.2 μm@20 K	6×10^{18} cm^{-3} 接触层的掺杂浓度，6×10^{16} cm^{-3} 沟道层的掺杂浓度	非局域自旋阀四端法	[81]

材料	自旋弛豫寿命	自旋扩散长度	载流子浓度	测量方法	文献
Ge	1.1 ns@4 K	580 nm@4 K	$2 \times 10^{19} \text{ cm}^{-3}$	非局域自旋阀四端法	[82]
SrTiO$_3$	20~40 ps@10~ 200K	不适用	$2.9 \times 10^{19} \text{ cm}^{-3}$	三端法	[83]
Al	50 ps@4.2 K	200 nm@4.2 K	本征浓度	非局域自旋阀四端法	[74]
Au	2.8 ps@15 K 45 ps@295 K	168 nm@15 K	本征浓度	非局域自旋阀四端法	[77]
Au	45 ps@RT	不适用	本征浓度	光学方法	[76]
Ag	2.8 ps@79 K 2.6 ps@298 K	162 nm@79 K, 132 nm@298 K	本征浓度	非局域自旋阀四端法	[75]
Cu	22 ps@4.2 K	546 nm@4.2 K	本征浓度	非局域自旋阀四端法	[70]
Pt	4 ps@300 K 7 ps@10 K	不适用	本征浓度	二次谐波三端法	[89]
Ta	9 ps@300 K 14 ps@10 K	不适用	本征浓度	二次谐波三端法	[89]

　　自旋注入效应可以通过以下的唯象扩散输运模型加以理解。下面将使用 Valet、Fert、Schmidt 等[90-93]的符号系统来介绍这个模型。正负号 +/–表示自旋取向，+ 号代表向上的自旋取向。J_+（J_-）、σ_+（σ_-）和 μ_+（μ_-）分别代表向上（向下）自旋的电流密度、电导率和电化学势。其中电化学势 $e\mu_\pm = eV + (n_\pm - n_\pm^0)/N_\pm$。该式第一项为电势，电压降为 V；第二项为化学势，表示粒子浓度偏离平衡浓度的程度，$n_\pm$ 和 $n_\pm^0$ 分别代表实际浓度与平衡浓度，$N_\pm$ 是费米面附近的态密度。总的态密度 $N_0 \equiv N_+ + N_-$。对于非磁性材料，$N_\pm = N_0/2$。力求简单，化学势 $\mu_\pm$ 选用 V 作为单位，而不是 eV。定义 $p_\sigma \equiv (\sigma_+ - \sigma_-)/(\sigma_+ + \sigma_-)$。在磁性薄膜中，$p_\sigma \neq 0$；而在非磁性薄膜中，$p_\sigma = 0$。薄膜电导率 $\sigma = \sigma_+ + \sigma_-$。根据欧姆定律，下式成立

$$J_\pm = \sigma_\pm \nabla \mu_\pm \tag{7-6a}$$

$$J = J_+ + J_- \tag{7-6b}$$

$$J_S = \frac{S_e}{|e|}(J_+ - J_-) \tag{7-6c}$$

其中，J 和 J_S 分别是总的电流密度与自旋流密度；S_e 是单个载流子的自旋磁矩。上面的广义欧姆定律已考虑载流子在电场作用下的漂移过程和在浓度梯度驱动下的扩散过程。在稳态条件下，电流连续性要求满足以下方程

$$\nabla \cdot J = 0 \tag{7-7}$$

除此之外，根据自旋角动量守恒的要求，自旋流的散度须与自旋的弛豫速度保持一致。因此

$$\frac{1}{S_e} \nabla \cdot \boldsymbol{J}_S = \left[\frac{eN_+(\mu_+ - \mu_+^0)}{\tau_+} - \frac{eN_-(\mu_- - \mu_-^0)}{\tau_-} \right] \tag{7-8}$$

这里 $\tau_{+(-)}$ 是自旋从上往下（从下往上）反转的平均散射时间。在无自旋注入效应发生时，自旋向上和向下电子的费米面相同，即 $\mu_\pm^0 = \mu^0$。又根据细致平衡原理，$N_+/\tau_+ = N_-/\tau_- = N_0/\tau_{sf}$，其中 $\tau_{sf} = \tau_+ + \tau_-$ 是总的自旋弛豫时间。因此自旋角动量守恒条件可转换为

$$\frac{1}{S_e} \nabla \cdot \boldsymbol{J}_S = \frac{eN_0}{\tau_{sf}}(\mu_+ - \mu_-) \tag{7-9}$$

重新定义薄膜的平均电化学势 μ_e 为 $(\mu_+ + \mu_-)/2$ 和自旋势 μ_S 为 $(\mu_+ - \mu_-)/2$，则电流连续性方程和自旋角动量守恒方程可转化为式（7-10）

$$\Delta\mu_e + p_\sigma \Delta\mu_S = 0 \tag{7-10a}$$

$$\Delta\mu_S = \frac{\mu_S}{l_{sf}^2} \tag{7-10b}$$

其中，$l_{sf} = \sqrt{\dfrac{\tau_{sf}\sigma(1 - p_\sigma^2)}{2e^2 N_0}}$ 是自旋扩散长度。对于自旋极化率（p_σ）极高的半金属，自旋扩散长度接近于 0。

偏微分方程组（7-10）可用于描述自旋与电荷在磁性或者非磁性薄膜中的输运行为。在考虑了自旋轨道耦合效应后，欧姆定律须修正为式（7-11）

$$\boldsymbol{J}_\pm = \sigma_\pm \nabla\mu_\pm + \sigma_\pm^H \nabla\mu_\pm \times \boldsymbol{S} \tag{7-11}$$

式中，第二项描述自旋轨道耦合作用，$\sigma_\pm^H$ 是自旋霍尔电导率。需要指出，对式（7-11）的修正并不影响式（7-10）。因此式（7-10）对于反常霍尔效应与自旋霍尔效应同样适用。接下来，列举三个应用场景说明式（7-10）的用途。

（1）利用电压表和铁磁性金属电极测量非磁金属中的自旋势

假设磁性薄膜与非磁性薄膜的界面位于 $x = 0$ 处，$x<0$ 和 $x>0$ 的半平面分别为磁性薄膜和非磁性薄膜。在用电压表探测自旋势的过程中，流经界面的净电流为 0。因此在 $x>0$ 时，$\mathrm{d}\mu_+^N/\mathrm{d}x + \mathrm{d}\mu_-^N/\mathrm{d}x = 0$，即 $\mu_+^N + \mu_-^N$ 为常数。我们关心的是电压表两端的电压差，而不是电位的绝对值。因此不失一般性，我们设定 $\mu_+^N + \mu_-^N = 0$。根据式（7-10），在非磁金属中，自旋势随位置 x 的变化为

$$\mu_+^N - \mu_-^N = 2\mu_S^N = 2\mu_{S0}^N \exp\left(-\frac{x}{l_{sf}^N}\right) \tag{7-12}$$

其中，μ_{S0}^N 是在界面处靠近非磁性层一侧的自旋势，是我们需要测量的量。结合关系式 $\mu_+^N + \mu_-^N = 0$，很容易得知 $\mu_+^N = -\mu_-^N = \mu_{S0}^N \exp(-x/l_{sf}^N)$。

而在 $x<0$ 一侧，$\boldsymbol{J} = \sigma_+ \mathrm{d}\mu_+^F/\mathrm{d}x + \sigma_- \mathrm{d}\mu_-^F/\mathrm{d}x = 0$ 的条件要求 $\sigma_+ \mu_+^F + \sigma_- \mu_-^F = \sigma^F V$

是常量。V 是磁性电极一侧的平均电势。同样根据式（7-10b），在磁性薄膜一侧，μ_{S0}^{F} 是在界面处靠近磁性层一侧的自旋势

$$\mu_{+}^{F} - \mu_{-}^{F} = 2\mu_{S}^{F} = 2\mu_{S0}^{F}\exp\left(\frac{x}{l_{sf}^{F}}\right) \tag{7-13}$$

为了精确测量自旋在非磁金属中的本征弛豫效应，我们还需要防止自旋积累被铁磁金属电极吸收。因此在界面处除要求净电流 $J = J_{+} + J_{-} = 0$ 外，还要求净自旋流 $J_{S} = J_{+} - J_{-} = 0$，则在界面处 $J_{+}(x=0) = J_{-}(x=0) = 0$。因为 $\mu_{\pm 0}^{F} - \mu_{\pm 0}^{N} = J_{\pm 0}R_{\pm 0} = 0$，这一条件又等价于 $\mu_{\pm 0}^{F} = \mu_{\pm 0}^{N}$，即界面两侧自旋势连续。其中 $R_{\pm 0}$ 是向上和向下自旋的界面电阻。因此 $\mu_{+0}^{F} - \mu_{-0}^{F} = 2\mu_{S0}^{N}$，以及 $\mu_{S0}^{F} = \mu_{S0}^{N}$。通过界面自旋势连续性条件，此时可计算出常量 V，如式（7-14）所示

$$V = p_{\sigma}\mu_{S0}^{N} \tag{7-14}$$

这个简单的公式显示：如果在非磁性材料的界面处积累了 $2\mu_{S0}^{N}$ 的自旋势，人们可以利用自旋极化率为 p_{σ} 的磁性金属和电压表去探测该非磁材料的自旋势。如果磁性金属与被测非磁材料间的界面不通过自旋流（如利用较厚的绝缘层势垒阻挡自旋流），则所探测到的电压降为 $V = p_{\sigma}\mu_{S0}^{N}$。这就是利用磁性金属/绝缘层电极将自旋势信号转换成电信号的原理。上述过程可由图 7-35 示意性地给出。

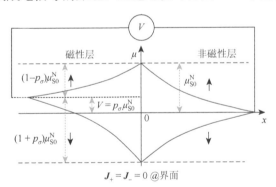

图 7-35　利用磁性层/非磁性层进行自旋势测量的示意图

（2）自旋注入效应中的电导率失配问题

下面在情况（1）的基础上继续讨论自旋注入对界面势的改变。情况（1）中只涉及自旋势的测量，体系中的电流和自旋流均为 0。当电流由非磁性层流入磁性层或者电子从磁性层注入非磁性层时，同样会引起界面自旋势和结电阻的变化。这种变化可通过在界面电流、自旋势连续性条件的基础上求解方程（7-10）获得，如式（7-15）所示[90]

$$V_{C} = J[r_{FN}(r_{C} + p_{F}^{2}r_{F}) - (p_{C}r_{C} + p_{F}r_{F})^{2}]/r_{FN} \tag{7-15a}$$

$$\mu_{S0}^{N} = J(r_F p_F + p_C r_C) r_N / r_{FN} \qquad (7\text{-}15b)$$

式中，V_C 是考虑自旋注入效应后的分压；μ_{S0}^{N} 是非磁性层积累自旋的化学势，反映积累自旋的浓度；J 是通过界面的电流密度；p_C 和 p_F 分别是结电阻和铁磁层电阻率的自旋极化率；$r_{FN} = r_N + r_C + r_F$，r_C 是结电阻，而 $r_{N/F}$ 是非磁性层（N）和磁性层（F）的自旋电阻，定义为 $\rho_{N/F} l_{sf, N/F}$，其中 ρ 是电阻率，l_{sf} 是自旋扩散长度。我们可以讨论两种简单的情形。一种是自旋从铁磁金属向半导体注入；另一种是自旋从铁磁金属向非磁金属注入。

（a）自旋从铁磁金属注入到半导体，如果铁磁金属和半导体是欧姆接触，则 $r_C = 0$。式（7-15）可简化成下式

$$V_C = J \frac{p_F^2 r_F r_N}{r_F + r_N} \qquad (7\text{-}16a)$$

$$\mu_{S0}^{N} = J \frac{p_F r_F r_N}{r_F + r_N} \qquad (7\text{-}16b)$$

又因为 $\rho_N \gg \rho_F$，$r_N \gg r_F$，因此 $V_C/J \approx p_F^2 r_F$，这个结电阻将变得非常小，且在非磁性层中建立的自旋积累 $\mu_{S0}^{N} \approx J p_F r_F$ 也将非常小。这意味着铁磁金属和半导体之间的欧姆接触非常不利于自旋注入半导体中。这种效应称为自旋注入的电阻率失配问题[91, 92]。

如果在铁磁金属和半导体之间插入一层隧穿势垒或者它们之间形成薄薄的肖特基势垒，则结电阻会显著增大，此时 $r_C > r_N \gg r_F$。则式（7-15）可以简化如下

$$V_C = J[r_C(1 - p_C^2) + r_N] \qquad (7\text{-}17a)$$

$$\mu_{S0}^{N} = J p_C r_N \qquad (7\text{-}17b)$$

此时，测得的结电阻 V_C/J 由两部分组成。第一部分是磁性金属/半导体结的本征结电阻 $r_C(1 - p_C^2)$，与自旋注入无关。第二部分为 r_N，它是因半导体中的自旋积累而产生的。如果施加一个垂直磁场，加速自旋积累的弛豫，使 Hanle 效应发生，则 r_N 会趋近于 0，产生一个可观测的负磁电阻效应。这是利用三端法进行自旋注入和自旋弛豫寿命测量的物理基础。同时，非磁性层中的自旋积累 μ_{S0}^{N} 为 $J p_C r_N$，远远大于欧姆接触的情形，如果 p_C 与 p_F 可比拟。由此可见，隧穿势垒或肖特基结的存在对于高效的自旋注入非常关键。

（b）自旋从铁磁金属注入非磁性金属，$r_C \gg r_N, r_F$，式（7-15a）可简化如下公式

$$V_C = J(1 - p_C^2) r_C \qquad (7\text{-}18)$$

此时结电阻由本征结电阻构成，因自旋注入而导致的额外结电阻可完全忽略不计，普通的三端法不能继续测量自旋注入效应。房驰等[89]则在传统直流三端法的基础

上，开发了二阶谐波交流三端法测试技术，使得三端法可以继续适用于金属体系和非局域自旋阀很难实施的系统。

实际上，开发二阶谐波交流三端法测试技术的必要性还来自于以下几个方面：①在磁性金属/隧穿势垒/非磁性导体构成的隧道结中，由于界面自旋轨道耦合作用的存在，本征结电阻也会依赖于铁磁层的磁化方向[94, 95]，这给信号甄别带来复杂度；②隧道结本身的自旋阻塞（spin blockage）效应也会引起磁电阻效应，产生干扰信号[96]；③对于自旋扩散长度极短（若干纳米范围）的重金属材料，如 Pt 和 Ta 等，其自旋弛豫时间现阶段不可能通过非局域自旋阀进行测量。以上种种原因促成了改进版三端法测量技术的诞生。

二次谐波交流三端法的原理如下：通常情况下，隧道结电阻取决于势垒层两侧费米面处的态密度，而自旋注入效应会引起非磁层一侧不同自旋费米面的变化，该费米面的变化理论上应该反过来影响隧穿电阻。测量的隧穿电导 $g_C = 1/r_C$。$g_C = g_{C\uparrow} + g_{C\downarrow}$。自旋注入导致非磁金属层侧的费米面对于自旋向上和向下的电子分别升高和降低了 μ_N。这又会反过来导致隧穿电导发生 Δg_C 的变化。$\Delta g_C = (dg_{C\uparrow}/dE)\,\mu_N + (dg_{C\downarrow}/dE)(-\mu_N) = \mu_N d(g_{C\uparrow} - g_{C\downarrow})/dE$，$\mu_N = pr_N j$，因此 $\Delta g_C = \alpha p r_N j$，此处 $\alpha = d(g_{C\uparrow} - g_{C\downarrow})/dE$。那么降落在隧道结上的电压 $v = j/(g_C + \Delta g_C) \approx (j/g_C - \alpha p r_N j^2/g_C^2)$，此处 g_C 是零电流下的隧穿电导，或者 $v = r_C j - \alpha p r_N r_C^2 j^2$。这意味着除去隧道结本身的非线性，自旋注入效应也会引起隧穿电阻的非线性效应。而这一非线性效应原则上可通过二次谐波方法捕捉到。

不失一般性，假定隧道结本身具有隧道各向异性磁电阻（tunneling anisotropic MR，TAMR），则 $r_C = r_{C0}(1 + \mathrm{TAMR})$。自旋注入也会因 Hanle 效应导致 r_N 变化——自旋注入磁电阻（spin injection induced MR，SIMR），$r_N = r_{N0}(1 + \mathrm{SIMR})$。代入前面公式，得式（7-19），$r_{C0}$ 和 r_{N0} 是零磁场下的值

$$v = r_{C0}(1 + \mathrm{TAMR})j - \alpha p r_{N0}(1 + \mathrm{SIMR})\, r_{C0}^2 (1 + \mathrm{TAMR})^2 j^2 \qquad (7\text{-}19\mathrm{a})$$

$$\mu_{S0}^N = J p_C r_N \qquad (7\text{-}19\mathrm{b})$$

通常情况下 SIMR 和 TAMR 均远小于 1，因此式（7-19）可进一步约化为

$$v = r_{C0}(1 + \mathrm{TAMR})j - \alpha p r_{N0}\, r_{C0}^2 (1 + \mathrm{SIMR} + 2\mathrm{TAMR})j^2 \qquad (7\text{-}20)$$

这里值得格外强调的是在直流测试中 TAMR 和 SIMR 的权重分别是 r_C 和 r_N，且 $r_C \gg r_N$，这使得 SIMR 很难被观测到；而在式（7-20）的二阶非线性项中，TAMR 和 SIMR 的权重分别是 2 和 1。此时如果能够直接监测二阶非线性项，那么从 TAMR 中分离出 SIMR 的概率将大增。

具体测量方法如下：向隧道结中通入交流电流 $j = j_0 \sin(\omega t)$。j_0 足够小，使得 $\Delta g_C \ll g_C$。这样 j_0 引入的隧道结本身的非线性将很小，有助于自旋注入效应测量。在该电流下，隧道结上将降落一个频率为 ω 的电压 $r_{C0}(1 + \mathrm{TAMR})j_0 \sin(\omega t)$ 和一个频率为 2ω、相位差 $90°$ 的电压 $1/2\,\alpha p r_{N0}\, r_{C0}^2 (1 + \mathrm{SIMR} + 2\mathrm{TAMR})\, j_0^2 \sin(2\omega t + \pi/2)$。

如果通过二阶谐波锁相技术测量二阶电压，那么就可以知道物理量 $v_{2\omega} = 1/2\alpha p r_{N0}$ $r_{C0}^2 (1 + SIMR + 2TAMR) j_0^2$，从而获得 SIMR 的信息。同时也能够锁定一阶电压 $v_{1\omega} = r_{C0}(1 + TAMR)j_0$，获得各向异性隧道磁电阻信息。

　　房驰等[89]在 Pt 和 Ta 体系检验了该方法的有效性。具体测量结构和测试结果如图 7-36 所示。器件除去核心 CoFeB/MgO/重金属隧道结外，还包括 3 个底电极和 1 个顶电极。在电极 1、3 之间施加交流电流，在电极 1、4 之间测量隧道结上的交流电压降。对于 CoFeB/MgO/Ta 样品而言，测量的一阶和二阶信号如图 7-36（c）和（d）所示。其中当磁场沿 z 轴施加时，一阶信号图 7-36（c）展示了该隧道结很好的各向异性隧道磁电阻效应，与其他文献报道[95]的性能类似。当磁场同样沿 z 轴施加时，在二阶信号图 7-36（d）中，除了在大磁场条件下的正磁电阻效应，房驰等[89]还测量到显著的负磁电阻效应。这是 Hanle 效应的典型特征。这一实验证明了二阶谐波交流三端法测量自旋注入效应的有效性。

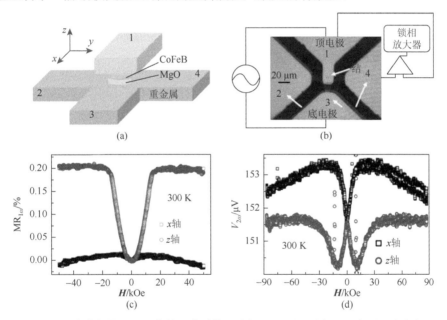

图 7-36　（a）三端法自旋注入器件的三维结构示意图；（b）测量布置示意图，在电极 1、3 之间施加交流电流，在电极 1、4 之间测量 1 倍频和 2 倍频的交流电压；（c）一倍频磁电阻信号随磁场的依赖关系；（d）二倍频电压信号随磁场的依赖关系[89]

　　随着半导体自旋注入技术手段的逐渐成熟和丰富，人们开始将这一物理过程应用于半导体自旋发光二极管等领域[97]。自旋注入技术还可以应用于非局域自旋阀以及纯自旋逻辑[98]等方面，这方面的研究工作还在持续。至于自旋场效应晶体管，虽然低温下已有研究人员演示了其可能性[99, 100]，学界还在继续努力探寻合适的材料体系来实现室温的自旋场效应晶体管。

7.5 ▶ 自旋电子学与其他学科的交叉

随着自旋电子学的发展，它的内涵也在逐渐丰富和扩展。现在的自旋电子学已经不仅局限于电学和磁学的范畴，它逐渐向其他如热学、光学等学科渗透，并碰撞出灿烂的火花，展现出崭新的物理图像以及广阔的潜在应用前景。下面我们就自旋电子学与热学、光学的融合发展，结合代表性的实例给予呈现，不为展示全部细节，但力求展现这些领域的轮廓。

7.5.1 自旋卡诺电子学

自旋电子学与热学的结合诞生了自旋热电子学或自旋卡诺电子学（spin caloritronics），它主要研究自旋与热电或热输运性质的内在关联[101]，与研究磁熵变性质的磁卡效应存在根本性区别。它发端于磁性绝缘体/重金属体系的自旋塞贝克效应（spin Seebeck effect）的发现[102-105]。这一效应的物理图像是磁性绝缘体中不均匀的温度分布引起其内部相应位置磁子浓度的不均匀分布，从而导致与温度梯度共线的磁子自旋流。这一磁子自旋流可以转换成相邻重金属中的电子自旋流，并进一步经由逆自旋霍尔效应产生电压或者电流。这便是该体系热电发电的原理，与传统热电材料利用温度梯度驱动载流子——电子或空穴扩散运动的机制非常不一样。如图 7-37（a）所示，z 轴的温度梯度，产生沿 z 轴方向传播、沿 M 方向极化的磁子自旋流。磁子自旋流进一步转化为传播方向和极化方向相同的电子自旋流，进入上层的重金属中，并转化为 y 轴方向的电压信号。M 方向的翻转，将导致极性相反的电压信号，如图 7-37（b）中 Pt/Cu/YIG 样品所展示的那样。当利用 SiO$_2$ 隔绝自旋流后，电压信号消失。图 7-37（c）是样品的截面 TEM 图，Cu 均匀分布，没有孔洞。样品中的 Cu 用于隔离 Pt 和 YIG 的直接接触，以免引起 Pt 的磁近邻效应[106]。

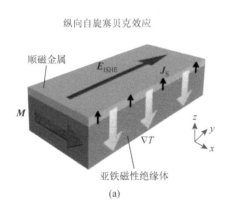

纵向自旋塞贝克效应

(a)

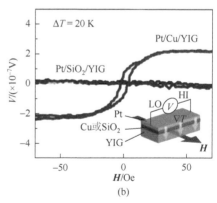

(b)

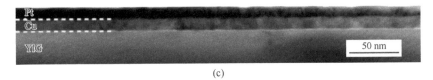

(c)

图 7-37　（a）自旋塞贝克效应的原理图；（b）测量的电压信号与外加磁场的依赖关系；
（c）Pt/Cu/YIG 样品的截面透射电子显微镜图像[103]

除了自旋塞贝克效应，Walter 等[107]和 Le Breton 等[108]在磁性隧道结和
NiFe/Al$_2$O$_3$/Si 异质结中观察到磁性隧道结塞贝克效应（magnetic tunnel junction Seebeck
effect）和塞贝克自旋隧穿效应（Seebeck spin tunneling effect）。这两个效应均是在上
述两种结构中通过温度梯度产生磁化相关的塞贝克电压，如图 7-38 和图 7-39 所示。

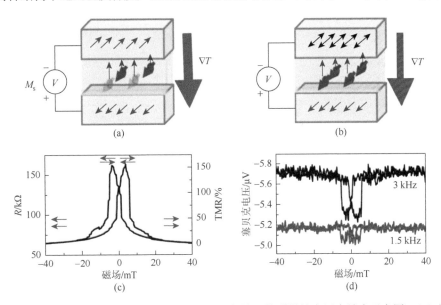

图 7-38　（a，b）反平行态（a）和平行态（b）条件下的隧道结塞贝克效应示意图；（c）隧道
结的 R-H 曲线，反平行态的电阻高于平行态电阻；（d）利用激光加热磁性隧道结，然后测量贯
穿隧道结的塞贝克电压，该塞贝克电压与磁场的依赖关系如图（d）所示；就绝对值而言，平
行态的塞贝克电压高于反平行态；图（d）中的频率是控制辐照激光的斩波器的频率[107]

在磁性隧道结中，磁矩相关的塞贝克效应，与自旋相关的隧穿透射系数 T 以
及温度依赖的费米-狄拉克分布有关。温度梯度改变费米面附近的电子分布，产生
电压信号。又因为透射系数取决于磁矩结构，所以获得的塞贝克电压也与磁矩结
构相关。

与之类似，在铁磁导体/隧道结（tunnel barrier）/Si 组成的异质结构中，温度
将改变 Si 中载流子的费米-狄拉克分布，产生电荷流。与此同时，由于铁磁导体

的存在，自旋流伴随着电荷流而存在，如图 7-39（b）所示。因此当在异质结上施加温度梯度时，将有自旋流被注入 Si 中［图 7-39（a）］或自旋从 Si 中被抽取出来，造成 Si 中的自旋积累。此时，通过引入 z 轴方向的磁场诱导 Hanle 效应的发生，异质结上的塞贝克电压将随着磁场的增加而降低，如图 7-39（c）所示。因为这种效应与施加在隧道结上的温度梯度相关，所以塞贝克电压应该与加热电流呈抛物线关系，如图 7-39（d）所示。

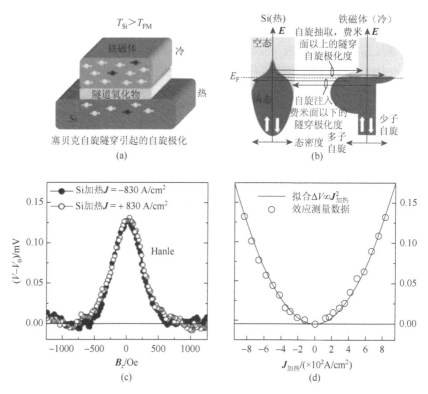

图 7-39　（a）通过塞贝克自旋隧穿效应进行热自旋注入的示意图；（b）相关过程的原理图；（c）Hanle 原理导致的塞贝克电压随着外加磁场增加而减小的效应；（d）塞贝克电压与加热电流的依赖关系，两者满足抛物线型[108]

　　磁性隧道结或异质结塞贝克效应的发现，使得通过热流控制自旋输运成为可能。再者，这些器件也可以用于回收微电子器件中散发的废热，用于产生新的电能或者自旋流，提高电子电路中的能源利用效率。

7.5.2　自旋光电子学

　　自旋与光的相互作用研究由来已久，如通过圆偏振光可诱发半导体中的自旋积累[7, 51]。实际上自旋也能影响光的发射过程，使出射光具有圆偏振特性，这相当于赋予光子一个新的信息载体。这便是自旋发光二极管的研究初衷[68]。不过在早期的自旋发光二极管中，自旋注入电极的磁矩具有面内各向异性，发出的圆偏振光只能从二极管的侧面发射出来，影响了光子的收集效率。最近陶丙山等[97]发展了一种新的自旋发光二极管，自旋注入电极具有垂直磁各向异性，因此发射的光子可从发光二极管的顶部收集，这极大地提高了圆偏振光子的收集效率。具体的自旋发光二极管的结构如图 7-40（a）所示。

　　发光二极管本身由（n-GaAs/量子阱/p-AlGaAs）构成。量子阱由 GaAs/InGaAs 超晶格构成。发光二极管是寻常的结构。不同之处在于在 n-GaAs 上面制备具有垂直易磁化轴的 MgO/CoFeB/Ta/CoFeB/MgO 电极。两层 CoFeB 可以垂直排列，并耦合在一起。当电流经过顶电极时，载流子被自旋极化。然后极化的载流子经过 CoFeB/MgO/n-GaAs 异质结被注入量子阱区域，并与来自 p-AlGaAs 的非极化空穴复合，发出圆偏振光，并经由顶电极收集。如图 7-40（b）插图所示，在零磁场下，不同圆偏振度的光强度不一样，说明出射光是圆偏振的。且圆偏振度的极性与磁性注入电极的磁化强度相关。在低温和室温下，圆偏振度均能达到 7% 以上。这种自旋发光二极管具有零磁场工作、顶部发射、圆偏振度高、发光强度大等优点，已经接近满足应用要求的水平。

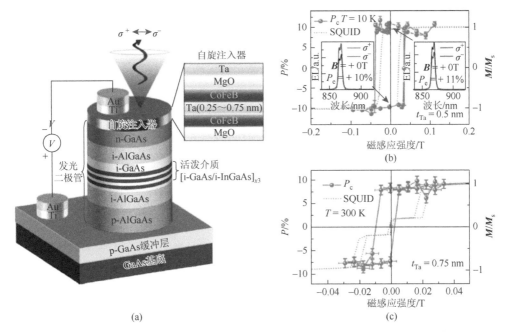

图 7-40　（a）垂直型自旋发光二极管结构示意图；（b）10 K 下圆偏振光的圆偏振度与外加磁场的变化关系（绿色数据点）和磁化强度与外加磁场的关系（黄色虚线）；（c）300 K 下圆偏振度随磁场的变化关系；同样的，黄色虚线展示了磁化强度的磁场依赖关系；在室温下已实现10%的圆偏振度[97]

除了本章所提到的较成熟的自旋电子器件之外，物理学家、材料学家等还在发展基于自旋的磁子器件[109]、THz 光发射源[110]、斯格明子器件[111]、自旋逻辑器件[65,112]等，不一而足。利用自旋属性不仅可以赋予传统器件更多的调控维度，如自旋发光二极管，更能创造出全新的电子器件，如已经大范围使用的 TMR 磁性传感器、逐渐成熟的磁随机存储器、还在发展过程中具有非布尔逻辑运算功能的磁子器件以及展示了非常好性能的 THz 光发射源等。自 20 世纪 80 年代末，虽然自旋电子学已经发展了 30 多年，但它的内涵还在丰富，新的物理学原理层出不穷，新的器件如雨后春笋般涌现，它带给人们的惊喜也将继续值得期待。

参 考 文 献

[1]   Wan C, Zhang X, Gao X, et al. Geometrical enhancement of low-field magnetoresistance in silicon. Nature, 2011, 477（7364）: 304-307.

[2]   McGuire T, Potter R. Anisotropic magnetoresistance in ferromagnetic 3d alloys. IEEE Transactions on Magnetics, 1975, 11（4）: 1018-1038.

[3]   Baibich M N, Broto J M, Fert A, et al. Giant magnetoresistance of (001)Fe/(001)Cr magnetic superlattices. Physical Review Letters, 1988, 61（21）: 2472.

[4]   Binasch G, Grünberg P, Saurenbach F, et al. Enhanced magnetoresistance in layered magnetic structures with antiferromagnetic interlayer exchange. Physical Review B: Condensed Matter, 1989, 39（7）: 4828-4830.

[5]   Levy P M, Zhang S, Fert A. Electrical conductivity of magnetic multilayered structures. Physical Review Letters, 1990, 65（13）: 1643-1646.

[6]   Zhang S, Levy P M, Fert A. Conductivity and magnetoresistance of magnetic multilayered structures. Physical Review B: Condensed Matter, 1992, 45（15）: 8689-8702.

[7]   Žutić I, Fabian J, das Sarma S. Spintronics: fundamentals and applications. Reviews of Modern Physics, 2004, 76（2）: 323-410.

[8]   Kittel C. Indirect exchange interactions in metals. Solid State Physics, 1969, 22: 1-26.

[9]   Parkin S S. Systematic variation of the strength and oscillation period of indirect magnetic exchange coupling through the 3d, 4d, and 5d transition metals. Physical Review Letters, 1991, 67（25）: 3598-3601.

[10]   Parkin S S, Bhadra R, Roche K P. Oscillatory magnetic exchange coupling through thin copper layers. Physical Review Letters, 1991, 66（16）: 2152.

[11]   Parkin S S P, More N, Roche K P. Oscillations in exchange coupling and magnetoresistance in metallic superlattice structures: Co/Ru, Co/Cr, and Fe/Cr. Physical Review Letters, 1990, 64（19）: 2304-2307.

[12]   Julliere M. Tunneling between ferromagnetic films. Physics Letters A, 1975, 54（3）: 225-226.

[13]   Moodera J S, Kinder L R, Wong T M, et al. Large magnetoresistance at room temperature in ferromagnetic thin film tunnel junctions. Physical Review Letters, 1995, 74（16）: 3273-3276.

[14]   Miyazaki T, Tezuka N. Giant magnetic tunneling effect in Fe/Al$_2$O$_3$/Fe junction. Journal of Magnetism & Magnetic Materials, 1995, 139（3）: L231-L234.

[15]   Bowen M, Bibes M, Barthélémy A, et al. Nearly total spin polarization in La$_{2/3}$Sr$_{1/3}$MnO$_3$ from tunneling experiments. Applied Physics Letters, 2003, 82（2）: 233-235.

[16]   Ji Y, Strijkers G J, Yang F Y, et al. Determination of the spin polarization of half-metallic CrO$_2$ by point contact

Andreev reflection. Physical Review Letters，2001，86（24）：5585.

[17] de Wijs G A，de Groot R A. Towards 100% spin-polarized charge-injection：the half-metallic NiMnSb/CdS interface. Physical Review B，2001，64（2）：167-173.

[18] Butler W H，Zhang X G，Schulthess T C，et al. Spin-dependent tunneling conductance of Fe/MgO/Fe sandwiches. Physical Review B，2001，63（5）：054416.

[19] Yuasa S，Djayaprawira D D. Giant tunnel magnetoresistance in magnetic tunnel junctions with a crystalline MgO （001） barrier. Journal of Physics D：Applied Physics，2007，40（21）：R337-R354.

[20] Tiusan C，Greullet F，Hehn M，et al. Spin tunnelling phenomena in single-crystal magnetic tunnel junction systems. Journal of Physics Condensed Matter，2007，19（16）：111-157.

[21] Zhang J，Zhang X G，Han X F. Spinel oxides：Δ_1 spin-filter barrier for a class of magnetic tunnel junctions. Applied Physics Letters，2012，100（22）：222401.

[22] Yuasa S，Nagahama T，Fukushima A，et al. Giant room-temperature magnetoresistance in single-crystal Fe/MgO/Fe magnetic tunnel junctions. Nature Materials，2004，3（12）：868-871.

[23] Parkin S S P，Christian K，Alex P，et al. Giant tunnelling magnetoresistance at room temperature with MgO（100） tunnel barriers. Nature Materials，2004，3（12）：862-867.

[24] Lee Y M，Hayakawa J，Ikeda S，et al. Effect of electrode composition on the tunnel magnetoresistance of pseudo-spin-valve magnetic tunnel junction with a MgO tunnel barrier. Applied Physics Letters，2007，90（21）：054416.

[25] Nozaki T，Tezuka N，Inomata K. Quantum oscillation of the tunneling conductance in fully epitaxial double barrier magnetic tunnel junctions. Physical Review Letters，2006，96（2）：027208.

[26] Wang Y，Lu Z Y，Zhang X G，et al. First-principles theory of quantum well resonance in double barrier magnetic tunnel junctions. Physical Review Letters，2006，97（8）：087210.

[27] Tao B，Yang H，Zuo Y，et al. Long-range phase coherence in double-barrier magnetic tunnel junctions with a large thick metallic quantum well. Physical Review Letters，2015，115（15）：157204.

[28] Song T，Cai X，Tu M W Y，et al. Giant tunneling magnetoresistance in spin-filter van der Waals heterostructures. Science，2018，360（6394）：1214.

[29] Slonczewski J C. Current-driven excitation of magnetic multilayers. Journal of Magnetism & Magnetic Materials，1996，159（1-2）：L1-L7.

[30] Berger L. Emission of spin waves by a magnetic multilayer traversed by a current. Physical Review B：Condensed Matter，1996，54（13）：9353.

[31] Brataas A，Kent A D，Ohno H. Current-induced torques in magnetic materials. Nature Materials，2012，11（5）：372.

[32] Tsoi M，Jansen A G M，Bass J，et al. Excitation of a magnetic multilayer by an electric current. Physical Review Letters，1998，80（19）：4281-4284.

[33] Sun J Z. Current-driven magnetic switching in manganite trilayer junctions. Journal of Magnetism & Magnetic Materials，1999，202（1）：157-162.

[34] Myers E B，Ralph D C，Katine J A，et al. Current-induced switching of domains in magnetic multilayer devices. Science，1999，285（5429）：867-870.

[35] Katine J A，Albert F J，Buhrman R A，et al. Current-driven magnetization reversal and spin-wave excitations in Co/Cu/Co pillars. Physical Review Letters，2000，84（14）：3149.

[36] Braganca P M，Krivorotov I N，Ozatay O，et al. Reducing the critical current for short-pulse spin-transfer switching

of nanomagnets. Applied Physics Letters，2005，87（11）：L1.

[37] Ralph D C，Stiles M D. Spin transfer torques. Journal of Magnetism & Magnetic Materials，2009，320（7）：1190-1216.

[38] Slonczewski J C. Excitation of spin waves by an electric current. Journal of Magnetism & Magnetic Materials，1999，195（2）：L261-L268.

[39] Tsoi M，Jansen A G M，Bass J，et al. Generation and detection of phase-coherent current-driven magnons in magnetic multilayers. Nature，2000，406（6791）：46-48.

[40] Kiselev S I，Sankey J C，Krivorotov I N，et al. Microwave oscillations of a nanomagnet driven by a spin-polarized current. Nature，2003，425（6956）：380.

[41] Rippard W H，Pufall M R，Kaka S，et al. Direct-current induced dynamics in $Co_{90}Fe_{10}/Ni_{80}Fe_{20}$ point contacts. Physical Review Letters，2004，92（2）：027201.

[42] Krivorotov I N，Emley N C，Sankey J C，et al. Time-domain measurements of nanomagnet dynamics driven by spin-transfer torques. Science，2005，307（5707）：228-231.

[43] Metalgrass L T D. Samsung reaffirms 2018 target for STT-MRAM mass production. https：//www.mram-info.com/samsung-reaffirms-2018-target-stt-mram-mass-production.

[44] Metalgrass. TSMC to start eMRAM production in 2018. https：//www.mram-info.com/tsmc-start-emram-production-2018.

[45] Miron I M，Garello K，Gaudin G，et al. Perpendicular switching of a single ferromagnetic layer induced by in-plane current injection. Nature，2011，476（7359）：189.

[46] Liu L，Pai C F，Li Y，et al. Spin-torque switching with the giant spin Hall effect of tantalum. Science，2012，336（6081）：555-558.

[47] Liu L，Lee O J，Gudmundsen T J，et al. Current-induced switching of perpendicularly magnetized magnetic layers using spin torque from the spin Hall effect. Physical Review Letters，2012，109（9）：096602.

[48] Fukami S，Anekawa T，Zhang C，et al. A spin-orbit torque switching scheme with collinear magnetic easy axis and current configuration. Nature Nanotechnology，2016，11（7）：621-625.

[49] Zhang X，Wan C H，Yuan Z H，et al. Electrical control over perpendicular magnetization switching driven by spin-orbit torques. Physical Review B，2016，94（17）：174434.

[50] Dyakonov M I，Perel V I. Possibility of orienting electron spins with current. JETP Letters. 1971，13：467.

[51] Bakun A A，Zakharchenya B P，Rogachev A A，et al. Observation of a surface photocurrent caused by optical orientation of electrons in a semiconductor. JETP Letters，1984，40（40）：1293-1295.

[52] Hirsch J E. Spin Hall effect. Physical Review Letters，1999，83（9）：1834-1837.

[53] Zhang S. Spin Hall effect in the presence of spin diffusion. Physical Review Letters，2000，85（2）：393-396.

[54] Kato Y K，Myers R C，Gossard A C，et al. Observation of the spin Hall effect in semiconductors. Science，2004，306（5703）：1910-1913.

[55] Valenzuela S O，Tinkham M. Direct electronic measurement of the spin Hall effect. Nature，2006，442（7099）：176-179.

[56] Kimura T，Otani Y，Sato T，et al. Room-temperature reversible spin Hall effect. Physical Review Letters，2007，98（15）：156601.

[57] Junyeon K，Jaivardhan S，Masamitsu H，et al. Layer thickness dependence of the current-induced effective field vector in Ta/CoFeB/MgO. Nature Materials，2013，12（3）：240-245.

[58] Takeuchi Y，Zhang C，Okada A，et al. Spin-orbit torques in high-resistivity-W/CoFeB/MgO. Applied Physics

Letters，2018，112（19）：192408.

[59] Yu G Q, Upadhyaya P, Fan B, et al. Switching of perpendicular magnetization by spin-orbit torques in the absence of external magnetic fields. Nature Nanotechnology，2014，9（7）：548-554.

[60] Fukami S, Zhang C, Duttagupta S, et al. Magnetization switching by spin-orbit torque in an antiferromagnet-ferromagnet bilayer system. Nature Materials，2016，15（5）：535-541.

[61] Lau Y C，Betto D，Rode K，et al. Spin-orbit torque switching without an external field using interlayer exchange coupling. Nature Nanotechnology，2016，11（9）：758.

[62] Oh Y W, Baek S C, Kim Y M, et al. Field-free switching of perpendicular magnetization through spin-orbit torque in antiferromagnet/ferromagnet/oxide structures. Nature Nanotechnology，2016，11（10）：878-884.

[63] Baek S H C，Amin V P，Oh Y W，et al. Spin currents and spin-orbit torques in ferromagnetic trilayers. Nature Materials，2018，17（6）：509-513.

[64] Cai K，Yang M，Ju H，et al. Electric field control of deterministic current-induced magnetization switching in a hybrid ferromagnetic/ferroelectric structure. Nature Materials，2017，16：712.

[65] Wang X，Wan C，Kong W，et al. Field-free programmable spin logics via chirality-reversible spin-orbit torque switching. Advanced Materials，2018，30（31）：e1801318.

[66] Egues J C，Burkard G，Loss D. Datta-Das transistor with enhanced spin control. Applied Physics Letters，2003，82（16）：2658-2660.

[67] Johnson M, Silsbee R H. Interfacial charge-spin coupling: injection and detection of spin magnetization in metals. Physical Review Letters，1985，55（17）：1790-1793.

[68] Ohno Y, Young D K, Beschoten B, et al. Electrical spin injection in a ferromagnetic semiconductor heterostructure. Nature，1999，402（6763）：790-792.

[69] Zhu H J，Ramsteiner M，Kostial H，et al. Room-temperature spin injection from Fe into GaAs. Physical Review Letters，2001，87（1）：016601.

[70] Samir G, Igor Z, Webb R A. Temperature-dependent asymmetry of the nonlocal spin-injection resistance: evidence for spin nonconserving interface scattering. Physical Review Letters，2005，94（17）：176601.

[71] Tombros N, Jozsa C, Popinciuc M. Electronic spin transport and spin precession in single graphene layers at room temperature. Nature，2007，448（7153）：571-574.

[72] Wu M W，Jiang J H，Weng M Q. Spin dynamics in semiconductors. Physics Reports，2010，493（2）：61-236.

[73] Dash S P，Sandeep S，Patel R S，et al. Electrical creation of spin polarization in silicon at room temperature. Nature，2009，462（7272）：491.

[74] Valenzuela S O, Tinkham M. Spin-polarized tunneling in room-temperature mesoscopic spin valves. Applied Physics Letters，2004，85（24）：5914-5916.

[75] Ryan G，Mark J. Spin injection in mesoscopic silver wires: experimental test of resistance mismatch. Physical Review Letters，2006，96（13）：136601.

[76] Elezzabi A Y，Freeman M R，Johnson M. Direct measurement of the conduction electron spin-lattice relaxation time T1 in gold. Physical Review Letters，1996，77（15）：3220-3223.

[77] Ku J H，Chang J，Kim H, et al. Effective spin injection in Au film from permalloy. Applied Physics Letters，2006，88（17）：1660.

[78] Li C H，Erve O M J V T，Jonker B T. Electrical injection and detection of spin accumulation in silicon at 500 K with magnetic metal/silicon dioxide contacts. Nature Communications，2011，2（1）：245.

[79] Ian A，Biqin H，Monsma D J. Electronic measurement and control of spin transport in silicon. Nature，2007，

447（7142）：295-298.

[80] Lou X，Adelmann C，Crooker S A，et al. Electrical detection of spin transport in lateral ferromagnet-semiconductor devices. Nature Physics，2007，3：197.

[81] Ciorga M，Einwanger A，Wurstbauer U，et al. Electrical spin injection and detection in lateral all-semiconductor devices. Physical Review B：Condensed Matter，2008，93（79）：1003-1010.

[82] Yi Z，Wei H，Chang L T，et al. Electrical spin injection and transport in germanium. Physical Review B，2011，84（12）：125323.

[83] Han W，Jiang X，Kajdos A，et al. Spin injection and detection in lanthanum- and niobium-doped $SrTiO_3$ using the Hanle technique. Nature Communications，2013，4（4）：2134.

[84] Han W，Pi K，Mccreary K M，et al. Tunneling spin injection into single layer graphene. Physical Review Letters，2010，105（16）：167202.

[85] Yang T Y，Balakrishnan J，Volmer F，et al. Observation of long spin-relaxation times in bilayer graphene at room temperature. Physical Review Letters，2011，107（4）：047206.

[86] Maassen T，Jasper V D B J J，Ijbema N，et al. Long spin relaxation times in wafer scale epitaxial graphene on SiC（0001）. Nano Letters，2012，12（3）：1498-1502.

[87] Zomer P J，Guimarães M H D，Tombros N，et al. Long distance spin transport in high mobility graphene on hexagonal boron nitride. Physical Review B：Condensed Matter，2012，86（16）：161416.

[88] Wang W，Narayan A，Tang L，et al. Spin-valve effect in NiFe/MoS_2/NiFe junctions. Nano Letters，2015，15（8）：5261.

[89] Fang C，Wan C H，Liu X M，et al. Determination of spin relaxation times in heavy metals via 2nd harmonic spin injection magnetoresistance. Physical Review B，2017，96（13）：134421.

[90] Fert A. Conditions for efficient spin injection from a ferromagnetic metal into a semiconductor. Physical Review B，2001，64（18）：8111-8113.

[91] Schmidt G，Molenkamp L W，Filip A T，et al. Basic obstacle for electrical spin-injection from a ferromagnetic metal into a diffusive semiconductor. Physical Review B，2000，62（8）：R4790-R4793.

[92] Schmidt G. Concepts for spin injection into semiconductors—a review. Journal of Physics D Applied Physics，2005，38（7）：R107.

[93] Fert A，Valet T. Theory of the perpendicular magnetoresistance in magnetic multilayers. Physical Review B：Condensed Matter，1993，48（10）：7099.

[94] Matos-Abiague A，Fabian J. Anisotropic tunneling magnetoresistance and tunneling anisotropic magnetoresistance：spin-orbit coupling in magnetic tunnel junctions. Physical Review B，2009，79（15）：155303.

[95] Hatanaka S，Miwa S，Matsuda K，et al. Tunnel anisotropic magnetoresistance in CoFeB/MgO/Ta junctions. Applied Physics Letters，2015，103（8）：117203.

[96] Oihana T，Yang S，Lan Q，et al. Impurity-assisted tunneling magnetoresistance under a weak magnetic field. Physical Review Letters，2014，113（14）：146601.

[97] Tao B S，Barate P，Frougier J，et al. Electrical spin injection into GaAs based light emitting diodes using perpendicular magnetic tunnel junction-type spin injector. Applied Physics Letters，2016，108（15）：152404.

[98] Behtash B A，Deepanjan D，Sayeef S，et al. Proposal for an all-spin logic device with built-in memory. Nature Nanotechnology，2010，5（4）：266-270.

[99] Pojen C，Sheng-Chin H，Smith L W，et al. All-electric all-semiconductor spin field-effect transistors. Nature Nanotechnology，2015，10（1）：35-39.

[100] Koo H C, Kwon J H, Eom J, et al. Control of spin precession in a spin-injected field effect transistor. Science, 2009, 325 (5947): 1515-1518.

[101] Bauer G E W, Saitoh E, van Wees B J. Spin caloritronics. Nature Materials, 2012, 11: 391.

[102] Qu D, Huang S Y, Hu J, et al. Intrinsic spin Seebeck effect in Au/YIG. Physical Review Letters, 2013, 110 (6): 067206.

[103] Kikkawa T, Uchida K, Shiomi Y, et al. Longitudinal spin seebeck effect free from the proximity nernst effect. Physical Review Letters, 2013, 110 (6): 067207.

[104] Uchida K, Xiao J, Adachi H, et al. Spin Seebeck insulator. Nature Materials, 2010, 9: 894.

[105] Uchida K I, Adachi H, Ota T, et al. Observation of longitudinal spin-Seebeck effect in magnetic insulators. Applied Physics Letters, 2010, 97 (17): 172505.

[106] Huang S Y, Fan X, Qu D, et al. Transport magnetic proximity effects in platinum. Physical Review Letters, 2012, 109 (10): 107204.

[107] Walter M, Walowski J, Zbarsky V, et al. Seebeck effect in magnetic tunnel junctions. Nature Materials, 2011, 10 (10): 742-746.

[108] Le Breton J C, Sharma S, Saito H, et al. Thermal spin current from a ferromagnet to silicon by Seebeck spin tunnelling. Nature, 2011, 475 (7354): 82-85.

[109] Chumak A V, Vasyuchka V I, Serga A A, et al. Magnon spintronics. Nature Physics, 2015, 11 (6): 453-461.

[110] Seifert T, Jaiswal S, Martens U, et al. Efficient metallic spintronic emitters of ultrabroadband terahertz radiation. Nature Photonics, 2016, 10 (7): 483-488.

[111] Jiang W, Upadhyaya P, Zhang W, et al. Blowing magnetic skyrmion bubbles. Science, 2015, 349 (6245): 283-286.

[112] Ney A, Pampuch C, Koch R, et al. Programmable computing with a single magnetoresistive element. Nature, 2003, 425 (6957): 485-487.

关键词索引